Web开发典藏大系

web design　server admin　consulting　marketing　mobile apps　domains

COMPANY INFORMATION
lorem ipsum dolor sit amet

SERVICES & SOLUTIONS
lorem ipsum dolor sit amet

DAILY NEWSLETTER
lorem ipsum dolor sit amet

WORLDWIDE PARTNERS
lorem ipsum dolor sit amet

CUSTOMER SUPPORT
lorem ipsum dolor sit amet

DIV+CSS
网页样式与布局实战详解

宜 亮　等编著

清华大学出版社

北　京

内 容 简 介

本书在编写过程中涉及 HTML、CSS、JavaScript、XML 和 XSL 等相关知识，但一直围绕 CSS 技术这条中心线展开。本书讲解由浅入深，循序渐进，从基本的属性操作到高级的模型技术，再到案例剖析。为了让理论知识和实践更好地结合，书中给每个知识点都配有实例，并对每个实例进行剖析，便于读者领会，达到举一反三的效果。**另外，为了让读者更加直观、高效地学习，作者专门录制了大量多媒体教学视频。这些视频与本书涉及的源程序均收录于配书光盘中。**

本书共 21 章，分为 3 篇。第 1 篇 DIV+CSS 布局速成，介绍 Web 标准语言、CSS 入门与速成、CSS 文字样式设计与速成、CSS 图像样式设计与速成、CSS 表格样式设计与速成、CSS 列表样式设计与速成、CSS 表单样式设计与速成、其他 CSS 样式设计、CSS Sprite 技术、CSS 滤镜的使用和 CSS 浏览器样式兼容；第 2 篇 DIV+CSS 布局实战演练，介绍广告设计、公告列表设计、搜索条设计和单击控件设计；第 3 篇 Web 开发进阶，介绍 JavaScript 功能层控制、DOM 与 XML 应用、静态和动态网站建站的方法、搭建本地服务器和快速构建本地网站。

本书不但适合没有 DIV+CSS 开发基础的学生、学员以及广大爱好者阅读，还适合使用 DIV+CSS 进行开发的各类工程技术人员阅读。学习本书，相信读者会对 DIV+CSS 有更深刻的理解。

图书在版编目（CIP）数据

DIV+CSS 网页样式与布局实战详解/宜亮等编著. -- 北京：清华大学出版社，2013（2016.7 重印）
（Web 开发典藏大系）
ISBN 978-7-302-32540-6

Ⅰ．①D…　Ⅱ．①宜…　Ⅲ．①网页制作工具　Ⅳ．①TP393.092

中国版本图书馆 CIP 数据核字（2013）第 108042 号

责任编辑：夏兆彦
封面设计：欧振旭
责任校对：胡伟民
责任印制：王静怡

出版发行：清华大学出版社
　　　　网　　　　址：http://www.tup.com.cn，http://www.wqbook.com
　　　　地　　　　址：北京清华大学学研大厦 A 座　　　邮　　编：100084
　　　　社 总 机：010-62770175　　　　　　　　　　邮　　购：010-62786544
　　　　投稿与读者服务：010-62776969，c-service@tup.tsinghua.edu.cn
　　　　质 量 反 馈：010-62772015，zhiliang@tup.tsinghua.edu.cn
印 刷 者：清华大学印刷厂
装 订 者：三河市少明印务有限公司
经　　销：全国新华书店
开　　本：185mm×260mm　　　印　　张：32.25　　　字　　数：810 千字
　　　　（附光盘 1 张）
版　　次：2013 年 11 月第 1 版　　　　　　　　印　　次：2016 年 7 月第 3 次印刷
印　　数：5201～6200
定　　价：69.00 元

产品编号：052038-01

前　言

近年来，随着计算机技术的快速发展和深入应用，Web 开发变得愈来愈重要。普及 Web 标准与 CSS 技术已成为一种技术潮流和趋势。而通过 DIV+CSS 进行 Web 开发则是其中的重中之重。各个部门对网页设计或网站开发技术的要求越来越高，纵观人才市场，各企事业单位对网页或网站开发人员的需求也大大增加。

虽然图书市场上已经有了不少相关主题的图书，但这些书大多实用性不足，和实际工作结合得不够紧密，读者学完之后往往无法达到实际的开发工作需要。为了让求职者和相关领域的工作人员有一本更加理想的学习和参考读物，笔者结合自己多年的 Web 开发经验和心得体会，耗时近一年时间编写了本书。希望各位读者能在本书的带领下进入 DIV+CSS 开发的殿堂，成为一名精通 CSS 开发技术的高手。

本书系统地介绍 DIV+CSS 网页布局的相关技术。内容由浅到深，循序渐进，讲解每个知识点时结合典型实例，将理论和实践很好地结合。书中的实例图文并茂，设计精美，内容丰富，文字简洁，代码清晰，可以帮助读者在不知不觉中掌握 CSS 网页布局的精华，从而熟练使用 HTML 标签和 CSS 属性，设计出精美实用的网页。

本书有何特色

1．配多媒体教学视频，增强学习效果

为了便于读者高效而直观地学习本书内容，作者专门为本书重点内容录制了大量的配套多媒体教学视频。这些视频和本书涉及的源代码一起收录在配书光盘中。

2．内容全面，讲解深入

内容包括了 CSS 页面布局的常用知识点。本书既对理论和属性知识进行了系统介绍，又通过样例引出和强调各章节的重点。对属性讲解不像通常的教材那样进行教条式的罗列，而是针对实际应用中可能遇到的问题进行了深入讲解。

3．讲解由浅入深，循序渐进，适合各个层次的读者阅读

本书内容梯度从易到难，讲解由浅入深，循序渐进，适合各个层次的读者阅读，并均有所获。书中所有实例都是作者的原创设计与手工编码，具有代表性。每个实例均按照效果图切割、HTML 代码编写、页面效果分析及最终的 CSS 页面布局的实现进行讲解，即使是刚入门的新手，通过本书也可以一步一步地快速掌握 CSS 页面布局。网页设计的从业人员，也可以把本书作为一本备查手册，即用即查。

4．结合大量实例，有很强的实用性

本书在讲解每个知识点时都配合了典型实例，并对每个实例进行了细致分析，便于读者更好地理解各种概念和开发技术，体会编程的思想，以便在实际应用中举一反三。

5．探讨有应用价值的开发案例，增强实战水平

本书详细地介绍了静态网站的建站方法和动态网站的建站方法。通过对这些案例的剖析，可以让读者对实际的 Web 开发与布局有所了解，从而增强实战水平，更好地将 DIV+CSS 技术应用到实际开发中。

6．提供技术支持，答疑解惑

读者阅读本书时，如果遇到不懂的问题或者需要讨论商榷的内容，可将该问题或者内容发送 E-mail 到 wonderful_stage@163.com 获得帮助，我们会及时地给您详细的解答并与您热情地讨论。

本书内容及体系结构

第 1 篇　DIV+CSS 布局速成（第 1～12 章）

本篇主要内容包括 CSS 入门与速成、CSS 文字、图形、表格、列表、表单样式设计与速成及其他 CSS 样式设计，以及 DIV 布局控制、CSS Sprite 技术、CSS 滤镜的使用和 CSS 浏览器样式兼容等。通过本篇的学习，读者可以掌握 Web 开发环境和 DIV+CSS 编程的基础语法及通用的编程思想。

第 2 篇　DIV+CSS 布局实战演练（第 13～16 章）

本篇主要内容包括广告的设计、公告列表设计、搜索条设计以及单击控件设计。通过本篇的学习，读者可以掌握 DIV+CSS 网页开发编程的关键技术与应用。

第 3 篇　Web 开发进阶（第 17～21 章）

本篇主要内容包括 JavaScript 功能层控制、DOM 与 XML 应用、静态网站的建站方法和动态网站的建站方法、搭建本地服务器以及快速构建本地网站。通过本篇的学习，读者可以掌握方便网页编程的各种技术与应用。还可以将所学的知识应用到实际的案例当中，更快捷地掌握 DIV+CSS 技术，理解网页开发的内涵，为 Web 开发的后期学习打下坚实的基础。

本书读者对象

- ❑　Web 开发初学者；
- ❑　想全面学习 Web 开发技术的人员；
- ❑　Web 专业开发人员；
- ❑　利用 DIV 和 CSS 做 Web 开发的人员；
- ❑　DIV+CSS 开发爱好者；
- ❑　大中专院校的学生；
- ❑　社会培训班学员。

本书作者

本书由宜亮主笔编写。其他参与编写和资料整理的人员有陈世琼、陈欣、陈智敏、董加强、范礼、郭秋滟、郝红英、蒋春蕾、黎华、刘建准、刘霄、刘亚军、刘仲义、柳刚、罗永峰、马奎林、马味、欧阳昉、蒲军、齐凤莲、王海涛、魏来科、伍生全、谢平、徐学英、杨艳、余月、岳富军、张健和张娜。在此表示感谢！

希望本书能对读者学习 Web 开发有所帮助，能增强读者分析和解决实际问题的能力，能提高读者的 Web 开发兴趣，能为读者 Web 开发的后期学习打好基础。

在编写过程中，虽然我们已经尽最大努力提高书稿质量，但百密难免一疏，读者阅读本书的过程中若发现疏漏，恳请广大读者提出批评和指正。

编著者

目　录

第 1 篇　DIV+CSS 布局速成

第 2 篇　DIV+CSS 布局实战演练

第 3 篇　Web 开发进阶

第 1 篇　DIV+CSS 布局速成

第 1 章　Web 标准语言

Web 标准是一个庞大而又不断发展的体系，是 W3C 组织所规范的一系列语言协议标准，其中最重要的莫过于客户端的 HTML、CSS、JavaScript，以及服务器端的 PHP、SQL 等。该标准可以让网页的开发和维护操作变得更加简单易行，而且在多种平台下，网页代码依然可用，具有良好的兼容性。同时，网页解析的速度也会大大的提高，如信息表现的样式（字号和字体等）和网页具体内容会实现分离，以增加样式的复用。本章主要介绍相关的 Web 前端语言以及它们的作用。

1.1　Web 语言简介

Web 语言是互联网沟通的重要组成部分，在客户端的浏览器中，它负责解析众多的 Web 代码程序来执行相应的动作。例如，显示内容的时候，主要读取 HTML 或者 XML 代码，在为内容和模块进行外观修饰时，一般读取 CSS 代码。

客户端的 Web 脚本语言主要包括三大类：结构标准语言、表现标准语言和行为标准语言。下面进行逐一讲解。

1.1.1　结构标准语言

所谓结构语言，是按照页面的内容主要包括哪些部分从而提炼出来的语言。一个页面包括了好多种类的功能或者表现内容，经常上网的人都会知道，一般的网页都包含了标题、文字、段落、图片、链接、表格以及表单等组成部件。而 Web 标准结构语言包括了 HTML 语言、XML 语言和 XHTML 语言等。

1. HTML

HTML（Hyper Text Markup Language，超文本标记语言）是基于 SGML（Standard Generalized Markup Language）应用于计算机互联网系统而诞生出来的一种语言。HTML 在互联网应用方面主要用于描述网页的内容和外观。

HTML 语言由元素所组成，每个元素在浏览器里面表示某种特定的功能内容。一个元素包括一对打开和关闭的标记，标签里面可以定义其属性以及值的内容。HTML 的元素可以用来作为文字、图像及播放器等的容器。HTML 并不能算作一种程序设计语言，因为不能通过它来编译生成可执行文件，它只作为浏览器的解析对象，可以把它看成一种标注性语言。通过巧妙的语言组织，可以让浏览器的页面展现变得更加丰富多彩。

以下是一个简单的 HTML 脚本。

```
<html>
    <head>
        <title>
            标签：第一个 Html 文件（显示在浏览器标签上）
        </title>
</head>
<body>
        <h3>
            大标题：第一个 Html 文件（显示在浏览器页面）
        </h3>
        <p>这里是段落的位置</p>
</body>
</html>
```

上述代码作为一段标准的 HTML 代码，功能很简单，首先控制浏览器的标签显示，接着控制浏览器的页面，页面里显示了一个标题以及一行文字。

其实以上代码有许多可以忽略不写的标签元素，如<html></html>、<body></ body>等这些元素，浏览器可以自动地匹配标签的类型以及层次结构，从而显示出整个页面。

然而，为了保证网页的可阅读性、可编辑性以及可维护性，Web 编程人员应该对 html 文档的格式以及存储结构加以注意，也就是说应该按照 HTML 标准将完整的 HTML 代码写出，包括根元素和开始结束标签等等。

该代码的显示效果如图 1.1 所示：

图 1.1　第一个 HTML 页面

2. XHTML

XHTML（Extensible Hyper Text Markup Language，即可扩展超文本标志语言）是 HTML 的一个扩展，它包含了 HTML 的标志元素以及它自身定义的元素。在写法上，XHTML 语言要求的严密程度更高。当然作为一般化的 SGML 语言，XHTML 也可以看作是 SGML 的一个子集。之所以要创造 XHTML，就是为了取代 HTML 并达到向 XML 语言过渡的目的。

XHTML 除了在声明上和 HTML 不同以外，在编写上与 HTML 很相像。这是因为它们有着相同的元素交集。这里要声明的一点是，尽管 XHTML 标准要求编写上的严密性要达到各个浏览器兼容的一致性，但是现在很多浏览器里面，允许在某些编写错误的情况下，代码也能继续执行甚至正常执行。

我们一起看一下 XHTML 的程序，看它和一般的 HTML 脚本有什么区别。

```
<!DOCTYPE html PUBLIC "-//W3C//DTD XHTML 1.0 Transitional//EN"
"http://www.w3.org/TR/xhtml1/DTD/xhtml1-transitional.dtd">
<html xmlns="http://www.w3.org/1999/xhtml">
    <head>
```

```
        <meta http-equiv="Content-Type" content="text/html; charset=gb2312" />
        <title>
            标签：第一个 Html 文件（显示在浏览器标签上）
        </title>
</head>
<body>
        <h3>
            大标题：第一个 Html 文件（显示在浏览器页面）
        </h3>
            <p>这里是段落的位置</p>
</body>
</html>
```

以上是利用 Dreamweaver 软件的模板功能而生成的 XHTML 文件。它的执行结果和前一程序的运行结果相同。该程序和一般的 HTML 文件最大的区别之处，在于多了一个 <!DOCTYPE >标签、<meta>标签以及 xmlns 属性。其中，DOCTYPE 表示文档的类型，关键字 Transitional 说明了本文档是一个过渡性的文档，或者使用 Strict，或者使用 Frameset，这两个关键词分别表示严格类型和框架类型。

除此以外 http://www.w3.org/TR/xhtml1/DTD/xhtml1-transitional.dtd 是一个网络文件，如图 1.2 所示。读者可以使用浏览器将其下载下来，该文件定义了 XHTML 用到的一些元素、属性以及值的名称。

图 1.2　XHTML 的 DTD 文件

接着是 HTML 标签，其属性 xmlns=http://www.w3.org/1999/xhtml 说明了文档的命名空间。而 meta 标签用于定义本文档的一些信息，在这个例子中，该标签表示本文档的编码类型是 gb2312（简体中文）。除此以外，meta 还可以表示本文档的描述或者关键字等信息，并将这些信息提供给搜索引擎作为参考，所以 meta 是 SEO 的重要对象。

如果HTML文档不是Transitional，在IE浏览器下，读者希望div的高度为0，则千万不要设置该div的height属性，否则会出现一定距离的空白。如果HTML文档定义为Transitional，则显示正常。所以在以后的编程章节里面都默认该HTML为Transitional类型。

3. XML

XML（eXtensible Markup Language）也是 SGML 语言的一个子集，用户可以根据自己的需要定义自己的数据。例如，在 DTD 文件里定义 XML 使用到的元素、属性以及值。目前的浏览器还无法支持对 DTD 里面定义的数据以及 XML 的数据组织之间一致性的检查。但是目前的浏览器一样能像读取 HTML 那样读取 XML，甚至能够提取出里面的层次结构。

XML 的确具有很强的灵活性，这就意味着 XML 具有很强的表现力，这也正是 XML 值得推荐和推广的原因，而且 XML 还可以像 HTML 那样和 CSS 相结合。

XML 还可以是自定义标签的，以下是一个简单的 XML 脚本。

```
<?xml version="1.0" ?>
<class>
    <heading>
        Roster
    </heading>
    <name>
        George
    </name>
    <name>
        John
    </name>
</class>
```

对于这个 XML 脚本，所有标签名字都可以是自定义的，甚至可以是中文标签。不过语法规定一定要有开始和结束标签，两者呼应，缺一不可，否则浏览器就会报错。另外，只能有一个根元素，在本例中，根元素标签是<class>，其他元素必须符合正确的嵌套关系。由此，可以看出 XML 是严格的 Web 脚本语言。

```
<?xml version="1.0" ?>
- <class>
    <heading>Roster</heading>
    <name>George</name>
    <name>John</name>
  </class>
```

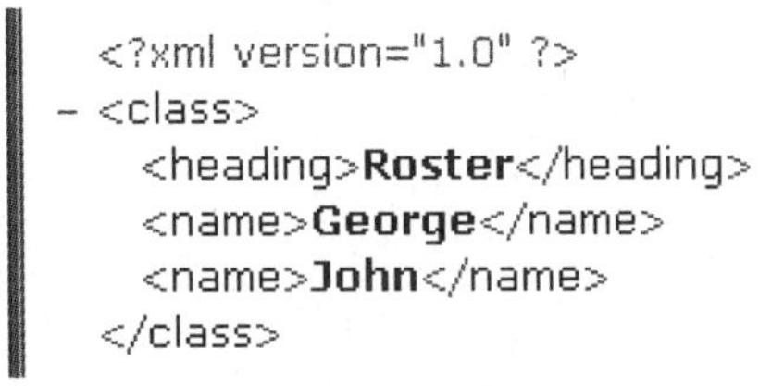

图 1.3　XML 程序运行结果

上面的 XML 程序运行结果如图 1.3 所示：

1.1.2　表现标准语言

W3C 组织为了将页面结构、内容信息和样式风格设计相分离，提出了 CSS（Cascading Style Sheets）样式单的概念，通过在页面脚本添加 CSS 样式定义或者引用样式文件，就可以使用该样式对本页面的风格进行控制。

CSS 不仅可以应用于传统的 HTML 文件，而且可以用于控制 XHTML 以及 XML 文件的样式风格。使用 CSS 对 HTML、XHTML 以及 XML 的编程代码基本类似，区别主要是 XML 里面可以有自定义的标签。

下面是一个简单的 XML 样式控制的例子。我们仍然利用上一节的 XML 示例代码，只不过在大体结构不变的前提下加入了 CSS 样式文件的链接。

```
<?xml version="1.0" encoding="ISO-8859-1"?>
<?xml-stylesheet type="text/css" href="style.css"?>
<!-- 调用 CSS 样式单文件：style.css -->
<class>
    <heading>
        Roster
    </heading>
    <name>
        George
    </name>
```

```
    <name>
        John
    </name>
</class>
```

下面是 style.css 文件的代码。在该文件里设置了 XML 文件里面的 3 个标签 class、heading 以及 name 的风格。

```
class
{
    border:2px solid #FF0000;        /*设置 class 标签的边框厚度、风格和颜色*/
    display:block;                   /*设置 class 标签为块元素*/
    width:100px;                     /*设置 class 标签的宽度*/
}
heading
{
    border:2px solid #FF0000;        /*设置 heading 标签的边框厚度、风格和颜色*/
    background: #eeeeaa;             /*设置 heading 标签的背景的颜色*/
    font-weight:bold;                /*设置 heading 标签的字体的大小*/
    font-size:20px;                  /*设置 heading 标签的字体的大小*/
    color:#0033FF;                   /*设置 heading 标签的字体的颜色*/
    display:block;                   /*设置 heading 标签为块元素*/
}
name
{
    font-size:16px;                  /*设置 name 标签的字体的大小*/
    display:block;                   /*设置 name 标签为块元素*/
    background: #dddddd;             /*设置 name 标签的背景的颜色*/
}
```

XML 使用 CSS 的程序运行结果如图 1.4 所示：

图 1.4　XML 使用 CSS 运行结果

1.1.3　行为标准语言

所谓行为标准语言，就是控制页面的行为的脚本语言，例如用户单击某个空间页面应该做出何种反应等，这就属于行为标准语言运用的范畴，当然这些动作都是可以由编程者控制的。行为标准语言主要有：VBScript、JavaScript 以及 jScript 这 3 个。

1. VBScript

VBScript 是 Visual Basic 用于浏览器页面控制的脚本语言的实现，VBScript 和 Visual Basic 非常相像，当然前者不需要编译，而后者必须编译为可执行文件才可以运行。

VBScript 和 Visual Basic 除了一些基本语法相同之外还有许多不同之处，例如类型定义以及转换不同，各自还有不同的调用函数。

2．JavaScript

JavaScript 是 EMCAScript（european computer manufacturers association）的一个实现，JavaScript 的主要作用是响应一些用户事件，并对网页进行某种调整，如消息通信、页面的绘画等。现在的网页大多数以 JavaScript 作为客户端的行为控制语言，所以 JavaScript 是极其重要的一个学习环节。

3．jScript

jScript 是微软开发的行为标准语言，与 JavaScript 一样，它也是基于 EMCAScript 标准的。在编程方面，jScript 也和 JavaScript 极为相像。IE 浏览器可以很好地支持 jScript，而其他浏览器也能够提供一定的功能支持。

1.2　开发工具

在进行不同项目的软件开发时，都需要使用到相关的开发工具或者集成开发环境。当然进行 Web 前端程序的开发时也不例外，不过对于网页程序，也可以使用一般的文本编辑工具来进行编辑，因为 Web 前端的网页程序不需要进行编译，而是直接由浏览器解析执行的。不过出于项目的考虑，我们介绍一种适用的 Web 前端开发工具，即 Dreamweaver，该环境可以支持多种功能，包括样板设置、站点管理以及可视化编辑等等，而且它易于上手，对于初学者是非常好的学习和开发辅助工具。

1.2.1　如何编写 CSS 代码

编写 CSS 代码的方式和编写 HTML 的方式一样，都可以使用任何文本编辑器进行编辑。因为 CSS 和 HTML 都是脚本语言，只需要由浏览器读取这些文件便可解析里面的语言并且执行相应的行为。因为这种脚本语言不需要编译环境，所以并不是非要安装集成开发环境。

而安装集成开发环境可以为编程提供强大的支持，并且能够提高编程速度，从而有效地提高工作效率。本书推荐 Dreamweaver 这个工具，该软件提供多种 Web 程序语言的编程支持，其提示功能可以有效地提高我们的编程效率。

1.2.2　Dreamweaver 简介

Dreamweaver 使得程序员可以方便快捷地编写代码，设计网站网页。它支持手写 HTML 代码和可视化编辑。不仅如此，它还为程序员提供了先进的网页布局和设计环境，以及更为强大的代码编辑功能。如图 1.5 所示，红色方框里面的部分，就是 Dreamweaver 软件支持的各种文件类型。

图 1.5　Dreamweaver 支持的文件类型

　　Dreamweaver 不仅提供对多种类型的 Web 程序文件的开发，而且 Dreamweaver 还集成了强大的编程界面支持。如图 1.6 所示，即为 Dreamweaver 软件的开发界面。图 1.6 红色方框里面的部分，分别为可视化工具栏、代码编辑框和可视化编辑框。在代码编辑框中，输入 Web 程序文件的代码之后，在可视化编辑框里，就会出现相应的运行结果。

图 1.6　Dreamweaver 开发界面

另外，也可以通过可视化工具栏来插入相应的 HTML 组件元素，如表格、图片以及 flash 动画等。这时，代码编辑框也会将相应的代码补充到原来的代码当中。即代码编辑框和可视化工具栏相互补充，相互配合。此外，还可以通过单击可视化编辑框下面的属性工具栏，从而方便地修改 HTML 标签的一般属性或者在 CSS 代码里添加相应的 CSS 样式。

编写 CSS 的时候，Dreamweaver 还提供提示功能，即如图 1.7 所示，这项功能可以使程序员的编写工作更加方便，使初学者更快更好地入门。

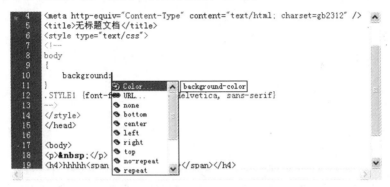

图 1.7 Dreamweaver 的提示功能

另外要切记的一点是，虽然 Dreamweaver 提供了可视化编辑的功能，但是在 Dreamweaver 的可视化编辑框里看到的格式不一定就是浏览器的显示格式，因为 Dreamweaver 解析的方式不一定就和用户所使用的浏览器的解析方式一样。

1.2.3　Dreamweaver 代码编写

创建 HTML 文件时，依次单击菜单"文件(F)"|"新建(N)"|"常规"|"基本页"|HTML 命令（如图 1.8 所示），而创建 CSS 或者 JavaScript 也是类似的步骤。接着就会出现一个编辑页面，如图 1.9 所示，单击"代码"选项按钮就会出现以下的 HTML 代码。

```
<!DOCTYPE html PUBLIC "-//W3C//DTD XHTML 1.0 Transitional//EN"
"http://www.w3.org/TR/xhtml1/DTD/xhtml1-transitional.dtd">
<html xmlns="http://www.w3.org/1999/xhtml">
<head>
<meta http-equiv="Content-Type" content="text/html; charset=gb2312" />
<title>无标题文档</title>
</head>
<body>
</body>
</html>
```

创建完成后就可以在新文件的编辑框里编写 HTML 代码。例如，你可以将本章的 HTML 示例代码粘贴到编辑框里，最后保存文件并用浏览器打开文件即可。下面动手编写一个 HTML 页面的代码，代码如下所示，其中粗体字是新添加的内容。

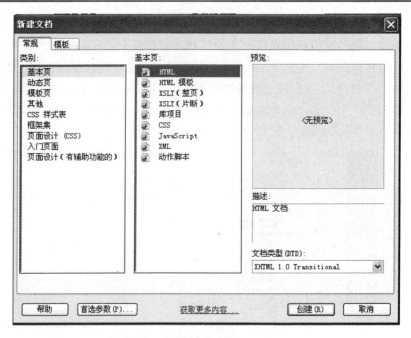

图 1.8　Dreamweaver 下新建 HTML 文件

图 1.9　新建的 HTML 文件的代码

该代码很简单，完成的任务是绘制一个文本框，并将文本框设置为红色。

```
<!DOCTYPE html PUBLIC "-//W3C//DTD XHTML 1.0 Transitional//EN"
"http://www.w3.org/TR/xhtml1/DTD/xhtml1-transitional.dtd">
<html xmlns="http://www.w3.org/1999/xhtml">
<head>
<meta http-equiv="Content-Type" content="text/html; charset=gb2312" />
<title>无标题文档</title>
    <style type="text/css">
        div
        {
            border:#FF0000 3px solid;              /*设置div标签的边框*/
        }
    </style>
</head>
    <div>欢迎来到Web的世界</div>                    <!--添加一个div标签-->
<body>
</body>
</html>
```

　　本代码的功能是添加了一个 div 标签，并用 CSS 语言来将该标签设置为红色实线边框。当完成代码编写后，需要运行测试该 HTML 程序，可以在 Dreamweaver 下按 F12 键或者直接用浏览器打开该文件。该程序运行结果如图 1.10 所示。

欢迎来到Web的世界

图 1.10　程序运行截图

第 2 章　CSS 入门与速成

在这一章开始走进 CSS，我们将会从零开始学习 CSS。通过学习，需要掌握以下几个方面的知识。

- ❑ CSS 的大体结构；
- ❑ CSS 是如何组织的；
- ❑ HTML 是如何调用 CSS 的；
- ❑ CSS 的代码又是如何与 HTML 的各个标签相对应的。

在每个知识点里，都包含了相应的示例代码来辅助大家对 CSS 基本概念的理解，为大家打好 CSS 学习的基础，希望大家能够深刻体会每个例子体现出来的知识点。

2.1　开始 CSS 之旅

CSS 是网页文件的重要组成部分，本节将结合例子让大家能够快速地、更好地了解什么是 CSS 以及如何编写 CSS。

2.1.1　什么是 CSS

CSS（Cascading Style Sheets）指的是层叠样式表。在前面一章已经说过 CSS 是一种表现标准语言，它可以应用于 HTML 文件、XHTML 文件以及 XML 文件，并决定如何显示 HTML 元素，用一句话概括：CSS 就是用来绘制页面的"皮肤"的。

页面的内容由 HTML 语言决定，CSS 用于渲染和修饰 HTML 各个标签的风格，JavaScript 就用于响应用户事件、网络通信并调整网页的结构。这三者就组成了网页的主要脚本内容。

有些读者可能会想，究竟什么才是 DIV+CSS 呢。其实 DIV 元素是一个块级元素，可以方便地把文档分成几个不同的、独立的部分，从而再有效地对各个分部进行处理。如果将一个网页作为一个人来看，DIV 是我们整个的骨骼构架，DIV 元素就是一块块的骨头，CSS 就是我们的韧带和皮肤，将一块块的骨头有机地连接起来。所以通过 DIV+CSS 的方法，就好像构成我们人体一样地建立了网页。

2.1.2　编写一个 CSS

在 1.1.2 小节里面，我们介绍了如何为 XML 添加 CSS。而一般情况下，我们是对 HTML 或 XHTML 添加 CSS 的。所以下面的例子将讲述如何给 HTML 或 XHTML 添加 CSS。

将 1.1.2 小节里面的 XML 修改为 XHTML 格式，因为 XHTML 里面的标签名字是不能自己定义的，所以必须根据 XHTML 标准修改 XML 的内容。

以下是修改后的 XHTML 的程序。

```
<!DOCTYPE html PUBLIC "-//W3C//DTD XHTML 1.0 Transitional//EN"
"http://www.w3.org/TR/xhtml1/DTD/xhtml1-transitional.dtd">
<html xmlns="http://www.w3.org/1999/xhtml">
    <head>
        <meta http-equiv="Content-Type" content="text/html;
        charset=gb2312" />
        <title>
            编写一个 CSS
        </title>
        <!--添加 CSS 链接文件-->
        <link rel="stylesheet" type="text/css" href="style.css">
    </head>
    <body>
        <h3>
            Roster
        </h3>
        <div>
            George
        </div>
        <div>
            John
        </div>
    </body>
</html>
```

对上述代码进行剖析，可以发现：

（1）将<html>和</html>作为 HTML 程序的开始与结束。可以看到，除了文档类型外的所有页面内容，都包括在<html>和</html>这两个元素之间。

（2）程序代码主要分为两个部分：头信息 head 与内容信息 body，这对于所有的 XHTML 程序都是适用的。头信息 head 里定义了标题、页面语言和文字类型等内容。内容信息 body 定义了显示的具体内容。<head>和</head>、<body>和</body>也是成对出现以实现功能的。

（3）<title>标签只能在<head>标签里出现，在浏览器的标题栏中显示 title 的具体内容。

（4）上述代码使用<link>标签将目标 CSS 代码链接进来。

（5）在<body>标签里添加 3 个标签以及其内容，依次为：<h3>、<div>和<div>。

关于上面提到的链接和标签的概念，将会在后面的章节里，进行详细的介绍。

代码的运行结果如图 2.1 所示。这就是一个使用 CSS 方法设计的网页，可以看到它的标题以及具体的内容。

图 2.1　编写一个 CSS

下面是 style.css 文件的代码。在该文件里设置了 XHTML 文件里面的 3 个标签：body、h3 以及 div 的风格。

```
body
{
    border:2px solid #FF0000;      /*设置 body 标签的边框厚度、风格和颜色*/
    display:block;                 /*设置 body 标签为块元素*/
```

```
    width:100px;                    /*设置body标签的宽度*/
}
h3
{
    border:2px solid #FF0000;       /*设置h3标签的边框厚度、风格和颜色*/
    background: #eeeeaa;            /*设置h3标签的背景的颜色*/
    font-weight:bold;              /*设置h3标签的字体的大小*/
    font-size:20px;                /*设置h3标签的字体的大小*/
    color:#0033FF;                 /*设置h3标签的字体的颜色*/
    display:block;                 /*设置h3标签为块元素*/
    margin:0;                      /*设置h3标签与其他元素的距离为0*/
}
div
{
    font-size:16px;                /*设置div标签的字体的大小*/
    display:block;                 /*设置div标签为块元素*/
    background: #dddddd;           /*设置div标签的背景的颜色*/
}
```

对上述代码进行剖析，可以发现：

（1）给 body 标签添加 CSS 代码，使用"标签名/元素名 左大括号 属性 冒号 属性值 分号 右大括号"这种形式来描述所有这种标签的 CSS 的内容。

标签名/元素名{ 　属性名:属性值;　 　属性名:属性值;　 　属性名:属性值;　 ……}

在本例中，为 body 添加了 border 属性，即设置了边框的属性。

其中，"border:2px solid #FF0000;"的"2px"表示边框的宽度为 2 个像素，"solid"表示边框的类型为实线，"#FF0000"表示边框的颜色为红色（该表示形式为 16 进制的红绿蓝 RGB 表示形式）。

"display:block;"表示 body 元素以块元素的形式显示。

"width:100px;"表示 body 元素的宽度为 100 个像素（另外 width 属性的值是不包含边框 border 以及元素间隔 margin 的值在内的，但是如果该元素有 padding 属性，即表示元素边框和内容的距离，那么实际显示的宽度为 width 的值和两端 padding 的值之和。另外，某些浏览器实际显示的宽度也会由于内部内容的宽度而得到扩展，这些内容我们在后面会详细讲解）。

（2）给 h3 标签添加 CSS 代码。

❑ "background: #eeeeaa"表示 h3 元素的背景颜色为#eeeeaa。

❑ "font-weight: bold" 表示 h3 元素内容的字体笔画宽度（厚度）为 bold。

❑ "font-size: 20px" 表示 h3 元素内容的字体大小为 20 像素。

❑ "color: #0033FF" 表示 h3 元素内容的字体颜色为#0033FF。

❑ "margin: 0" 表示 h3 元素与邻近元素（包括直接父节点元素和同层级元素）的间隔距离为 0 像素，切记只有属性值为零时才不用加单位 px，非零元素必须加单位 px。

其中，color、font-size 和 font-weight 具有继承属性，即如果不显示说明这些属性的值的话，其值就为该 HTML 标签父节点的属性。

（3）最后设置 DIV，因为这个 HTML 文件有 2 个 DIV 元素，所以 DIV 对应的 CSS 的代码会影响该 HTML 文件的所有 DIV 元素。

因为 body、h3 和 div 这些标签都是块元素（所谓块元素就是带换行的元素，即其下一个元素在其下一行，且宽和高可以设置的元素；而行元素就是不带换行的元素，即其下一个元素不在其下一行，且宽和高不可以设置的元素），所以 display:block 属性可以去掉。

2.2　CSS 的组成

通过上一节，相信读者已经对 CSS 的编程有了大致的讲解，在此感性认识的基础上，本节将系统地讲解一下 CSS 都有哪些部分组成。了解了 CSS 的组成后，读者只要对 CSS 的这些相应"零件"进行编程，便可使页面呈现出相应的表现效果。

2.2.1　选择符

选择符的作用是指定某些特定的标签，而选择符的内容就是对这些标签的设置。所以通过选择符来指定 HTML 的目标元素，即通过对该选择符的属性进行属性值的设置，来实现对相应的 HTML 元素进行样式设置。

常用的选择符主要有：标签选择符、ID 选择符、CLASS 选择符以及派生选择符等，而且 CSS 3 里还引进了更多更丰富的选择符，会在之后的章节中继续学习。下面通过一个简单的例子来认识一下选择符的使用方法。

下面的例子包括了标签选择符、ID 选择符和 CLASS 选择符这三大类的使用方法，通过这个例子读者可以知道选择符的一般使用方法了。

```
<!DOCTYPE html PUBLIC "-//W3C//DTD XHTML 1.0 Transitional//EN"
"http://www.w3.org/TR/xhtml1/DTD/xhtml1-transitional.dtd">
<html xmlns="http://www.w3.org/1999/xhtml">
    <head>
        <meta http-equiv="Content-Type" content="text/html;
        charset=gb2312" />
        <title>
            选择符的使用
        </title>
        <style type="text/css">
        <!--
        Div                             /*标签选择符*/
        {
            border-color:#FF0000;       /*设置 div 标签的边框颜色*/
            border-style:dotted;        /*设置 div 标签的边框风格*/
            border-width:2px;           /*设置 div 标签的边框宽度*/
            width:300px;                /*设置 div 标签的宽度*/
            height:30px;                /*设置 div 标签的高度*/
        }

        #id_chooser                     /*ID 选择符*/
        {
            border-style:solid;         /*设置 ID 选择符的边框风格*/
            border-width:4px;           /*设置 ID 选择符的边框宽度*/
            width:300px;                /*设置 ID 选择符的宽度*/
            height:50px;                /*设置 ID 选择符的高度*/
            font-size:18px;             /*设置 ID 选择符的字体大小*/
```

```
            }
        .class_chooser                          /*CLASS 选择符*/
        {
            border-style:dashed;                /*设置 CLASS 选择符的边框宽度*/
            width:300px;                        /*设置 CLASS 选择符的宽度*/
            height:70px;                        /*设置 CLASS 选择符的高度*/
            font-size:24px;                     /*设置 CLASS 选择符的字体大小*/
        }
        -->
    </style>
</head>
<body>
    <div>
        本元素仅由 标签选择符 控制
    </div>
    <div id="id_chooser">
        本元素仅由 标签选择符 和 ID 选择符 控制
    </div>
    <div class="class_chooser">
        本元素仅由 标签选择符 和 CLASS 选择符 控制
    </div>
</body>
</html>
```

上述代码剖析：

（1）首先在 HTML 部分创建了 3 个 DIV 元素，并且第一个 DIV 没有任何 id 属性和 class 属性的标识，而第二个 DIV 只有 id 属性的标识（HTML 代码部分 id 属性的值是不能重复的，它是被唯一标识的），第三个 DIV 只有 class 属性的标识（HTML 代码部分 class 属性的值可以重复）。

（2）编写 div 标签的 CSS 代码，所有的 DIV 的默认样式都为：带 2 像素宽、点状、红色边框的高为 30 像素且宽为 300 像素的 DIV 元素。

（3）编写 id 为 id_chooser 的 div 标签的 CSS 代码，因为有 id 选择符的 CSS 代码属性会覆盖标签选择符的属性（与编写顺序无关），所以 id 为 id_chooser 的 DIV 的默认样式都为：带 4 像素宽、实线、红色边框、字体大小为 18 像素、高为 50 像素且宽为 300 像素的 DIV 元素。

（4）编写 class 为 class_chooser 的 div 标签的 CSS 代码，因为有 class 选择符的 CSS 代码属性会覆盖标签选择符的属性（与编写顺序无关），所以 class 为 class_chooser 的 DIV 的默认样式都为：带 8 像素宽、虚线、红色边框、字体大小为 24 像素、高为 70 像素且宽为 300 像素的 DIV 元素。

（5）这是 CSS 继承的概念，CSS 继承是子元素会继承父元素所有的样式风格，但是如果子元素有自己特有的属性特点，就会显示出只属于子元素本身的样式风格。如本代码 id 为 id_chooser 和 class_chooser 的 div 标签，它一方面继承了父元素的属性，另一方面又表现了自己的属性。

这段代码的运行结果如图 2.2 所示。

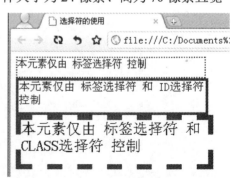

图 2.2　选择符的使用

2.2.2　属性

属性项是通过选中该选择符的某些属性，然后设置其属性的值来完成某些功能。几乎所有的标签都有一模一样的属性，但是有的属性对应某些类型的标签是不起作用的。例如，行元素的高和宽属性不起作用，或者在某些浏览器里没有某些属性，或者在某些浏览器里面有该浏览器特有的属性等，这些情况都是客观存在的。

如表 2.1 所示的列表项是程序员常用的一些属性以及相应的描述。

表 2.1　常用属性列表

常用属性	描　　述	
border	边框综合属性（包括边框图片、位置和颜色等）	相关属性
		border-color
		border-style
		border-width
		border-bottom
		border-left
		border-right
		border-top
font	字体类型、风格	
color	字体颜色	
background	背景综合属性（包括背景图片、位置和颜色等）	相关属性
		background-attachment
		background-color
		background-image
		background-position
		background-repeat
padding	元素内部内容到其上下左右边框的距离	相关属性
		padding-bottom
		padding-left
		padding-right
		padding-top
margin	元素外部内容到其上下左右边框的距离	相关属性
		margin -bottom
		margin -left
		margin -right
		margin -top
position	位置属性（非常重要，用于定位HTML标签）	相关属性
		bottom
		left
		right
		top

2.2.3　属性值

每个属性都有特定的属性值以及多个可供选择的属性值，而且有的属性有默认值，有的属性没有默认值，不同 HTML 元素的同一个属性有不同的默认值。如表 2.2 所示的列表项是常用的一些属性值以及相应的描述。

表 2.2　常用属性和默认属性值列表

常用属性	默认属性值	描　述
position	static	设置为static后，元素出现在正常的布局位置
display	不定	不同的标签默认值不一样
margin	不定	不同的标签、不同的浏览器默认值不一样
padding	不定	不同的标签、不同的浏览器默认值不一样
background-position	0% 0%	背景图片左上方和元素左上方对齐
background-image	none	无背景图片
background-color	transparent	背景颜色透明
background-repeat	repeat	向横纵方向排布
background-attachment	scroll	背景图像会随着页面其余部分的滚动而移动

这些属性和属性值，我们会在后面的章节中，通过例子进行详细说明。

2.3　CSS 的位置

2.3.1　属性样式表

所谓的属性样式表就是 CSS 作为 HTML 语言对部分属性的一种使用，这是一种设置 HTML 样式的方法，两者只有书写上面的区别，都可以达到控制样式的效果。

书写时只需要在 HTML 标签里添加 style 属性即可，style 属性的值书写的是 CSS 代码，其中包括 CSS 属性名以及属性值，不同的 CSS 属性以分号分开，并且这个位置的样式表不需要标识选择符，因为属性样式表是嵌入到 HTML 标签内部的。

即这样的代码形式：

```
<Html 标签名 style="属性 1:属性值 1; 属性 2:属性值 2;"> 内容 </ Html 标签名>
```

下面是一个属性样式表的简单的使用例子。

```
<!DOCTYPE html PUBLIC "-//W3C//DTD XHTML 1.0 Transitional//EN"
"http://www.w3.org/TR/xhtml1/DTD/xhtml1-transitional.dtd">
    <head>
        <meta http-equiv="Content-Type" content="text/html;
        charset=gb2312" />
        <title>
            属性样式表的使用
        </title>
    </head>
    <body>
        <div    style="text-align:center;border:#FF0000 solid
4px;width:300px;height:50px;background:#FFFFFF;">
<!--Html 内嵌的 CSS 样式单-->
            属性样式表的使用
        </div>
    </body>
</html>
```

对上述代码进行剖析如下：

可以看到上述代码没有像之前那样引用 CSS 样式单，而是直接在 HTML 代码的标签的相应属性中添加了 style 属性，然后在 style 里面添加了 CSS 代码。

并且 style 属性的值实际上就是 CSS 属性名称及其属性值，所以两种 CSS 代码的编写有着共同的设置方法，只是位置和引入方式不同而已。

该段代码的运行结果如图 2.3 所示。

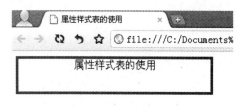

图 2.3　属性样式表的使用

2.3.2　内部样式表

在写法方面，内部样式表和属性样式表的区别是：内部样式表的代码部分在标签 <style> 的内部书写，并且需要以选择符打头，而内部样式表的 CSS 代码和嵌入到 HTML 标签内部的属性样式表一样。

内部样式表的写法结构大致如下：

```
<style>
    选择符
    {
        属性： 属性值；
        属性： 属性值；
        /*….*/
    }
    选择符
    {
        属性： 属性值；
        属性： 属性值；
        /*….*/
    }
    /*….*/
</style>
```

上述 CSS 伪代码可以嵌入到 HTML 任意的标签编写区域。为了具体说明内部样式表的调用方法，我们先看看以下的 CSS 内部样式表的调用示例。

```
<!DOCTYPE html PUBLIC "-//W3C//DTD XHTML 1.0 Transitional//EN"
"http://www.w3.org/TR/xhtml1/DTD/xhtml1-transitional.dtd">
<html xmlns="http://www.w3.org/1999/xhtml">
    <head>
        <meta http-equiv="Content-Type" content="text/html;
        charset=gb2312" />
        <title>
            内部样式表的使用
        </title>
        <style>
            <!--
                div
                {
                    text-align:center;    /*设置 div 标签的文本对齐方式*/
                    border:#FF0000 solid 4px;
                                          /*设置 div 标签的边框颜色和实线大小*/
                    width:300px;          /*设置 div 标签的宽度*/
                    height:50px;          /*设置 div 标签的高度*/
                    background: #FFFFFF;  /*设置 div 标签的背景颜色*/
```

```
                }
            -->
        </style>
    </head>
    <body>
        <div>
            内部样式表的使用
        </div>
    </body>
</html>
```

对上述代码进行剖析，可以看出以下几点：

上面的 CSS 内部样式表嵌入到了 HTML 的<head>标签里面。并且需要标明选择符，使得它与 HTML 的标签相对应。而内部的 CSS 属性的设置写法与 CSS 标准一致。

CSS 内部样式表以<style>标签的形式存在于 HTML 里面，一般写在 HTML<head>标签的内部，但也可以编写在其他 HTML 标签可以写入的位置。

该段代码的运行结果如图 2.4 所示。

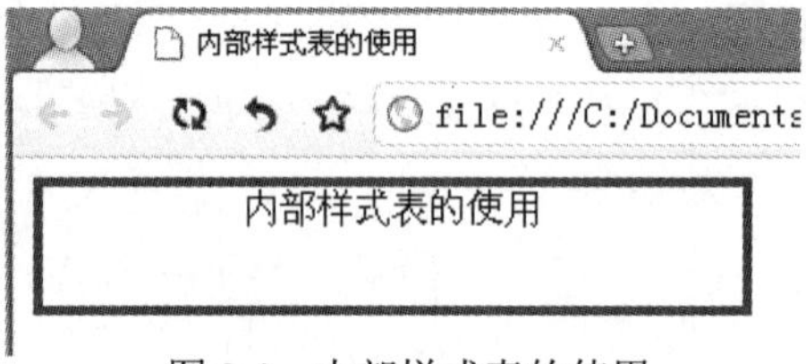

2.3.3　链接样式表

图 2.4　内部样式表的使用

链接样式表与内部样式表和属性样式表不同的一点，就是链接样式表和 HTML 文件不在同一个文件的内部，HTML 文件通过调用外部的 CSS 文件来达到控制该 HTML 标签的目的。另外，链接样式表不需要写<style>标签，只需要写入 CSS 代码即可。

HTML 代码使用<link>标签来调用 CSS 文件，调用方法如下：

```
<link  rel="stylesheet"  type="text/css"  href="CSS 文件名">
```

下面是一个调用链接样式表的简单例子，其中 appearance.css 是 CSS 文件，在 HTML 文件里面使用<link>标签来调用 appearance.css 文件。

以下是 CSS 文件 appearance.css 的代码。

```
div
{
    text-align:center;           /*设置 div 标签的文本对齐方式*/
    border:#FF0000 solid 4px;    /*设置 div 标签的颜色和实线大小*/
    width:300px;                 /*设置 div 标签的宽度*/
    height:50px;                 /*设置 div 标签的高度*/
    background: #FFFFFF;         /*设置 div 标签的背景颜色*/
}
```

上述 CSS 代码与 2.3.1 小节和 2.3.2 小节的 CSS 代码一样，都是将 div 标签的内容设置为居中显示，边框为 4 像素的红色实线，宽和高分别为 300 像素和 50 像素，背景色为白色（而不是透明）。下面的是 HTML 文件的代码。

```
<!DOCTYPE  html PUBLIC "-//W3C//DTD XHTML 1.0 Transitional//EN"
"http://www.w3.org/TR/xhtml1/DTD/xhtml1-transitional.dtd">
<html xmlns="http://www.w3.org/1999/xhtml">
    <head>
        <meta http-equiv="Content-Type" content="text/html;
        charset=gb2312" />
```

```
        <title>
            链接样式表的使用
        </title>
        <link rel="stylesheet" type="text/css" href="appearance.css">
    </head>
    <body>
        <div>
            链接样式表的使用
        </div>
    </body>
</html>
```

对上述代码进行剖析如下：

这里 HTML 文档使用<link>标签来引入外部 CSS 文件，其中 rel 属性规定了当前文档与被链接文档之间的关系，在这里 rel 属性指定目标文件为 CSS 文件。rel 属性被所有浏览器所支持，由于 type 不一定起作用，所以 type 属性可以去掉。

HTML 的 link 标签不仅可以用于链接外部 CSS 文件，还可以设置浏览器页面标签图标或者其他功能特性。下面是设置浏览器页面标签图标的方法示例：

```
<link    rel="shortcut icon"    type="image/ico"    href="favicon.ico" />
```

该段代码的运行结果如图 2.5 所示。

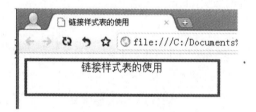

图 2.5　链接样式表的使用

2.3.4　导入样式表

导入样式表和使用链接样式表很相像，都是调用外部的 CSS 文件，但是调用方法却不同。链接样式表使用的是 HTML 的<link>标签来调用外部的 CSS 文件，导入样式表使用的是 CSS 的@import 语句来调用外部的 CSS 文件。

以下是 CSS 文件 appearance.css 的代码（本 CSS 代码和 2.3.3 小节的示例一样）。

```
div
{
    text-align:center;
    border:#FF0000 solid 4px;
    width:300px;
    height:50px;
    background: #FFFFFF;
}
```

下面是 HTML 文件里面使用@import 调用外部 CSS 文件的用法示例。

```
<!DOCTYPE html PUBLIC "-//W3C//DTD XHTML 1.0 Transitional//EN"
"http://www.w3.org/TR/xhtml1/DTD/xhtml1-transitional.dtd">
```

```
<html xmlns="http://www.w3.org/1999/xhtml">
    <head>
        <meta http-equiv="Content-Type" content="text/html;
        charset=gb2312" />
        <title>
            导入样式表的使用
        </title>
        <style>
            <!--
                @import url(appearance.css);
            -->
        </style>
    </head>
    <body>
        <div>
            导入样式表的使用
        </div>
    </body>
</html>
```

对上面这段导入样式表的代码进行剖析如下：

@import 实际上是 CSS 语言使用的一种调用语句，即@import 语句可以在任何 CSS 语言能够出现的场合使用。所以当 HTML 语言要调用 CSS 文件时可以使用<link>标签，当 CSS 语言要调用 CSS 文件时使用@import 语句。

该段代码的运行结果如图 2.6 所示。

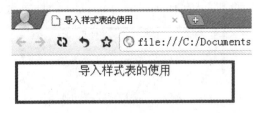

图 2.6　导入样式表的使用

第 3 章 CSS 文字样式设计与速成

文字是一个页面内容的灵魂,因为大多数的页面都是通过文字传达信息的,所以对文字的渲染可以起到对页面更好的修饰作用,而好的文字渲染既可给人带来感官享受,也可使人阅读得更舒服更清晰。

在这一章将开始学习如何控制文字的样式,其中包括 Web 编程的一些主要概念。通过这章的知识点以及实例的分析,使得对 CSS 标签如何控制文字样式有一定的认识,从而达到能够排列出丰富的 CSS 文字效果的目的。

3.1 CSS 3 文字样式

在这一节学习如何为文字添加 CSS 样式,包括 CSS 的一些常用的文字设置。例如,文字的字体、文字的大小、文字的类型、文字的粗细、文字的颜色、链接的样式、文字的布局以及文字的阴影等。另外,还将学习 CSS 3 新增的文字样式的控制方法。

3.1.1 字体

CSS 提供 font-family 属性来控制文字的字体类型,通常使用的汉字字体有宋体、黑体和楷体等,通常使用的外文字体有 Arial 和 Times New Roman 等。

如表 3.1 所示是 Dreamweaver 默认的 font-family 属性的字体集合。

表 3.1 默认的font-family属性的字体集合列表

Dreamweaver默认的font-family属性的字体
宋体
新宋体
Arial, Helvetica, sans-serif
Times New Roman, Times, serif
Courier New, Courier, monospace
Georgia, Times New Roman, Times, serif
Verdana, Arial, Helvetica, sans-serif
Geneva, Arial, Helvetica, sans-serif
黑体
楷体_GB2312
仿宋_GB2312

从上面的表格可以看到,其中有的属性使用了逗号隔开,其意思为:当浏览器没有第一个字体库时,会使用下一个备选的字体库。例如,如果 font-family 属性设置为:Times New

Roman,Times,serif，则浏览器会寻找第一个存在的字体库。

除此以外，Dreamweaver 还提供其他的字体属性，可以通过"编辑字体列表"设置框来增加或者删除默认的字体属性。如图 3.1 所示即为软件"编辑字体列表"的界面。

图 3.1　编辑字体列表

下面是一个设置文字字体的简单示例，通过本示例，可以熟悉常用的字体类型，通常只要知道 5～6 种字体的大概形状就可以了。

```html
<!DOCTYPE html PUBLIC "-//W3C//DTD XHTML 1.0 Transitional//EN"
"http://www.w3.org/TR/xhtml1/DTD/xhtml1-transitional.dtd">
<html xmlns="http://www.w3.org/1999/xhtml">
    <head>
        <meta http-equiv="Content-Type" content="text/html;
        charset=gb2312"/>
        <title>
            文字字体设置
        </title>
        <style type="text/css">
            <!--
            div
            {
                border:#FF0000 2px solid;
                                        /*设置div标签的边框颜色和实线大小*/
                width:300px;            /*设置div标签的宽度*/
                text-align:center;      /*设置div标签的文本对齐方式*/
            }
            #font1
            {
                font-family:"宋体";
            }
            #font2
            {
                font-family:"黑体";
            }
            #font3
            {
                font-family:"楷体_GB2312";
            }
            #font4
            {
                font-family:Arial;
```

```
            }
            #font5
            {
                font-family:"Times New Roman";
            }
            -->
        </style>
    </head>
    <body>
        <div id="font1">
            宋体
        </div>
        <div id="font2">
            黑体
        </div>
        <div id="font3">
            楷体
        </div>
        <div id="font4">
            Arial
        </div>
        <div id="font5">
            Times New Roman
        </div>
    </body>
</html>
```

对上述代码进行剖析如下：

可以发现，HTML 代码部分首先创建了 5 个 DIV 标签元素，然后在 CSS 代码里面根据 ID 号给各个 DIV 设置文字字体。

除了 font-family 可以设置字体外，还可以通过 font 属性来设置字体，因为 font 属性可以包含多个文字属性的设置，包括文字大小、文字类型以及文字粗细等。

如图 3.2 所示为这段代码的运行结果，即对文字字体进行设置。

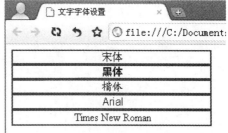

图 3.2　文字字体设置

3.1.2　大小

CSS 提供 font-size 来控制字体的大小，font-size 允许使用百分号形式或者单位形式来进行字体大小的设置。使用单位形式进行设置举例：

```
font-size:  20px;
```

使用百分号进行设置举例：

```
font-size:  200%;
```

使用百分号形式时，是相对于父节点的 font-size 的大小进行设置的，一般情况下 body 父节点的字体大小为 16 像素。

除此之外，font-size 还支持以下属性值的设置：xx-small（最小）、x-small（较小）、small（小）、 medium（中等）、large（大）、x-large（较大）以及 xx-large（超大）。

需要强调的是，font-size 还支持相对大小的属性值的设置，即 larger 以及 smaller。

```
<!DOCTYPE html PUBLIC "-//W3C//DTD XHTML 1.0 Transitional//EN"
"http://www.w3.org/TR/xhtml1/DTD/xhtml1-transitional.dtd">
<html xmlns="http://www.w3.org/1999/xhtml">
    <head>
        <meta http-equiv="Content-Type" content="text/html;
        charset=gb2312" />
        <title>
            文字大小设置
        </title>
        <style type="text/css">
            <!--
                body
                {
                    font-size:18px;
                }
                div
                {
                    border:#FF0000 2px solid;
                                        /*设置div标签的边框颜色和实线大小*/
                    width:300px;            /*设置div标签的宽度*/
                    text-align:center;  /*设置div标签的文本对齐方式*/
                }
                #font1
                {
                    font-size:100%;
                }
                #font2
                {
                    font-size:16px;
                }
                #font3
                {
                    font-size:200%;
                }
                #font4
                {
                    font-size:large;
                }
                #font5
                {
                    font-size:larger;
                }
            -->
        </style>
    </head>
    <body>
                 
                 
            BODY   18px
        <div id="font1">
            DIV 100%
        </div>
        <div id="font2">
            DIV 16px
        </div>
        <div id="font3">
            DIV 200%
        </div>
```

```
        <div id="font4">
            DIV large
        </div>
        <div id="font5">
            DIV larger
        </div>
    </body>
</html>
```

对上述代码进行剖析如下：

（1）首先为 HTML 代码添加 5 个 DIV 标签元素，并依次将其 id 命名为 font1、font2、font3、font4 和 font5。

（2）添加 CSS 代码部分，依次将 body 以及 5 个 DIV 标签的 font-size 设置为 18px、100%、16px、200%、large 和 larger。

因为 body 是 DIV 的直接父节点，所以 font1 的 font-size 的值也为 18px，font3 的 font-size 的值为 36px。其次，large 的效果和 18px 的效果一样。另外，因为父节点的 font-size 为 18px，font5 为 larger，使得其效果和 22px 的效果一样，所以可以看出，使用 larger 后一般增大 4 个像素。在该代码中出现了字符串 ，它表示的是一个空格，所以程序中写了 5 个 ，就表示连着出现了 5 个空格。

如图 3.3 所示即为这段代码的运行结果，即对文字大小进行设置，可以看到文字大小的变化。

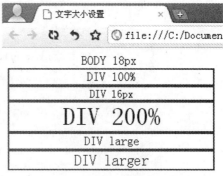

图 3.3　文字大小设置

3.1.3　类型

CSS 提供 font-style 来设置字体的类型，主要是针对斜体或者正体字型的设置。CSS 允许 4 种 font-style 属性值的设置，表 3.2 即为 font-style 属性值的设置列表。

表 3.2　font-style属性值的设置列表

值	描　　述
normal	默认值。浏览器显示一个标准的字体样式
italic	浏览器会显示一个斜体的字体样式
oblique	浏览器会显示一个倾斜的字体样式
inherit	规定应该从父元素继承字体样式

其中，italic 以及 oblique 都是将文字设置为斜体，它们的样式效果是一样的。以下代码是 font-style 属性的简单使用举例。

```
<!DOCTYPE html PUBLIC "-//W3C//DTD XHTML 1.0 Transitional//EN"
"http://www.w3.org/TR/xhtml1/DTD/xhtml1-transitional.dtd">
<html xmlns="http://www.w3.org/1999/xhtml">
    <head>
        <meta http-equiv="Content-Type" content="text/html;
        charset=gb2312" />
        <title>
            文字类型设置
```

```
        </title>
        <style type="text/css">
            <!--
                body
                {
                    font-size:20px;          /*设置 body 标签的字体大小*/
                    font-style:italic;       /*设置 body 标签的字体风格*/
                }
                div
                {
                    border:#FF0000 2px solid;
                                             /*设置 div 标签的边框颜色和实线大小*/
                    width:300px;             /*设置 div 标签的宽度*/
                    text-align:center;       /*设置 div 标签的文本对齐方式*/
                }
                #font1
                {
                    font-style:normal;
                }
                #font2
                {
                    font-style:italic;
                }
                #font3
                {
                    font-style:oblique;
                }
                #font4
                {
                    font-style:inherit;
                    font-size-adjust:
                }
            -->
        </style>
    </head>
    <body>
                 
                 
            BODY 斜体
        <div id="font1">
            DIV  正常
        </div>
        <div id="font2">
            DIV  斜体 1（italic）
        </div>
        <div id="font3">
            DIV  斜体 2（oblique）
        </div>
        <div id="font4">
            DIV  继承父类（inherit）
        </div>
    </body>
</html>
```

对上述代码进行剖析如下：

为 HTML 代码添加 4 个 DIV 标签元素，并依次将其 id 命名为 font1、font2、font3 和 font4。其中因为 body 标签设置为 italic，而 font4 设置为 inherit，所以 font4 的文字类型实际上也为 italic。

如图 3.4 所示为这段代码的运行结果，即对文字类型进行设置，可以看到斜体和正常体等字体。

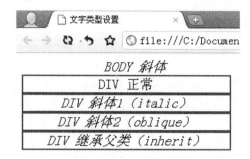

图 3.4　文字类型设置

3.1.4　粗细

CSS 提供 font-weight 属性来控制文字的粗细，其值可以是指定的数值或者关键字，表 3.3 即为 font-weight 属性值的设置列表。

表 3.3　font-weight 属性值的设置列表

值	描　述
normal	默认值。不加粗
bold	粗体
bolder	比父节点字体粗
lighter	比父节点字体细
100～900（9级粗细字体）	100、200、300、400、500、600、700、800、900

一般的现代浏览器只提供两级粗细字体，所以，从 100～500 都为不加粗字体，从 600～900 都为加粗字体。

以下代码展示了字体粗细的一般设置方式。

```
<!DOCTYPE html PUBLIC "-//W3C//DTD XHTML 1.0 Transitional//EN"
"http://www.w3.org/TR/xhtml1/DTD/xhtml1-transitional.dtd">
<html xmlns="http://www.w3.org/1999/xhtml">
    <head>
        <meta http-equiv="Content-Type" content="text/html;
        charset=gb2312" />
        <title>
            文字粗细设置
        </title>
        <style type="text/css">
            <!--
            body
            {
                font-size:20px;         /*设置 body 标签的字体大小*/
                font-weight:600;        /*设置 body 标签的文本粗细*/
            }
            div
            {
                border:#FF0000 2px solid;
```

```
                                              /*设置 div 标签的边框颜色和实线大小*/
            width:300px;                      /*设置 div 标签的宽度*/
            text-align:center;                /*设置 div 标签的文本对齐方式*/
        }
        #font1
        {
            font-weight:normal;
        }
        #font2
        {
            font-weight:bold;
        }
        #font3
        {
            font-weight:bolder;
        }
        #font4
        {
            font-weight:lighter;
        }
        #font5
        {
            font-weight:100;
        }
        #font6
        {
            font-weight:900;
        }
        -->
    </style>
</head>
<body>
             
             
        BODY 600
    <div id="font1">
        DIV normal
    </div>
    <div id="font2">
        DIV bold
    </div>
    <div id="font3">
        DIV bolder
    </div>
    <div id="font4">
        DIV lighter
    </div>
    <div id="font5">
        DIV 100
    </div>
    <div id="font6">
        DIV 900
    </div>
</body>
</html>
```

对上述代码进行剖析如下：

（1）依次添加 DIV 标签元素，并将它们的 id 分别命名为 font1、font2、font3、font4、font5 和 font6。

（2）在 CSS 代码部分，首先把 body 标签的 font-weight 设置为 600，然后把 font1、font2、font3、font4、font5 和 font6 的该属性分别设置为 normal（相当于 400）、bold（相当于 700）、bolder、lighter、100 和 900。

（3）按照规定，因为其父节点 body 的 font-weight 属性为 600，且 font3 和 font4 的 font-weight 属性分别为 bolder（实际应该为 700）以及 lighter（实际应该为 500），然而实际运行时只有两种粗体样式。

如图 3.5 所示为这段代码的运行结果，即对文字粗细进行设置。其中只有两种粗细样式，并且设置为 600 和设置为 900 的效果是一样的，所以一般的浏览器只有两级粗细字体。

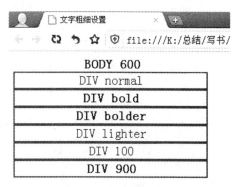

图 3.5　文字粗细设置

3.1.5　颜色

CSS 提供 color 属性来控制文字的颜色，其值可以是关键字形式、十六进制形式、RGB 形式以及 inherit 形式。另外 HTML 的 font 标签里面也具有 color 属性用于设置文字颜色，然而在 XHTML 1.0 的 Strict DTD 中，不支持 color 属性，需要使用 CSS 的 color 属性来代替。

使用关键字形式进行设置举例：

```
color:  red
```

使用十六进制形式进行设置举例：

```
color:  #ff0000
```

使用 RGB 形式进行设置举例：

```
color:  RGB(255,0,0)
```

以下代码展示了字体颜色的一般设置方式。

```
<!DOCTYPE html PUBLIC "-//W3C//DTD XHTML 1.0 Transitional//EN"
"http://www.w3.org/TR/xhtml1/DTD/xhtml1-transitional.dtd">
<html xmlns="http://www.w3.org/1999/xhtml">
    <head>
        <meta http-equiv="Content-Type" content="text/html;
        charset=gb2312" />
        <title>
            文字颜色设置
        </title>
        <style type="text/css">
            <!--
            body
            {
                font-size:20px;            /*设置 body 标签的字体大小*/
                color: yellow;             /*设置 body 标签的颜色*/
            }
            div
```

```
                {
                    border:#FF0000 2px solid;  /*设置div标签的边框颜色和
                                               实线大小*/
                    width:300px;               /*设置div标签的宽度*/
                    text-align:center;         /*设置div标签的文本对齐方式*/
                    font-size:20px;
                }
                #font1
                {
                    color:red;
                }
                #font2
                {
                    color:#00ff00;
                }
                #font3
                {
                    color:RGB(0,0,255);
                }
                #font4
                {
                    color:inherit;
                }
            -->
        </style>
    </head>
    <body>
                  
                 
            黄色
        <div id="font1">
            红色
        </div>
        <div id="font2">
            绿色
        </div>
        <div id="font3">
            蓝色
        </div>
        <div id="font4">
            父节点的颜色（黄色）
        </div>
    </body>
</html>
```

对上述代码进行剖析如下：

（1）依次添加 4 个 DIV 标签元素，将它们的 id 分别命名为 font1、font2、font3 和 font4。

（2）在 CSS 代码部分，首先把 body 标签的 color 属性设置为 yellow，然后把 font1、font2、font3 和 font4 的 color 属性设置为 red、#00ff00、RGB(0,0,255)以及 inherit。

如图 3.6 所示为这段代码的运行结果，即对文字颜色进行设置。因为 body 为 font4 的父节点且 body 的属性为 yellow，且 font4 的 color 属性为 inherit，

图 3.6 文字颜色设置

所以 body 和 font4 的字体颜色是一样的。

3.1.6　小型大写字体

CSS 提供 font-variant 属性来控制文字的大小写控制，但是该属性较少使用，读者只需了解即可。表 3.4 即为 font-variant 属性值的设置列表。

表 3.4　font-variant属性值的设置列表

值	描　　述
normal	默认值。大小写不变
small-caps	英文小型大写字体
inherit	和父节点一致

下面是 font-variant 属性的简单使用举例。

```
<!DOCTYPE html PUBLIC "-//W3C//DTD XHTML 1.0 Transitional//EN"
"http://www.w3.org/TR/xhtml1/DTD/xhtml1-transitional.dtd">
<html xmlns="http://www.w3.org/1999/xhtml">
    <head>
        <meta http-equiv="Content-Type" content="text/html;
        charset=gb2312" />
        <title>
            文字大小写设置
        </title>
        <style type="text/css">
            <!--
                body
                {
                    font-variant:small-caps;    /*设置body 标签的字体属性*/
                }
                div
                {
                    border:#FF0000 2px solid; /*设置div 标签的边框颜色和实线
                                              大小*/
                    width:300px;              /*设置div 标签的宽度*/
                    text-align:center;        /*设置div 标签的文本对齐方式*/
                }
                #font1
                {
                    font-variant:normal;
                }
                #font2
                {
                    font-variant:inherit;
                }
            -->
        </style>
    </head>
    <body>
              
             
        this is Font style(small-caps)
    <div id="font1">
        this is Font style(normal)
    </div>
```

```
        <div id="font2">
            this is Font style(inherit)
        </div>
    </body>
</html>
```

对上述代码进行剖析如下：

（1）依次添加两个 DIV 标签元素，将它们的 id 分别命名为 font1 和 font2。

（2）在 CSS 代码部分，首先把 body 标签的 font-variant 属性设置为 small-caps，然后把 font1 和 font2 的 font-variant 属性设置为 normal 和 inherit。

如图 3.7 所示为这段代码的运行结果，即对文字小型大写字母进行设置。因为 font2 的父节点 body 的 font-variant 属性为 small-caps，且 font2 的 font-variant 属性为 inherit，所以 body 和 font2 都为小型大写字体。

图 3.7　文字小型大写字体设置

3.1.7　链接

CSS 提供 HTML 的链接（瞄和 anchor）标签<a>以及它的伪类选择符的样式。表 3.5 即为瞄标签和伪类选择符的属性值的设置列表。

表 3.5　瞄标签和伪类选择符的属性值的设置列表

值	描　　述
link	瞄标签的一般状态下使用该伪类的CSS样式
visited	瞄标签的链接被单击后使用该伪类的CSS样式
active	瞄标签的链接被单击到释放之间使用该伪类的CSS样式
hover	鼠标在瞄标签的链接区域停留时使用该伪类的CSS样式

伪类选择符的使用是如下形式：

选择符：　伪类选择符　{　属性：　属性值；　　属性：　属性值；　……}

其中的选择符可以是标签选择符、ID 选择符或者 CLASS 选择符。以下是一个伪类选择符的使用示例。

```
<!DOCTYPE html PUBLIC "-//W3C//DTD XHTML 1.0 Transitional//EN"
"http://www.w3.org/TR/xhtml1/DTD/xhtml1-transitional.dtd">
<html xmlns="http://www.w3.org/1999/xhtml">
    <head>
        <meta http-equiv="Content-Type" content="text/html; charset=gb2312" />
        <title>
            链接伪类的样式设置
        </title>
        <style type="text/css">
            <!--
                a
                {
                    border:#FF0000 2px solid;     /*设置a标签的边框颜色和实线
                                                   大小*/
```

```
                        text-align:center;        /*设置 a 标签的文本对齐方式*/
            }
        a:link
        {
            background-color:#FFFF00;
        }
        a:visited
        {
            background-color:#FF0000;
        }
        a:hover
        {
            background-color:#0000FF;
        }
        a:active
        {
            background-color:#00FF00;
        }
        -->
    </style>
</head>
<body>
    <a href="#">
        链接 1
    </a>
    <a href="#">
        链接 2
    </a>
    <a href="#">
        链接 3
    </a>
    <a href="#">
        链接 4
    </a>
</body>
</html>
```

对上述代码进行剖析如下：

首先，上述代码先创建 4 个瞄点。接着添加所有瞄点标签选择符的公共样式："border:#FF0000 2px solid;"和"text-align:center;"。这样，该样式将作用于所有<a>标签及其伪类选择符的样式。

然后，为瞄点添加 CSS 伪类选择符 link、visited、hover 和 active 的相应样式。因此，当有如下鼠标动作时，会产生以下的样式效果：

❑ 标签<a>上没有任何鼠标事件时，将显示 link 伪类的样式效果，即黄色背景。

❑ 标签<a>上有鼠标移动事件时，将显示 hover 伪类的样式效果，即蓝色背景。

❑ 标签<a>上有鼠标按下（没放开）事件时，将显示 active 伪类的样式效果，即青色背景。

❑ 标签<a>上有鼠标按下放开事件时，将显示 visited 伪类的样式效果，即红色背景。

如图 3.8 所示为这段代码的运行结果，即对文字链接伪类的样式进行设置。"链接 4"被鼠标单击过，所以呈现红色；"链接 2"正被鼠标按下，所以呈现青色并带有微小的虚线效果；"链接 1"

图 3.8　链接伪类的样式设置

和"链接 3"没有被鼠标单击，所以呈现黄色。

3.1.8　布局

涉及标签内部内容的布局，需要了解这些样式属性：text-indent、text-align、word-spacing、text-transform、text-decoration 和 white-space。

1．text-indent

text-indent 的功能是控制内部文字第一行的缩进。text-indent 的值可以是单位形式的数值，可以是百分号形式（基于父节点的宽度）的数值，也可以是 inherit。

以下是 text-indent 的简单使用的例子。

```
<!DOCTYPE html PUBLIC "-//W3C//DTD XHTML 1.0 Transitional//EN"
"http://www.w3.org/TR/xhtml1/DTD/xhtml1-transitional.dtd">
<html xmlns="http://www.w3.org/1999/xhtml">
    <head>
        <meta http-equiv="Content-Type" content="text/html;
        charset=gb2312" />
        <title>
            text-indent
        </title>
        <style type="text/css">
            <!--
            div
            {
                border:#FF0000 2px solid;  /*设置div标签的边框颜色和实线
                                             大小*/
                width:400px;               /*设置div标签的宽度*/
            }
            #D2
            {
                text-indent:20px;          /*控制内部#D2文字第一行的缩进*/
            }
            -->
        </style>
    </head>
    <body>
        <div id="D1">
        1.text-indent的使用, text-indent的使用.
        </div>
        <div id="D2">
        2.text-indent的使用, text-indent的使用.
        </div>
    </body>
</html>
```

对上述代码进行剖析如下：

首先，依次添加两个 DIV 标签元素，将它们的 id 分别命名为 D1 和 D2。

然后，对 D1 不设置 text-indent，对 D2 设置 text-indent 为 20px。D1 和 D2 显示的文本都是相同的。

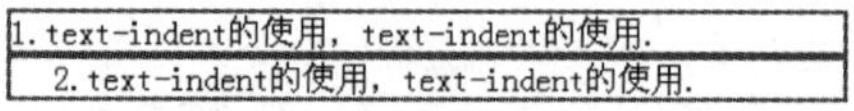

如图 3.9 所示为这段代码的运行结果，即使用

1.text-indent的使用, text-indent的使用.
2.text-indent的使用, text-indent的使用.

图 3.9　text-indent 的使用效果

text-indent 的效果对比。由于 D1 不设置 text-indent，所以为默认值 0，没有缩进；D2 设置了 text-indent，所以如图 3.9 所示的第二行，存在了一定的缩进。

2．text-align

text-align 的功能是控制内部文字的横向排布。在前面的章节里已经频繁地使用了该属性，text-indent 的值可以是 center、left、right、justify 以及 inherit，表 3.6 即为 text-align 的值及其功能描述的设置列表。

表 3.6　text-align的值及其功能的设置列表

值	描　　述
left	默认值。内容往左边靠
center	瞄标签的链接被单击后使用该伪类的CSS样式
right	内容往右边靠
justify	内容向两边伸展对齐（英文内容效果比中文明显）
inherit	和父节点一致

3．word-spacing

word-spacing 的功能是控制文字间空格的距离。实际上，word-spacing 属性的值是给每个空格添加的增量。word-spacing 属性的值可以是单位形式的数值、normal（默认值）以及 inherit（继承父节点的该属性）。

以下是 word-spacing 简单使用的例子。

```
<!DOCTYPE html PUBLIC "-//W3C//DTD XHTML 1.0 Transitional//EN"
"http://www.w3.org/TR/xhtml1/DTD/xhtml1-transitional.dtd">
<html xmlns="http://www.w3.org/1999/xhtml">
    <head>
        <meta http-equiv="Content-Type" content="text/html;
        charset=gb2312" />
        <title>
            word-spacing
        </title>
        <style type="text/css">
            <!--
            div
            {
                border:#FF0000 2px solid;  /*设置div标签的边框颜色和实线
                                           大小*/
                width:400px;               /*设置div标签的宽度*/
            }
            #D1
            {
                word-spacing:8px;          /*控制#D1文字间空格的距离*/
            }
            #D2
            {
                word-spacing:-8px;         /*控制#D2文字间空格的距离*/
            }
            -->
        </style>
    </head>
    <body>
        <div id="D1">
        This is a paragraphe
        </div>
```

```
        <div id="D2">
        This is a paragraphe
        </div>
    </body>
</html>
```

对上述代码进行剖析如下：

首先，依次添加两个 DIV 标签元素，将它们的 id 分别命名为 D1 和 D2。

然后，对 D1 的 word-spacing 属性设置为 8px，对 D2 的 word-spacing 属性设置为-8px。D1 和 D2 显示的文本都是相同的。

如图 3.10 所示为这段代码的运行结果，即使用 word-spacing 的效果对比。由于 D1 设置的 word-spacing 为 8px，所以如图 3.10 所示的第一行，产生更大的空格效果；D2 设置的 word-spacing 为 -8px，所以如图 3.10 所示的第二行，产生没有空格的效果。

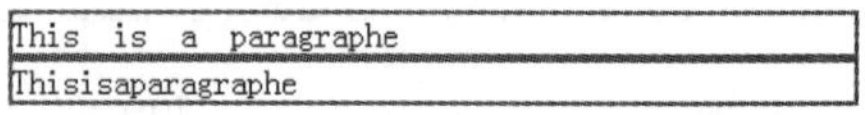

```
This is a paragraphe
Thisisaparagraphe
```

图 3.10　word-spacing 的使用效果

4. text-transform

text-transform 的功能是控制英文的大小写。text-transform 属性的值可以是 none、capitalize、uppercase、lowercase 和 inherit。表 3.7 即为 text-transform 的值及其功能描述的设置列表。

表 3.7　text-transform的值及其功能的设置列表

值	描述
none	默认值。大小写不改变
capitalize	单词首字母必定大写、其他小写
uppercase	全部字母大写
lowercase	全部字母小写
inherit	和父节点一致

以下是 text-transform 的简单使用的例子。

```
<!DOCTYPE html PUBLIC "-//W3C//DTD XHTML 1.0 Transitional//EN"
"http://www.w3.org/TR/xhtml1/DTD/xhtml1-transitional.dtd">
<html xmlns="http://www.w3.org/1999/xhtml">
    <head>
        <meta http-equiv="Content-Type" content="text/html;
        charset=gb2312" />
        <title>
            text-transform
        </title>
        <style type="text/css">
            <!--
            body
            {
                text-transform:lowercase;      /*设置 body 标签文本中的字母全
                                               部小写*/
            }
            div
            {
                border:#FF0000 2px solid;      /*设置 div 标签的边框颜色和实
                                               线大小*/
```

```
                    width:200px;                    /*设置div标签的宽度*/
            }
            #D1
            {
                text-transform:capitalize;   /*控制英文的大小写*/
            }
            #D2
            {
                text-transform:uppercase;
            }
            #D3
            {
                text-transform:inherit;
            }
        -->
    </style>
</head>
<body>
    THIS IS A PARAGRAPHE
    <div id="D1">
    THIS is a paragraphe
    </div>
    <div id="D2">
    this is a paragraphe
    </div>
    <div id="D3">
    THIS IS A PARAGRAPHE
    </div>
</body>
</html>
```

对上述代码进行剖析如下：

首先，依次添加 3 个 DIV 标签元素，将它们的 id 分别命名为 D1、D2 和 D3。

然后，对 D1 的 text-transform 属性设置为 capitalize，对 D2 的 text-transform 属性设置为 uppercase，对 D3 的 text-transform 属性设置为 inherit。

如图 3.11 所示为这段代码的运行结果，即使用 text-transform 的效果对比。因为 D3 继承了它的父节点的属性，所以如图 3.11 所示第一行和第四行，body 标签以及第三个 DIV 标签都是小写英文字体；D1 是首字母大写的属性，所以如图 3.11 所示第二行，是首字母大写的英文字体；D2 是全部字母大写的属性，所以如图 3.11 所示第三行，是所有字母大写的英文字体。

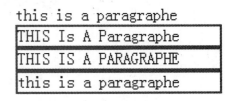

图 3.11　text-transform 的使用

5. text-decoration

text-decoration 的功能是添加额外的文字修饰，例如下划线和闪烁效果。text-decoration 属性的值可以是 none、underline、overline、line-through、blink 以及 inherit。表 3.8 即为 text-decoration 的值及其功能描述的设置列表。

表 3.8　text-decoration的值及其功能的设置列表

值	描　　述
none	默认值。没有额外效果

续表

值	描　　述
underline	文字底部添加一条横线
overline	文字顶部添加一条横线
line-through	文字中间添加一条横线
blink	文字闪烁效果（有的浏览器不支持该属性值）
inherit	和父节点一致

以下是 text-decoration 的简单使用的例子。

```
<!DOCTYPE html PUBLIC "-//W3C//DTD XHTML 1.0 Transitional//EN"
"http://www.w3.org/TR/xhtml1/DTD/xhtml1-transitional.dtd">
<html xmlns="http://www.w3.org/1999/xhtml">
    <head>
        <meta http-equiv="Content-Type" content="text/html;
        charset=gb2312" />
        <title>
            text-decoration
        </title>
        <style type="text/css">
            <!--
                body
                {
                    text-decoration:line-through;  /*文字中间添加一条横线*/
                -}
                #DIV1
                {
                    text-decoration:underline;      /*文字底部添加一条横线*/
                }
                #DIV2
                {
                    text-decoration:blink;          /*文字闪烁效果*/
                }
                #DIV3
                {
                    text-decoration:overline;       /*文字顶部添加一条横线*/
                }
            -->
        </style>
    </head>
    <body>
        BODY  text-decoration 的使用
        <div id="DIV1">
        DIV1  text-decoration 的使用
        </div>
        <div id="DIV2">
        DIV2  text-decoration 的使用
        </div>
        <div id="DIV3">
        DIV3  text-decoration 的使用
        </div>
    </body>
</html>
```

对上述代码进行剖析如下：

该程序依次添加 3 个 DIV 标签元素，即 D1、D2 和 D3。它们的 text-decoration 属性的值依次为：underline、blink 和 overline。

如图 3.12 所示为这段代码的运行结果，即使用 text-decoration 的效果对比。因为第二个 DIV 的 text-decoration 属性的值为 blink，即具有闪烁效果，所以如图 3.12 所示的第三行，该行的文字正好消失；第一个和第三个 DIV 的 text-decoration 属性的值分别为 underline 和 overline，所以图 3.12 所示的第二行和第四行的文字分别有底划线和上划线。另外值得注意的是，body 的 text-decoration 属性值为 line-through，虽然添加的3个 DIV 并不是以 inherit 来继承父节点 body 的该属性，但也具有 line-through 值的效果，即文字中间添加了一条横线。

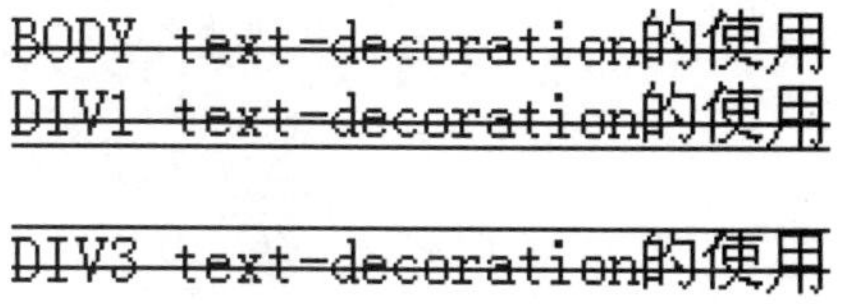

~~BODY text=decoration~~的使用
~~DIV1 text=decoration~~的使用

~~DIV3 text=decoration~~的使用

图 3.12　text-decoration 的使用

6．white-space

white-space 的功能是控制文本当中的回车和空格等字符的显示。white-space 属性的值可以是 pre-line、normal、nowrap、pre 以及 pre-wrap。表 3.9 即为 white-space 的值及其功能描述的设置列表。

表 3.9　white-space的值及其功能的设置列表

值	空白符	换行符	是否自动换行
pre-line	合并	保留	是
normal	合并	忽略	是
nowrap	合并	忽略	否
pre	保留	保留	否
pre-wrap	保留	保留	是

以下是 white-space 的简单使用的例子。

```
<!DOCTYPE html PUBLIC "-//W3C//DTD XHTML 1.0 Transitional//EN"
"http://www.w3.org/TR/xhtml1/DTD/xhtml1-transitional.dtd">
<html xmlns="http://www.w3.org/1999/xhtml">
    <head>
        <meta http-equiv="Content-Type" content="text/html;
        charset=gb2312" />
        <title>
            white-space
        </title>
        <style type="text/css">
            <!--
            div
            {
                border:#FF0000 1px solid;        /*设置 div 标签的边框颜色和实
                                                  线大小*/
                width:300px;                     /*设置 div 标签的宽度*/
            }
            #DIV1
            {
                white-space:nowrap;              /*合并文本当中的回车和空格等
                                                  字符的显示*/
            }
            #DIV2
            {
                white-space:pre-wrap;            /*保留文本当中的回车和空格等
```

```
                字符的显示*/
            }
        -->
    </style>
</head>
<body>
    <div id="DIV1">
    DIV1    white-space 的使用    white-space 的使用
    white-space 的使用
    </div>
    <div id="DIV2">
    DIV2    white-space 的使用    white-space 的使用
    white-space 的使用
    </div>
</body>
</html>
```

对上述代码进行剖析如下：

该程序依次添加两个 DIV 标签元素，即 DIV1 和 DIV2。它们包含的文字内容一模一样，不仅文字一模一样，连空格个数和换行符位置也是一模一样。

如图 3.13 所示为这段代码的运行结果，即使用 white-space 的效果对比。因为 DIV1 的 white-space 的属性值是 nowrap，即合并空格、忽略换行符、不执行自动换行；DIV2 的 white-space 属性值是 pre-wrap，即不合并空格、不忽略换行符、执行自动换行。所以，尽管两个 DIV 的 HTML 中的内容一样，通过 CSS 的控制，两个 DIV 的文本却表现出截然不同的格式。

图 3.13　white-space 的使用

3.1.9　文字阴影

CSS 3 提供 text-shadow 来控制文字的阴影，该属性具有 4 个分量，分别表示横坐标偏移位置、纵坐标偏移位置、模糊半径和阴影颜色。

text-shadow 的使用格式如下：

```
text-shadow: 横坐标偏移位置   纵坐标偏移位置   模糊半径   阴影颜色, 横坐标偏移位置
纵坐标偏移位置   模糊半径   阴影颜色,
```

可以在同一个 text-shadow 标识下添加多个阴影样式。

以下是 text-shadow 属性的简单使用的例子。

```
<!DOCTYPE html PUBLIC "-//W3C//DTD XHTML 1.0 Transitional//EN"
"http://www.w3.org/TR/xhtml1/DTD/xhtml1-transitional.dtd">
<html xmlns="http://www.w3.org/1999/xhtml">
```

```
<head>
    <meta http-equiv="Content-Type" content="text/html;
    charset=gb2312" />
    <title>
        文字阴影效果
    </title>
    <style type="text/css">
        <!--
            div
            {
                border:#FF0000 1px solid;      /*设置 div 标签的边框颜色和实
                                               线大小*/
                width:600px;                   /*设置 div 标签的宽度*/
                font-family:"黑体";            /*设置 div 标签的字体类型*/
                font-size:50px;                /*设置 div 标签的字体大小*/
            }
            #DIV1
            {
                color:#FF0000;
                text-shadow: 2px 2px 0px #000;
                                               /*只有一个阴影*/
            }
            #DIV2
            {
                color:#FFFFFF; /*颜色*/
                text-shadow: 0 0 10px #fff, 0 0 15px #fff, 0 0 40px
                #ff00de,0 0 40px #ff00de;  /*含有 4 个阴影*/
            }
        -->
    </style>
</head>
<body>
    <div id="DIV1">
    CSS3 文字阴影效果 1
    </div>
    <div id="DIV2">
    CSS3 文字阴影效果 2
    </div>
</body>
</html>
```

对上述代码进行剖析如下：

该程序依次添加两个 DIV 标签元素，即 DIV1 和 DIV2。第一个 DIV 标签的 text-shadow 属性设置为"2px 2px 0px #000"，即 DIV1 的纵、横坐标分别偏移 2 个像素，模糊半径为 0（即不模糊），黑色阴影。

第二个 DIV 标签的 text-shadow 属性为"0 0 10px #fff, 0 0 15px #fff, 0 0 40px #ff00de,0 0 40px #ff00de"，即 DIV2 具有 4 个阴影效果，以致产生荧光效果。

如图 3.14 所示为这段代码的运行结果，即使用 text-shadow 的效果对比。由于 DIV1 的 text-shadow 的属性值设置，所以图 3.14 的第一行显示黑色阴影；由于 DIV2 的 text-shadow 的属性值设置，所以图 3.14 的第二行显示淡黄和粉红的荧光效应。

```
CSS3 文字阴影效果1
CSS3 文字阴影效果2
```

图 3.14　text-shadow 的使用

其实 IE 浏览器不支持 text-shadow 属性，而是提供 shadow 和 dropshadow 两个滤镜来实现阴影效果。

shadow 滤镜的使用格式如下：

```
filter:shadow(Color=颜色值,Direction=和垂直向上方向的夹角 ,Strength=阴影宽度 );
```

dropshadow 滤镜的使用格式如下：

```
filter:dropshadow(color=颜色值, offx=横坐标偏移像素值, offy=纵坐标偏移像素值,
Positive=布尔阴影类型);
```

以下是 shadow 滤镜和 dropshadow 滤镜属性的简单使用的例子。

```
<!DOCTYPE htm  PUBLIC "-//W3C//DTD XHTML 1.0 Transitional//EN"
"http://www.w3.org/TR/xhtml1/DTD/xhtml1-transitional.dtd">
<html xmlns="http://www.w3.org/1999/xhtml">
    <head>
        <meta http-equiv="Content-Type" content="text/html;
        charset=gb2312" />
        <title>
            阴影滤镜的使用
        </title>
        <style type="text/css">
            <!--
                div
                {
                    border:#FF0000 1px solid;        /*设置div标签的边框颜色和实
                                                        线大小*/
                    width:400px;                      /*设置div标签的宽度*/
                    font-family:"黑体";               /*设置div标签的字体类型*/
                    font-size:30px;                   /*设置div标签的字体大小*/
                    color:#FF0000;                    /*设置div标签的颜色*/
                }
                #DIV1
                {
                    filter:shadow(Color=#000000,Direction=45 ,
                    Strength=5 );                     /*shadow滤镜的使用*/
                }
                #DIV2
                {
                    filter:dropshadow(color=#000000, offx=10,
                    offy=5, Positive=1);              /*dropshadow滤镜的使用*/
                }
                #DIV3
                {
                    filter:dropshadow(color=#000000, offx=10,
                    offy=5, Positive=0);
                }
            -->
```

```
        </style>
    </head>
    <body>
        <div id="DIV1">
        shadow 滤镜阴影效果
        </div>
        <div id="DIV2">
        dropshadow 滤镜阴影效果 1
        </div>
        <div id="DIV3">
        dropshadow 滤镜阴影效果 2
        </div>
    </body>
</html>
```

对上述代码进行剖析如下：

该程序依次添加 3 个 DIV 标签元素，即 DIV1、DIV2 和 DIV3。第一个 DIV 使用 shadow 滤镜，产生一个黑色的、垂直偏移 45°且 5 个像素宽的连续投影。第二个 DIV 和第三个 DIV 使用 dropshadow 滤镜，它们都是产生一个黑色的且 10 个像素的横坐标偏移量和 5 个像素的纵坐标偏移量的阴影。不过不同点在于，第二个 DIV 是为所有不透明元素建立的阴影；第三个 DIV 是为所有透明元素建立的可见阴影。

如图 3.15 所示为这段代码的运行结果，即使用阴影滤镜的效果对比。由于第二个 DIV 和第三个 DIV 的 Positive 参数值刚好布尔相反，所以它们的阴影效果也恰好是相反的，即如图 3.15 所示的第二行和第三行。此外，还可以从图 3.15 看到，阴影滤镜效果的同时也会产生边框的阴影。

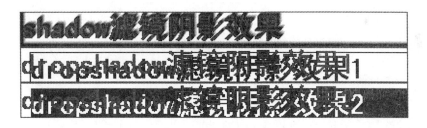

图 3.15　阴影滤镜的使用

3.1.10　文字变换速度控制

CSS 3 提供 transition 属性来控制某些事件发生后标签样式切换的动画效果。对于某些不支持 CSS 3 的浏览器，如 IE 6、IE 5，可以使用 JavaScript 进行控制。

不同的浏览器也可以使用自定义的 transition 属性。例如，Safari 和 Chrome 浏览器使用 -webkit-transition 属性，Firefox 浏览器使用-moz-transition 属性，IE9 浏览器使用 -ms-transition 属性，Opera 浏览器使用-o-transition 属性。

transition 属性的设置如下：

```
transition: CSS 属性的名字　变化时间　变化类型　等待时间，CSS 属性的名字　变化时间
变化类型　等待时间，……
```

其中"CSS 属性的名字"（对应于属性 transition-property）填写的是该标签的 CSS 样式属性，如 background-color、border 以及 color 等等；"变化时间"（对应于属性 transition-duration）填写的是变化的用时，如 1s、500ms 分别表示变化用时 1 秒、500 微秒；"等待时间"（对应于属性 transition- delay）填写的是开始变化前的延时，如 1s、500ms 分别表示开始变化前延时 1 秒、500 微秒；"变化类型"（对应于属性 transition-timing-function）填写的是变换的控制函数，表 3.10 即为这些函数的描述列表。

表 3.10 变换的控制函数的描述列表

变化类型	等价效果	输出量×时间 曲线图
ease	cubic-bezier (0.25, 1.0, 0.25, 1.0)	
linear	cubic-bezier (0.0, 0.0, 1.0, 1.0) cubic-bezier (1.0, 1.0, 1.0, 1.0) cubic-bezier (0.0, 0.5, 1.0, 0.5) ……..	
ease-in	cubic-bezier (0.42, 0, 1.0, 1.0)	
ease-out	cubic-bezier (0, 0, 0.58, 1.0)	
ease-in-out	cubic-bezier (0.42, 0, 0.58, 1.0)	
cubic-bezier	cubic-bezier (x1, y1, x2, y2)	

其中，二次贝塞尔曲线（bezier）是这样的曲线：存在两条线段 P0P1 和 P2P3，取 P0P1 和 P2P3 的相等比例的点 Q1 和 Q2，再取 Q1Q2 的相等比例的 O 点，这些所有的 O 点就组成了二次贝塞尔曲线。其中 cubic-bezier 函数的 4 个参数分别是 P1 的 x1、y1 以及 P2 的 x2、y2，而 P0 的坐标为(0,0)，P3 的坐标为(1,1)。

以下是关于文字变换速度控制的一个简单示例。

```
<!DOCTYPE html PUBLIC "-//W3C//DTD XHTML 1.0 Transitional//EN"
"http://www.w3.org/TR/xhtml1/DTD/xhtml1-transitional.dtd">
```

```html
<html xmlns="http://www.w3.org/1999/xhtml">
    <head>
        <meta http-equiv="Content-Type" content="text/html;
        charset=gb2312" />
        <title>
            文字变换速度控制
        </title>
        <style type="text/css">
            <!--
            div
            {
                border:#FF0000 1px solid;        /*设置 div 标签的边框颜色和实
                                                 线大小*/
                width:400px;                     /*设置 div 标签的宽度*/
                font-family:"黑体";               /*设置 div 标签的字体类型*/
                font-size:30px;                  /*设置 div 标签的字体大小*/
            }
            #DIV1
            {
                color:#FF0000;
                background-color:#FFFFFF;
                -webkit-transition: background-color 1s ease-in-out 0s,
                color 1s ease-in-out 0s; /*用于 Safari 和 Chrome 浏览器*/
                -moz-transition: background-color 1s ease-in-out 0s,
                color 1s ease-in-out 0s;/*用于 FireFox 浏览器*/
                -ms-transition: background-color 1s ease-in-out 0s,
                color 1s ease-in-out 0s;/*用于 IE 9 浏览器*/
                -o-transition: background-color 1s ease-in-out 0s,
                color 1s ease-in-out 0s;/* 用于 Opera 浏览器 */
                transition: background-color 1s ease-in-out 0s, color
                1s ease-in-out 0s;          /* CSS3 标准 */
            }
            #DIV1:hover
            {
                color:#00FF00;
                background-color:#000000;
            }
            -->
        </style>
    </head>
    <body>
        <div id="DIV1">
        文字变换速度控制
        </div>
    </body>
</html>
```

对上述代码进行剖析如下:

本代码只含有一个 DIV 标签,DIV1 的 transition 的值为"background-color 1s ease-in-out 0s, color 1s ease-in-out 0s",表示 background-color 和 color 两个属性无延时(延时 0 秒)且在 1 秒时间内以 ease-in-out 模式进行样式的变换。如果要将所有样式都以 ease-in-out 模式(变化由慢到快再到慢)进行样式变换,则 transition 的值可以写为"all 1s ease-in-out 0s"。

如图 3.16 所示为这段代码的运行结果,即使用 transition 属性的效果。

文字变换速度控制

图 3.16　transition 属性的使用

3.1.11　文字大小变化

CSS 3 提供 transform 属性来控制标签样式的某些变化，例如大小、旋转、角度及位置等要素。transform 支持 rotate、scale、skew、translate 和 matrix 这些变换属性值，表 3.11 即为这些属性的变换举例和功能的描述列表。

表 3.11　transform属性的变换举例和功能的描述列表

变换属性	相关变换属性/举例	功能描述
rotate(角度)	举例：rotate(30deg)	按指定的角度旋转，如果设置的值为正数表示顺时针旋转，如果设置的值为负数，则表示逆时针旋转
scale(数值[,数值])	scaleX(数值) scaleY(数值) 举例：scale(2)	水平方向和垂直方向同时缩放（也就是X轴和Y轴同时缩放）；scaleX仅在水平方向缩放（X轴缩放）；scaleY仅在垂直方向缩放（Y轴缩放）
skew(角度[,角度])	skewX(角度) skewY(角度) 举例：skew(30deg)	元素在水平和垂直方向同时扭曲（X轴和Y轴同时按一定的角度值进行扭曲变形）；skewX仅使元素在水平方向扭曲变形（X轴扭曲变形）；skewY仅使元素在垂直方向扭曲变形（Y轴扭曲变形）
translate(数值[，数值])	translateX(数值) translateY(数值) 举例： translate (30px)	水平方向和垂直方向同时移动（也就是X轴和Y轴同时移动）；translateX仅在水平方向移动（X轴移动）；translateY仅在垂直方向移动
matrix(数值，数值，数值，数值，数值，数值)	举例： matrix(1,0,0,1,100,100); (形状不变，纵向横向各自偏移100px)	进行样式的重新映射，前两个参数是第一个向量的变换系数，中间两个参数是第二个向量的变换系数，最后两个参数是样式的偏移位置

其中，matrix 执行的是这样的变换：一般的样式会在(1,0)和(0,1)两个方向向量上面进行映射，当通过 matrix 变换后会重新映射到新的方向向量上。例如，如果使用 matrix(M11, M12, M21, M22, x, y)，那么新的方向向量为(M11,M12)和(M21,M22)，并且按像素为单位沿(x,y)移动。

以下是关于文字大小变化的一个简单示例。

```
<!DOCTYPE html PUBLIC "-//W3C//DTD XHTML 1.0 Transitional//EN"
"http://www.w3.org/TR/xhtml1/DTD/xhtml1-transitional.dtd">
<html xmlns="http://www.w3.org/1999/xhtml">
<head>
    <meta http-equiv="Content-Type" content="text/html; charset=gb2312" />
    <title>
        文字大小变化
    </title>
    <style type="text/css">
        <!--
            div
```

```
        {
            border:#FF0000 1px solid;/*设置 div 标签的边框颜色和实线大小*/
            width:400px;               /*设置 div 标签的宽度*/
            font-family:"黑体";        /*设置 div 标签的字体类型*/
            font-size:30px;            /*设置 div 标签的字体大小*/
        }
        div:hover
        {
            transform-origin:left top ;              /* CSS3 标准 */
            -webkit-transform-origin:left top ;      /*用于 Safari &
                                                     Chrome 浏览器*/
            -khtml-transform-origin:left top ;       /*用于 Safari &
                                                     Chrome 浏览器*/
            -moz-transform-origin:left top ; /*用于 Firefox 浏览器*/
            -o-transform-origin:left top ;   /*用于 Opera 浏览器 */
            -ms-transform-origin:left top ;  /* IE 9 */
            transform: scale(2);             /* CSS3 标准 */
            -webkit-transform: scale(2);     /*用于 Safari & Chrome 浏
                                             览器 */
            -khtml-transform: scale(2);      /* 用于 Safari & Chrome 浏
                                             览器*/
            -moz-transform: scale(2);        /*用于 Firefox 浏览器 */
            -o-transform: scale(2);          /* 用于 Opera 浏览器*/
            -ms-transform: scale(2);         /* IE 9 */
        }
        -->
    </style>
</head>
<body>
    <div>
        文字大小变化
    </div>
</body>
</html>
```

对上述代码进行剖析如下：

本程序只有一个 DIV 标签，在使用 transform 属性之前需要使用 transform-origin 属性来定义 transform 变换的固定位置，因为 transform-origin 属性的默认值为 center，所以 scale 变化会以 center 为参照点进行缩放。而变换后将会有一部分超出了浏览器的显示范围，所以需要将 transform-origin 属性设置为 left top。

另外，transform 属性设置为 scale(2)以达到纵向和横向都放大 2 倍的目的。还要补充的是，不同的浏览器需要对 transform-origin 属性和 transform 属性添加不同的前缀。例如，Safari 和 Chrome 浏览器以-webkit-或-khtml-为前缀，Firefox 浏览器以-moz-为前缀，Opera 浏览器以-o-为前缀，IE 9 浏览器以-ms-为前缀。

如图 3.17 所示为这段代码的运行结果，即使用 transition 属性的 scale 的效果。

文字大小变化

图 3.17　transition 属性的 scale 的使用

3.2　文字示例一：新闻摘要

新闻是网页的重要组成部分，传统的网页主要是以发布新闻为主，人们可以在人民网、新浪网和网易新闻网获取大量的新闻。而文字是新闻的重要组成部分，所以这一节我们动手编写一个新闻摘要的页面程序，来进一步学习文字的布局和渲染。

3.2.1　新闻摘要的 DIV 布局设计

下面设计一个简单的新闻 DIV 框架，该 DIV 框架主要包括新闻的标题，发布新闻的报社名称、新闻发布的时间以及新闻的内容摘要等等。

```
<div id="news">
    <div class="text">
        <a href="#">
            <span><b>新闻标题链接 </b></span>
        </a>
        新闻报社和发布时间
    </div>
    <div>
        新闻内容摘要
    </div>
</div>
```

本 DIV 框架由 3 个 DIV 标签组成，第一个 DIV 是父节点 DIV，这样设计能够将它和其他相同层次的 DIV 相区别。它的内部还包含两个 DIV 标签，每个 DIV 标签占据一行。

另外，在很多的网页里还会加入新闻的图片快照，这样可以使网页新闻更有吸引力，对新闻内容起到一定的补充作用。达到这些目的只需要加入类似的语句：<a href="#"><img src="#"/></a>。

3.2.2　新闻简要的 CSS 样式设计

下面将添加 CSS 样式。只需要添加简单的 CSS 样式就可以呈现出较好的新闻摘要的效果。以下是本程序的完整代码。

```
<!DOCTYPE html PUBLIC "-//W3C//DTD XHTML 1.0 Transitional//EN"
"http://www.w3.org/TR/xhtml1/DTD/xhtml1-transitional.dtd">
<html xmlns="http://www.w3.org/1999/xhtml">
<head>
    <meta http-equiv="Content-Type" content="text/html; charset=gb2312" />
    <title>
        新闻简要
    </title>
    <style type="text/css">
        <!--
        .news
        {
            width:540px;                            /*设置宽度*/
```

```
            }
        .news .text
        {
            font-size:75%;                      /*设置字体的大小*/
            line-height:1.5em;                  /*设置行间距离*/
        }
        .news .text span
        {
            font-size:1.167em;                  /*设置字体高度*/
        }
        .news a
        {
            color: #0000cc;                     /*设置颜色*/
        }
        -->
    </style>
</head>
<body>
    <div class="news">
        <div class="text">
            <a href="#">
                <span><b>新闻标题链接  </b></span>
            </a>
            <font color=#666666> 新华网 2012-8-9 16:39  </font>
        </div>
        <div>
            <font size="2">【<font color="#CC0000">新闻摘要</font>】新闻内容
摘要 新闻内容摘要 新闻内容摘要 新闻内容摘要 新闻内容摘要 新闻内容摘要 新闻内容摘要 新
闻内容摘要 新闻内容摘要 </font>
        </div>
    </div>
    <br/>
    <div class="news">
        <div class="text">
            <a href="#">
                <span><b>新闻标题链接  </b></span>
            </a>
            <font color=#666666> 新华网 2012-8-9 16:39  </font>
        </div>
        <div>
            <font size="2">【<font color="#CC0000">新闻摘要</font>】新闻内容
摘要 新闻内容摘要 新闻内容摘要 新闻内容摘要 新闻内容摘要 新闻内容摘要 新闻内容摘要 新
闻内容摘要 新闻内容摘要 </font>
        </div>
    </div>
    <br/>
    <div class="news">
        <div class="text">
            <a href="#">
                <span><b>新闻标题链接  </b></span>
            </a>
            <font color=#666666> 新华网 2012-8-9 16:39  </font>
        </div>
        <div>
            <font size="2">【<font color="#CC0000">新闻摘要</font>】新闻内容
摘要 新闻内容摘要 新闻内容摘要 新闻内容摘要 新闻内容摘要 新闻内容摘要 新
闻内容摘要 新闻内容摘要 </font>
        </div>
```

```
        </div>
    </body>
    </html>
```

对上述代码进行剖析如下:

将第一级的 DIV 的 class 属性设置为 news,并设置其 CSS 的 width 属性为 540px。设置新闻标题的 DIV 标签的 class 属性为 text,并设置其 CSS 的 font-size 和 line-height 属性来控制字体大小以及行间的距离。此处使用了新的单位,即 em。它表示的意义是字体高,针对任意的浏览器,默认的字体高都是 16px,即可以表示为 1em=16px。同理可以推算,10px=0.625em。

不过为了简化 font-size 的计算,一般在标签中会声明 font-size 的百分比。例如,该程序中的 font-size=75%,此时 1em 就等于 16px×75%=12px,所以本程序的 1.5em 就等于 12px×1.5=18px,1.167em 就等于 12px×1.167=14px。

新闻内容的样式还使用了 font 标签来设置,font 标签的使用较为方便,font 标签支持使用 size 和 color 属性来设置文本的大小和颜色。

如图 3.18 所示为这段代码的运行结果,即模拟几个新闻摘要。

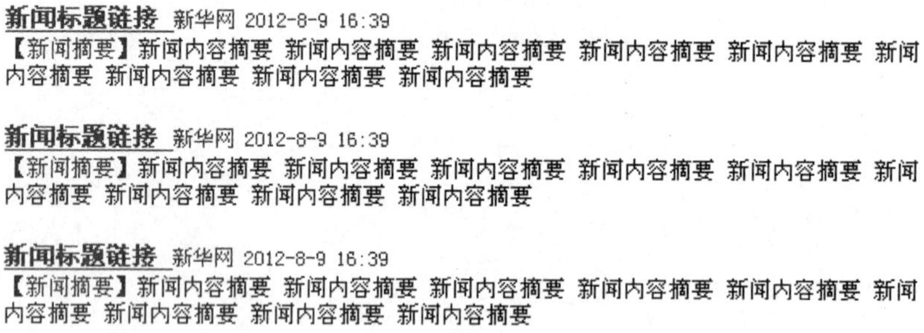

新闻标题链接 新华网 2012-8-9 16:39
【新闻摘要】新闻内容摘要 新闻内容摘要 新闻内容摘要 新闻内容摘要 新闻内容摘要 新闻内容摘要 新闻内容摘要 新闻内容摘要 新闻内容摘要

新闻标题链接 新华网 2012-8-9 16:39
【新闻摘要】新闻内容摘要 新闻内容摘要 新闻内容摘要 新闻内容摘要 新闻内容摘要 新闻内容摘要 新闻内容摘要 新闻内容摘要 新闻内容摘要

新闻标题链接 新华网 2012-8-9 16:39
【新闻摘要】新闻内容摘要 新闻内容摘要 新闻内容摘要 新闻内容摘要 新闻内容摘要 新闻内容摘要 新闻内容摘要 新闻内容摘要 新闻内容摘要

图 3.18　新闻摘要

3.3　文字示例二: 个人简介页面布局

当面临毕业时,几乎每个求职学生都免不了要设计一份个人简历,一个好的个人简历可以吸引招聘者眼球并为你赢得一份满意的工作。一方面你可以设计一个 pdf 格式或 doc 格式的简历,另一方面甚至可以设计一个 html 的网页简历。而现在很多的招聘网站,如大街网、51job 等网站里,当你注册并填写个人信息后,系统都会生成相应的网页简历。所以学习编写个人简历的网页也是有它的意义的。在这一节我们动手编写一个个人简历的页面来学习文字的布局。

3.3.1　整体 DIV 布局设计

下面定义一个可扩展的 DIV 框架,以下是本程序的 HTML 部分。

```
    <div id="profile">
```

```
<h4>个人简介</h4>
<div class="part">
    <div id="photo">
        <img src="#" />
    </div>
    <div class="title">个人简介</div>
    <div class="content">姓名：张山        性别：男        年龄：25
                    籍贯：陕西西安        民族：汉族
                    政治面貌：共青团员        学历：硕士
                    地址：陕西西安 XXX 区 XXX 路 XXX 号
                    E-Mail:xxxxxxx@163.com
                    邮编：000000        联系电话:000-0000000</div>
</div>
<div class="part">
    <div class="title">教育经验</div>
    <div class="content">2006.9~2010.6   陕西理工大学 本科 软件工程专业
2010.9~2012.6   陕西理工大学    研究生   计算机应用技术</div>
</div>
<div class="part">
    <div class="title">基本技能</div>
    <div class="content">熟悉 C/C++语言，  8086 汇编，  ARM 汇编, Delphi；
了解 Java, PHP, HTML, CSS, javascript, QT;熟悉 Linux 开发环境。</div>
</div>
</div>
```

对上述代码进行剖析如下：

本代码段定义一个 id 属性为 profile 的第一级 div 标签，该 div 包括一个 h4 标签以及若干个 class 属性为 part 的标签。可以通过增加更多的 class 属性为 part 的 div 标签来添加更多的项目。代码中的 img src 表示的是图像文件的来源，即它的值是该图像文件的绝对路径或者相对路径，路径既可以是本地地址，也可以是网址。

3.3.2　添加 CSS 样式

以下是本程序的 CSS 代码部分，所有的 div 标签的 CSS 样式都由本 CSS 代码控制。

```
#profile
{
    width:400px;                        /*设置宽度*/
}
#profile h4
{
    text-align:center;                  /*设置文本的对齐方式*/
}
#profile .part
{
    border-top:double #CCCCCC;          /*设置上边框样式和颜色*/
    padding-top:5px;                    /*设置上内边距宽度*/
    margin:10px;                        /*设置外边距*/
}
#profile .part .title
{
    font-size:95%;                      /*设置字体大小*/
    font-weight:bold;                   /*设置字体粗细*/
    background:#cccccc;                 /*设置背景颜色*/
```

```
      width:8em;/*设置宽度*/
}
#profile .part .content
{
    font-size:80%;                          /*设置字体大小*/
    white-space:pre-wrap;                   /*设置如何处理元素内的空白*/
}
#profile .part #photo
{
    float:right;                            /*设置元素的浮动方向*/
    border:#555555 solid 1px;               /*设置边框的颜色和实线的大小*/
    width:100px;                            /*设置宽度*/
    height:110px;                           /*设置高度*/
}
```

对上述代码进行剖析如下：

其中使用到的关键属性有 text-align、font-size、font-weight、white-space 和 float。其中 text-align:center 使得 h4 标签的内容居中；　font-size:95%和 font-size:80%分别控制 class 属性为 title 和 content 的 div 标签的字体的大小；按照 3.2.2 小节的讲解，它们表示的字体高是不同的，其对应的 1em 分别是 16px×95%=15.2px 和 16px×80%=12.8px；font-weight:bold 控制 class 属性为 content 的 div 标签的字体的粗细；white-space:pre-wrap 使得该 div 标签以和 HTML 的文本一致的格式输出。另外 float:right 使得图片浮动到右边。

如图 3.19 所示为这段代码的运行结果，即个人简历。

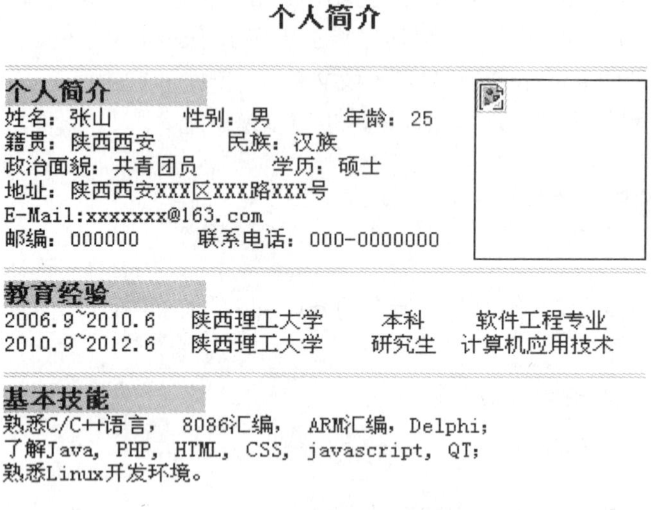

个人简介

图 3.19　个人简介

3.4　文字示例三：会移动的文字

在一般的网页里面，所见到的文字通常都是静态的，也就是不会移动或者进行其他变换的。而有时我们也需要设计一些文字的动态效果来丰富页面的呈现。

在这一节将介绍两种方法来实现文字的移动效果，第一种方法是使用 JavaScript 的超时机制来进行控制，第二种方法是使用 marquee 标签来进行控制。

3.4.1　方法 1：使用 JavaScript 控制

本节讲解如何使用 JavaScript 来控制页面中移动文字的动态样式，主要学习使用定时机制来实现该功能，以下是本程序的完整代码。

```html
<!DOCTYPE html PUBLIC "-//W3C//DTD XHTML 1.0 Transitional//EN"
"http://www.w3.org/TR/xhtml1/DTD/xhtml1-transitional.dtd">
<html xmlns="http://www.w3.org/1999/xhtml">
<head>
    <meta http-equiv="Content-Type" content="text/html; charset=gb2312" />
    <title>
        文字移动 javascript
    </title>
    <script language="Javascript" type="text/javascript">
        window.setTimeout("Update();",0);          /*设置定时函数*/
        function Update()
        {
            var counter=document.getElementById("mov");
            if(counter.style.left=="4em"||counter.style.left=="")
            {
                counter.style.WebkitTransition="all 1s ease-in-out 0s";
                            /*用于 Safari & Chrome 浏览器*/
                counter.style.MozTransition="all 1s ease-in-out 0s";
                            /*用于 FireFox 浏览器*/
                counter.style.MsTransition="all 1s ease-in-out 0s";
                            /*IE 9*/
                counter.style.OTransition="all 1s ease-in-out 0s";
                            /*用于 Opera 浏览器 */
                counter.style.transition="all 1s ease-in-out 0s";
                            /* CSS 3 标准 */
                counter.style.left="-4em";
                window.setTimeout("Update();",1000); /*设置定时函数*/
            }
            else
            {
                counter.style.WebkitTransition="";
                            /* 用于 Safari & Chrome 浏览器*/
                counter.style.MozTransition=""; /*用于 FireFox 浏览器*/
                counter.style.MsTransition="";  /*用于 IE 9 浏览器*/
                counter.style.OTransition="";   /* 用于 Opera 浏览器 */
                counter.style.transition="";    /* CSS 3 标准 */
                counter.style.left="4em";
                window.setTimeout("Update();",0); /*设置定时函数*/
            }
        }
    </script>
    <style type="text/css">
        <!--
            #frame
            {
                border:#FF0000 solid 1px;          /*设置边框颜色和实线大小*/
                overflow:hidden;        /*定义溢出元素内容区的内容会如何处理*/
                width:4em;
            }
```

```
            #mov
            {
                font-size:1em;                  /*设置字体大小*/
                position:relative;              /*规定元素的定位类型*/
            }
        -->
    </style>
</head>
<body>
    <div id="frame">
        <div id="mov">
            移动文字
        </div>
    </div>
</body>
</html>
```

对上述代码进行剖析如下：

上述代码的 HTML 部分只有两个 div 标签，其中一个的 id 为 frame，另一个的 id 为 mov。因为我们需要移动 id 为 mov 的 div，所以需要设置其 left 属性，即可重新定位该 div 的位置，而这时为了隐蔽该 div 多余的部分，我们给 id 为 frame 的 div 当中的 overflow 属性设置为 hidden。为了更好地控制文字移动的效果，我们将 frame 的 width 属性设置为 4em，并将 mov 的 font-size 属性设置为 1em。和 3.2.2 小节说的一样，这里的 1em 就相当于 16px。

在 JavaScript 部分，通过 "window.setTimeout("Update();",0);" 来设置超时函数，第一个参数为超时要调用的函数，第二参数表示延时时间（1000 表示 1 秒）。当超时的时候调用 Update()函数，首先设置 transition 来添加变化效果，再设置 left 属性，这样便可完成文字的移动。如果想了解更多关于 JavaScript 的知识，可以参考本书第 17 章。

如图 3.20 所示为这段代码的运行结果，即使用 JavaScript 移动文字。

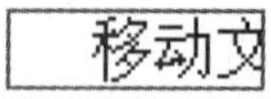

移动文

图 3.20　移动文字（使用 JavaScript）

3.4.2　方法 2：使用 marquee 标签控制

另外，HTML 还提供了 marquee 标签用于实现文字的移动。表 3.12 即为 marquee 标签的属性及其描述的列表。

表 3.12　marquee标签的属性及其描述的列表

属性	描　　述
direction	控制移动的方向。向左移动：left；向右移动：right
behavior	控制移动的方式。单方向循环：scroll；单方向不循环：slide；来回方向循环：alternate
loop	循环的次数
scrollamount	控制内容移动的速度
scrolldelay	控制内容每次移动前的延时（单位为微秒）

不仅可以通过 CSS 来控制 marquee 标签的样式，而且 HTML 还提供 marquee 标签的样式控制属性。以下是 marquee 标签的一个简单使用的例子。

```
<!DOCTYPE html PUBLIC "-//W3C//DTD XHTML 1.0 Transitional//EN"
"http://www.w3.org/TR/xhtml1/DTD/xhtml1-transitional.dtd">
```

```
<html xmlns="http://www.w3.org/1999/xhtml">
<head>
    <meta http-equiv="Content-Type" content="text/html; charset=gb2312" />
    <title>
        文字移动 marquee
    </title>
    <style type="text/css">
        <!--
            #frame
            {
                border:#FF0000 solid 1px;     /*设置边框的颜色和实线的大小*/
                width:4em;                     /*宽度*/
                font-size:1em;                 /*字体大小*/
            }
        -->
    </style>
</head>
<body>
    <marquee scrollamount=10  id="frame">       /*控制内容移动的速度*/
        移动文字
    </marquee>
</body>
</html>
```

对上述代码进行剖析如下：

在 HTML 代码部分添加 marquee 标签，并设置 scrollamount 属性。然后通过设置 marquee 标签的 CSS 的 border、width 和 font-size 来使得本程序的效果和 3.4.1 小节的结果保持一致。

如图 3.21 所示为这段代码的运行结果，即使用 marquee 标签移动文字。从得到的结果可以发现，使用 marquee 所实现的移动更加流畅。

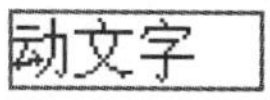

图 3.21　移动文字（使用 marquee 标签）

3.5　文字示例四：文字阴影效果

有时某些文字效果需要编程实现，这里提供了两种设计文字阴影效果方法。首先第一种是使用 CSS 定位的方法，该方法使用两个相同的文本，并通过设置第二个文本的位置，将其放在第一个文本的右下方来制造阴影效果；第二种方法是使用 CSS3 提供的阴影属性来设置阴影。

3.5.1　方法 1：使用 CSS 定位技术

我们借着实现阴影效果来初步了解 CSS 的定位技术，CSS 定位技术在很多情况下都需要使用来实现更加丰富的效果。

以下是完整的本程序的代码。

```
<!DOCTYPE html PUBLIC "-//W3C//DTD XHTML 1.0 Transitional//EN"
"http://www.w3.org/TR/xhtml1/DTD/xhtml1-transitional.dtd">
<html xmlns="http://www.w3.org/1999/xhtml">
    <head>
```

```
        <meta http-equiv="Content-Type" content="text/html; charset=gb2312" />
        <title>
            文字阴影（使用 CSS 定位技术）
        </title>
        <style type="text/css">
            <!--
                #frame
                {
                    border:#FF0000 1px solid;        /*设置边框的颜色和实线大小*/
                    width:600px;                     /*设置宽度*/
                    font-family:"黑体";               /*设置字体的类型*/
                    font-size:50px;                  /*设置字体的大小*/
                    overflow:hidden;                 /*定义溢出元素内容区的内容会
                                                       如何处理*/

                }
                #DIV1
                {
                    color:#FF0000;                   /*颜色设置*/
                    position:absolute;               /*规定元素的定位类型*/
                }
                #DIV2
                {
                    color:#000000;                   /*设置颜色*/
                    position:relative;               /*规定元素的定位类型*/
                    left:5px;
                    top:5px;
                    z-index:-1;
                }
            -->
        </style>
    </head>
    <body>
        <div id="frame">
            <div id="DIV1">
                CSS3 文字阴影效果
            </div>
            <div id="DIV2">
                CSS3 文字阴影效果
            </div>
        </div>
    </body>
</html>
```

对上述代码进行剖析如下：

本程序由 3 个 div 标签组成，第一个作为根节点封装了其内部的所有节点，该节点的 CSS 的 overflow 属性设置为 hidden，这样可以隐藏超出本 div 范围的子节点的内容。id 为 DIV1 的 div 标签的 CSS 的 position 属性设置为 absolute，这样可以使该 div 脱离其根 div 节点 frame（frame 节点的 overflow:hidden 属性对 DIV1 不起作用），即 id 为 DIV2 的 div 标签才是 frame 的第一个子节点，所以 DIV1 和 DIV2 的位置实际上会重合到一起。为了使得 DIV2 比其原来的位置有所偏移，我们将 DIV2 的 CSS 的 position 属性设置为 relative，将 left 和 top 属性设置为 5px，这样可以使得其横、纵坐标比原位置偏移 5 个像素，另外将 DIV2 的 CSS 的 z-index 属性设置为-1，以使得 DIV2 被 DIV1 所遮盖，从而实现阴影效果。

如图 3.22 所示为这段代码的运行结果，即使用 CSS 定位技术实现文字阴影的效果。

图 3.22　文字阴影（使用 CSS 定位技术）

3.5.2　方法 2：使用 CSS 3 特有属性

以下是使用 CSS 3 的新增属性来实现文字阴影效果的代码，其实际样式效果和方法 1 的样式效果完全一致。

```
<!DOCTYPE html PUBLIC "-//W3C//DTD XHTML 1.0 Transitional//EN"
"http://www.w3.org/TR/xhtml1/DTD/xhtml1-transitional.dtd">
<html xmlns="http://www.w3.org/1999/xhtml">
    <head>
        <meta http-equiv="Content-Type" content="text/html; charset=gb2312" />
        <title>
            文字阴影（使用 CSS3 特有属性）
        </title>
        <style type="text/css">
        <!--
            #DIV1
            {
                border:#FF0000 1px solid;        /*设置边框的颜色和实线
                                                 的大小*/
                width:600px;                     /*设置宽度*/
                font-family:"黑体";             /*设置字体的类型*/
                font-size:50px;                  /*设置字体的大小*/
                color:#FF0000;                   /*颜色设置*/
                text-shadow: 5px 5px 0px #000;   /*给文字添加阴影*/
            }
        -->
        </style>
    </head>
    <body>
        <div id="DIV1">
            CSS3 文字阴影效果
        </div>
    </body>
</html>
```

对上述代码进行剖析如下：

本代码的 HTML 部分只有一个 div 标签。只需要添加 text-shadow，并将其横、纵坐标的偏移设置为 5 像素，将模糊半径设置为 0，并将阴影样式设置为“#000”即可产生和方法 1 相同的样式效果。

如图 3.23 所示为这段代码的运行结果，即使用 CSS 3 特有属性实现文字阴影的效果。

图 3.23　文字阴影（使用 CSS 3 特有属性）

第 4 章　CSS 图像样式设计与速成

在本章将开始介绍关于图像的设置问题，因为除了布局的结构会影响页面的美观程度外，图像效果的好坏也与页面表现效果有着紧密的关系。

本章将结合两类页面常用的主要属性来讲解如何设置页面的图像效果，通过对图像的属性的讲解和相关实例的分析，读者能够学到如何通过 CSS 标签来设计图像样式，从而设计出绚丽多彩的图像页面。

4.1　背景

在这一节将会学习到如何设置页面的背景，包括背景的颜色，背景的位置的排列方式，以及如何添加背景图片，还有怎样有效地使用浏览器提供的操作函数来设置背景效果。

4.1.1　颜色

在标准 HTML 属性里面可以使用 bgcolor 属性来设置背景的颜色，而在标准 CSS 里面提供了属性 background-color 来设置背景的颜色。可以使用以下 3 种方式来设置背景颜色。

写法 1 举例：

```
选择符 {  background-color: red  }
```

写法 2 举例：

```
选择符 {  background-color: #ff0000  }
```

写法 3 举例：

```
选择符 {  background-color: rgb(255, 0, 0); }
```

以上 3 种写法都可以将背景颜色设置为红色，或者也可以使用 background 来设置背景的颜色值，举例写法如下：

```
选择符 {  background: red   }
```

以下是一个简单的例子，它将指定的 DIV 对象设置为红色。

```
<!DOCTYPE html PUBLIC "-//W3C//DTD XHTML 1.0 Transitional//EN"
"http://www.w3.org/TR/xhtml1/DTD/xhtml1-transitional.dtd">
<html xmlns="http://www.w3.org/1999/xhtml">
    <head>
        <meta http-equiv="Content-Type" content="text/html; charset=gb2312" />
        <title>
```

```
        标签：设置 DIV 的背景颜色
    </title>
    <style type="text/css" >
        <!--
            body
            {
                background-color:rgb(200,200,200);  /*设置背景为灰色*/
            }
            #red_div
            {
                width:200px;                /*设置宽度*/
                height:60px;                /*设置高度*/
                text-align:center;          /*设置文本的对齐方式*/
                background-color:red;       /*设置背景为红色*/
                padding-top:40px;           /*设置元素的上内边距*/
            }
        -->
    </style>
</head>
<body>
    <div id="red_div">
        这是一个红色的 DIV 块
    </div>
</body>
</html>
```

对上述代码进行剖析如下：

在 HTML 代码里面添加一个 DIV 元素，并将其 ID 命名为 red_div。接着使用 CSS 将其背景属性 background-color 设置为红色，并且将 body 的颜色设置为 red(200,200,200)。

在这里额外要注意的是 padding-top 以及 height 属性将整个 DIV 块设置为 100px 的显示高度，而 padding-top 的值是 DIV 元素里面的文字到上边沿的像素个数。

如图 4.1 所示为这段代码的运行结果，即对背景颜色进行设置。

图 4.1　设置背景颜色

还要注意的一点是默认的背景色是透明属性的，即可以把 background-color 属性设置为 transparent。我们通过下面的整个程序证明这一点。

```
<!DOCTYPE html PUBLIC "-//W3C//DTD XHTML 1.0 Transitional//EN"
"http://www.w3.org/TR/xhtml1/DTD/xhtml1-transitional.dtd">
<html xmlns="http://www.w3.org/1999/xhtml">
    <head>
        <meta http-equiv="Content-Type" content="text/html; charset=gb2312" />
        <title>
            标签：设置 DIV 的背景颜色
        </title>
        <style type="text/css" >
            <!--
                #red_div
                {
                    width:200px;
```

```
                        background-color:red;          /*背景颜色*/
                    z-index:0;                          /*Z 坐标设置为 0*/
                }
                #blue_div
                {
                    position:relative;                  /*规定元素的定位类型*/
                    top:-18px;
                    left:100px;
                    width:200px;
                    background-color:blue;
                    z-index:1;                          /*Z 坐标设置为 1*/
                }
                #transparent_div
                {                                       /*没有设置背景颜色时，背景
                                                        色为透明*/
                    position:relative;
                    left:50px;
                    top:-26px;
                    width:200px;
                    z-index:1;                          /*Z 坐标设置为 1*/
                }
            -->
        </style>
    </head>
    <body>
        <div id="red_div">
            这是一个红色的 DIV 块
        </div>
        <div id="blue_div">
            这是一个蓝色的 DIV 块
        </div>
        <div id="transparent_div">
            这是一个透明的 DIV 块
        </div>
    </body>
</html>
```

对上述代码进行剖析如下：

以上代码设置了 3 个 DIV 块，其中前两个设置为红色和蓝色，最后一个使用默认颜色。并且使用定位技术重新设置几个 DIV 块的位置，调整了位置后的结果是这 3 个 DIV 有重叠的部分。这里采用了 z-index 属性，该属性表示 z 轴的坐标，目的就是确定一个元素在叠加状态时的上下立体关系，坐标值大的元素会覆盖在坐标值小的元素的上面，如果两个元素的坐标值相同，时间较后声明的元素会覆盖在较前声明的元素的上面。所以 transparent_div 会在 blue_div 的上面，blue_div 会在 red_div 的上面。

对于 blue_div 和 transparent_div 都设置了 position 属性，该属性表示元素对象的定位方式，它的默认值是 static，表示的是元素对象既不会发生层叠也不会发生偏移，按照正常的 HTML 的布局规则。当它的取值是 relative 时，表示的是对象不会发生层叠，但是会发生偏移。即对象是能够完全地表示在网页中，只不过会发生偏移，即一部分对象会在可视区域之外，被另一个对象所覆盖。所以，在视觉上，会感到 blue_div 和 red_div 被覆盖了。

以上程序的运行结果如图 4.2 所示，可见 transparent_div 没有将 red_div 的背景色覆盖，由此断定 background-color 默认的背景颜色为透明色。

如果将background-color设置为白色，其效果如图4.3所示。

这是一个红色块这是一个蓝色的DIV块　　　　　　这是一个红色块这是一个蓝色的DIV块
　　　这是一个透明的DIV块　　　　　　　　　　　这是一个透明的DIV块

　　图 4.2　默认背景色是透明色 　　　　　　　图 4.3　transparent_div 背景色设置为 white

4.1.2　图片

在标准 HTML 属性里面可以使用 background 属性来设置背景图片，而在标准 CSS 里面提供属性 background-image 来设置背景图片。可以用以下方式来设置背景图片：

选择符 { background-image: url(图片名字) ; }

或者也可以使用 background 来涵括背景的图片，写法如下：

选择符 { background: url(图片名字); }

其中，url 包含的是一个路径，可以是相对路径或者是绝对路径，该路径可以用双引号或者单引号括起来或者不要引号也可以（如果在正规 PHP 调用 CSS 模板时，建议使用单引号或者不加引号）。

以下是一个简单的例子，它将指定的 DIV 对象背景设置为指定的图片。

```
<!DOCTYPE html PUBLIC "-//W3C//DTD XHTML 1.0 Transitional//EN"
"http://www.w3.org/TR/xhtml1/DTD/xhtml1-transitional.dtd">
<html xmlns="http://www.w3.org/1999/xhtml">
    <head>
        <meta http-equiv="Content-Type" content="text/html; charset=gb2312" />
        <title>
            标签：设置 DIV 的背景图片
        </title>
        <style type="text/css" >
            <!--
                body
                {
                    background-color:rgb(200,200,200);
                }
                #father_div
                {
                    width:400px;
                    height:100px;
                    text-align:center;
                    background-image:url(w3school.jpg);  /*设置背景图片*/
                    padding-top:40px;                /*设置元素的上内边距*/
                    border:2px #FF0000 solid;
                }
            -->
        </style>
    </head>
    <body>
        <div id="father_div">
            这是一个有背景图片的 DIV 块
        </div>
    </body>
</html>
```

对上述代码进行剖析如下：

首先创建一个 DIV 元素块，命名其 ID 为 father_div。接着使用 CSS 语句将其背景设置为图片 w3school.jpg。

为了显示 CSS 背景设置的默认效果，我们将 DIV 的长和宽设置的比图片 w3school.jpg 要大。本程序的运行截图如图 4.4 所示，可以看出图片在水平方向以及在垂直方向上是重复地铺放了，这就是 CSS 对背景图片的默认设置。

图 4.4　背景设置为图片

在设置背景图片的时候，还有一个要注意的问题，就是图片路径的问题。在一次页面访问里涉及几样东西的位置，一个是HTML的位置（包括PHP文件的位置），一个是CSS文件的位置，一个是JavaScript文件的位置，以及其他多媒体文件的位置。

如果是使用绝对位置的话，就不需要过多注意这些文件间的相对位置了，但是如果使用相对路径来引用外部文件，就需要注意它们之间的关系了。

通过下面的例子，可以知道 CSS 文件引用别的文件的相对路径是相对于该 CSS 的路径，而不是相对于引用该 CSS 文件的 HTML 文件的路径。

编写 HTML 文件，该文件引用和其相同位置下的 CSS 文件夹下面的 CSS 文件 appearance.css。本代码的执行效果和前一例子一样。

```
<!DOCTYPE html PUBLIC "-//W3C//DTD XHTML 1.0 Transitional//EN"
"http://www.w3.org/TR/xhtml1/DTD/xhtml1-transitional.dtd">
<html xmlns="http://www.w3.org/1999/xhtml">
    <head>
        <meta http-equiv="Content-Type" content="text/html; charset=gb2312" />
        <link rel="stylesheet" type="text/css" href="css/appearance.css"
        /><!--引用 CSS 样式文件-->
        <title>
            标签：设置 DIV 的背景图片
        </title>
    </head>
    <body>
        <div id="father_div">
            这是一个有背景图片的 DIV 块
        </div>
    </body>
</html>
```

上面的程序通过<link>标签链接了 CSS 文件夹下面的 appearance.css 文件。
编写文件 css/appearance.css，代码如下：

```
body
{
    background-color:rgb(200,200,200);
}
#father_div
{
    width:400px;
    height:100px;
    text-align:center;
    background-image:url(./w3school.jpg);          /*设置背景图片，注意路径名*/
    padding-top:40px;                              /*设置元素的上内边距*/
    border:2px #FF0000 solid;
}
```

上面的 CSS 代码通过 background-image 引用了文件 w3school.jpg。在这里路径并不是
css/w3school.jpg，所以由此推断路径是相对于 appearance.css 的位置的，而不是 HTML 文
件。这样的好处是，不用管是哪个 HTML 文件调用该 CSS 文件的，CSS 文件只需要知道
目标媒体文件相对于自己的位置就可以了。

4.1.3　排布

在标准 CSS 里面提供了 background-repeat 属性来设置背景图片的排布方式，在默认情
况下如果图片的面积没有标签元素的面积大，则背景图片会在横向以及纵向布满整个标签
元素。

可以用以下方式来设置背景图片的排布方式：

选择符 { background-repeat: 方式 ; }

或者也可以使用 background 来涵括背景图片的排布方式，写法如下：

选择符 { background: 方式 ; }

其中"方式"项的值可以是：repeat-y、repeat-x、repeat 以及 no-repeat ，它们依次表
示在垂直方向重复、水平方向重复、整个页面重复以及不重复。

以下是一个简单的例子，它将指定的 DIV 对象背景设置为指定的垂直方向重复以及水
平方向重复排布方式。

```
<!DOCTYPE html PUBLIC "-//W3C//DTD XHTML 1.0 Transitional//EN"
"http://www.w3.org/TR/xhtml1/DTD/xhtml1-transitional.dtd">
<html xmlns="http://www.w3.org/1999/xhtml">
    <head>
        <meta http-equiv="Content-Type" content="text/html; charset=gb2312" />
        <title>
            标签：设置 DIV 的背景图片
        </title>
        <style type="text/css" >
            <!-
                #h_div
                {
```

```
                    width:400px;
                    height:50px;
                    text-align:center;
                    background-image:url(w3school_small.jpg);
                                                  /*设置背景图片*/
                    background-repeat:  repeat-x;  /*X 方向重复*/
                    border:2px #FF0000 solid;
                }
                #v_div
                {
                    width:200px;
                    height:200px;
                    text-align:center;
                    background-image:url(w3school_small.jpg);
                                                  /*设置背景图片*/
                    background-repeat:  repeat-y;  /*Y 方向重复*/
                    border:2px #FF0000 solid;
                }
            -->
        </style>
    </head>
    <body>
        <div id="h_div">
            这是一个水平排布背景图片的 DIV 块
        </div>
        <div id="v_div">
            这是一个垂直排布背景图片的 DIV 块
        </div>
    </body>
</html>
```

对上述代码进行剖析如下：

首先创建两个 DIV 元素块，命名它们的 ID 分别为 h_div 以及 v_div。接着使用 CSS 语句将它们的背景设置为图片 w3school_small.jpg。

为了将排布效果显现出来，分别先把它们的宽和高设置得比背景大。然后设置第一个 DIV 的背景排布属性 background-repeat 为 repeat-x，第二个 DIV 的背景排布属性为 repeat-y。需要注意的是，属性 background-repeat 的默认值是 repeat，即在水平位置和垂直位置都进行重复平铺，而不是有些人主观臆断的 no-repeat。

以上代码的执行结果如图 4.5 所示。该图包含一个水平排布和一个垂直排布的背景图片的 DIV 块。

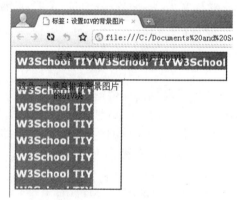

图 4.5　背景的排布

4.1.4　位置控制

在标准 CSS 里面提供了属性 background-position 来设置背景图片的位置，该属性可以控制背景图片在纵向坐标方向和横向坐标方向上的位置，在默认情况下该属性的值是 (left,top)。可以用以下这些方式来设置背景图片的位置：

关键字形式写法 1 举例：

选择符 { background-position: 关键字形式横向或纵向位置 关键字形式纵向或横向位置 ; }

关键字形式写法 2 举例：

选择符 { background-position: 关键字形式横向或纵向位置 ; }

百分号形式写法 1 举例：

选择符 { background-position: 百分号形式横向位置 百分号形式纵向位置 ; }

百分号形式写法 2 举例：

选择符 { background-position: 百分号形式横向位置 ; }

单位形式写法 1 举例：

选择符 { background-position: 单位形式横向位置 单位形式纵向位置; }

单位形式写法 2 举例：

选择符 { background-position: 单位形式横向位置 ; }

其中，横向位置可以使用这些关键字表示：left、right 和 center；纵向位置可以使用这些关键字表示：top、bottom 和 center。如果只指定了一个方向的位置，那么另一个方向的位置为 center。在单位形式下可以使用像素单位（px）、英寸单位（in）或者其他单位。另外也可以使用这几种形式的混搭形式，但是混搭形式下横坐标位置一定要写在纵坐标位置前面。

或者也可以使用 background 来涵括背景图片的放置位置，写法如下：

选择符 { background: 横向或纵向位置 纵向或横向位置 ; }

以下是一个简单的例子，它将指定的 DIV 对象背景设置为指定的垂直方向重复以及水平方向重复排布方式。

```
<!DOCTYPE html PUBLIC "-//W3C//DTD XHTML 1.0 Transitional//EN"
"http://www.w3.org/TR/xhtml1/DTD/xhtml1-transitional.dtd">
<html xmlns="http://www.w3.org/1999/xhtml">
    <head>
        <meta http-equiv="Content-Type" content="text/html; charset=gb2312" />
        <title>
            标签：设置 DIV 的背景图片
        </title>
        <style type="text/css" >
        <!--
            #test_div
            {
                width:400px;
                height:100px;
                ext-align:center;
                background-image: url(w3school_small.jpg);
                                            /*设置背景图片 */
                background-repeat:no-repeat;   /*设置背景图片不重复*/
                /*设置背景图片位置为（left，center） */
                background-position: left;     /*设置背景图片的位置*/
                border:2px #FF0000 solid;
            }
```

```
            -->
        </style>
    </head>
    <body>
        <div id="test_div">
            这是一个背景图片位于（ left ，center ）的 DIV 块
        </div>
    </body>
</html>
```

对上述代码进行剖析如下：

首先创建一个 DIV 元素块，并且将其 ID 号命名为 test_div。然后对其添加 CSS 控制，在 CSS 控制里设置了它的长和宽，以及背景图片。

然后设置图片的位置为 left，也就是将图片放置到 DIV 的左边中间的位置，其效果如图 4.6 所示。

最后还要强调一点，在本程序里面的 background-repeat 属性设置为 no-repeat，如果 background-repeat 属性设置为默认值 repeat，那么图片就会从 background-position 指定的位置向四边平铺开来。

图 4.6　设置背景的位置

4.1.5　滚动控制

在标准 CSS 里面提供了属性 background-attachment 来设置背景图片是否随着滚动条一起滚动。可以用以下方式来设置背景图片的排布方式：

选择符 { background-attachment: **滚动方式 ；** }

或者也可以使用 background 来涵括背景图片的滚动方式，写法如下：

选择符 { background: **滚动方式 ；** }

其中"滚动方式"的值可以是：fixed（不随滚动条滚动）、scrolled（随滚动条滚动）或者 inherit（继承于父节点）。

以下是一个简单的例子，它将指定的DIV对象背景图片随滚动条滚动。

```
<!DOCTYPE html PUBLIC "-//W3C//DTD XHTML 1.0 Transitional//EN"
"http://www.w3.org/TR/xhtml1/DTD/xhtml1-transitional.dtd">
<html xmlns="http://www.w3.org/1999/xhtml">
    <head>
        <meta http-equiv="Content-Type" content="text/html; charset=gb2312" />
        <title>
            标签：设置 DIV 的背景
        </title>
        <style type="text/css" >
            <!--
                #father_div
                {
                    width:200px;
                    height:100px;
                    text-align:center;
                    font-size:60px;
```

```
                    background:url(w3school_small.jpg) no-repeat ;
                                          /*设置背景*/
                    background-position: 0px 10px; /*设置图片的位置*/
                    background-attachment:scrolled ;
                                          /* 图片跟着滚动条移动了 */

                    border:1px #ff0000 solid;
                                          /*设置边框大小、颜色以及
                                          实线*/
                    overflow-y:auto;        /*垂直溢出*/
                }
                #son_div
                {
                height:400px;
                }
            -->
        </style>
    </head>
    <body>
        <div  id="father_div" >
            父 DIV
            <div id="son_div">
            </div>
        </div>
    </body>
</html>
```

对上述代码进行剖析如下：

首先创建了父节点 DIV 以及子节点 DIV，其中子节点 DIV 的高度比父节点的高。所以父节点的 CSS 样式单里设置了 overflow-y 属性为 auto（auto 也可以写为 scroll，如果没有设置 overflow，那么 IE 默认其值为 visible，此时不会出现滚动条；其他浏览器一般将它默认为 hidden），即产生了一个滚动条。

最后再设置父节点的 background-attachment 为 scrolled，即跟随滚动条滚动，所以程序运行的效果如图 4.7 所示，即使移动了滚动条，一样能看得到背景图片。

图 4.7　背景滚动设

4.1.6　线性渐变

实现背景的渐变可以通过为背景添加颜色渐变的图片，也可以使用浏览器的功能来为背景添加渐变的颜色。下面简单介绍几种常用的浏览器如何为背景添加渐变颜色。

在 IE 6 或者 IE 7 浏览器下可以使用以下示例的 CSS 语句，设置 filter 属性来实现颜色渐变。

```
filter:progid:DXImageTransform.Microsoft.gradient(enabled=true,gradient
Type=0,startColorStr=#f0f0f0,endColorStr=#020202);
```

上面语句中选项含义如下：

❑　enabled：滤镜开关选项，其值可以是 true 或者 false，分别用来打开和关闭滤镜；
❑　gradientType：渐变类型，其值为 1 时表示水平渐变，其值为 0 时表示垂直渐变；

- startColorStr: 上端或左侧的起始颜色；
- endColorStr: 下端或右侧的结束颜色。

在火狐浏览器下可以使用以下形式的 CSS 语句，设置 background-image 属性来实现颜色渐变。

```
background-image: -moz-linear-gradient( 起始点|角度, {颜色 位置}, {颜色 位置},
{颜色 位置}, {颜色 位置}…)
```

上面语句中选项含义如下：

- 起始点|角度：在这里可以填写起始位置或者角度（最好不要角度和起始位置都填写），该起始点位置可以使用百分号形式或者单位形式；
- {颜色 位置}：在这里可以填写颜色以及该颜色的起始位置，例如红色可以使用类似的这几种方式：#ff0000、rgb(255,0,0)、red，而该颜色的位置可以使用百分号形式或者单位形式。

可以用以下两个语句其中的一个来达到图 4.8 的背景渐变效果。

图 4.8　火狐浏览器下的背景渐变

```
background: -moz-linear-gradient( left top , blue,
#ff0000 100px, rgb(0,255,255) 100% );
background: -moz-linear-gradient(-45deg , blue,
#ff0000 100px, rgb(0,255,255) 100% );
```

上述语句中先指定颜色起始位置，然后颜色向另一侧渐变过去。在使用角度来指定的情况下，默认从左侧或上侧开始渐变。

在苹果 Safari 和谷歌 Chrome 浏览器下可以使用以下示例的 CSS 语句，设置 background-image 属性来实现颜色渐变：

```
background-image: -webkit-gradient( 类型, { 位置 1|{位置 1, 半径} }, { 位置
2|{位置 2, 半径} }, {目标位置颜色}, {目标位置颜色}, {目标位置颜色}, {目标位置颜
色} ….. );
```

上面语句中选项含义如下：

- 类型：指定渐变类型，其值可以是 radial 或者 linear，它们分别表示放射渐变以及线性渐变；
- { 位置|{位置, 半径} }：设置起始位置以及区域，如果是线性渐变只要填写位置就可以了，如果是放射渐变还要填写半径；
- {目标位置颜色}：设置目标位置的颜色，可以利用 from 来设定开始处的颜色，例如 from(#ff0000)，利用 to 语句设置结束处的颜色，例如 to(#000000)，或者可以利用 color-stop 语句设置指定位置的颜色，例如用 color-stop(70%, #00ff00)设置 70% 处的颜色。

以下是一个用于谷歌Chrome浏览器下的设置背景渐变的HTML代码。

```
<!DOCTYPE html PUBLIC "-//W3C//DTD XHTML 1.0 Transitional//EN"
"http://www.w3.org/TR/xhtml1/DTD/xhtml1-transitional.dtd">
    <html xmlns="http://www.w3.org/1999/xhtml">
        <head>
            <metahttp-equiv="Content-Type"content="text/html;
            charset=gb2312" />
        <title>
            标签: 设置 DIV 的背景
        </title>
```

```
        <style type="text/css" >
        <!--
            #radial_div
            {
                width:200px;
                height:200px;
                border:1px solid blue;          /*设置边框大小、实线和颜色*/
                background-image:-webkit-gradient(radial, 40 40, 10,
60 60, 60 ,from(#ff0000), color-stop(70%, #00ff00 ), to(rgba(0,0,0,0)));
                                                /*设置放射渐进*/
                float:left;                     /*元素的浮动方向*/
                margin:10px;                    /*设置外边距的大小*/
            }
            #linear_div
            {
                width:200px;
                height:200px;
                border:1px solid blue;
                background-image:-webkit-gradient(linear, 40 40,
60 60, from(#ff0000), color-stop(70%, #00ff00 ), to(rgba(0,0,0,0)));
                                                /*设置线性渐进*/
                float:left;
                margin:10px;
            }
        -->
        </style>
    </head>
    <body>
        <div id="radial_div" >
        </div>
        <div id="linear_div" >
        </div>
    </body>
</html>
```

对上述代码进行剖析如下：

首先创建两个 DIV 模块，并将它们分别命名为 radial_div 以及 linear_div。然后分别设置它们的高度、宽度以及间距。

然后再使用 background-image 来设置它们的背景渐变。第一个 DIV 元素里设置的是放射渐变，使用-webkit-gradient(radial, 40 40, 10, 60 60, 60 ,from(#ff0000), color-stop(70%, #00ff00), to(rgba(0,0,0,0)));来进行设置，其中起点 40 40, 10 表示在 DIV 内部坐标(40,40)像素的位置绘制半径为 10px 的圆，因为设置了 from(#ff0000)，所以是红色的。又以(60,60)为中心绘制 60px 半径的圆，其结束颜色是 rgba(0,0,0,0)，所以是黑色不透明的（即黑色不被绘画出来）。而又通过 color-stop(70%, #00ff00)来设置转折变色点位于过度倾向的 70%的位置。

同理第二个 DIV 的 background-image 设置为-webkit-gradient(linear, 40 40, 60 60, from(#ff0000), color-stop(70%, #00ff00), to(rgba(0,0,0,0)));，即是线性变换的。因为起点(40,40)处是红色透明的，所以从(0,0)到(40,40)显现了较大的一片红色。其中开始点和结束点也可以用 left 和 top 这些关键字指定，并且最好不要使用百分号方式以及单位方式指定。

以上例子的运行结果如图 4.9 所示，即在谷歌 Chrome 浏览器下的背景的渐变设置。

以上只是某些浏览器所支持的设置方法，如果换为别的浏览器不一定支持，在后面会介绍 <canvas> 的设置来实现背景渐变。

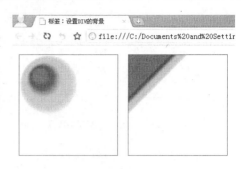

图 4.9　谷歌 Chrome 背景渐变

4.2　动漫游戏网站主题背景

这一节将展示一般动漫网站背景的设置。很多动漫网站的头部都是一些动漫人物的卡通图片组合，或者是大型横幅，而这些图片的颜色又和背景颜色配合地很好，有些是通过滤镜的功能实现的，有些是通过 Photoshop 加工过的。在这里教大家一种简单的背景搭配方法。

首先准备一张较大的横幅小海报。正如图 4.10 所示，因为宠物小精灵是一个不衰的动漫主题，所以这里使用了该题材。

图 4.10　动漫网站基础背景材料

然后用 Photoshop 打开该图片，进行编辑。

（1）新建图层，如图 4.11 所示，并选中该图层来进行绘图。

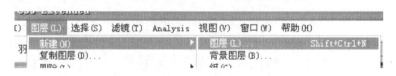

图 4.11　新建图层

（2）选择矩形选框工具，如图 4.12 所示。

图 4.12　选择矩形选框工具

（3）按住 Shift 键，选出 3 边的范围，如图 4.13 所示。

图 4.13　选出 3 边的范围

（4）前景色选择黑色，然后在工具栏里单击"编辑"|"填充"|"前景色"命令。

（5）再次用选框工具选择图像中间的一块，如图 4.14 所示。

图 4.14　选择图像中间

（6）在工具栏里单击"滤镜"|"模糊"|"高斯模糊"命令，如果过渡效果不太理想可以再进行局部模糊，或者使用左边工具栏的模糊工具，最终效果如图 4.15 所示。

图 4.15　最终效果

接下来进行 HTML 文件的编写，代码如下：

```
<!DOCTYPE html PUBLIC "-//W3C//DTD XHTML 1.0 Transitional//EN"
"http://www.w3.org/TR/xhtml1/DTD/xhtml1-transitional.dtd">
    <html xmlns="http://www.w3.org/1999/xhtml">
        <head>
            <meta http-equiv="Content-Type" content="text/html;
charset=gb2312" />
            <title>
                标签：设置 body 的背景
            </title>
            <style type="text/css" >
                <!--
                    body
                    {
```

```
        background-color:black;      /*设置背景颜色*/
        background-image:url(background.jpg);
                                     /*设置背景图片*/
        background-repeat: no-repeat; /*设置背景不重复*/
        background-position:top;         /*设置背景的位置*/
}
#content_div
{
    width:1000px;
    border:5px solid rgb(100,100,100);
    margin: 300px auto;
    background-color:rgb(250,250,250);
```
/*不要在这里设置 padding，因为父类设置了高度，会增加 content_div 的显示宽度*/
```
}
#content_div #content2_div
{
    padding:50px; /*在这里设置 padding 来使得文字和图片与父
    类 DIV 形成间隔,这样不会增加父类 content_div 的显示宽度*/
}
#container_div
{
    position:relative;           /*父节点设置为相对定位*/
    height:195px; /* 设置和图片差不多的高度，如果太短文字内
                容会穿越图片，如果太长会阻挡后面的文字排列过去*/
    width:219px;
    margin:10px ;                /*设置外边距*/
    float:right;                 /*设置浮动的方向*/
    border:1px solid #0000ff;
}
    #container_div   #frame1
    {
    position:absolute;
    top:10px;                    /*使得本 DIV 下移 5px*/
    width:199px;                 /*设置和图片差不多的宽度*/
    height:175px;                /*设置和图片差不多的高度*/
    background:white;
    border:1px solid #aaaaaa;
}
#container_div   #frame2
{
    position:absolute;
    top:5px;                     /*使得本 DIV 下移 5px*/
    left:5px;                    /*使得本 DIV 右移 5px*/
    width:199px;                 /*设置和图片差不多的宽度*/
    height:175px;                /*设置和图片差不多的高度*/
    background:white;
    border:1px solid #aaaaaa;
}
#container_div   #cover_img
{
    position:absolute;
    left:10px;                   /*使得本 DIV 右移 10px*/
}
#container_div   #cover_logo
{
    position:absolute;
    width:199px;                 /*设置和图片一样的宽度*/
    height:175px;                /*设置和图片一样的高度*/
```

```
                    background-image:url(album_logo.png);
                    background-repeat:no-repeat ;
                    _background:0;                /*IE 下将 background 清空*/
/*对于 IE 6.0 使用微软提供的滤镜功能使图片透明,带下划线开头的关键字只对 IE 有效
*/filter:progid:DXImageTransform.Microsoft.AlphaImageLoader(src="album_
logo.png") ;
                    }

                -->
            </style>
        </head>
        <body>
            <div  id="content_div" >
                <div id="content2_div"  >

                    <div id="frame1"  >
                    </div>
                    <div id="frame2" >
                    </div>
                    <image id="cover_img" src="image.jpg" />
                    <div id="cover_logo"  >
                    </div>

                </div>
```

　　　　　　由汤山邦彦主导的神奇宝贝动画是指从1996年开始在电视上播放的动画片及与之相关的电影、短篇集、放送局和特别篇的统称。故事的主要剧情是讲述立志成为神奇宝贝大师的小智,和他的搭档皮卡丘一起踏上旅途。一路上,小智邂逅了不少旅途的同伴、劲敌、好友,和他们展开了一次又一次的冒险。目前神奇宝贝动画总共出了四部:《神奇宝贝》无印、《神奇宝贝超世代》、《神奇宝贝钻石与珍珠》、《神奇宝贝超级愿望》;而每一部的女主角也有不同,第一部为小霞,第二部为小遥、第三部为小光、第四部为艾莉丝。

```
            <br/><br/>  神奇宝贝动画目前为止已经播放了 4 个主要系列,分别对应了
```
主系列游戏的内容,按先后的播出顺序分为第一部的关都地区石英联盟篇、橘子群岛橘子联盟篇(动画原创)、城都地区城都联盟篇、第二部的丰缘地区丰缘联盟篇、关都地区对战开拓区篇、第三部的神奥地区神奥联盟篇和第四部的合众地区合众联盟篇。
```
<br/><br/>  不同于游戏,动画中,神奇宝贝具有了更多类似人类的特质,有个别神奇宝贝甚至
```
可以讲人话,例如火箭队的喵喵。

```
            <br/><br/>  动画中揭示了更多人类与神奇宝贝相处的历史,比如宝贝球是
```
在近代才出现的物品,而大木博士在少年时所使用的宝贝球也与当代的样子不同。在宝贝球的发明和大规模生产之前,城都地方的人们还会使用圆柑果实来捕捉神奇宝贝。而在远古时期,神奇宝贝被称为魔兽,人类使用魔兽装具来控制这种生物。

```
                </div>
            </div>
        </body>
</html>
```

对上述代码进行剖析如下:

在上述代码中我们应该掌握背景 background-color 、 background-image 和 background-repeat 和 background-position 的设置,在设置 body 标签的样式时已经涵盖了这些内容。

另外,我们还要注意的是 DIV 的定位问题,如果一个 DIV 的所有父节点的 position 都被设置为默认值 static,又如果该 DIV 的 position 设置为 absolute 的话,那么如果不改变它的 top 和 left 属性,它将继承它父亲的位置;若改变该 DIV 的 top 和 left 坐标,则该 DIV 将在整个页面内变动(即其原点坐标为整个页面的原点坐标)。

如果使用 absolute 属性,那么该 DIV 的坐标为其第一个父节点(直属父节点)的位置,

如果改变该 DIV 的坐标，则其坐标原点为第一个 position 为非 static 的父节点的坐标位置 (top,left)处。

如果使用 relative 属性，那么该 DIV 的坐标为该 DIV 原来的位置，如果改变该 DIV 的坐标，则其坐标原点为该 DIV 原来的位置。

因为在相架框里的 DIV 要相对于其直属父节点进行定位，所以这些 DIV 要设置成 absolute，并且还要将该直属父节点设置为 relative（一句话概括，如果那些标签要相对自己定位，就设置为 relative，如果相对于某个父节点定位就设置为 absolute，并且该父节点必须是第一个非 static 的父节点）。

以上代码的运行结果如图 4.16 所示，即一个内容丰富的动漫网页。

图 4.16　动漫网页

4.3　图片

在这一节将会学习到如何设置图片，包括如何设置图片的大小、如何控制图片的位置以及如何设置简单图像特效。

4.3.1　边框

对于 img 标签元素来说，它也具有 border 属性，它的 CSS 属性包括 border-top、border-left、border-bottom 以及 border-right。除此之外，还具有 border-width（设置边框的宽度）、border-style（设置边框的风格，如实线、虚线和双边等等）以及 border-color（设置边框的颜色）等属性。

也可以使用组合形式来控制边框四边的样式，例如使用 border-left-color、border-left-width 以及 border-left- style 分别设置边框左侧的颜色、宽度以及风格。

在设置边框颜色的时候，可以使用关键字、井号形式以及 GRB 形式，例如：

```
border-color: red;
border-color: #ff0000;
border-color: rgb(255,0,0);
```

在设置边框宽度的时候，可以使用单位形式，例如

```
border-width: 10px;
```

在设置边框风格的时候，可以使用关键字形式。例如，关键字 dotted 表示点式边框，关键字 dashed 表示虚线边框，关键字 solid 表示实线边框，例如

```
border-type: dashed;
```

另外，HTML 也提供了 border 属性来进行边框的设置，例如可以通过用"<img src=" http://www.baidu.com/img/baidu_ sylogo1.gif" border="5" />"设置边框。

（1）巧妙设置两色边框。

```
<!DOCTYPE html PUBLIC "-//W3C//DTD XHTML 1.0 Transitional//EN"
"http://www.w3.org/TR/xhtml1/DTD/xhtml1-transitional.dtd">
<html xmlns="http://www.w3.org/1999/xhtml">
    <head>
        <meta http-equiv="Content-Type" content="text/html; charset=gb2312" />
        <title>
            标签：设置 Img 边框
        </title>
        <style type="text/css" >
            <!--
                #father_div
                {
                    text-align:center;
                    font-size:60px;
                    background-color:#00FF00;     /*设置背景颜色作为内部边框*/
                    padding:5px;
                    border-color:#FF0000;         /*设置边框颜色*/
                    border-width:5px;             /*设置边框宽度*/
                    border-style: solid;          /*设置边框类型*/
                }
            -->
        </style>
    </head>
    <body>
        <img  id="father_div" src="w3school.jpg" alt="两色边框">
        </img>
    </body>
</html>
```

对上述代码进行剖析如下：

以上代码利用 background-color 以及 padding 来创建边框效果，因为 padding 的为 5px，所以内框宽为 5px。同时从效果可以看出，padding 的含义实际上是内容到 border 内边的距离。

注意必须注明边框的 style 风格，因为系统默认的 border-style 的值就是 none，即没有边框。

以上代码的运行结果如图 4.17 所示，即对图片设置两色的边框。

图 4.17　图片两色边框

（2）使用图片作为边框。

```
<!DOCTYPE html PUBLIC "-//W3C//DTD XHTML 1.0 Transitional//EN"
"http://www.w3.org/TR/xhtml1/DTD/xhtml1-transitional.dtd">
<html xmlns="http://www.w3.org/1999/xhtml">
    <head>
        <meta http-equiv="Content-Type" content="text/html; charset=gb2312" />
        <title>
            标签：设置 Img 边框
        </title>
        <style type="text/css" >
            <!--
                #father_div
                {
                    text-align:center;
                    font-size:60px;
                    background-image:url(w3school_bg.jpg);
                    background-color:#00FF00;
                    padding:10px;
                    border-color:#FF0000;          /*设置边框颜色*/
                    border-width:5px;              /*设置边框宽度*/
                    border-style: solid;           /*设置边框类型*/
                }
            -->
        </style>
    </head>
    <body>
        <img  id="father_div"  src="w3school.jpg"  alt="背景边框">
        </img>
    </body>
</html>
```

对上述代码进行剖析如下：

以上代码使用 w3school_bg.jpg 作为背景，这种设置需要正确设置 padding 来使 img 的图片配合其背景图片才能正确显示想要的效果。

以上代码的运行结果如图 4.18 所示，即使用背景图片作为边框。从图 4.18 看出背景图片的开始位置是 border 的内侧边沿的位置，而不是 border 的外侧。

图 4.18　背景图片边框

另外还可以利用背景图片作为 img 的阴影，只要制作一张足够大的图片，并正确设置 img 的 padding，然后把背景的 background 属性设置为 right bottom 即可。

4.3.2　缩放

对 img 标签元素来说，CSS 为 img 提供 width 和 height 属性来设置图片的宽度以及高度，而 HTML 同样也提供 width 和 height 属性来设置图片的宽度以及高度。

在设置 width 和 height 属性的时候，可以使用单位形式或者百分比形式来进行设置。如下：

```
width: 100px;
height: 50%;
```

如果使用百分比，是相对于父节点的宽度和高度的百分比。

当只设置 height 或者 width 其中一个属性的时候，另一个值会跟着改变的属性的值以及原图片的长宽比而进行变化。

以下用一个简单的例子来说明 width 和 height 属性的使用。

```
<!DOCTYPE html PUBLIC "-//W3C//DTD XHTML 1.0 Transitional//EN"
"http://www.w3.org/TR/xhtml1/DTD/xhtml1-transitional.dtd">
<html xmlns="http://www.w3.org/1999/xhtml">
    <head>
        <meta http-equiv="Content-Type" content="text/html; charset=gb2312" />
        <title>
            标签：设置 Img 长和宽
        </title>
        <style type="text/css" >
        <!--
            div
            {
                float:left;
                margin:10px;                /*设置外边距的值*/
                border-color:#FF0000;       /*设置边框颜色*/
                border-style:solid;         /*设置边框的风格*/
                border-width:1px;           /*设置边框的宽度*/
            }
            h4
            {
                float:left;
            }
            #pic2
            {
                float:left;
                text-align:center;
                font-size:60px;
                width:50%;                  /*设置为其父节点宽度的一半*/
                height:50px;                /*设置为 50px*/
            }
        -->
        </style>
    </head>
    <body>
        <div>
            <h4>原始图片</h4>
            <img  id="pic1" src="w3school.jpg" alt="原始图片">
            </img>
        </div>
        <div>
            <h4>按比例 50%, 50px 变化图片</h4>
            <img id="pic2" src="w3school.jpg" alt="按比例变化图片">
            </img>
        </div>
    </body>
</html>
```

对上述代码进行剖析如下：

上述代码的运行结果如图 4.19 所示，从图中可以看到第二个 DIV（第二个红色框），因为该 DIV 的宽度和高度由内部的文字和图片决定，而图片 pic2 进行了宽度和高度的设置，所以就产生了该 DIV 的空白部分。

因为第二个 DIV 的 h4 标签还具有 margin 属性，即表示元素边框外的空白区域的外边距，所以产生了底下的格外空白，只要把 h4 的 margin 属性设置为 0 即可消除该空白。而 DIV 的宽度由 h4 以及图片组成，所以图片进行宽度设置后产生右边的空白。

图 4.19　图片缩放

4.3.3　透明效果

CSS 3 提供了 opacity 来进行图片的透明度设置，其效果是仿佛给图片添加了一层薄膜，让人看上去有一种透明感，透明效果也被称为遮罩效果。

例如，如果想设置透明度减少一半，可以设置如下：

```
opacity: 0.5
```

opacity 的值是一个小数，其取值范围为 0～1，表示全透明以及不透明。在不同的浏览器下面有不同的设置方法。

IE 6 和 IE 7 提供滤镜的方法来设置该效果，它通过设置 filter 属性来达到（其取值范围为 0～100）。

```
filter:alpha(opacity=50);                      /*IE 6 和 IE 7*/
```

IE 8 提供滤镜的方法来设置该效果，它通过设置 filter 属性来达到（其取值范围为 0～100）。

```
-ms-filter: "progid:DXImageTransform.Microsoft.Alpha(Opacity=50)"; /*IE 8*/
```

旧版火狐浏览器通过设置-moz-opacity 属性来达到，新版火狐直接使用 opacity 属性。

```
-moz-opacity:0.5;                              /*旧版火狐*/
```

新版 Safari、Chrome 浏览器通过设置-moz-opacity 属性来达到。

```
-khtml-opacity: 0.5;                           /*新版 hrome*/
```

旧版 afari、Chrome 浏览器通过设置-webkit-opacity 属性来达到。

```
-webkit-opacity: 0.5;                          /*旧版 hrome */
```

以下用一个简单的例子来说明各种浏览器的透明度的设置。

```
<!DOCTYPE html PUBLIC "-//W3C//DTD XHTML 1.0 Transitional//EN"
"http://www.w3.org/TR/xhtml1/DTD/xhtml1-transitional.dtd">
<html xmlns="http://www.w3.org/1999/xhtml">
<head>
    meta http-equiv="Content-Type" content="text/html; charset=gb2312" />
```

```
    title>图片透明效果</title>
    style>
        <--
            img
            {
                padding:2px;
                background:#dce5ef;
                border:1px solid #d1dbe4;
            }
            #op
            {
                filter:alpha(opacity=50);            /*IE 6和IE 7*/
                -ms-filter:"progid:DXImageTransform.Microsoft.
                Alpha(Opacity=50)";                  /*IE 8*/
                -moz-opacity:0.5;                    /*用于旧版火狐浏览器*/
                -khtml-opacity: 0.5;                 /*用于 Chrome 浏览器*/
                -webkit-opacity: 0.5;                /*用于旧版 Chrome 浏览器*/
                opacity: 0.5;                        /*通用*/
            }
        -->
    </style>
</head>
<body>
    <div>
        <img id="op" src="w3school.jpg"  />
        <img src="w3school.jpg"  />
    </div>
</body>
</html>
```

对上述代码进行剖析如下：

在本程序里，一共设置了两个 img 元素，其中一个是有透明效果的图片，另一个是没有透明效果的原始图片。上述代码的运行结果如图 4.2 0 所示，可以看出有透明效果的图片比没有透明效果的图片颜色浅一些。

对于不同浏览器的透明度的处理方案，本程序没有使用 if 语句进行事前的判断，而是将不同浏览器针对的不同的处理方法依次排列下来，然后由浏览器本身去识别自己的属性命令。其他浏览器的属性命令它不能识别，自然也不能运行。这种方法省去了 if 语句等大量的判别处理，而是将判别交给了浏览器，希望大家能够掌握这种编程思想。

图 4.20　图片透明

4.3.4　图片布局

CSS 提供属性 text-align 以及 vertical-align 来控制图片的位置。text-align 用于控制图片

的水平位置，vertical-align 用于控制图片的垂直位置。

通过设置 img 父节点的 text-align 来控制内部图片的水平位置，text-align 主要有 3 个值，依次是：left、center 和 right。

通过设置 img 的 text-align 来控制图片的垂直位置，vertical-align 主要有这些值：baseline、bottom、middle、sub、super、text-bottom、text-top 和 top。

以下例子简单地展现了如何使用 text-align 以及 vertical-align 来实现图片布局。

```html
<!DOCTYPE html PUBLIC "-//W3C//DTD XHTML 1.0 Transitional//EN"
"http://www.w3.org/TR/xhtml1/DTD/xhtml1-transitional.dtd">
<html xmlns="http://www.w3.org/1999/xhtml">
<head>
    <meta http-equiv="Content-Type" content="text/html; charset=gb2312" />
    <title>图片布局</title>
    <style>
        <!--
            #t1
            {
                vertical-align:bottom;           /*文字位于底部*/
            }
            #t2
            {
                vertical-align:middle;           /*文字位于中间*/
            }
            #t3
            {
                vertical-align:top;              /*文字位于顶部*/
            }
            div
            {
                margin:3px;
                border:#F00 solid 1px;
            }
        -->
    </style>
</head>
<body>
    <div style="text-align:left;">
        text-align:left; vertical-align:bottom;
        <img id="t1" src="w3school_small.jpg"  />
    </div>
    <div style="text-align:center;">
        text-align:center; vertical-align:middle;
        <img id="t2" src="w3school_small.jpg"  />
    </div>
    <div style="text-align:right;">
        text-align:right;  vertical-align:top;
        <img id="t3" src="w3school_small.jpg"  />
    </div>
</body>
</html>
```

对上述代码进行剖析如下：

首先依次对 3 个 DIV 的 text-align 属性设置为 left、center 以及 right 来使得其内部内容位于 DIV 的左侧、中间以及右边。然后对 img 的 vertical-align 属性设置为 bottom、middle 以及 top。vertical-align 属性为 bottom 表示图片的底部和文字的底部对齐，vertical-align 属性为 middle

表示图片的中间和文字的中间对齐，vertical-align属性为top表示图片的顶部和文字的顶部对齐。

上述代码的运行结果如图 4.21 所示，可以看到第一行的图片底部和该行文字的底部是对齐的，第二行的图片中部和该行文字的中部是对齐的，第三行的图片顶部和该行文字的顶部是对齐的。

图 4.21　图片布局

4.4　图片示例一：浮动相架

4.4.1　使用 DIV 控制布局

一般网页相片的布置是使用 li 列表标签来完成的，在这里我们使用 div 来构造基本的相片框架。

```
<div id="frame">
    <div>
        <div class="begin_state">
            <img    src="image1.jpg" />
        </div>
    </div>
    <div>
        <div class="begin_state">
            <img    src="image2.jpg" />
        </div>
    </div>
    <div >
        <div class="begin_state">
            <img    src="image3.jpg" />
        </div>
    </div>
</div>
```

这里一共有 3 个 DIV 框架，顶层的 DIV "封装"了内部的所有子元素；第二层的 DIV 用于分隔 3 个 img 图片。第三层的 DIV 用于控制 img 的顶边的位置，具体控制由 CSS 样式来控制。

4.4.2　添加 CSS 图片样式

现在编写 CSS 样式控制，定义两个 class 的样式，分别是鼠标移进和移出时的样式。

```css
.begin_state
{
    height:0px;                          /*设置高度*/
    margin-top:25px;                     /*设置上外边距的值*/
    text-align:center;                   /*设置文本的对齐方式*/
}
.active_state
{
    height:0px;
    margin-top:10px;
    text-align:center;
}
#frame div div img
{
    height:50px;
    width:50px;
}
```

begin_state 类是鼠标移出时的样式，active_state 类是鼠标移入时的样式。这里它们的 text-align 的取值都为 center，请注意我们会通过 JavaScript 来更换 className 的值来达到样式改变的效果，所以所有属性必须重写一次，即不能只写 begin_state 或 active_state 的 text-align，尽管它们都控制同样的元素实体和相同的属性值。

4.4.3　添加 JavaScript 控制

接下来添加 JavaScript 脚本控制。当鼠标移进第三层 DIV 时，调用 set_hover_margin 函数，当鼠标移出第三层 DIV 时，调用 set_out_margin()函数。

以下是完整的 HTML 代码。

```html
<!DOCTYPE html PUBLIC "-//W3C//DTD XHTML 1.0 Transitional//EN"
"http://www.w3.org/TR/xhtml1/DTD/xhtml1-transitional.dtd">
<html xmlns="http://www.w3.org/1999/xhtml">
<head>
    <meta http-equiv="Content-Type" content="text/html; charset=gb2312" />
    <title>浮动相架</title>
    <style type="text/css">
        <!--
        .begin_state
        {
            height:0px;
            margin-top:25px;
            text-align:center;
            /*border:#FF0000 1px solid;*/
        }
        .active_state
        {
            height:0px;
            margin-top:10px;
            text-align:center;
```

```
                /*border:#FF0000 1px solid;*/
            }
            #frame div div img
            {
                height:50px;
                width:50px;
            }
        -->
    </style>
    <script type="text/javascript">
        function set_hover_margin( object )
        {
            //另一种方案：object.style.marginTop = '0px'; 但还需要通过
            JavaScript 改变子节点的 CSS 样式
            object.className = 'active_state';
        }
        function set_out_margin( object )
        {
            object.className = 'begin_state';
        }
    </script>
</head>
<body>
    <div id="frame">
        <div style="height:100px;width:100px; float:left; border:#FF0000
        solid 1px; ">
            <div  class="begin_state"
            onmouseover="set_hover_margin(this);"
            onmouseout="set_out_margin(this);" >
                <img  src="image1.jpg" />
            </div>
        </div>
        <div style="height:100px;width:100px; float:left; border:#FF0000
        solid 1px; ">
            <div  class="begin_state"
            onmouseover="set_hover_margin(this);"
            onmouseout="set_out_margin(this);" >
                <img  src="image2.jpg" />
            </div>
        </div>
        <div style="height:100px;width:100px; float:left; border:#FF0000
        solid 1px; ">
            <div  class="begin_state"
            onmouseover="set_hover_margin(this);"
            onmouseout="set_out_margin(this);" >
                <img  src="image3.jpg" />
            </div>
        </div>
    </div>
</body>
</html>
```

对上述代码进行剖析如下：

在上述代码的 HTML 代码里面还添加了 onmouseover 和 onmouseout 的事件控制，分别来调用相应的 JavaScript 程序来达到更换 DIV 的 class 的功能。

在第二层 DIV 中添加 height 和 width 属性是为了产生图片的间隔效果，而设置 float 属性是为了使得 3 个 DIV 并排在同一行里面。

注意：（1）text-align 只有父节点宽度比子节点内容宽度时，子节点才有居中效果；（2）如果子节点的 position 为 absolute，而其某个父节点含有 text-align 的属性时，会影响该子节点的位置；（3）父节点的 text-align 不会影响子节点的 DIV 的位置。

上述代码的运行结果如图 4.22 所示，即生成具有浮动效果的相架。

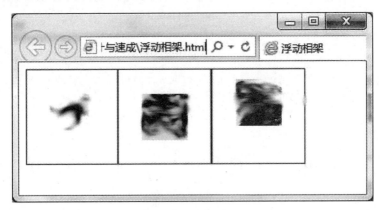

图 4.22　浮动相架

4.5　图片示例二：大小会变化的图片

4.5.1　使用 CSS 3 特有属性

下面的简单例子沿用了上一节的基本框架，使用 CSS 3 提供的 transform 属性来控制图片的大小。其中有些浏览器不一定直接使用 transform 属性，Safari 和 Chrome 浏览器可以加前缀-webkit-或者-khtml-，火狐浏览器可以加前缀-moz-，Opera 浏览器可以加前缀-o-，IE 9 浏览器可以加前缀-ms-。

```
<!DOCTYPE html PUBLIC "-//W3C//DTD XHTML 1.0 Transitional//EN"
"http://www.w3.org/TR/xhtml1/DTD/xhtml1-transitional.dtd">
<html xmlns="http://www.w3.org/1999/xhtml">
<head>
    <meta http-equiv="Content-Type" content="text/html; charset=gb2312" />
    <title>大小会变化的图片（CSS3）</title>
    <style type="text/css">
        <!--
        .t_div
        {
            height:0px;
            margin-top:25px;
            text-align:center;
        }
        .t_div img
        {
            height:50px;
            width:50px;
        }
```

```
        .t_div:hover  img
        {
            transform: scale(2);              /* CSS 3 标准 */
            -webkit-transform: scale(2);     /*用于Safari & Chrome 浏览器 */
            -khtml-transform: scale(2);      /*用于Safari & Chrome 浏览器*/
            -moz-transform: scale(2);         /*用于 Firefox 浏览器*/
            -o-transform: scale(2);           /* 用于 Opera 浏览器 */
            -ms-transform: scale(2);          /* IE 9 */
        }/*改变了父节点的class类型，则相应的子节点的样式也跟着改变*/
        -->
    </style>
</head>
<body>
    <div id="frame">
        <div style="height:100px;width:100px; float:left; border:#FF0000
        solid 1px; ">
            <div  class="t_div">
                <img   src="image1.jpg"  />
            </div>
        </div>
        <div style="height:100px;width:100px; float:left; border:#FF0000
        solid 1px; ">
            <div  class="t_div" >
                <img   src="image2.jpg"  />
            </div>
        </div>
        <div style="height:100px;width:100px; float:left; border:#FF0000
        solid 1px; ">
            <div  class="t_div">
                <img   src="image3.jpg"  />
            </div>
        </div>
    </div>
</body>
</html>
```

对上述代码进行剖析如下：

上面的代码里面，我们删除了 JavaScript 部分，因为支持 CSS 3 的浏览器一般都会支持 DIV 的 hover 事件。所以定义了 ".t_div:hover　img" 的 CSS 样式，但鼠标移动到 t_div 区域里面时就调用本 CSS 样式定义，即通过设置 transform 属性来改变图片的大小。

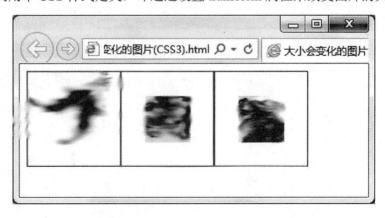

图 4.23　大小会变化的图片（使用 CSS 3）

将 transform 属性设置为 scale(2)，即图片长和宽增加两倍，因为它们的原始大小设置为 50px*50px，所以放大后的长和宽变为 100px。

而且 scale 的放大效果是以图片的中心向四周放大的，所以不需要设置图片的 position 以及相应属性或者 margin 属性，也不需要设置父节点 t_div 的 margin-top 属性。

上述代码的执行效果如图 4.23 所示，即用 CSS 3 生成大小会变的图片。

4.5.2　使用 JavaScript 控制

因为有的浏览器可能不支持 CSS 3 的 transform 属性的设置，或者不支持 DIV 的 hover 事件。所以我们可以使用 JavaScript 来进行样式的控制。下面的简单例子沿用了 4.4 节的代码，只需少量改动即可实现图片大小的控制。

```
<!DOCTYPE html PUBLIC "-//W3C//DTD XHTML 1.0 Transitional//EN"
"http://www.w3.org/TR/xhtml1/DTD/xhtml1-transitional.dtd">
<html xmlns="http://www.w3.org/1999/xhtml">
<head>
    <meta http-equiv="Content-Type" content="text/html; charset=gb2312" />
    <title>大小会变化的图片(javascript)</title>
    <style type="text/css">
        <!--
        .begin_state
        {
            height:0px;
            margin-top:25px;                    /*设置上外边距的值*/
            text-align:center;                  /*设置文本的对齐方式*/
            /*border:#FF0000 1px solid;*/
        }
        .active_state
        {
            margin-top:0px;
            text-align:center;
            /*border:#FF0000 1px solid;*/
        }
        .begin_state  img
        {
            height:50px;
            width:50px;
        }
        .active_state  img
        {
            height:100px;
            width:100px;
        }               /*改变了父节点的 class 类型，则相应的子节点的样式也跟着改变*/
        -->
    </style>
    <script type="text/javascript">
    function set_hover_margin( object )
    {
        //另一种方案： object.style.marginTop = '0px'; 但还需要通过
        JavaScript 改变子节点的 CSS 样式
        object.className = 'active_state';
    }
    function set_out_margin( object )
    {
        object.className = 'begin_state';
```

```
            }
        </script>
</head>
<body>
    <div id="frame">
        <div style="height:100px;width:100px; float:left; border:#FF0000
        solid 1px; ">
            <div   class="begin_state"
            onmouseover="set_hover_margin(this);"
            onmouseout="set_out_margin(this);" >
                <img   src="image1.jpg"  />
            </div>
        </div>
        <div style="height:100px;width:100px; float:left; border:#FF0000
        solid 1px; ">
            <div   class="begin_state"
            onmouseover="set_hover_margin(this);"
            onmouseout="set_out_margin(this);" >
                <img   src="image2.jpg"  />
            </div>
        </div>
        <div style="height:100px;width:100px; float:left; border:#FF0000
        solid 1px; ">
            <div   class="begin_state"
            onmouseover="set_hover_margin(this);"
            onmouseout="set_out_margin(this);" >
                <img   src="image3.jpg"  />
            </div>
        </div>
    </div>
</body>
</html>
```

对上述代码进行剖析如下：

在这里我们不仅定义了 begin_state 和 active_state 类的 DIV 的样式，还分别定义了 begin_state 和 active_state 下面的 img 的样式，当这个 DIV 的 className 改变了，则其下面的 img 样式也跟着改变。这是一种相当简洁有效的手法，希望读者能够掌握。

上述代码的执行效果如图 4.24 所示，可以看到 3 个图片的大小发生了变化。

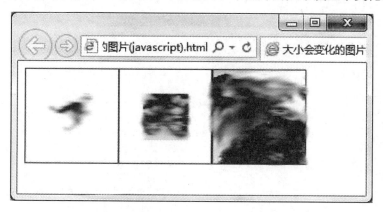

图 4.24　大小会变化的图片（使用 JavaScript）

4.6　图片示例三：CSS 3 图片旋转

下面是一个简单的例子，它利用了 CSS 3 提供的 transform 属性来对图片进行旋转。transform 不仅可以实现放大功能，还可以实现旋转功能，只需要将其值进行相应的设置即可。例如，要将图片旋转 90°，可以将其 CSS 样式设置为"transform: rotate(90deg)"。

```
<!DOCTYPE html PUBLIC "-//W3C//DTD XHTML 1.0 Transitional//EN"
"http://www.w3.org/TR/xhtml1/DTD/xhtml1-transitional.dtd">
<html xmlns="http://www.w3.org/1999/xhtml">
    <head>
        <meta        http-equiv="Content-Type"        content="text/html;
charset=gb2312" />
        <title>
            CSS3 图片旋转
        </title>
        <style type="text/css">
            <!--
            img
            {
                -webkit-transition: all 1s ease-in-out;
                            /*用于 Safari & Chrome 浏览器*/
                -moz-transition: all 1s ease-in-out;
                            /*用于 FireFox 浏览器*/
                -ms-transition: all 1s ease-in-out;
                            /*用于 IE 9 浏览器*/
                -o-transition: all 1s ease-in-out;
                            /*用于 Opera 浏览器 */
                transition: all 1s ease-in-out;
                            /* CSS 3 标准 */
            }
            -->
        </style>
        <script type="text/javascript">
            function Rotation(obj)
            {
                if(obj.style.WebkitTransform == "rotate(360deg)" ||
                obj.style.MozTransform == "rotate(360deg)"
                    || obj.style.MsTransform == "rotate(360deg)" ||
                    obj.style.OTransform == "rotate(360deg)"
                    || obj.style.transform == "rotate(360deg)" )
                {
                    obj.style.WebkitTransform = "rotate(0deg)";
                            /*用于 Safari & Chrome 浏览器 */
                    obj.style.MozTransform = "rotate(0deg)";
                            /*用于 FireFox 浏览器*/
                    obj.style.MsTransform = "rotate(0deg)";
                            /*用于 IE 9 浏览器*/
                    obj.style.OTransform = "rotate(0deg)";
                            /* 用于 Opera 浏览器 */
                    obj.style.transform = "rotate(0deg)";
                            /* CSS 3 标准 */
                }
                else
                {
```

```
                obj.style.WebkitTransform= "rotate(360deg)";
                obj.style.MozTransform = "rotate(360deg)";
                obj.style.MsTransform = "rotate(360deg)";
                obj.style.OTransform = "rotate(360deg)";
                obj.style.transform = "rotate(360deg)";
            }

        }
    </script>
    </head>
<body>
    <div>
        <img src="image.jpg" onmousemove="Rotation(this)"/>
    </div>
</body>
</html>
```

对上述代码进行剖析如下：

上述代码的 HTML 部分添加了 onmousemove 事件函数 Rotation。Rotation 是自定义的 JavaScript 函数，功能是使用鼠标对图片进行旋转。调用该函数时将该代码中的 HTML 元素的参数 this 传进去，即可对该 HTML 元素的属性进行控制（注意在 Rotation 里面直接使用的 this 会是一个窗体对象）。关于 JavaScript 函数的设计和编写的具体内容，将会在第 17 章进行详细叙述。

在 Rotation 函数里面对 img 的 transform 属性进行了设置，使得该 img 的摆放角度在 0°和 360°之间来回变换，角度用 deg 表示。

另外该 img 的 CSS 语句 "transition: all 1s ease-in-out;" 用于控制该 img 样式变化的速度。其中 "all" 表示该 img 的所有 CSS 属性的变化都受本 transition 属性的影响，"1s"表示该变化在一秒钟内完成，"ease-in-out"表示以先慢后快再慢的速度进行样式变化。

上述代码的执行效果如图 4.25 所示，可以看出图片发生了旋转。

图 4.25　能够旋转的图片(JavaScript)

第 5 章　CSS 表格样式设计与速成

在这一章将学习怎么为表格添加 CSS 样式。其中包括 CSS 的一些常用的背景、边框和嵌套这些常用的样式设置。主要内容包括：

❑　基本的表格背景和边框的设置；

❑　表格边框项的操作；

❑　表格样式的一些简单应用实例。

通过本章的知识点以及实例的分析，能使我们对 CSS 表格样式如何产生某种特定的效果有一定的认识。

5.1　表格

本节通过多个例子讲解如何给表格添加背景颜色、背景图片、边框颜色以及边框间距等等的相关设置（这些设置和第 4 章的相关内容的设置方法类似）。通过学习这些基础的表格设置，能够大大地提高外观显示的效果，而且能够更加直观地展现数据。

5.1.1　背景

表格的背景样式同样可以使用 background 属性来进行设置，所以同样可以给表格添加背景颜色或者背景图片。

背景颜色设置规则如下：

```
选择符 { background-color: 颜色; }
```

例如：

```
选择符 { background-color: red; }
```

背景图片设置规则如下：

```
选择符 { background-image: 图片路径; }
```

例如：

```
选择符 { background-image: url(img/w3school.jpg); }
```

同时也可以使用 background 属性来同时设置多个背景属性，每个属性以空格分开。

以下例子设置表格的背景图片以及相应表格项的颜色。

```
<!DOCTYPE html PUBLIC "-//W3C//DTD XHTML 1.0 Transitional//EN"
"http://www.w3.org/TR/xhtml1/DTD/xhtml1-transitional.dtd">
```

```html
<html xmlns="http://www.w3.org/1999/xhtml">
<head>
    <meta http-equiv="Content-Type" content="text/html; charset=gb2312" />
    <title>
        表格背景设置
    </title>
    <style type="text/css">
        <!--
            #t1
            {
                background-image:url(img/w3school.jpg);
                                        /* 为 table 的整体添加一个图片背景*/
                filter: alpha(opacity=40);
                                        /*低版本 IE 浏览器使用，不透明度为 40*/
                float:left;             /*使得本 div 的显示区域自适应内部元素的大小*/
            }
            #t1 table
            {
                position:relative;  /* IE 的 bug，可以取消继承 filter 属性*/
                background:rgba(255, 255, 255, 0.6);
                                        /*在非 IE 浏览器里起作用*/
            }
            .head
            {
                background:#999999;              /* 为 table 的 th 标签添加颜色背景*/
            }
        -->
    </style>
</head>
<body>
    <div id="t1">
        <table border="1" cellpadding="5" rules="all">
            <tr>
                <th class="head">
                    Head1
                </th>
                <th class="head">
                    Head2
                </th>
            </tr>
            <tr>
                <td>
                    Colum1
                </td>
                <td>
                    Colum2
                </td>
            </tr>
            <tr>
                <td>
                    Colum1
                </td>
                <td>
                    Colum2
                </td>
            </tr>
        </table>
    </div>
</body>
</html>
```

对上述代码进行剖析如下：

在本代码中添加一个 table 标签。接着给该 table 标签添加两处背景设置，从代码段的注释可以看出，一处是为 table 的整体添加一个图片背景，另一处是为 table 的 th 标签添加颜色背景。th 标签是 table header cell 的缩写，即"表头单元格"，既可以设置行的表头，又可以设置列的表头。另外，我们还看到 tr 标签，它是 table row 的缩写，即"表行"；还有 td 标签，它是 table data cell 的缩写，即表示"表中的数据单元"。

为 th 标签提供颜色背景相对简单，只需在其描述符内部添加 "background:#999999;" 即可。而为 table 标签添加背景时，如果要使用模糊效果，那么可以使用 CSS 3 的 opacity 属性，但是使用 opacity 属性的同时会将字体也同时模糊掉，所以需要采用另一种方法。

首先添加父节点的背景 "background-image:url(img/w3school.jpg);"，然后在 table 标签里添加 "background:rgba(255, 255, 255, 0.6);" 来实现对背景的模糊。而低版本的 IE 浏览器不支持 rgba 形式的三色加透明度的颜色设置方式，所以父节点需要使用 "filter: alpha(opacity=40);" 来设置模糊效果，且利用 IE 的 bug 错误，我们使用 "position:relative;" 来取消对滤镜属性的继承。

最后为了适应 table 的大小，其父节点 div 需要使用 "float:left;"。

如图 5.1 所示为这段代码的运行结果，即对表格的背景进行设置。其中，表头单元格是 Head1 和 Head2，表行是三行，第一行数据元素是 Head1 和 Head2；第二行数据元素是 Colum1 和 Colum2；第三行数据元素是 Colum1 和 Colum2。图 5.1 的表格本身有图片背景，表头又含有灰色背景。

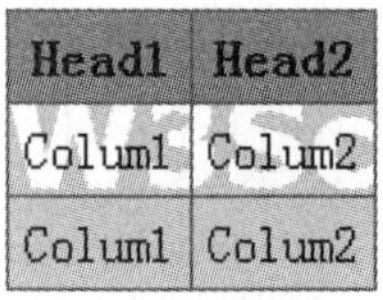

Head1	Head2
Colum1	Colum2
Colum1	Colum2

图 5.1　表格背景

5.1.2　边框

对于表格，可以通过 HTML 提供 table 的属性 border、frame 和 rules 来进行边框的设置，另外还可以通过 CSS 提供的 border 来进行边框的设置。如果同时设置 HTML 所提供的边框属性以及 CSS 提供的边框属性，可能会产生冲突，建议只使用 CSS 来进行边框样式设置。

边框颜色设置规则如下：

```
选择符 { border-color: 颜色; }
```

例如：

```
选择符 { border-color: red; }
```

边框厚度设置规则如下：

```
选择符 { border-width: 大小; }
```

例如：

```
选择符 { border-width: 3px; }
```

边框类型设置规则如下：

选择符 { border-style: 类型; }

例如:

选择符 { border-style: dashed; }

同时也可以使用 border 属性来同时设置多个边框属性,每个属性以空格分开。
以下是设置表格边框的简单例子。

```
<!DOCTYPE html PUBLIC "-//W3C//DTD XHTML 1.0 Transitional//EN"
"http://www.w3.org/TR/xhtml1/DTD/xhtml1-transitional.dtd">
<html xmlns="http://www.w3.org/1999/xhtml">
<head>
    <meta http-equiv="Content-Type" content="text/html; charset=gb2312" />
    <title>
        只用 CSS 设置的表格边框
    </title>
    <style type="text/css">
        <!--
            table
            {
                background:#FFFF00;                 /*首先对背景进行设置*/
                border:#FF0000 solid 1px;           /*然后对边框进行设置*/
            }
            table *
            {
                background:#FFFFFF;                 /*首先对背景进行设置*/
                border:#FF0000 solid 1px;           /*然后对边框进行设置*/
            }
        -->
    </style>
</head>
<body>
    <table cellpadding="5" >
        <tr>
            <th class="head">
                Head1
            </th>
            <th class="head">
                Head2
            </th>
        </tr>
        <tr>
            <td>
                Colum1
            </td>
            <td>
                Colum2
            </td>
        </tr>
        <tr>
            <td>
                Colum1
            </td>
            <td>
                Colum2
            </td>
        </tr>
    </table>
</body>
```

```
</html>
```

对上述代码进行剖析如下：

在 HTML 部分，只设置了 table 标签的 cellpadding 属性，即使得单元格内容和边框的间隔为 5 个像素。在 CSS 部分首先设置 table 标签的背景 background 和边框 border 属性，使得 table 为红色实线边框以及黄色背景；另外描述符"table *"表示 table 标签内部的所有标签，其中星号"*"为全局描述符，该全局描述符的 CSS 代码"background:#FFFFFF; border:#FF0000 solid 1px;"会影响 table 内部的所有标签的样式，所以每个内部单元格表现出白底红边。

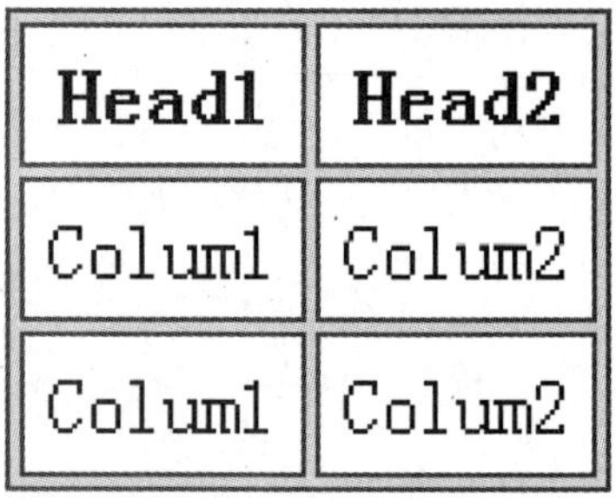

图 5.2　只用 CSS 设置的表格边框

如图 5.2 所示即为这段代码的运行结果，即只用 CSS 对表格的边框进行设置，可以看到单元格内容 Head1、Colum1 等与各自边框（上、下、左、右四个方向）的距离为 5 个像素。

同时也可以利用 DIV 来添加外侧的边框设置，以下是一个简单的例子，它结合一定的 HTML 代码和 CSS 代码来设置 table 的样式。

```
<!DOCTYPE html PUBLIC "-//W3C//DTD XHTML 1.0 Transitional//EN"
"http://www.w3.org/TR/xhtml1/DTD/xhtml1-transitional.dtd">
<html xmlns="http://www.w3.org/1999/xhtml">
<head>
    <meta http-equiv="Content-Type" content="text/html; charset=gb2312" />
    <title>
        利用 DIV 操作表格边框
    </title>
    <style type="text/css">
        <!--
        #D1
        {
            border:#FF0000 solid 1px;         /*设置边框颜色和实线大小*/
            background:#FFFF00;               /*设置背景颜色*/
            float:left;                       /*设置浮动方向*/
            padding:2px;                      /*设置内边距的值*/
        }
        #D1 table
        {
            border:#FF0000 solid 1px;
            background:#FFFFFF;
        }
        -->
    </style>
</head>
<body>
    <div id="D1">
        <table border="1"  rules="all">
            <tr>
                <th class="head">
                    Head1
                </th>
                <th class="head">
                    Head2
                </th>
            </tr>
```

```
            <tr>
                <td>
                    Colum1
                </td>
                <td>
                    Colum2
                </td>
            </tr>
            <tr>
                <td>
                    Colum1
                </td>
                <td>
                    Colum2
                </td>
            </tr>
        </table>
    </div>
</body>
</html>
```

对上述代码进行剖析如下：

在 HTML 部分，对表格标签添加 "border="1" rules="all""，使得单元格之间仅由厚度为 1 像素的一条实线隔开。其中，rules 属性在 Firefox 和 Opera 浏览器中可以正确地显示，但在 Internet Explorer、Chrome 以及 Safari 这 3 种浏览器中对该属性的显示并不正确。另外，在该 table 标签的 CSS 代码里面添加 "border:#FF0000 solid 1px; background:#FFFFFF;"，使得 table 为红边白底。接着在该 table 标签的父节点 div 的 CSS 代码里面添加 "border:# FF0000 solid 1px; background:#FFFF00; padding:2px;"，使得产生外部的红黄边框。

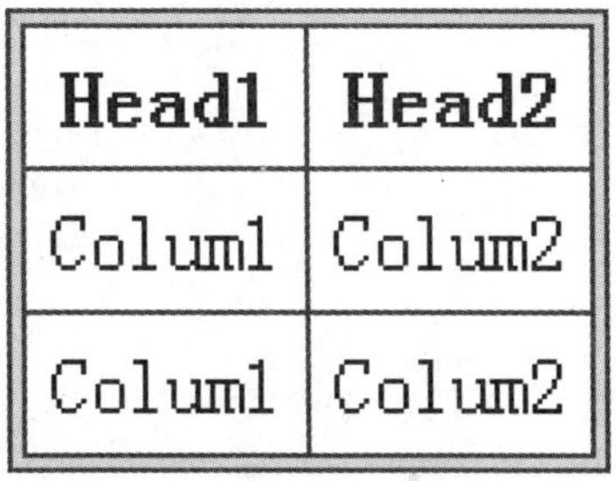

Head1	**Head2**
Colum1	Colum2
Colum1	Colum2

图 5.3　利用 DIV 操作的表格边框

如图 5.3 所示为这段代码的运行结果，即利用 DIV 对表格的边框进行设置。

5.1.3　边距

可以通过 HTML 提供的 table 的属性 cellspacing 来进行边距的设置，另外还可以通过 CSS 提供的 padding 和 margin 属性来进行边距的设置。

内边距设置规则如下：

```
选择符 {  padding: 边距;  }
```

例如：

```
选择符 {  padding: 3em;  }
```

外边距设置规则如下：

```
选择符 {  margin: 边距;  }
```

例如：

选择符 {　margin: 3px;　}

以下是设置表格边距的简单例子。

```
<!DOCTYPE html PUBLIC "-//W3C//DTD XHTML 1.0 Transitional//EN"
"http://www.w3.org/TR/xhtml1/DTD/xhtml1-transitional.dtd">
<html xmlns="http://www.w3.org/1999/xhtml">
<head>
    <meta http-equiv="Content-Type" content="text/html; charset=gb2312" />
    <title>
        表格边距设置
    </title>
    <style type="text/css">
        <!--
            #D1
            {
                border:#FF0000 solid 1px;
                background:#FFFF00;
                float:left;
                padding:1px 4px 8px 12px;    /*上内边距是 1px，右内边距是 4px，下
                                               内边距是 8px，左内边距是 12px*/
            }
            #D1 table
            {
                border:#FF0000 solid 1px;
                background:#FFFFFF;
                padding-bottom:10px;          /*设置下内边距为 10px*/
            }
            table *
            {
                border:#00FF00 solid 1px;
            }    /*对 table 内部所有标签的操作*/
        -->
    </style>
</head>
<body>
    <div id="D1">
        <table border="1" cellpadding="5" cellspacing="6" >
            <tr>
                <th class="head">
                    Head1
                </th>
                <th class="head">
                    Head2
                </th>
            </tr>
            <tr>
                <td>
                    Colum1
                </td>
                <td>
                    Colum2
                </td>
            </tr>
            <tr>
                <td>
                    Colum1
                </td>
                <td>
                    Colum2
```

```
                    </td>
                </tr>
            </table>
        </div>
    </body>
</html>
```

对上述代码进行剖析如下：

HTML 部分通过 "cellspacing="6""，使得单元格之间、单元格与表格边框之间的间隔为 6 个像素。在 CSS 部分为 table 标签以及 div 标签添加 padding 属性，其中 "padding:1px 4px 8px 12px;" 指的是内边距，即文本边框到文本内容之间的距离，4 个值是按照顺时针方向排列，即依次为上侧、右侧、下侧、左侧。在该程序中，即为背景外框到表格的距离。

另外还可以通过添加 margin 属性来增加外框和邻近标签边框的距离。

如图 5.4 所示为这段代码的运行结果，即对表格的边距进行设置。可以看到单元格 Head1（包括它的绿色单元框）、Colum1 等与其相邻单元格的间隔为 6 个像素，与其相邻的表格边框的间隔也为 6 个像素。需要注意，cellspacing 属性和 cellpadding 属性有着本质的区别，前者是将单元格作为一个整体，设置的是单元格与其相邻的单元格或者表格边框的距离；后者是将单元格划分开，设置的是单元格的文本内容与该单元格边框的距离。

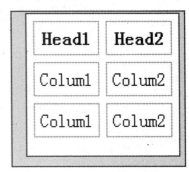

图 5.4　表格边距

5.1.4　表格的嵌套

表格标签可以互相嵌套，这样可以使得样式更加丰富。以下是设置表格嵌套的简单例子。

```
<!DOCTYPE html PUBLIC "-//W3C//DTD XHTML 1.0 Transitional//EN"
"http://www.w3.org/TR/xhtml1/DTD/xhtml1-transitional.dtd">
<html xmlns="http://www.w3.org/1999/xhtml">
<head>
    <meta http-equiv="Content-Type" content="text/html;"  />
    <title>
        表格嵌套
    </title>
    <style type="text/css">
        <!--
        #t
        {
            border-collapse:collapse;      /*表格的边框合并成一个单一的边框*/
        }
        #t1
        {
            width:100%;
            text-align:center;
        }
        #t1 td
        {
            padding-top:50px;              /*设置上内边距的值*/
            border:#FF0000 solid 1px;
```

```
            }
            #t2
            {
                border:#0000FF solid 1px;
            }
        -->
    </style>
</head>
<body>
    <table id="t" cellpadding="0" cellspacing="0" border="1" >
        <tr>
            <td >Row1</td>
            <td>Content1</td>
        </tr>
        <tr>
            <td>Row2</td>
            <td>
                <table id="t1" cellpadding="0" cellspacing="0"
                rules="cols" >                   /*注意 rules 适用的浏览器*/
                    <tr>
                        <td>c1</td>
                        <td>c2</td>
                    </tr>
                </table>
            </td>
        </tr>
        <tr>
            <td>Row3</td>
            <td>
                <table id="t2" border="1">
                    <tr>
                        <td>c3</td>
                        <td>c4</td>
                    </tr>
                </table>
            </td>
        </tr>
    </table>
</body>
</html>
```

对上述代码进行剖析如下：

在本程序里，添加了 3 个 table 标签，其中两个 table 标签嵌入到第一个 table 标签里面。第一个标签使用了 border-collapse 属性，它的作用是将表格的边框合并成一个单一的边框。它的默认值是 separate，此时单元格的边框会分开，相邻单元格的边框不相连。该程序的 border-collapse 属性的取值为 collapse，此时，边框会合并为一个单一的边框。

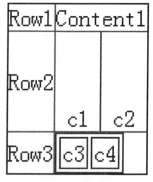

最后一个 table 标签只设置了 border 属性，所以正如图 5.5 所示呈现出多边框的效果，而第一个嵌入进去的 table 标签（即 t1）为了呈现出一般的表格项的效果，设置了 HTML 部分的 rules、cellpadding 和 cellspacing 属性以及 CSS 部分的 width 属性，使得该 table 的表格项无缝地平均地分布开来。"rules="cols""表示内侧边框里位于列之间的线条是可见的。

图 5.5　表格嵌套

如图 5.5 所示为这段代码的运行结果，即实现一个表格的嵌套，其中表格 t1 和 t2 嵌套在表格 t 中。

5.1.5　跨行、列表格项

为了实现一个表格项跨越多行或者多列的样式，可以使用 HTML 提供的 colspan 属性以及 rowspan 属性来进行跨行、列单元的设置。

以下是设置跨行、列表格单元的简单例子。

```
<!DOCTYPE html PUBLIC "-//W3C//DTD XHTML 1.0 Transitional//EN"
"http://www.w3.org/TR/xhtml1/DTD/xhtml1-transitional.dtd">
<html xmlns="http://www.w3.org/1999/xhtml">
<head>
    <meta http-equiv="Content-Type" content="text/html;"  />
    <title>
        跨行列表格项
    </title>
</head>
<body>
    <table  border="1" >
        <tr>
            <td  colspan="3">Heading</td>
        </tr>
        <tr>
            <td  rowspan="3">Image</td>
            <td>Content1</td>
            <td>Content2</td>
        </tr>
        <tr>
            <td>Content3</td>
            <td>Content4</td>
        </tr>
        <tr>
            <td>Content5</td>
            <td>Content6</td>
        </tr>
    </table>
</body>
</html>
```

对上述代码进行剖析如下：

只通过简单地使用 colspan 属性以及 rowspan 属性便可实现 table 单元格占用多列或者多行排布。在本例中，第一个 td 标签使用了"colspan=3"使得它可以跨越 3 列，第二个 td 标签使用了"rowspan=3"使得它可以跨越 3 行。

如图 5.6 所示为这段代码的运行结果，即设置一个跨行、列表格项，其中 Heading 项和 Image 项分别跨越了 3 列和 3 行。

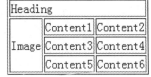

图 5.6　跨行、列表格项

5.1.6　表格项斜角

在进行表格项斜角设置之前，先讲述一个边框的设置效果，以便后面更好地理解斜角是如何设置的。以下是设置边框的简单例子，但是和之前的边框使用有点区别。

```
<!DOCTYPE html PUBLIC "-//W3C//DTD XHTML 1.0 Transitional//EN"
"http://www.w3.org/TR/xhtml1/DTD/xhtml1-transitional.dtd">
<html xmlns="http://www.w3.org/1999/xhtml">
<head>
    <meta http-equiv="Content-Type" content="text/html;"  />
    <title>
        边框妙用
    </title>
    <style type="text/css">
        <!--
            #border
            {
                border-top:30px #F00 solid;      /*设置上边框的厚度和颜色*/
                border-right:30px #0F0 solid;    /*设置右边框的厚度和颜色*/
                border-bottom:30px #00F solid;   /*设置下边框的厚度和颜色*/
                border-left:30px #000 solid;     /*设置左边框的厚度和颜色*/
                width:0;
            }
        -->
    </style>
</head>
<body>
    <div id="border" > </div>
</body>
</html>
```

对上述代码进行剖析如下：

在本程序里，CSS 代码部分只设置了 border-top、border-right、
border-bottom 和 border-left 这 4 个属性，4 条边的厚度都为 30 个像素，
且颜色各有不同，从而便可产生斜线的效果。

如图 5.7 所示为这段代码的运行结果，即设置一个表格项斜角，可
以看到 4 个颜色的斜角。

图 5.7　表格项斜角

通过上面的示例可以看出，我们就是利用了边框的这种属性来达
到斜线的效果，在下面的程序中使用两层边框叠加的效果来实现斜线
的效果。

```
<!DOCTYPE html PUBLIC "-//W3C//DTD XHTML 1.0 Transitional//EN"
"http://www.w3.org/TR/xhtml1/DTD/xhtml1-transitional.dtd">
<html xmlns="http://www.w3.org/1999/xhtml">
<head>
    <meta http-equiv="Content-Type" content="text/html;"  />
    <title>
        两层边框叠加的表格项斜角
    </title>
    <style type="text/css">
        <!--
            .border
            {
                border-top:30px transparent solid;
                                    /*设置上边框大小和实线透明边框*/
                border-left:100px #000 solid;   /*设置左边框大小和实线颜色*/
            }
            .border1
```

```
            {
                border-top:30px transparent solid;        /*实线透明边框*/
                border-left:100px #FFFFFF solid;
                                                /*设置左边框大小和实线颜色*/
                position:absolute;              /*元素的定位类型*/
                top:1px;
                left:0;
            }
            #dinl
            {
                position:relative;
            }
            #title
            {
                position:absolute;
                top: -2px;
                left:0px;
                width:100px;
            }
            #row
            {
                text-align:right;
            }
            #column
            {
                text-align:left;
            }
        -->
    </style>
</head>
<body>
    <table border="1"  >
        <tr>
            <th id="dinl">
                <div class="border" > </div>
                <div class="border1"> </div>
                <div id="title">
                    <div id="row">ROW</div>
                    <div id="column">COLUMN</div>
                </div>
            </th>
            <th>Column1</th>
            <th>Column2</th>
        </tr>
        <tr>
            <td>Row1</td>
            <td>Content11</td>
            <td>Content12</td>
        </tr>
        <tr>
            <td>Row2</td>
            <td>Content21</td>
            <td>Content22</td>
        </tr>
    </table>
</body>
</html>
```

对上述代码进行剖析如下：

在本代码里的 HTML 部分添加了一个 table 标签，并且在第一个 th 标签里添加若干个

div 标签。在第一个 div 标签添加上侧和右侧边框，使得产生黑色三角斜角，在第二个 div 标签设置起始位置后添加透明的上侧边框以及白色左侧边框，在两个的边框的叠加下出现对角线。当 border 取值为 transparent 时，就表示为透明的边框，没有颜色显示。

如图 5.8 所示为这段代码的运行结果，即用两层边框叠加设置一个表格项斜角。

ROW COLUMN	Column1	Column2
Row1	Content11	Content12
Row2	Content21	Content22

图 5.8　两层表框叠加的表格项斜角

5.2　表格示例一：成绩单设计

表格一般用于展示清单或者统计数据，以下我们利用 table 标签，通过添加简单的 CSS 样式来设计一个简单的成绩单。

```
<!DOCTYPE html PUBLIC "-//W3C//DTD XHTML 1.0 Transitional//EN"
"http://www.w3.org/TR/xhtml1/DTD/xhtml1-transitional.dtd">
<html xmlns="http://www.w3.org/1999/xhtml">
<head>
    <meta http-equiv="Content-Type" content="text/html;"  />
    <title>
        成绩单
    </title>
    <style type="text/css">
        <!--
        table
        {
            border-collapse:collapse;         /*表格的两边框合并为一条*/
            border:#999999 2px solid;         /*边框颜色和实线大小*/
            width:400px;                      /*宽度*/
            padding:3px;                      /*设置内边距的值*/
            color:#222;                       /*颜色*/
        }
        table th
        {
            background-color:#66EE66 ;        /*背景颜色*/
            padding:7px;                      /*设置内边距的值*/
            font-size:14px;                   /*字体大小*/
        }
        table td
        {
            padding:3px;
            text-align: center;               /*文本对齐方式*/
            font-size:14px;
        }
        .name
        {
```

```
                text-align: left;
                padding-left:15px;
            }
            .t1
            {
                background-color:#BBF4BE ;
            }
        -->
    </style>
</head>
<body>
    <table  border="1" >
        <tr>
            <th>课程</th>
            <th>成绩</th>
            <th>学分</th>
            <th>学期</th>
            <th>备注</th>
        </tr>
        <tr class="t1">
            <td class="name">大学英语 1</td>
            <td>90</td>
            <td>2.0</td>
            <td>2011 秋季</td>
            <td>无</td>
        </tr>
        <tr class="t2">
            <td class="name">高等数学 1</td>
            <td>94</td>
            <td>2.0</td>
            <td>2011 秋季</td>
            <td>无</td>
        </tr>
        <tr class="t1">
            <td class="name">大学计算机 1</td>
            <td>99</td>
            <td>2.0</td>
            <td>2011 秋季</td>
            <td>无</td>
        </tr>
        <tr class="t2">
            <td class="name">大学英语 2</td>
            <td>89</td>
            <td>2.0</td>
            <td>2012 春季</td>
            <td>无</td>
        </tr>
        <tr class="t1">
            <td class="name">高等数学 2</td>
            <td>91</td>
            <td>2.0</td>
            <td>2012 春季</td>
            <td>无</td>
        </tr>
        <tr class="t2">
            <td class="name">大学计算机 2</td>
            <td>92</td>
            <td>2.0</td>
```

```
            <td>2012 春季</td>
            <td>无</td>
        </tr>
    </table>
</body>
</html>
```

对上述代码进行剖析如下：

本代码样式设计部分主要对表格、表格标题和表格主题内容这三部分进行设置。对于 table 的整体部分，主要设置了边框（包括合并边框以及边框颜色）、长度和字体颜色。另外，对于表格的表行的内容项需要添加 class 描述符，按照 t1、t2 的顺序循环进行操作，以实现表格内容项的隔行变色。

如图 5.9 所示为这段代码的运行结果，即用表格展示的一个成绩表。

课程	成绩	学分	学期	备注
大学英语1	90	2.0	2011 秋季	无
高等数学1	94	2.0	2011 秋季	无
大学计算机1	99	2.0	2011 秋季	无
大学英语2	89	2.0	2012 春季	无
高等数学2	91	2.0	2012 春季	无
大学计算机2	92	2.0	2012 春季	无

图 5.9　表格成绩单

5.3　表格示例二：用 DIV 制作表格

有的时候，对于特殊的表格样式，恐怕难以使用 table 标签来实现，这时就需要使用 div 标签来设计表格。使用 div 标签时需要进行较为细致的代码编写，以下示例展示了如何使用 div 来设计一个简单的表格，其中需要设置边框、边距以及位置控制等等。

```
<!DOCTYPE html PUBLIC "-//W3C//DTD XHTML 1.0 Transitional//EN"
"http://www.w3.org/TR/xhtml1/DTD/xhtml1-transitional.dtd">
<html xmlns="http://www.w3.org/1999/xhtml">
<head>
    <meta http-equiv="Content-Type" content="text/html;"  />
    <title>
        用 DIV 制作表格
    </title>
    <style type="text/css">
        <!--
            #table
            {
                border: black solid 1px;          /*边框颜色和实线大小*/
                float:left;                       /*浮动方向*/
                padding:3px;                      /*设置内边距的值*/
```

```
            font-size:16px;                    /*字体的大小*/
        }
        .head
        {
            width:100%-3px;                    /*注意这种写法*/
            border: red solid 1px;
        }
        .image
        {
            padding:23px 0;
            border: blue solid 1px;
            float:left;
            margin-top:3px;                    /*上外边距*/
            margin-right:3px;                  /*右外边距*/
        }
        .item
        {
            border: green solid 1px;
            margin-top:3px;
        }
        -->
    </style>
</head>
<body>
    <div id="table">
        <div class="head" >
            Heading
        </div>
        <div>
            <div>
                <div class="image" >
                    Image
                </div>
                <div style="float:left" >
                    <div class="item">
                            Content1
                    </div>
                    <div class="item">
                            Content2
                    </div>
                    <div class="item">
                            Content3
                    </div>
                </div>
            </div>
        </div>
    </div>
</body>
</html>
```

对上述代码进行剖析如下：

在本代码里添加了很多的 div 标签，其中，在 CSS 部分就设置了 4 类 div。其中 id 为 table 的 div 主要设置了"float:left"，使得该 div 可以适应子节点的大小而发生动态变化。其中 class 为 head 的 div 设置了"width:100%-3px;"，使得该 div 的宽度可以适应父节点的宽度而发生动态变化。而 class 为 image 的 div 设置了"float:left"，使得 class 为 item 的 3 个 div 就没有换行效果了，其中，第一个 div 可以移动上来。本代码使用了 margin 属性，它用来设置外边距，即元素到元素之间的距离，4 个值是按照顺时针方向排列，即依次为

上侧、右侧、下侧和左侧。在该程序中，即为表格项到相邻
表格项的距离。

　　如图 5.10 所示为这段代码的运行结果，即用 div 制作一
个简易的表格。

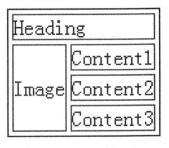

图 5.10　用 div 制作表格

5.4　表格示例三：仿 Apple 风格样式表格

在这一节我们设计一个仿 Apple 风格的表格，主要的知识包括添加圆角设置以及添加
渐变设置。以下是本程序的完整代码。

```
<!DOCTYPE html PUBLIC "-//W3C//DTD XHTML 1.0 Transitional//EN"
"http://www.w3.org/TR/xhtml1/DTD/xhtml1-transitional.dtd">
<html xmlns="http://www.w3.org/1999/xhtml">
<head>
    <meta http-equiv="Content-Type" content="text/html;" />
    <title>
        仿 Apple 风格样式表格
    </title>
    <style type="text/css">
        <!--
            #table
            {
                border-radius:5px;
                -webkit-border-radius:5px;
                -moz-border-radius:5px;
                border-top-right-radius:15px;
                border-top-left-radius:15px;

                -webkit-border-top-right-radius:15px;
                -webkit-border-top-left-radius:15px;

                -moz-border-radius-topright:15px;
                -moz-border-radius-topleft:15px;
                /*针对不同浏览器对弧线的操作*/
                border:#BBBBCC 2px solid;
                overflow:hidden;
                float:left;
                padding:0;
            }
            th
            {
                z-index:-1;
                padding:20px 30px 10px 30px;
                background-image: -moz-linear-gradient
                (top, #9D9EA6, #F1CA52 );        /* Firefox */
                background-image: -webkit-gradient(linear,left top, left
                bottom, color-stop(0,#9D9EA6), color-stop(1, #CECECE));
                                           /* Saf4+, Chrome */
                filter: progid:DXImageTransform.Microsoft.gradient
```

```
            (startColorstr='#9D9EA6', endColorstr='#CECECE',
            GradientType='0');                    /* IE*/
        }
        table *
        {
            border:#BBBBCC 1px solid;
        }
        td
        {
            padding:5px;
            text-align:center;
            background-image: -moz-linear-gradient
            (left, #DDDDDD, #F1CA52 );         /* Firefox */
            background-image: -webkit-gradient(linear,left top, right
            top, color-stop(0,#DDDDDD), color-stop(1,#FFFFFF ));
                                            /* Safari, Chrome */
            filter: progid:DXImageTransform.Microsoft.gradient
            (startColorstr='#DDDDDD', endColorstr='#FFFFFF',
            GradientType='1');                    /* IE*/
        }
        -- >
    </style>
</head>
<body>
    <div id="table">
        <table rules="all">
            <tr>
                <th>Title1</th>
                <th>Title2</th>
                <th>Title3</th>
            </tr>
            <tr>
                <td>content1</td>
                <td>content2</td>
                <td>content3</td>
            </tr>
            <tr>
                <td>content1</td>
                <td>content2</td>
                <td>content3</td>
            </tr>
            <tr>
                <td>content1</td>
                <td>content2</td>
                <td>content3</td>
            </tr>
        </table>
    </div>
</body>
</html>
```

对上述代码进行剖析如下：

本代码在一个 div 标签里添加 table 标签，目的是为了在 div 标签上添加圆角，然后再使用"overflow: hidden"设置，将 table 的多余部分给隐藏掉。注意，如果直接给 table 标签添加圆角会增加编程的难度。

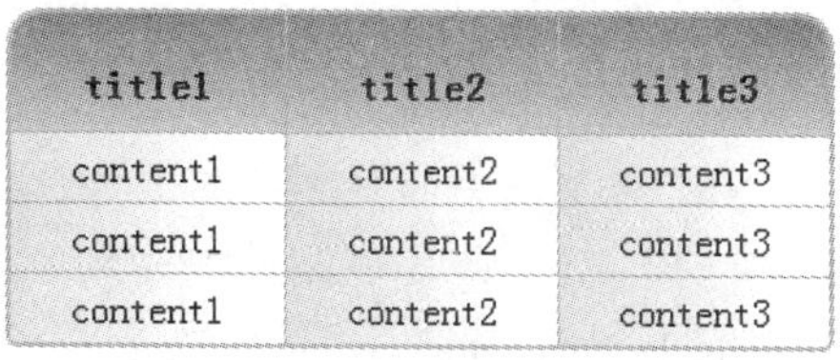

title1	title2	title3
content1	content2	content3
content1	content2	content3
content1	content2	content3

如图 5.11 所示为这段代码的运行结果，即制作

图 5.11　仿 Apple 风格样式表格

一个仿 Apple 风格的样式表格。

设置圆角使用 border-radius、-webkit-border-radius（Chrome 浏览器）和-moz-border-radius（FireFox 浏览器）这些属性，它们分别在不同的浏览器里起作用，它们的值即为圆角的半径。还可以给这些属性添加特定的后缀来设置指定的边角。对于这些属性，我们将会在后面的章节里详细讨论。

另外，在 IE 浏览器下的显示情况和图 5.11 有较大的差别，这是由于，首先，对于低版本的 IE 浏览器不能支持 border-radius 这种圆角属性的设置。另外，使用渐变滤镜会把边框给覆盖掉。

5.5　表格示例四：添加 Hover 事件响应控制

在本节，我们为 5.2 节的代码添加 JavaScript 控制来实现鼠标移入移出时的表格样式的控制，同时我们也可以使用 CSS 的 hover 伪类描述符来进行控制。伪类描述符是用于向选择器添加某些特殊的效果的。对于 hover 伪类，它能够在鼠标移到元素上时，向该元素添加特殊的样式。

只需要在 5.2 节的代码里添加以下代码即可。

```
<script type="text/javascript">
    function setfunction()
    {
        var lis=document.getElementsByTagName("tr");
        for(var i=0,len=lis.length;i<len;i++)
        {
            lis[i].onmousemove=handlehover;        /*不能写成 handlehover()，否则
会立即执行 handlehover 的代码，一个是赋值函数地址，一个是返回函数的值*/
            lis[i].onmouseout=handleout;
        }
    }
    function handlehover()
    {
        if(this.className=="t1" || this.className=="t2" )
            this.style.backgroundColor="#AADEF2";
    }
    function handleout()
    {
        if( this.className=="t1" )
            this.style.backgroundColor="#BBF4BE";
        else if( this.className=="t2" )
            this.style.backgroundColor="#FFFFFF";
    }
    window.onload=setfunction;
</script>
```

对上述代码进行剖析如下：

在 5.2 节的代码里添加的 JavaScript 部分主要实现的功能：

（1）在 onload 事件发生时执行 setfunction 函数（不能在 onload 事件发生前执行，否则获取不到想要的标签节点）。

（2）在 setfunction 函数里使用 getElementsByTagName 函数来获取文档中的所有 tr 标

签，并将所有 tr 标签的 onmousemove 和 onmouseout 设置为指定的函数的值。

（3）在 handlehover 和 handleout 函数里先检查该 tr 标签的 class 属性的值，然后根据判断结果设置其背景。

如图 5.12 所示为这段代码的运行结果，即添加 Hover 事件来响应控制。可以看到当鼠标移到表格的某一行时，该行会变成天蓝色；当鼠标离开该行时，该行又会恢复到原来的颜色。

课程	成绩	学分	学期	备注
大学英语1	90	2.0	2011 秋季	无
高等数学1	94	2.0	2011 秋季	无
大学计算机1	99	2.0	2011 秋季	无
大学英语2	89	2.0	2012 春季	无
高等数学2	91	2.0	2012 春季	无
大学计算机2	92	2.0	2012 春季	无

图 5.12　添加 Hover 事件响应控制

第 6 章　CSS 列表样式设计与速成

这一章将学习怎么为列表添加 CSS 样式，列表作为网页经常使用到的部件，对列表标签的修饰能够创造出其他"非列表"的效果。我们主要从讲解概念和结合案例的角度来进行分析。本章主要内容有：

- ❑ 列表的方向排布，列表项的次序；
- ❑ 列表图标的改变，列表的层次设置；
- ❑ 列表样式的一些简单应用实例。

我们应该好好把握列表的默认样式，只有这样，才能更加方便地设计出满意的列表格式。

6.1　列表

列表是很多页面常用的标签元素，通常在网页的导航栏里会经常使用。在这一节将讲解列表的编程方法，其中主要讲解列表的一些基本属性以及 CSS 3 提供的一些新属性，并以实例的方式来加深大家的理解。另外也增加了 JavaScript 的对列表元素的控制的编程内容。

6.1.1　列表的方向

列表的方向是设置列表样式的重要的一项，其中主要分为两大类：纵向列表排布以及横向列表排布。另外，列表项的次序也是另一个主要的方面，包括顺序的和逆序的。其实既可以通过改变 CSS 样式也可以通过直接改变 HTML 部分的代码，来对列表项的次序进行改变。

下面是改变列表方向的简单示例代码。

```
<!DOCTYPE html PUBLIC "-//W3C//DTD XHTML 1.0 Transitional//EN"
"http://www.w3.org/TR/xhtml1/DTD/xhtml1-transitional.dtd">
<html xmlns="http://www.w3.org/1999/xhtml">
<head>
    <meta http-equiv="Content-Type" content="text/html;"  />
    <title>
        列表的方向
    </title>
    <style type="text/css">
        <!--
            #normal li
            {
```

```
                border: red solid 1px;          /*设置边框为：红色、实线、1 像素宽*/
                float:none;                     /* 对象不漂浮*/
            }
            #left li
            {
                border: green solid 1px;        /*设置边框为：绿色、实线、1 像素宽*/
                float:left;                     /* 对象向左漂浮*/
            }
            #right li
            {
                border: blue solid 1px;         /*设置边框为：蓝色、实线、1 像素宽*/
                float:right;                    /* 对象向右漂浮*/
            }
            #normal
            {
                border: red solid 1px;          /*设置边框为：红色、实线、1 像素宽*/
            }
            #left
            {
                border: green solid 1px;        /*设置边框为：绿色、实线、1 像素宽*/
            }
            #right
            {
                border: blue solid 1px;         /*设置边框为：蓝色、实线、1 像素宽*/
            }
        -->
    </style>
</head>
<body>
    <ul id="normal">
        <li>
            normal item1
        </li>
        <li>
            normal item2
        </li>
        <li>
            normal item3
        </li>
    </ul>
    <ul id="left">
        <li>
            left item1
        </li>
        <li>
            left item2
        </li>
        <li>
            left item3
        </li>
    </ul>
    <ul id="right">
        <li>
            right item1
        </li>
        <li>
            right item2
        </li>
        <li>
            right item3
```

```
        </li>
    </ul>
</body>
</html>
```

对上述代码进行剖析如下：

（1）首先在 HTML 部分添加了 3 个 ul（unordered lists）标签，表示的是无序列表，它所对应的是有序列表，其标签为 ol（ordered lists）。在每个 ul 标签都含有 3 个 li（list item）标签，即用来定义列表项目，每一项都使用一个点作为其开头。

（2）其中在第一个 ul 的 li 标签的 CSS 代码里将其 float 属性设置为 none，其实 float 属性的默认值就是 none，其显示效果如图 6.1 所示，呈现出纵向顺序排列；而第二个 ul 的 li 标签的 float 属性设置为 left，使得 li 标签在 ul 内部向左浮动，并从左往右横向依次排列；而第三个 ul 的 li 标签的 float 属性设置为 right，使得 li 标签在 ul 内部向右浮动，并从右往左横向依次排列。

如图 6.1 所示为这段代码的最终运行结果，即对列表的方向进行改变。其中边界的颜色设置用了前几章讲过的 border，每个列表项的前面都有一个黑色圆点。

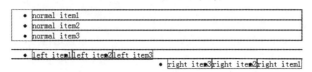

图 6.1　列表的方向

对于列表来说，不仅有这里出现的无序列表，还包括有序列表和定义列表等。有序列表上段介绍过，这里不再重复。对于定义列表，它的标签是 dl（definition lists），该列表中每个元素的标题用<dt>表示，列表中元素的内容用<dd>表示，内容位于标题的下一行并伴随一定程度的后移量。

我们用代码来对比一下这几种列表。

```
<!DOCTYPE html PUBLIC "-//W3C//DTD XHTML 1.0 Transitional//EN"
"http://www.w3.org/TR/xhtml1/DTD/xhtml1-transitional.dtd">
<html xmlns="http://www.w3.org/1999/xhtml">
<head>
    <meta http-equiv="Content-Type" content="text/html;"  />
    <title>
        几种列表的集合
    </title>
    <style type="text/css">
        <!--
        #unordered li
        {
            border: red solid 1px;        /*设置边框为：红色、实线、1 像素宽*/
        }
        #ordered li
        {
            border: green solid 1px;      /*设置边框为：绿色、实线、1 像素宽*/
        }
        #definition dt
        {
            border: blue solid 1px;       /*设置边框为：蓝色、实线、1 像素宽*/
        }
```

```
            #unordered
            {
                border: red solid 1px;          /*设置边框为：红色、实线、1 像素宽*/
            }
            #ordered
            {
                border: green solid 1px;        /*设置边框为：绿色、实线、1 像素宽*/
            }
            #definition
            {
                border: blue solid 1px;         /*设置边框为：蓝色、实线、1 像素宽*/
            }
        -->
    </style>
</head>
<body>
    <ul id="unordered">
        <li>
            unordered item1
        </li>
        <li>
            unordered item2
        </li>
        <li>
            unordered item3
        </li>
    </ul>
    <ol id="ordered">
        <li>
            ordered item1
        </li>
        <li>
            ordered item2
        </li>
        <li>
            ordered item3
        </li>
    </ol>
    <dl id="definition">
        <dt>
            definition item1
        </dt>
            <dd>
                这是对第一项的描述
            </dd>
        <dt>
            definition item2
        </dt>
            <dd>
                这是对第二项的描述
            </dd>
            <dt>
            definition item3
        </dt>
    </dl>
</body>
</html>
```

对上述代码进行剖析如下：

针对不同列表的列表项边框，使用不同的颜色进行区别。无序列表 ul 和有序列

表 ol 的列表项是相同的，都是 li，而定义列表 dl 的列表项是 dt。对于定义列表来说，

并不是每个 dt 后面都要有一个 dd 来进行解释，dd 是可选项，该代码的第三个 dt 后面就没有相对应的 dd 来进行说明描述。

如图 6.2 所示为这段代码的最终运行结果，即显示了几种列表。在图中无序列表的每个列表项前面有一个黑色圆点，有序列表的每个列表项前面用数字依次表示，定义列表的每个列表项前面什么也没有，但是第一个和第二个列表项的下面有描述信息。由于描述信息是可选项，所以第三个列表项的下面就没有描述信息。

再修改一下本节的关于列表方向的代码，通过刚才提到的有序列表，进一步地了解列表标签还具有哪些有用的特性。

- unordered item1
- unordered item2
- unordered item3

1.	ordered item1
2.	ordered item2
3.	ordered item3

definition item1
　　这是对第一项的描述
definition item2
　　这是对第二项的描述
definition item3

图 6.2　几种列表的集合

```
<!DOCTYPE html PUBLIC "-//W3C//DTD XHTML 1.0 Transitional//EN"
"http://www.w3.org/TR/xhtml1/DTD/xhtml1-transitional.dtd">
<html xmlns="http://www.w3.org/1999/xhtml">
<head>
    <meta http-equiv="Content-Type" content="text/html;"  />
    <title>
        列表的方向 2
    </title>
    <style type="text/css">
    <!--
        #normal li
        {
            border: red solid 1px;       /*设置边框为：红色、实线、1 像素宽*/
            float:none;                  /*设置不浮动*/
        }
        #left li
        {
            border: green solid 1px;     /*设置边框为：绿色、实线、1 像素宽*/
            float:left;                  /*设置向左浮动*/
        }
        #right li
        {
            border: blue solid 1px;      /*设置边框为：蓝色、实线、1 像素宽*/
            float:right;                 /*设置向右浮动*/
        }
        #normal
        {
            border: red solid 1px;       /*设置边框为：红色、实线、1 像素宽*/
        }
        #left
        {
            border: green solid 1px;     /*设置边框为：绿色、实线、1 像素宽*/
            float:left;
        }
        #right
        {
            border: blue solid 1px;      /*设置边框为：蓝色、实线、1 像素宽*/
        }
        #frame
        {
```

```
                    border: black 1px solid;    /*设置边框为：黑色、实线、1 像素宽*/
                    margin:30px;                 /*设置外边距为 30 像素*/
                }
            -->
    </style>
</head>
<body>
    <div id="frame">
        <ul id="normal">
            <li>
                normal item1
            </li>
            <li>
                normal item2
            </li>
            <li>
                normal item3
            </li>
        </ul>
    </div>
    <ul id="left">
        <li>
            left item1
        </li>
        <li>
            left item2
        </li>
        <li>
            left item3
        </li>
    </ul>
    <ul id="right">
        <li>
            right item1
        </li>
        <li>
            right item2
        </li>
        <li>
            right item3
        </li>
    </ul>
</body>
</html>
```

对上述代码进行剖析如下：

当把第二个 ul 标签的 CSS 属性的 float 属性设置为 left 后，效果如图 6.3 所示，你会发现该 ul 下沉了一定的空间，而不是第三个 ul 上升了一定的空间。这到底是怎么回事呢？

这主要是因为如果该标签的 float 属性设置为 left，本标签的 margin-top 的值和上一个标签（float 属性为 none）的 margin-bottom 的值进行了叠加。而如果该标签的 float 属性设置为 none 是不会进行 margin 的叠加的，因为这时 margin 的值仅为上一个标签的 margin-bottom 的值。同理，如果 float 属性设置为 right 时，margin 的值也是会叠加的。

因为 ul 标签的 margin 值是有默认值的，所以如果不能确定数值或者可能出现不可预知的样式布局，为了更好地控制整体布局，最好把 ul 标签的 margin 设置为 0。

如图 6.3 所示为这段代码的运行结果，即对表格的 margin 属性进行叠加操作，使得绿色边框的无序列表下沉了一定的距离。

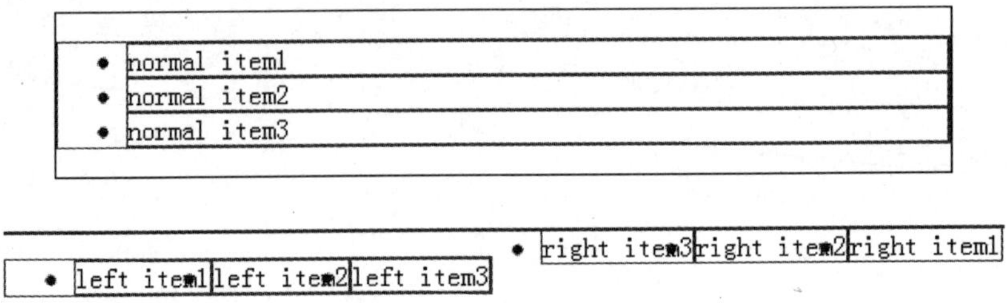

图 6.3　margin 属性的叠加情况

6.1.2　列表图标

　　CSS 为列表提供了一个重要的属性：list-style。该属性可以用于设置列表的风格，其中包括图标的形状、图标的图片以及图标的位置等。

　　其中 list-style 属性具有 3 个属性分量：list-style-image、list-style-type 以及 list-style-position，表 6.1 是这 3 个属性及其功能的描述。

表 6.1　list-style属性的功能描述表

属性	描　　述
list-style-position	设置列表项图标的位置，位于文本内或者文本外
list-style-type	设置列表项图标的类型
list-style-image	使用图像设置列表项图标

　　下面我们依次介绍这些属性的使用。

1．list-style-position 属性

　　list-style-position 属性用于设置列表项图标的位置，这个位置不仅可以位于列表项内容的内部，还可以位于列表项内容的外部。

　　以下代码是 list-style-position 属性的一个简单应用。

```
<!DOCTYPE html PUBLIC "-//W3C//DTD XHTML 1.0 Transitional//EN"
"http://www.w3.org/TR/xhtml1/DTD/xhtml1-transitional.dtd">
<html xmlns="http://www.w3.org/1999/xhtml">
<head>
    <meta http-equiv="Content-Type" content="text/html;" />
    <title>
        list-style-position 属性
    </title>
    <style type="text/css">
        <!--
        #ul1 li
        {
            border: red solid 1px;          /*设置边框为：红色、实线、1 像素宽*/
        }
        #ul2 li
        {
            border: green solid 1px;        /*设置边框为：绿色、实线、1 像素宽*/
        }
```

```
            #ul1
            {
                list-style-position:inside;    /*列表项目图标放置在文本以内*/
            }
            #ul2
            {
                list-style-position:outside; /*列表项目图标放置在文本以外*/
            }

        -->
    </style>
</head>
<body>
    <ul id="ul1">
        <li>
            ul1 item1
        </li>
        <li>
            ul1 item2
        </li>
        <li>
            ul1 item3
        </li>
    </ul>
    <ul id="ul2">
        <li>
            ul2 item1
        </li>
        <li>
            ul2 item2
        </li>
        <li>
            ul2 item3
        </li>
    </ul>
</body>
</html>
```

对上述代码进行剖析如下：

在本程序的 HTML 代码部分，添加了两个 ul 标签，其中每一个 ul 标签都带有 3 个列表项。然后在 CSS 代码部分为这两个 ul 标签的 id 描述符添加 list-style-position 属性，它们的该属性的属性值依次为 inside 以及 outside。

如图 6.4 所示即为这段代码的运行结果。因为在本程序的 CSS 代码部分，分别对两个 ul 标签下的 li 标签添加了边框，以规范列表项的范围。可以看出第一个 ul 的列表项图标位于红色边框的内部，第二个 ul 的列表项图标位于绿色边框的外部，这就是 inside 和 outside 属性所起的作用。

图 6.4　list-style-position 属性

2．list-style-type 属性

list-style-type 属性的作用是设置列表项图标的类型，CSS 提供了十多种属性值来进行设置，如实心圆、罗马数字、英文字母以及其他的特殊序号。

表 6.2 是 list-style-type 属性的可选值以及其样式描述。

表 6.2　list-style-type属性值及样式描述表

值	描　　述
none	空标记
disc	默认值。实心圆标记
circle	空心圆标记
square	实心方块标记
decimal	数字标记
decimal-leading-zero	0开头的数字标记：01, 02, 03.....
lower-roman	小写罗马数字：i, ii, iii.....
upper-roman	大写罗马数字：I, II, III.....
lower-alpha	小写英文字母：a, b, c.....
upper-alpha	大写英文字母：A, B, C.....
lower-greek	小写希腊字母：α, β, γ.....
lower-latin	小写拉丁字母：a, b, c.....
upper-latin	大写拉丁字母：A, B, C.....
hebrew	希伯来编号方式
armenian	亚美尼亚编号方式
georgian	乔治亚编号方式
cjk-ideographic	汉语数字：一,二,三.....
hiragana	日文平假名：あ,い,う.....
katakana	日文片假名：ア,イ,ウ.....
hiragana-iroha	日文平假名：い, ろ, は.....
katakana-iroha	日文片假名：イ,ロ,ハ.....

以下程序是 list-style-type 属性的一个简单应用。

```
<!DOCTYPE html PUBLIC "-//W3C//DTD XHTML 1.0 Transitional//EN"
"http://www.w3.org/TR/xhtml1/DTD/xhtml1-transitional.dtd">
<html xmlns="http://www.w3.org/1999/xhtml">
<head>
    <meta http-equiv="Content-Type" content="text/html;"  />
    <title>
        list-style-type 属性
    </title>
    <style type="text/css">
        <!--
        #ul1
        {    list-style-type:decimal; }    /*设置开头为数字列表名*/
        #ul2
        {    list-style-type:decimal-leading-zero; }
                                    /*设置开头为0开头的数字列表名*/
        #ul3
        {    list-style-type:hebrew; }      /*设置开头为希伯来数字列表名*/
        #ul4
        {    list-style-type:armenian; }    /*设置开头为亚美尼亚数字列表名*/
        #ul5
        {    list-style-type:georgian; }    /*设置开头为乔治亚数字列表名*/
        #ul6
```

```
        {    list-style-type:hiragana; }   /*设置开头为平假名数字列表名*/
        #ul7
        {    list-style-type:katakana; }   /*设置开头为片假名数字列表名*/
        #ul8
        {    list-style-type:hiragana-iroha; }
                                        /*设置开头为平假名数字列表名*/
        #ul9
        {    list-style-type:katakana-iroha; }
                                        /*设置开头为片假名数字列表名*/
        ul
        {
            float:left;
        /*向左浮动*/
            width:80px;
        /*设置宽度为 80 像素*/
        }
        -->
    </style>
</head>
<body>
    <ul id="ul1">
        <li>item1</li>
        <li>item2</li>
        <li>item3</li>
    </ul>
    <ul id="ul2">
        <li>item1</li>
        <li>item2</li>
        <li>item3</li>
    </ul>
    <ul id="ul3">
        <li>item1</li>
        <li>item2</li>
        <li>item3</li>
    </ul>
    <ul id="ul4">
        <li>item1</li>
        <li>item2</li>
        <li>item3</li>
    </ul>
    <ul id="ul5">
        <li>item1</li>
        <li>item2</li>
        <li>item3</li>
    </ul>
    <ul id="ul6">
        <li>item1</li>
        <li>item2</li>
        <li>item3</li>
    </ul>
    <ul id="ul7">
        <li>item1</li>
        <li>item2</li>
        <li>item3</li>
    </ul>
    <ul id="ul8">
        <li>item1</li>
        <li>item2</li>
        <li>item3</li>
    </ul>
```

```
    <ul id="ul9">
        <li>item1</li>
        <li>item2</li>
        <li>item3</li>
    </ul>
</body>
</html>
```

对上述代码进行剖析如下：

本程序里添加了 9 个 ul 列表标签，并且依次设置它们的 id 属性，并使用它们的 id 描述符来为它们的 list-style-type 属性赋值，本程序使用了多个典型的 list-style-type 属性值。

如图 6.5 所示为这段代码的运行结果，即使用列表的 list-style-type 属性值设置列表项图标的类型。注意图 6.5 中的第一个列表和第二个列表，它们的每个数据项前面都带着数字，即通过 list-style-type 属性值的设置，可以将无序列表变为一个有序列表。

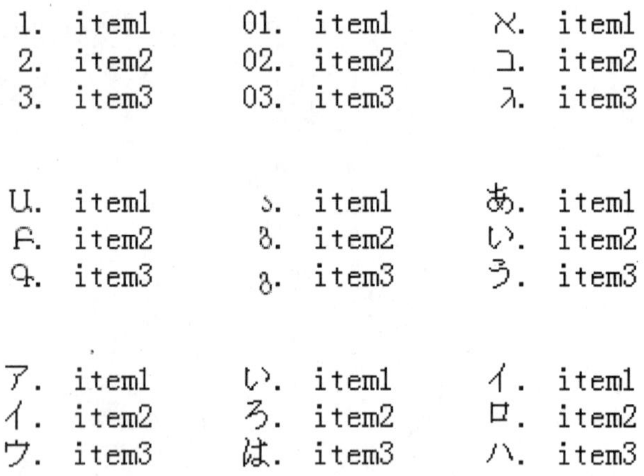

图 6.5　list-style-type 属性

3. list-style-image 属性

list-style-image 属性也是用于设置列表项的图标，和 list-style-type 不同，list-style-image 使用图片来设置列表项的图标。使用格式如下：

```
list-style-image:url( 图片的位置 );
```

以下是 list-style-image 属性的简单使用举例。

```
<!DOCTYPE html PUBLIC "-//W3C//DTD XHTML 1.0 Transitional//EN"
"http://www.w3.org/TR/xhtml1/DTD/xhtml1-transitional.dtd">
<html xmlns="http://www.w3.org/1999/xhtml">
<head>
    <meta http-equiv="Content-Type" content="text/html;" />
    <title>
        list-style-image 属性
    </title>
    <style type="text/css">
        <!--
            #ul1
            {
                list-style-image:url(image/t1.JPG);  /*设置列表开头图片*/
            }
            #ul2 .t1
            {
```

```
            list-style-image:url(image/t1.JPG);     /*设置列表开头图片*/
        }
        #ul2 .t2
        {
            list-style-image:url(image/t2.JPG);     /*设置列表开头图片*/
        }
        #ul2 .t3
        {
            list-style-image:url(image/t3.JPG);     /*设置列表开头图片*/
        }
        #ul3
        {
            background-image:url(image/bg.JPG);     /*设置背景图片*/
            background-repeat:no-repeat;            /*设置背景为不重复*/
            list-style-type:none;                   /*取消列表开头样式*/
        }
        #ul3 li
        {
            margin-bottom:5px;                      /*底部外边距为 5 像素*/
        }
        ul
        {
            float:left;                             /*向左浮动*/
            width:120px;                            /*宽度为 120 像素*/
        }
        -->
    </style>
</head>
<body>
    <ul id="ul1">
        <li>
            item1
        </li>
        <li>
            item2
        </li>
        <li>
            item3
        </li>
    </ul>
    <ul id="ul2">
        <li class="t1">
            item1
        </li>
        <li class="t2">
            item2
        </li>
        <li class="t3">
            item3
        </li>
    </ul>
    <ul id="ul3">
        <li>
            item1
        </li>
        <li>
            item2
        </li>
        <li>
            item3
```

```
        </li>
    </ul>
</body>
</html>
```

上述代码剖析如下：

在本程序里，添加了 3 个 ul 标签，在第一个 ul 标签里直接使用 list-style-image 属性，所以其下面的 3 个 li 标签共用同一个图标文件，而第二个 ul 标签下面的 3 个 li 标签分别使用了 list-style-image 属性，所以使用的是不同的图标。而最后一个 ul 没有设置 list-style-image 属性，而是使用了 background-image 属性，所以需要重新设置这个 ul 下面的 li 标签的 margin 属性，以使得图标能够和文本内容对齐。而 list-style-image 属性则会使文字和图标底部自动对齐。

如图 6.6 所示为这段代码的运行结果，即使用列表的 list-style-image 属性来设置列表项的图标。

图 6.6　list-style-image 属性

其实更方便地，可以使用 list-style 属性来同时设置 list-style-image、list-style-type 和 list-style-position 这 3 个属性，但是 list-style-image 和 list-style-type 是互相冲突的两个属性，list-style-image 属性比 list-style-type 属性优先级高，所以只有当 list-style-image 属性所指示的图片不存在时，才使用 list-style-type 属性所设置的值。

6.1.3　列表的层次

在许多应用中，经常可以看见许多由多个层级列表组成的多层列表，在这一节将讲解一下多层次列表的样式控制。

以下是列表嵌套的一个简单使用。

```
<!DOCTYPE html PUBLIC "-//W3C//DTD XHTML 1.0 Transitional//EN"
"http://www.w3.org/TR/xhtml1/DTD/xhtml1-transitional.dtd">
<html xmlns="http://www.w3.org/1999/xhtml">
<head>
    <meta http-equiv="Content-Type" content="text/html;"  />
    <title>
        二级列表
    </title>
</head>
<body>
    <ul>
        <li>
            Layer1 item1
            <ul>
                <li>
                    Layer2 item1
                </li>
                <li>
```

```
                    Layer2 item2
                </li>
                <li>
                    Layer2 item3
                </li>
            </ul>
        </li>
        <li>
            Layer1 item2
            <ul>
                <li>
                    Layer2 item1
                </li>
                <li>
                    Layer2 item2
                </li>
                <li>
                    Layer2 item3
                </li>
            </ul>
        </li>
        <li>
            Layer1 item3
            <ul>
                <li>
                    Layer2 item1
                </li>
                <li>
                    Layer2 item2
                </li>
                <li>
                    Layer2 item3
                </li>
            </ul>
        </li>
    </ul>
</body>
</html>
```

对上述代码进行剖析如下：

这个程序只是 HTML 的嵌套列表，通过嵌套 ul 标签，将两个无序列表嵌套在一起。还要说明的是，第二层列表是写在第一层列表的 li 标签内部的，其实也可以写在和 li 标签位于同层级的位置。但是从编写 CSS 或者 JavaScript 的角度来说，写入 li 标签内部可以更好地控制第二层级的列表的样式，因为在后面的例子里，我们还将为本代码添加 CSS 和 JavaScript 控制。

如图 6.7 所示即为这段代码的运行结果，可以看出该布局一共有两层的列表结构，其中第二层列表不仅有缩进的效果，同时图标也被自动设置成为白色空心圆。

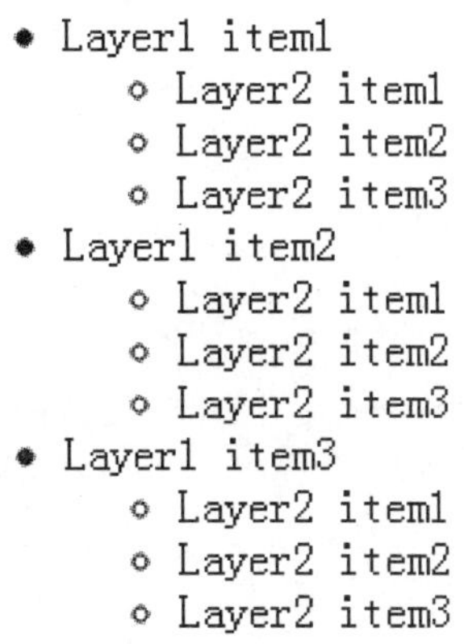

下面来编写一个可展开的二层列表，HTML 部分基本和前一例子相同，主要添加了 class 属性，然后添加相应的 CSS 样式代码以及 JavaScript 控制代码。

以下是可展开的二层列表的完整代码。

- Layer1 item1
  - Layer2 item1
  - Layer2 item2
  - Layer2 item3
- Layer1 item2
  - Layer2 item1
  - Layer2 item2
  - Layer2 item3
- Layer1 item3
  - Layer2 item1
  - Layer2 item2
  - Layer2 item3

图 6.7　二级列表

```
<!DOCTYPE html PUBLIC "-//W3C//DTD XHTML 1.0 Transitional//EN"
"http://www.w3.org/TR/xhtml1/DTD/xhtml1-transitional.dtd">
<html xmlns="http://www.w3.org/1999/xhtml">
<head>
    <meta http-equiv="Content-Type" content="text/html;"  />
    <title>
        可展开列表
    </title>
    <style type="text/css">
        <!--
            .open
            {
                list-style-image:url(image/open.JPG); /*设置开头列表图片*/
            }
            .close
            {
                list-style-image:url(image/close.JPG);/*设置开头列表图片*/
            }
            .open,.close
            {
                cursor:pointer;                        /*设置在对象上移动的鼠标指针*/
            }
            .open ul,.close ul
            {
                list-style-image:none;
                cursor:default;                        /*设置在对象上移动的鼠标指针*/
            }
            .open ul
            {
                display:none;
            }                                          /*设置或检索对象是否显示及如
                                                         何显示*/

        -->
    </style>
    <script type="text/javascript">
        window.onload=setfunction;
        function setfunction()
        {
            var lis=document.getElementsByTagName("li");
                                                   /*通过名字来获取元素*/
            for(var i=0;i<lis.length;i++)
            {
                if(lis[i].className=="open")
                    lis[i].onmouseup=handlemouseup;
                                                   /*鼠标的单击操作*/
            }
        }
        function handlemouseup()
        {
            var state;
            if(this.className=="open")              /*判断 class 属性的值*/
            {
                this.className="close";
                state="";
            }
            else if(this.className=="close")
            {
                this.className="open";
                state="none";
```

```
            }            /*单击鼠标后的行为*/
            var ulobj=this.getElementsByTagName("ul");
            ulobj[0].style.display=state;
        }
    </script>
</head>
<body>
    <ul>
        <li class="open" >
        Layer1 item1
        <ul>
            <li>
                Layer2 item1
            </li>
            <li>
                Layer2 item2
            </li>
            <li>
                Layer2 item3
            </li>
        </ul>
        </li>
        <li class="open">
        Layer1 item2
        <ul>
            <li>
                Layer2 item1
            </li>
            <li>
                Layer2 item2
            </li>
            <li>
                Layer2 item3
            </li>
        </ul>
        </li>
        <li class="open">
        Layer1 item3
        <ul>
            <li>
                Layer2 item1
            </li>
            <li>
                Layer2 item2
            </li>
            <li>
                Layer2 item3
            </li>
        </ul>
        </li>
    </ul>
</body>
</html>
```

对上述代码进行剖析如下：

在本代码里，第一层列表项有两个状态，分别是第二层展开和闭合。在本程序里我们使用 CSS 和 JavaScript 来共同控制列表的样式。

在 CSS 代码部分，我们设计了 open 和 close 两类自定义的类描述符的样式，它们分别是类表在第一次展开以及闭合状态下的 class 属性的值。然后再分别设置这两个类描述符的

list-style-image 以及 cursor 属性，其中 list-style-image 属性控制列表项的图标，cursor 属性控制移动到该标签上的鼠标样式。

　　对于 cursor 属性来说，它的值可以是多个，这些值之间通过逗号分隔。假如第一个值所指定的光标无法找到及显示，那么第二个值将会被尝试使用。依此类推，假如全部值都不可用的话，那么该属性就不会发生作用。在此处该属性的取值是 pointer，产生的效果是当用户将光标移动到指定项时，光标将变为竖起一只食指的手型光标。另外需要说明的是，因为第二层的 ul 标签会继承 list-style-image 以及 cursor 属性，所以还需要将它们设置为默认值。

　　在 JavaScript 部分，首先在 onload 事件发生时执行 setfunction()函数，为所有 class 为 open 的标签添加鼠标事件控制。接着当 onmouseup 事件发生时切换 li 标签的 class 属性的值（即 open 和 close 的互换），并且设置第二层的 ul 标签是否显示。

　　如图 6.8 所示即为这段代码的运行结果，可以看出该列表不仅有两层的列表结构，而且第二层的列表既可以展开也可以闭合。

```
⊟ Layer1 item1
      ○ Layer2 item1
      ○ Layer2 item2
      ○ Layer2 item3
⊞ Layer1 item2
⊟ Layer1 item3
      ○ Layer2 item1
      ○ Layer2 item2
      ○ Layer2 item3
```

图 6.8　可展开列表

6.2　列表示例一：杂志目录排版

6.2.1　标题设计 DIV 布局

　　一个杂志的内容是丰富多彩的，如时尚杂志、科技杂志、体育杂志及教育杂志等等，无论是哪一个类型的杂志，都会充斥着大量的信息。其中，对于图片和文字交叉搭配时应该如何布局，是我们编写 Web 程序时必须面临的一个难题。

　　下面设计一个简单的时尚杂志的目录的排版，分为两个大部分：目录的上部分以及目录的下部分，而每一个目录部分又分为：文字区和图片区。如图 6.9 所示即为一个杂志目录的排版。

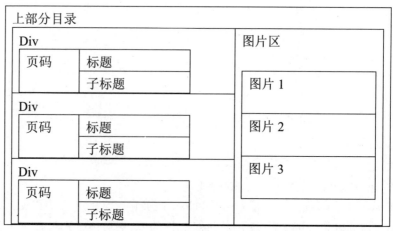

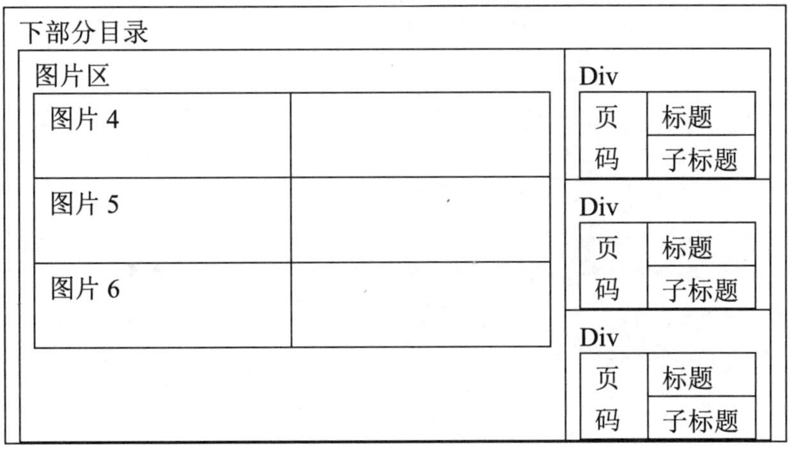

图 6.9　杂志目录区排版

下面是本程序的 HTML 代码部分，和图 6.9 的逻辑格局一致。

```html
<div id="page">
    <div>
        <ul>
            <li>
                <h1>
                    10
                </h1>
                <div class="titlefrm">
                    <div class="title">
                    美容一周手册
                    </div>
                    <div class="subtitle">
                    香薰?也能美容?
                    </div>
                </div>
            </li>
            <li>
                <h3>
                    15
                </h3>
                <div class="titlefrm2">
                    <div class="title2">
                    全球潮流控
                    </div>
                    <div class="subtitle2">
                    法国巴黎，转不完的流行时尚
                    </div>
                </div>
            </li>
            <li>
                <h3>
                    21
                </h3>
                <div class="titlefrm2">
                    <div class="title2">
                    美容师小学堂
                    </div>
                    <div class="subtitle2">
                    <font style="font-weight:bold;">JK</font>
```

```
                            老师教你"淡"出你的装
                        </div>
                    </div>
                </li>
        </ul>
        <div class="imgframe">
            <img src="image/pic1.JPG" style="width:100px;display:
            block;"/>                               /*设置对象的显示方式*/
            <img src="image/pic2.JPG" style="width:100px;position:
            absolute; top:50px;left:50px; display:block; "/>
                        /*设置对象的显示方式*/
            <img src="image/pic3.JPG" style="width:100px;position:
            absolute; top:150px;left:0px; display:block; "/>
                        /*设置对象的显示方式*/
        </div>
</div>
<div style="clear:both;">
    <div class="imgframe">
        <img src="image/pic4.JPG" style="width:100px;display:
        block; "/>                                /*设置对象的显示方式*/
        <img src="image/pic5.JPG" style="width:100px;position:
        absolute;top:50px;left:50px; display:block; "/>
                    /*设置对象的显示方式*/
        <img src="image/pic6.JPG" style="width:100px;position:
        absolute;top:180px;left:0px; display:block; "/>
                    /*设置对象的显示方式*/
    </div>
    <ul>
        <li>
            <h1>
                31
            </h1>    /*设置字体的大小*/
            <div class="titlefrm">
                <div class="title">
                风味何处寻
                </div>
                <div class="subtitle">
                领略台湾乌贼串烧店
                </div>
            </div>
        </li>
        <li>
            <h3>
                38
            </h3>    /*设置字体的大小*/
            <div class="titlefrm2">
                <div class="title2">
                美味"家"工厂
                </div>
                <div class="subtitle2">
                夏日炎炎，家里自制墨西哥小甜点
                </div>
            </div>
        </li>
        <li>
            <h3>
                45
            </h3>
            <div class="titlefrm2">
```

```
            <div class="title2">
            大学美食地带
            </div>
            <div class="subtitle2">
            大学城里的美女私房菜
            </div>
        </div>
    </li>
    </ul>
    </div>
</div>
```

以上代码里添加了一系列的 class 和 id 属性用于后面的 CSS 样式控制，包括设置 6 个主标题、设置 6 个页码、设置 6 个子标题以及建立 2 个无序列表 ul 等。另外 img 标签里还嵌入了图片的 CSS 控制，包括设置图片的宽度、图片的位置以及图片的显示方式。本程序使用了 "position:absolute;"，所以当一个对象占据给定位置时，另一个对象会在同一位置出现层叠的效果。第二部分的目录的 DIV 框架使用了 "style="clear:both;""，使得该框架另起一行重新开始绘制。

6.2.2　目录元素添加 CSS 样式

以下是本程序的 CSS 部分代码。

```
        li
        {
            margin-bottom:20px;                /*设置底部外边距为 20 像素*/
            clear:both;                        /*从下一行开始浮动*/
        }
        ul
        {
            float:left;                        /*向左浮动*/
            list-style-type:none;              /*取消列表开头样式*/
            padding-left:20px;                 /*左边内边距为 20 像素*/
        }
        .imgframe
        {
            float:left;                        /*向左浮动*/
            position:relative;                 /*定位为相对定位*/
            width:150px;                       /*宽度为 150 像素*/
            height:250px;                      /*高度为 250 像素*/
        }
        #page
        {
            border:#CCCCCC 10px solid;         /*设置边框颜色、宽度和样式*/
            float:left;                        /*向左浮动*/
            padding:20px;                      /*内边距为 20 像素*/
            background-image: -moz-linear-gradient(top, #FFF, #DDD);
                                               /*用于 Firefox 浏览器*/
            background-image: -webkit-gradient(linear, left top, left
bottom,
            color-stop(0, #FFF), color-stop(1, #DDD));
                                               /*用于 Safari 和 Chrome 浏览器 */
            filter:
```

```
progid:DXImageTransform.Microsoft.gradient(startColorstr='#FFF',
            endColorstr='#DDD', GradientType='0');
                                                /*用于 IE 浏览器*/
        }
```

在上面的 CSS 代码里，以一个 DIV 作为父节点框架来装载所有的目录内容，该 DIV 的 ID 属性命名为 page，依次设置其边框样式、背景渐变和内边距，并设置其 float 属性为 left 以达到自适应内部标签大小的效果。

结合两部分的代码进行分析，由于 ul 标签以及和它同级的 div 标签使用了"float:left"，使得它们位于同一层中，而每个 li 标签必须是另起一行，所以才必须使用"clear: both"。如图 6.10 所示，即为上面代码的运行结果，一个杂志目录的效果图。

因为图片区域中的每幅图片都会重新定位，当重新定位后，其父节点不会自动适应其内部图片的大小，所以要它给一个固定高度和宽度。

图 6.10　杂志目录效果图

```
h1
{
    font-family:Times;                          /*设置字体类型*/
    margin:0;                                   /*设置外边框为 0*/
    margin-right:15px;                          /*设置右外边框为 15 像素*/
    float:left;                                 /*设置向左浮动*/
    background:#CCCCCC;                          /*设置背景颜色*/
    padding:5px;                                /*设置内边框为 5 像素*/
    padding-bottom:15px;"                       /*设置底部内边框为 15 像素*/
}
h3
{
    font-family:Times;                          /*设置字体类型*/
    margin:0;                                   /*设置外边框为 0*/
    float:left;                                 /*设置向左浮动*/
    margin-right:15px;                          /*设置右外边框为 15 像素*/
    margin-left:17px;                           /*设置左外边框为 17 像素*/
}
.titlefrm
{ /*border:#0033CC 1px solid;*/
    float:left;                                 /*设置向左浮动*/
    width:180px;                                /*设置宽度为 180 像素*/
    margin-right:30px;                          /*设置右外边距为 30 像素*/
    margin-bottom:15px;                         /*设置底部外边距为 15 像素*/
}
.title
{
    font-size:12px;                             /*设置字体大小*/
    color:#FFF;                                 /*设置字体颜色*/
    background-color:#aaa;                       /*设置背景颜色*/
    width:200px;                                /*设置宽度*/
```

```
    padding-left:5px;                          /*设置左侧内边距*/
    float:left;                                /*设置向左浮动*/
}
.subtitle
{
    clear:both;                                /*从下一行开始浮动*/
    font-size:28px;                            /*设置字体大小*/
    font-weight:bold;                          /*设置字体粗细*/
    padding:10px;                              /*设置内边距*/
    padding-left:5px;                          /*设置左侧内边距*/
    color:#70A6F8;                             /*设置字体颜色*/
}
.titlefrm2
{
    float:left;                                /*设置向左浮动*/
    margin-bottom:30px;                        /*设置底部外边距*/
}
.title2
{
    font-size:12px;                            /*设置字体大小*/
    color:#888;                                /*设置字体颜色*/
}
.subtitle2
{
    font-family:"黑体";                         /*设置字体类型*/
    color:#666;                                /*设置字体颜色*/
    width:200px;                               /*设置宽度*/
}
```

  每个 li 标签的内部布局结构一致，只是具体的大小、背景和颜色的差异。每个 li 标签里含有一个 h 标签（即 h1 或 h3）以及一个 div 标签（即 class 属性为 titlefrm 或 titlefrm2），而该 div 标签还含有 title 和 subtitle（或 title2 和 subtitle2），分别用于装载第一级标题和第二级标题。关于布局的详细知识，将会在第 9 章进行细致深入的说明。

6.3　列表示例二：用 DIV 实现列表

6.3.1　DIV 的摆放

1. 默认的 DIV 大小

  默认情况下，DIV 标签不但在横向方向上它的大小自适应其父节点的宽度，而且在纵向方向上它的大小自适应内部的子节点的高度。

```
<!DOCTYPE html PUBLIC "-//W3C//DTD XHTML 1.0 Transitional//EN"
"http://www.w3.org/TR/xhtml1/DTD/xhtml1-transitional.dtd">
<html xmlns="http://www.w3.org/1999/xhtml">
<head>
    <meta http-equiv="Content-Type" content="text/html; charset=gb2312"/>
    <title>
        DIV 的大小默认特性
```

```
        </title>
</head>
<body>
    <div style="border:#FF0000 1px solid; ">
        父节点
        <div style="border:#0000FF 1px solid;height:40px; ">
            子节点
        </div>
    </div>
</body>
</html>
```

本代码里除了设置第二个 DIV 的高度外，影响宽度和高度显示效果的其他属性都没有进行设置，图 6.11 是上述代码的运行效果图。可以看到，一方面第一个 DIV 节点不但自适应 body 标签的横向宽度，并且自适应其内部子节点的纵向高度，另一方面子节点也自适应父节点的横向宽度，如图 6.11 所示。

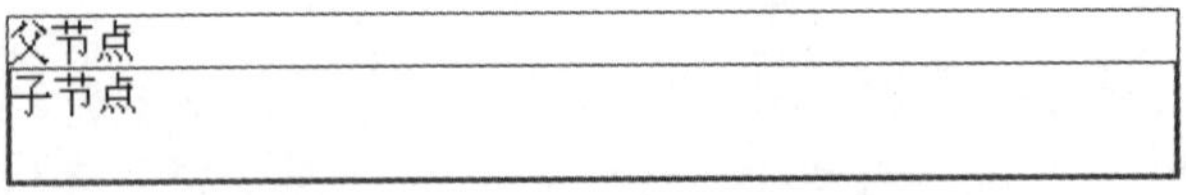

父节点
子节点

图 6.11　DIV 的大小默认特性

2．float 属性的设置

下面讨论一下 float 属性的设置，float 属性可以将标签重新定位到一侧，或者自适应其内部的子节点的大小。下面是使用 float 属性的一个简单示例。

```
<!DOCTYPE html PUBLIC "-//W3C//DTD XHTML 1.0 Transitional//EN"
"http://www.w3.org/TR/xhtml1/DTD/xhtml1-transitional.dtd">
<html xmlns="http://www.w3.org/1999/xhtml">
<head>
    <meta http-equiv="Content-Type" content="text/html; charset=gb2312"
/>
    <title>
        DIV 添加 float 属性
    </title>
</head>
<body>
    <div style="border:#00FF00 1px solid; ">
        父节点
        <div style="border:#FF0000 1px solid; height:40px;
        float:left;">子节点 1</div>
        <div style="border:#FF0000 1px solid; height:40px;
        float:right;">子节点 2</div>
        <div style="border:#FF0000 1px solid; height:40px;
        float:left;">子节点 3</div>
        <div style="border:#FF0000 1px solid; height:40px;
        float:right;">子节点 4</div>
        <div style="border:#FF0000 1px solid; height:40px;
        float:left;">子节点 5</div>
        <div style="border:#FF0000 1px solid; height:40px;
        float:right;">子节点 6</div>
    </div>
</body>
</html>
```

当子节点没有设置 position 属性时，则 float 属性会起作用。若某些子节点的 float 属性设置为 left，则这些节点会依次排布到父节点左端；若某些子节点的 float 属性设置为 right，则这些节点会依次排布到父节点右端；但若父节点没有将 float 属性设置为 left 或 right，其大小就不能自适应于 float 属性设置为 left 或 right 的子节点。

如图 6.12 所示即为这段代码的运行结果，可以看到父节点占据了相当大的空间。

图 6.12　DIV 添加 float 属性

当将上面程序的父节点的 DIV 标签的 float 属性设置为 left 或 right 时，便可将父节点的宽度以及高度自适应于它的子节点的宽度和高度。

```
<div style="border:#00FF00 1px solid; float:left;">
```

如图 6.13 所示即为父节点经过修改之后的代码的运行结果，可以看到此时父节点的宽度和高度与子节点保持一致。

图 6.13　DIV 父节点添加 "float:left" 属性

3. clear 属性的设置

clear 属性的作用就是从指定浮动标签的下面开始重新排布标签。例如，"clear:left" 表示从上一个 float 属性为 left 的标签下一行开始排布，"clear:right" 则表示从上一个 float 属性为 right 的标签下一行开始排布，"clear:both" 则表示从上一个 float 属性为 left 或 right 的标签下一行开始排布。接着来看一个使用 clear 属性的简单示例。

```
<!DOCTYPE html PUBLIC "-//W3C//DTD XHTML 1.0 Transitional//EN"
"http://www.w3.org/TR/xhtml1/DTD/xhtml1-transitional.dtd">
<html xmlns="http://www.w3.org/1999/xhtml">
<head>
    <meta http-equiv="Content-Type" content="text/html; charset=gb2312"/>
    <title>
        DIV 添加 clear 属性
    </title>
</head>
<body>
    <div style="border:#00FF00 1px solid; ">
    父节点
        <div style="border:#FF0000 1px solid; height:40px;float:left;
        clear:left;">子节点 1</div>
        <div style="border:#FF0000 1px solid; height:40px;float:right;
        clear:left;">子节点 2</div>
        <div style="border:#FF0000 1px solid; height:40px;float:left;
        clear:right;">子节点 3</div>
        <div style="border:#FF0000 1px solid; height:40px;float:right;
        clear:right;">子节点 4</div>
        <div style="border:#FF0000 1px solid; height:40px;float:left;
        clear:left;">子节点 5</div>
        <div style="border:#FF0000 1px solid; height:40px;float:right;
        clear:right;">子节点 6</div>
```

```
    </div>
</body>
</html>
```

上面程序的运行结果如图 6.14 所示，因为第一个子节点之前没有比父节点内边框更低的 float 属性为 left 的标签，所以该子节点的位置不变。因为第二个子节点使用了"clear:left"，即使得该标签位于上一个 float 属性为 left 的节点下一行，同理，第三个子节点位于第二个子节点的下一行，以此类推，可以得到第四、五、六子节点的位置。

图 6.14　DIV 父节点添加 clear 属性

6.3.2　DIV 模仿简单列表

以下通过一个简单的例子来实践一下 float 属性和 clear 属性的使用，下面程序是通过使用 div 标签来排布出列表的效果。当然对于某些功能来说，必须是列表标签才能胜任的。例如，div 没有 list-style 属性，所以在实际应用中，还需要区别对待问题，选择合适的标签。

```
<!DOCTYPE html PUBLIC "-//W3C//DTD XHTML 1.0 Transitional//EN"
"http://www.w3.org/TR/xhtml1/DTD/xhtml1-transitional.dtd">
<html xmlns="http://www.w3.org/1999/xhtml">
<head>
    <meta http-equiv="Content-Type" content="text/html; charset=gb2312"/>
    <title>
        DIV 模仿简单列表
    </title>
    <style type="text/css">
        <!--
        div
        {
            border:#FF0000 1px solid;          /*设置边框颜色、宽度和样式*/
        }
        .list
        {
            padding-left:30px;                 /*设置左边内边距*/
            margin-bottom:20px;                /*设置底部外边距*/
        }
        .veritem
        {
            clear:both;                        /*从下一行开始浮动*/
        }
        .veritem,.horitem
        {
            float:left;                        /*向左浮动*/
        }
```

```
            -->
        </style>
</head>
<body>
    <div class="list">
        <div class="veritem">
            1. Item1
            <div class="list">
                <div class="horitem">1. Sub Item1
                </div>
                <div class="horitem">2. Sub Item2
                </div>
                <div class="horitem">3. Sub Item3
                </div>
            </div>
        </div>
        <div class="veritem">
            2. Item2
            <div class="list">
                <div class="horitem">1. Sub Item1
                </div>
                <div class="horitem">2. Sub Item2
                </div>
                <div class="horitem">3. Sub Item3
                </div>
            </div>
        </div>
        <div class="veritem">
            3. Item3
            <div class="list">
                <div class="horitem">1. Sub Item1
                </div>
                <div class="horitem">2. Sub Item2
                </div>
                <div class="horitem">3. Sub Item3
                </div>
            </div>
        </div>
    </div>
</body>
</html>
```

对上述代码进行剖析：

（1）为了自适应内部内容的大小且靠左排布，class 属性为 veritem 和 horitem 的 div 标签将 float 属性设置为 left。

（2）因为需要将 class 属性为 veritem 的 div 标签垂直排布，所以需要将这些标签的 clear 属性设置为 left，以使得这些标签从上一个 float 属性为 left 的标签的下一行开始排布。

（3）通过设置内边距 padding-left，使得 class 属性为 horitem 的各项有了一定的缩进量。

如图 6.15 所示为这段代码的运行结果，即模仿一个简单的列表，可以看到显示效果很不错。

1. Item1		
	1. Sub Item1	2. Sub Item2	3. Sub Item3
2. Item2		
	1. Sub Item1	2. Sub Item2	3. Sub Item3
3. Item3		
	1. Sub Item1	2. Sub Item2	3. Sub Item3

图 6.15　DIV 模仿简单列表

6.4　列表示例三：列表摆放——我的微空间画册

在这一节利用列表标签来实现网页的画册。要求画册的效果为当打开网页时，通过旋转照片达到照片"堆放"的效果，当用鼠标指向某张照片时，照片摆正并放大。

需要使用 CSS 3 新增的 transform 属性来达到图片旋转的效果，所以本程序只能在支持 CSS 3 的浏览器中才能正确地显示。下面是本程序的完整代码。

```
<!DOCTYPE html PUBLIC "-//W3C//DTD XHTML 1.0 Transitional//EN"
"http://www.w3.org/TR/xhtml1/DTD/xhtml1-transitional.dtd">
<html xmlns="http://www.w3.org/1999/xhtml">
<head>
    <meta http-equiv="Content-Type" content="text/html; charset=gb2312"/>
    <title>
        我的微空间画册
    </title>
    <style type="text/css">
        <!--
        #frame ul
        {
            border:#FF0000 1px solid;          /*设置边框颜色、宽度和样式*/
            background:#000;                   /*设置背景颜色 */
            float:left;                        /*向左浮动*/
            position:relative;                 /*设置为相对定位*/
            width:200px;                       /*设置宽度*/
            height:120px;                      /*设置高度*/
            padding:100px;                     /*设置内边距*/
            list-style:none;                   /*设置列表样式*/
        }
        #frame ul li
        {
            position: absolute;                /*设置为绝对定位*/
            top: 0;                            /*设置垂直偏移*/
            left: 0;                           /*设置水平偏移*/
            width: 30%;                        /*设置宽度*/
            padding: 1.8% 1.8%;                /*设置内边距*/
            background: #FFF;                  /*设置背景颜色*/
            float:left;                        /*设置向左浮动*/
            border:#000000 1px solid;          /*设置边框颜色、宽度和样式*/
        }
        #frame ul li img
        {
            width: 100%;                       /*设置宽度*/
```

```
}
#frame ul li:nth-child(1)
{
    margin-top: 180px;                      /*设置顶部外边距*/
    margin-left: 180px;                     /*设置左侧外边距*/
    -moz-transform: rotate(30deg);          /*设置旋转角度*/
    -webkit-transform: rotate(30deg);
    -ms-transform: rotate(30deg);
    transform: rotate(30deg);
    -webkit-filter: blur(5px);              /*在不同浏览器中对旋转角度
                                            的处理*/
}
#frame ul li:nth-child(2)
{
    margin-top: 170px;                      /*设置顶部外边距*/
    margin-left: 60px;                      /*设置左侧外边距*/
    -moz-transform: rotate(19deg);          /*设置旋转角度*/
    -webkit-transform: rotate(19deg);
    -ms-transform: rotate(19deg);
    transform: rotate(19deg);
    -webkit-filter: blur(4px);              /*在不同浏览器中对旋转角度
                                            的处理*/
}
#frame ul li:nth-child(3)
{
    margin-top: 60px;                       /*设置顶部外边距*/
    margin-left: 230px;                     /*设置左侧外边距*/
    -moz-transform: rotate(-10deg);         /*设置旋转角度*/
    -webkit-transform: rotate(-10deg);
    -ms-transform: rotate(-10deg);
    transform: rotate(-10deg);
    -webkit-filter: blur(3px);              /*在不同浏览器中对旋转角度
                                            的处理*/
}
#frame ul li:nth-child(4)
{
    margin-top: 100px;                      /*设置顶部外边距*/
    margin-left: 130px;                     /*设置左侧外边距*/
    -moz-transform: rotate(12deg);          /*设置旋转角度*/
    -webkit-transform: rotate(12deg);
    -ms-transform: rotate(12deg);
    transform: rotate(12deg);
    -webkit-filter: blur(2px);              /*在不同浏览器中对旋转角
                                            度的处理*/
}
#frame ul li:nth-child(5)
{
    margin-top: 70px;                       /*设置顶部外边距*/
    margin-left: 80px;                      /*设置左侧外边距*/
    -moz-transform: rotate(-20deg);         /*设置旋转角度*/
    -webkit-transform: rotate(-20deg);
    -ms-transform: rotate(-20deg);
    transform: rotate(-20deg);
    -webkit-filter: blur(1px);              /*在不同浏览器中对旋转角度
                                            的处理*/
}
#frame ul li:hover
```

```
                {
                    z-index: 10;                          /*设置垂直位置*/
                    width: 50%;                           /*设置宽度*/
                    padding: 3% 3%;                       /*设置内边距*/
                    margin-top:80px;                      /*设置顶部外边距*/
                    margin-left:80px;                     /*设置左侧外边距*/
                    -moz-transform: rotate(0deg);         /*设置旋转角度*/
                    -webkit-transform: rotate(0deg);
                    -ms-transform: rotate(0deg);
                    transform: rotate(0deg);
                    -webkit-filter: blur(0px);            /*在不同浏览器中对旋转角度
                                                          的处理*/

                }
            -->
        </style>
</head>
<body>
        <div id="frame">
            <ul>
                <li>
                    <img src="image/photo1.jpg"  />
                </li>
                 <li>
                    <img src="image/photo2.jpg"  />
                </li>
                 <li>
                    <img src="image/photo3.jpg"  />
                </li>
                 <li>
                    <img src="image/photo4.jpg"  />
                </li>
                 <li>
                    <img src="image/photo5.jpg"  />
                </li>
            </ul>
        </div>
</body>
</html>
```

对上述代码进行剖析如下：

（1）在本程序中，使用百分比来控制图片的大小。因为 img 标签位于 li 标签里面，所以 img 标签的宽度一律为 100%（不设置高度，所以图片高度和宽度比例不变），即遵循 li 标签的大小（li 的显示宽度实际是 width 的大小加上 padding 的大小）。

另外，因为需要把 li 标签的 padding 的值设置为 width 的值的 6%，又因为 width 的值为父节点宽度的 30%（Hover 事件发生时为 50%），所以 padding 的值实际写为 6%×30%=1.8%（Hover 事件发生时为 6%×50%=3%）。

（2）本程序还使用了 nth-child 子节点序号描述符，例如"li:nth-child(5)"表示第 5 个 li 标签。

（3）另外，除了使用 transform: rotate 属性外，还使用了-webkit-filter:blur 属性，而 CSS 3 并没有支持 filter 属性，所以-webkit-filter 属性只能用于 Chrome 浏览器和 IE 浏览器。

图 6.16　我的微空间画册 1　　　　　图 6.17　我的微空间画册 2

如图 6.16 所示即为刚刚打开网页时微空间画册的效果图，如图 6.17 所示为鼠标指向某张照片后微空间画册的效果图。

6.5　列表示例四：列表动态显示——商品列表

6.5.1　商品列表的框架设计

这一节将动手设计一个商品列表，该列表主要由两层构成：标题栏以及列表栏。每个列表栏通过单击鼠标可以打开下一层的子列表，可是当另一个列表项的子列表打开时，之前被打开的列表项的子列表要闭合起来。当然这是通过 JavaScript 控制的，我们首先来了解一下 HTML 的大体框架。

以下是商品列表的 HTML 框架。

```html
<div id="commdtyframe">
    <div class="title">畅销商品分类</div>
    <ul class="list">
        <li class="listitem">
            <a href="javascript:void(0)" onclick="showcont(this)" >
                电脑品牌
            </a>
            <ul class="sublist">
                <li><a href="javascript:void(0)">
                    <font color="#B84B2C">惠普</font></a></li>
                <li><a href="javascript:void(0)">
                    <font color="#B84B2C">戴尔</font></a></li>
                <li><a href="javascript:void(0)">
                    <font color="#B84B2C">宏基</font></a></li>
                <li><a href="javascript:void(0)">
                    <font color="#B84B2C">华硕</font></a></li>
                <li><a href="javascript:void(0)">
                    <font color="#B84B2C">ThinkPad</font></a></li>
                <li><a href="javascript:void(0)">
                    <font color="#B84B2C">苹果</font></a></li>
            </ul>
        </li>
        <li class="listitem">
            <a href="javascript:void(0)" onclick="showcont(this)" >
```

```
                电脑配件
            </a>
            <ul class="sublist">
                <li><a href="javascript:void(0)">
                    <font color="#B84B2C">内存</font></a></li>
                <li><a href="javascript:void(0)">
                    <font color="#B84B2C">HUB 集线器</font></a></li>
                <li><a href="javascript:void(0)">
                    <font color="#B84B2C">鼠标</font></a></li>
            </ul>
        </li>
        <li class="listitem">
            <a href="javascript:void(0)" onclick="showcont(this)" >
            笔记本
            </a>
            <ul class="sublist">
                <li><a href="javascript:void(0)">
                    <font color="#B84B2C">笔记本</font></a></li>
                <li><a href="javascript:void(0)">
                    <font color="#B84B2C">上网本</font></a></li>
                <li><a href="javascript:void(0)">
                    <font color="#B84B2C">平板电脑</font></a></li>
                <li><a href="javascript:void(0)">
                    <font color="#B84B2C">超级本</font></a></li>
            </ul>
        </li>
        <li class="listitem">
            <a href="javascript:void(0)" onclick="showcont(this)" >
            数码产品
            </a>
            <ul class="sublist">
                <li><a href="javascript:void(0)">
                    <font color="#B84B2C">手机</font></a></li>
                <li><a href="javascript:void(0)">
                    <font color="#B84B2C">电子书阅读器</font></a></li>
                <li><a href="javascript:void(0)">
                    <font color="#B84B2C">数码像机</font></a></li>
                <li><a href="javascript:void(0)">
                    <font color="#B84B2C">单反摄影机</font></a></li>
            </ul>
        </li>
        <li class="listitem">
            <a href="javascript:void(0)" onclick="showcont(this)" >
            家电
        </a>
            <ul class="sublist">
                <li><a href="javascript:void(0)">
                    <font color="#B84B2C">3D 电视</font></a></li>
                <li><a href="javascript:void(0)">
                    <font color="#B84B2C">LED 电视</font></a></li>
                <li><a href="javascript:void(0)">
                    <font color="#B84B2C">电饭锅</font></a></li>
                <li><a href="javascript:void(0)">
                    <font color="#B84B2C">DVD 音响</font></a></li>
            </ul>
        </li>
    </ul>
</div>
```

上述 HTML 代码框架里，一层 div 标签包含了一个 div 标签以及一个 ul 标签，在 ul 标签的内部又包含 5 个 li 标签，每个 li 标签又含有一个小标题以及一个 ul 标签。其中每个小标题由锚点标签组成，该 href 属性的值为"javascript:void(0)"，表示当单击该链接时执行 void 函数（即空操作），当然也可以填写自定义的函数的名字，那么当链接激活时，就可以执行自定义函数。

另外要注意的是，对于 font 标签来说，其 CSS 的 color 属性比 HTML 的 color 属性的优先级要高，即如果两个 color 属性都设置的话，那么只有 CSS 的 color 属性起作用。

6.5.2　为列表添加 CSS 和 JavaScript 控制

1．CSS 代码部分

下面是本程序的 CSS 代码部分，其中不仅使用到了本章中重点讨论过的一些 CSS 属性，还使用了一些其他的特殊属性。

```
<style type="text/css">
    <!--
    ul
    {
        margin:0;    /*设置外边距*/
        padding-left:15px;                     /*设置左侧内边距*/
        list-style-position:inside;            /*设置列表符号位置*/
    }
    .sublist
    {/*border:#00FF00 1px solid;*/
        font-size:12px;                        /*设置字体大小*/
        color:#B84B2C;                         /*设置字体颜色*/
        width:210px;                           /*设置宽度*/
        padding-left:10px;/*设置左侧内边距*/
        display:none;                          /*设置为不显示*/
    }
    .list
    {
        padding:0;   /*设置内边距*/
        padding-left:0px;                      /*设置左侧内边距*/
        width:220px;                           /*设置宽度*/
        overflow:hidden;                       /*设置隐藏超出范围的内容*/
        font-size:14px;                        /*设置字体大小*/
    }
    .list .listitem
    {
        float:left; /*向左浮动*/
        clear:left; /*从下一行开始*/
        padding:6px;                           /*设置内边距*/
        border-top:#990000 1px solid;          /*设置上边框颜色、宽度和样式*/
        width:100%; /*设置宽度*/
    }
    .sublist li
    {/*border:#0000FF 1px solid;*/
        float:left; /*向左浮动*/
        width:100px;                           /*设置宽度*/
    }
```

```
    #commdtyframe
    {
        background-color:#FCE9C5;              /*设置背景颜色*/
        float:left;/*向左浮动*/
        border:#C26334 2px solid;              /*设置边框颜色、宽度和样式*/
    }
    #commdtyframe .title
    {
        padding-top:5px;                       /*设置顶部内边距*/
        padding-left:5px;                      /*设置左侧内边距*/
        color:#990000;                         /*设置字体颜色*/
        padding-bottom:5px;                    /*设置底部内边距*/
        background:#E9A8A3;                    /*设置背景颜色*/
        font-size:16px;                        /*设置字体大小*/
    }
    #commdtyframe a
    {
        text-decoration:none;                  /*设置文字修饰样式*/
        color:#000000;                         /*设置文字颜色*/
        outline:none;                          /*设置边框*/
        blr:expression(this.hidefocus=true);
        /*也可写为 blr:expression(this.onFocus=this.blur());*/
    }
    -->
</style>
```

对上述代码进行剖析如下：

（1）使用锚点有一个好处，就是当鼠标移动到其上面的时候，光标会自动变成竖起一只食指的手型光标，即和 cursor 属性取值为 pointer 时（具体用法可以参见 6.1.3 小节）的效果是一样的。另一方面，锚点标签也会有一些默认值，所以我们需要在程序里设置这些默认值。

在上面代码中对锚点标签使用了"text-decoration:none;"是为了取消链接文字的下划线效果；使用"outline:none;"以及"blr:expression(this. hidefocus=true);"是为了取消单击链接后出现的虚线边框效果；使用"color:#000000;"是为了取消蓝色链接文字效果。

其实有时候使用锚点标签带来的麻烦比方便更多，对于本程序而言，就可以将锚点标签换成 div 标签，并设置 cursor 属性即可。

（2）为了使第二层列表以两个列表项为一行的形式来排布，首先应将列表项设置为"float:left"，然后再使用"width:210px;"限制父节点的宽度，那么超过范围的列表项就会排布到下一行，并使用"width:100px;"将列表项对齐排列。

因为一开始要隐藏第二层的子列表，所以使用了"display:none;"。

（3）为了实现第一层列表项之间的分割效果，添加了 border-top 属性以及"width:100%;"使得上边框能够充分延伸。

2．JavaScript 代码部分

下面是本程序的 JavaScript 代码部分，其功能是将发生单击事件的锚点标签的第二层子列表展现出来，并将其他的第二层子列表设置为隐藏。

```
<script type="text/javascript">
    function showcont(obj)
    {
```

```
    var fram=document.getElementById("commdtyframe");
    var list=fram.getElementsByTagName("li");
        /*获取 li 标签对象*/
    for(var i=0;i<list.length;i++)
    {
        if(list[i].className=="listitem")
        {
            var ullist=list[i].getElementsByTagName("ul");
            ullist[0].style.display="none";
        }
    }
    var ullist=obj.parentNode.getElementsByTagName("ul");
    ullist[0].style.display="block";
        /*不能写为""，否则覆盖不了 CSS 的 display 属性*/
    }
</script>
```

对上述代码进行剖析如下：

对于 JavaScript 代码部分而言，由于在 HTML 代码部分已经设置了锚点标签的 onclick 事件的响应函数为 showcont，所以当 onclick 事件发生时，就会执行 showcont()函数。

showcont()函数的功能是，首先遍历整个网页的结构获得 id 为 commdtyframe 的目标节点，再遍历该节点得到该节点下面的所有 li 标签的节点，并将所有 class 属性为 listitem 的 li 下面的 ul 标签的 display 属性设置为 none，就是将之前有可能展开的第二级 ul 标签隐藏了。最后再将 onclick 事件的发生主体所在的 li 节点所对应的 ul 标签的 display 属性设置为 block。

这里之所以不将 display 属性设置为 " " 而是 block，是为了覆盖 CSS 部分的 display 属性的设置。因为在 CSS 部分已经将 display 属性设置为 none，如果在 JavaScript 代码里将 display 属性设置为 " "，则该 ul 标签依然会隐藏，即如果某样式的属性值在 JavaScript 代码里为空，则浏览器会遵循 CSS 代码部分的设置。

如图 6.18 所示为这段代码的运行结果，即可以动态显示的商品列表，快用鼠标来单击试试吧！

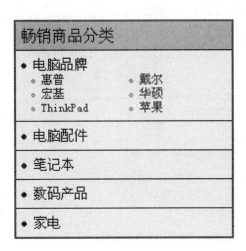

图 6.18　商品列表

第 7 章 CSS 表单样式设计与速成

在这一章开始学习如何控制表单的样式，对于网页来说表单是极其重要的组成部分，表单也是本地用户提交数据的重要手段之一。

7.1 表单的作用

在这一节将讲解什么是表单以及表单的作用。这里听上去表单和列表没多大区别，而实际上表单绝不是一个要设置的简单页面标签而已，它还涉及数据在互联网发送时的提交操作。在讲解表单的设计前首先要了解表单在互联网数据提交上的意义和作用。

7.1.1 表单的重要性

1. 表单发送原理的简单说明

什么是表单？在网页的表现形式上，表单就是很多的对话框的集合；从网络的传输上看，表单就是一连串的数据的集合。也就是所有这些对话框的全部的数据内容以一定的连接方式组合成为新的更长的字符串后在网络上传输。

在网络通信上，表单的发送起着举足轻重的作用，在很多时候都能看见表单，如邮箱的登录对话框以及帖子的留言框、日志的编辑框等等。

例如，图 7.1 所示也是表单的一个应用，填写完账号、密码以及验证码后，账号、密码以及验证码会合并为 HTML 协议的一个数据段然后发送，服务器按照一定的规则去检查特定的数据段，接着解析数据并检查是否合法，最后采取相应的回复，这就是一个完整的 Post 的应答过程。

网页的表单请求一般以 Post 和 Get 方式来实现，Get 方式一般以域名加参数的形式来发送。例如，浏览器的地址栏输入网址后会以 Get 的方式来发送请求给服务器，然后服务器响应再将网页数据发回来；而 Post 发送的数据不能成为网页地址的一部分，且有着和 Get 不同的格式规则，Post 方式一般分为 MultiPartForm 数据流格式以及字符串数据流格式。例如，人人网的邮件留言方式是以

图 7.1 人人网登录界面

MultiPartForm 数据流的方式提交的，而人人网的登录以及普通留言方式都以字符串数据流格式发送。MultiPartForm 数据流和字符串数据流的区别，只是数据如何构造或者多个数据如何连接的区别。

2．表单发送原理的举例

（1）Get 方式发送表单数据

下面以百度搜索的表单的发送作为举例，来进一步说明 Get 发送方式是如何发送出去的。

当单击"提交"按钮后，浏览器的地址栏就会显示新的地址，且该地址和我们提交的表单的内容是相关的。例如，百度搜索关键字 CSS 后（如图 7.2 所示）的地址栏变成了如下地址。

```
http://www.baidu.com/s?wd=CSS&rsv_spt=1&issp=1&rsv_bp=0&ie=utf-8&tn=bai
duhome_pg&inputT=141859
```

新闻 **网页** 贴吧 知道 MP3 图片 视频 地图 百科 文库 更多>>

CSS	百度一下

图 7.2 百度搜索界面

为了可以深入了解表单数据的发送过程，需要使用 http 数据的抓包工具 HttpWatch 来查看 Get 的数据格式。当安装完 HttpWatch 工具后，打开 IE 浏览器，依次单击菜单"查看"|"浏览器栏"|HttpWatch Professional 命令，便可打开 HttpWatch 抓包功能。

下面是百度搜索关键字 CSS 时使用 HttpWatch 工具获取的网络数据。

```
GET /s?wd=CSS&rsv_bp=0&rsv_spt=3&inputT=5860 HTTP/1.1
Accept: image/gif, image/x-xbitmap, image/jpeg, image/pjpeg,
application/vnd.ms-excel, application/vnd.ms-powerpoint,
application/msword, */*
Referer: http://www.baidu.com/
Accept-Language: zh-cn
Accept-Encoding: gzip, deflate
User-Agent: Mozilla/4.0 (compatible; MSIE 6.0; Windows NT 5.1; SV1;
BTRS124342; .NET CLR 2.0.50727; Alexa Toolbar)
Host: www.baidu.com
Connection: Keep-Alive
Cookie: BAIDUID=7623C238A00A80AAD994C1EFB9E0ED3F:FG=1;
BDUT=k4z42D766E3D0F6804D7C9EBF7E91B03EBC4138a80ca8d81c
```

可以看到这个 Get 方式发送的 Http 数据包是以 Get 关键字来标识这是个 Get 数据，另外还有许多关键数据字段，其中 Cookie 字段用于保存会话的值。

（2）Post 方式发送表单数据

下面以人人网的登录表单的发送作为举例，来进一步说明 Post 发送方式是如何发送出去的（人人网就是 FaceBook 的中文版，是中国最大的社交网站，在中国拥有劲爆的人气，如果你没有人人网的账号，那么你就 OutDate 了）。

下面是登录人人网的时使用 HttpWatch 工具获取的网络数据。

```
POST /ajaxLogin/login HTTP/1.1
Accept: */*
Accept-Language: zh-cn
Referer: http://www.renren.com/ajaxproxy.htm
```

```
Content-Type: application/x-www-form-urlencoded
Accept-Encoding: gzip, deflate
User-Agent: Mozilla/4.0 (compatible; MSIE 6.0; Windows NT 5.1; SV1;
BTRS124342; .NET CLR 2.0.50727; Alexa Toolbar)
Host: www.renren.com
Content-Length: 168
Connection: Keep-Alive
Cache-Control: no-cache
Cookie:       anonymid=h3zvet42-cuegtq;        _r01_=1;       depovince=SXI;
_de=9C82061A69A9BF1C71A584A9FBCB39F144B0A57815E527E7696BF75400CE19CC;
jebecookies=7cf80d08-7966-454a-bbc5-04ca55f7ca11|||||;
JSESSIONID=abcIo89fcl5zW7Fwc7eMt;
ick_login=3df4cf2d-5b52-437b-90df-e82b4bdf9e50
email=xiaoqiasheng5325%40163.com&password=a8406284&icode=xfs4&origURL=h
ttp%3A%2F%2Fwww.renren.com%2Fhome&domain=renren.com&key_id=1&captcha_ty
pe=web_login&_rtk=22155c11
```

可以看到这个 Post 方式发送的 Http 数据包以 Post 关键字来标识这是个 Post 数据。另外还有许多关键数据字段，其中 Cookie 字段用于保存会话的值，以及后面黑体字的数据字段是 Post 数据的关键部分，它以字符"&"来连接表单的各个数据段。

同时也可以看出该数据是没被加密的，所以很容易被识别出来，包括账号以及密码都可以被识别出来。当本地有某些病毒的话很容易被那些病毒捕获到用户的消息。而对于现代的互联网来说，每个数据的交换节点几乎都是星形结构，所以数据一般不会流向其他的用户机子，如果不采取特殊方法的话，Post 所提交的消息一般不会被侦测到。当然也可以通过某些方法，例如向浏览器添加额外插件的方法，来对 Post 的数据加密。

7.1.2　简单的表单功能提交单

下面设计一个较为简单的表单。

```
<!DOCTYPE html PUBLIC "-//W3C//DTD XHTML 1.0 Transitional//EN"
"http://www.w3.org/TR/xhtml1/DTD/xhtml1-transitional.dtd">
<html xmlns="http://www.w3.org/1999/xhtml">
<head>
    <meta http-equiv="Content-Type" content="text/html; charset=gb2312"/>
    <title>
        简单的表单功能提交单
    </title>
    <style type="text/css">
    <!--
        #submitform *
        {
            margin:3px;                          /*设置外边距*/
        }
        #submitform label
        {
            width:50px;                          /*设置宽度*/
            display:block;                       /*设置以块标签显示*/
            float:left;                          /*设置向左浮动*/
        }
        #submitform input[type="text"]
        {
            -ms-border-radius: 4px;              /*设置圆角*/
            -moz-border-radius: 4px;
```

```
                    -webkit-border-radius: 4px;
                    -khtml-border-radius: 4px;
                    -o-border-radius: 4px;                 /*用于 Opera 浏览器*/
                    border-radius: 4px;
                    width:120px;                           /*设置宽度*/
              }
              #submitform select
              {
                    -ms-border-radius: 2px;                /*设置圆角*/
                    -moz-border-radius: 2px;
                    -webkit-border-radius: 2px;
                    -khtml-border-radius: 2px;
                    -o-border-radius: 2px;                 /*用于 Opera 浏览器*/
                    border-radius: 2px;
                    padding:2px;                           /*设置内边距*/
              }
              #submitform input[type="submit"]
              {
                    padding:2px;                           /*设置内边距*/
                    padding-left:10px;                     /*设置左侧内边距*/
                    padding-right:10px;                    /*设置右侧内边距*/
                    margin-left:10px;                      /*设置左侧外边距*/
              }
        -->
    </style>
</head>
<body>
    <form action="http://www.baidu.com/s?" method="get" id="submitform">
        <label>
            Name:
        </label>
        <input type="text" name="name" id="name"/>
        <br />
        <label>
            Age:
        </label>
        <input type="text" name="age" id="age"/>
        <br />
        <span>
            Male
        </span>
        <input type="radio" checked="checked" name="Sex" value="male" />
        <span>
            Female
        </span>
        <input type="radio" name="Sex" value="female" />
        <br />
        <select name="diploma" id="diploma" >
            <option>
                Doctor
            </option>
            <option>
                Mastor
            </option>
            <option>
                Bachelor
            </option>
            <option>
                Associate
            </option>
```

```
        </select>
        <input type="submit" value="Submit" name="submit" id="submit" />
    </form>
</body>
</html>
```

运行效果如图 7.3 所示。对上述代码进行剖析如下：

（1）在 HTML 代码部分，添加了一个 form 标签，其内部包括两个 type 属性为 text 的 input 标签、两个 type 属性为 radio 的 input 标签、一个 type 属性为 submit 的 input 标签以及 select 标签。其中 type 属性为 text 的 input 标签为单行文本框；type 属性为 radio 的 input 标签为单选框，name 属性相同的单选框为一组单选框；type 属性为"submit"的 input 标签为提交按键；select 标签为下拉菜单，其内部的 option 标签为各项菜单项。

（2）在 CSS 代码部分，对前两个 label 标签依次设置了宽度、显示方式以及使其向右靠近；在设置单行文本框时，使用了"input[type="text"]"选择符，这是属性选择符，即选择 type 属性的值为 text 的 input 标签，另外设置提交按钮属性时也使用了这种选择符。另外还使用 border-radius 属性来设置单行文本框、下拉菜单以及按钮的圆角半径使它们的边框出现圆角效果，其中前缀-ms-、-moz-、-o-、-wedkit-和-khtml-依次表示 IE 9、FireFox、Opera、Chrome 和 Safari 浏览器。

图 7.3　简单表单

7.2　表单的样式

在这一节开始了解表单的常用样式以及相应的编程方法。通过概念结合大量的示例代码的方法，让大家可以更快入手进行相应的表单的设计。

7.2.1　基本元素

一个表单一般包括按钮、文本框、单选框、多选框以及密码框等等相应的部分，而这些基本部分就是表单的基本元素。下面逐一对这些基本的表单元素作出介绍并讲解编程的方法。

1. input 标签

input 标签包括很多类型的变化，主要通过该标签的 type 属性来进行设置。type 属性的值及描述如表 7.1 所示。

表 7.1　input标签的type属性的值的描述表

值	描　　述
button	定义可单击按钮
checkbox	定义复选框

值	描　　述
file	定义文件选择，供文件上传
hidden	定义隐藏的输入字段
image	定义图像形式的提交按钮
password	定义密码字段。该字段中的字符被掩码
radio	定义单选按钮
reset	定义重置按钮。重置按钮会清除表单中的所有数据
submit	定义提交按钮。提交按钮会把表单数据发送到服务器
text	定义单行的输入字段，用户可在其中输入文本。默认宽度为20
date	定义日期框。可以选择年月日（IE不支持）
range	定义比例条（IE不支持）

下面是表 7.1 各个属性值所对应的效果。

（1）属性值为 button 的显示效果。

```
<input type="button" value="按钮" name=" input " id=" input " />
```

上面的 HTML 代码的显示效果为：按钮。可以看出，input 标签的 value 的值会显示在该按钮上面。属性值为 button 的 input 标签一般用于当其发生某些动作时间后。例如，onclick 事件，用于提交 JavaScript 来处理，表示用户完成了某些事情并需要计算机来处理。

（2）属性值为 checkbox 的显示效果。

```
<input type="checkbox" value="值" name=" input" id=" input " />
```

上面的 HTML 代码的显示效果为：☑。因为该复选框的 value 属性的值为"值"，所以选择了该复选框并提交后，服务器得到的该复选框的值也是"值"，而下面的语句不能把该复选框的值设置为"值"。

```
<input type="checkbox" name="input" id=" input" >值</input>
```

如果不设置 value 属性，当没有选择该复选框，服务器不会收到这个 input 的 Get 或者 Post 的值；如果不设置 value 属性，当选择了该复选框，服务器会收到这个 input 的 Get 或者 Post 的值，且该值为 on。

（3）属性值为 file 的显示效果。

```
<input type="file" name="input" id="input" />
```

上面的 HTML 代码在 IE 浏览器下的显示效果为：[　　　　　　　][浏览...]。
上面的 HTML 代码在 Chrome 浏览器下的显示效果为：[选择文件] 未选择文件。

（4）属性值为 hidden 的显示效果。

设置为 hidden 属性值后 input 标签不可见，一方面用于隐藏某些 input 标签，另一方面是该标签的值确定，不与用户的输入相关，这时可以设置为 hidden。

（5）属性值为 image 的显示效果。

```
<input type="image" src="http://www.baidu.com/img/baidu_jgylogo3.gif"
name="input" id="input" />
```

上面的 HTML 代码的显示效果如图 7.4。type 属性值为 image 时，该标签是一个图片形式的表单提交按钮，单击该按钮时，页面就会将表单请求提交给服务器。

图 7.4　属性值为 image 的显示效果

单击该按钮提交时，会将该标签的 name 属性的值及图片的单击位置的横、纵坐标的值提交，可以使用 HttpWatch 工具进行抓包。

（6）属性值为 password 的显示效果。

```
<input type="file" name="input" id="input"  />
```

上面的 HTML 代码的显示效果为：[·········]。当填写任何的字符串进去时，都以黑点显示，以防将用户信息暴露出来。这类型的 input 用于用户填写密码。

（7）属性值为 radio 的显示效果。

```
<input type="radio" name="input" id="input"  />
```

上面的 HTML 代码的显示效果为：○。属性值为 radio 的 input 为单选框，当该 checked 属性设置为 checked 时（checked 属性的值可以为 checked 或者为空），该选项被选上。name 属性相同的单选框属于同一组单选框，这组单选框只能有一项被选上。

单选框也需要设置 value 属性的值，服务器才能判断该组单选框的值。

（8）属性值为 reset 的显示效果。

```
<input type="reset" name="input" id="input"  />
```

上面的 HTML 代码的显示效果为：[重置]。当单击该按钮时，该按钮所在的表单的所有项的数据被还原为原来的值。

（9）属性值为 submit 的显示效果。

```
<input type="submit " name="input" id="input"  />
```

上面的 HTML 代码在 IE 浏览器下的显示效果为：[提交查询内容]。在 Chrome 浏览器下的显示效果为：[提交]。

当单击该按钮时，该表单就会以既定的方式（Get 方式或 Post 方式）提交，也可以设置该提交按钮的 value 值。单击该按钮提交时会将该标签的 name 属性的值及其 value 属性的值一并提交。

type 属性为 submit 的按钮的 value 属性有默认值，而 type 属性为 button 的按钮的 value 属性没有默认值。

（10）属性值为 text 的显示效果。

```
<input type="text" name="input" id="input"  />
```

上面的 HTML 代码的显示效果为：[　　　　　]。单行文本框内部的内容就是其 value 属性的值，也可以在 HTML 代码里设置 value 的默认值。当表单提交时会将文本框的 name 和 value 属性的值提交。

（11）属性值为 date 的显示效果。

```
<input type="date" name="input" id="input" />
```

上面的 HTML 代码的显示效果为：年-月-日 ▼ 。单击后的显示效果如图 7.5 所示。

date 属性不被 IE 浏览器所支持，所以要小心使用。

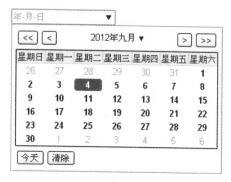

图 7.5　属性值为 date 的显示效果

（12）属性值为 range 的显示效果。

```
<input type="range" name="input" id="input" />
```

上面的 HTML 代码的显示效果为：　。range 用于设置比例条，比例条默认为 50%，比例条的百分比可以使用 value 属性来进行设置。例如，value="80"会将比例值设置为 80%。

2．select 标签

select 元素可创建单选或多选菜单。select 标签内嵌 option 标签来作为其选项，每个 select 标签都应该设置 select 属性的值提供给服务器。

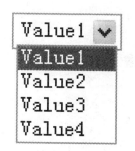

图 7.6　select 创建的菜单

```
<select name="select" id="select">
    <option >Value1 </option>
    <option >Value2 </option>
    <option >Value3 </option>
    <option >Value4 </option>
</select>
```

上面的 HTML 代码的显示效果如图 7.6 所示。select 标签内部的所有 option 标签的文本的值默认为 value 属性的值。但是当设置了 option 的 value 属性的值时，该标签的 value 的值会覆盖文本的值，即 value 的值比文本的值的优先级要高。

3．button 标签

button 标签简单的来说就是 type 为 submit、button 及 reset 的 input 的标签的集合。

所以 button 需要注意的是：如果在 HTML 表单中使用 button 元素，不同的浏览器会提交不同的值。Internet Explorer 将提交 <button> 与 <button/> 之间的文本，而其他浏器将提交 value 属性的内容，如果不希望出现这样的效果建议使用 input 标签的按钮功能。

4．textarea 标签

textarea 标签也是表单最常用的标签之一，多用于留言板编辑、日记编辑等等。

```
<textarea cols="30" rows="5" wrap="off" >
CSS + DIV, CSS + DIV, CSS + DIV, CSS + DIV, CSS + DIV, CSS + DIV,
</textarea>
```

上面的 HTML 代码的显示效果如图 7.7 所示。textarea 标签的 HTML 代码部分可以使用 cols 属性以及 rows 属性来控制文本框的宽度和高度。

如果 textarea 标签的 HTML 代码部分的 wrap 属性的默认值为 off，就可以使字符串不自动换行；如果该属性的值设置为 soft 、hard 、virtual 或 physical 时，则当输入的字符串长于 textarea 标签的显示宽度时，浏览器就会自动换行。

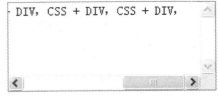

图 7.7　textarea 标签创建的留言板

virtual(soft)和 physical(hard)的区别是：如果用户只输入了一行字符串，但是显示为两行字符串，则 virtual(soft)使得浏览器只向服务器发送一行字符串，而 physical(hard)使得浏览器向服务器发送两行字符串。

5．fieldset 标签

fieldset 标签也经常在 form 标签里使用，fieldset 标签配合 legend 标签可以设计出特殊的环绕的效果。建议读者使用 fieldset 标签和 legend 标签来丰富页面样式效果。

下面是 fieldset 标签的简单使用。

```
<!DOCTYPE html PUBLIC "-//W3C//DTD XHTML 1.0 Transitional//EN"
"http://www.w3.org/TR/xhtml1/DTD/xhtml1-transitional.dtd">
<html xmlns="http://www.w3.org/1999/xhtml">
<head>
    <meta http-equiv="Content-Type" content="text/html; charset=gb2312" />
<title>
fieldset 标签的使用
</title>
<style type="text/css">
        <!--
        #frm
        {
            width:250px;                        /*设置宽度*/
        }
        -->
    </style>
</head>
<body>
    <fieldset id="frm">
        <legend>
            明信片：
        </legend>
        <label>
            姓名：张山
        </label>
        <br />
```

```
        <label>
            工作单位：市政府秘书长
        </label>
    </fieldset>
</body>
</html>
```

对上述代码进行剖析如下：

在 fieldset 标签里添加了 legend 标签，效果如图
7.8 所示。fieldset 默认状态下边框穿过 legend 的中
间，形成很好看的"书签"效果。

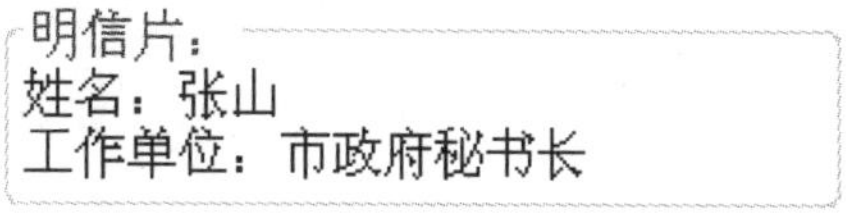

最好不要设置 border 属性，因为这样会破坏
fieldset 标签的默认样式。而不同浏览器之间 fieldset
标签默认样式效果也是不一样的，这时需要使用 CSS 程序来进行设置。

```
明信片：
姓名：张山
工作单位：市政府秘书长
```

图 7.8　fieldset 的使用

6. label 标签

label 标签的 for 属性应当与相关元素的 id 属性相同，如果在 label 元素内有事件时，
就会触发此控件。即当用户选择该标签时，浏览器就会自动将焦点转到和标签相关的表单
控件上。

下面是 for 属性的简单使用。

```html
<!DOCTYPE html PUBLIC "-//W3C//DTD XHTML 1.0 Transitional//EN"
"http://www.w3.org/TR/xhtml1/DTD/xhtml1-transitional.dtd">
<html xmlns="http://www.w3.org/1999/xhtml">
<head>
    <meta http-equiv="Content-Type" content="text/html; charset=gb2312"/>
    <title>
        for 属性的使用
    </title>
    <style type="text/css">
        <!--
        #submitform input:hover
        {
            border:dotted 3px red;          /*设置边框样式、宽度和颜色*/
        }
        #submitform label:hover
        {
            border: double 3px green;       /*设置边框样式、宽度和颜色*/
        }
        -->
    </style>
</head>
<body>
    <form action="http://www.baidu.com/s?" method="post" id="submitform">
        <label for="text">把鼠标指向我看看</label>
        <input id="text" />
    </form>
</body>
</html>
```

对上述代码进行剖析如下：

可以看到 form 标签里面的 label 标签设置了一个 for 属性，而该 for 属性的值为 text，
恰恰就是后面的 input 标签的 id 值。

for 属性的作用是，当持有该 for 属性的标签发生事件时，该事件同时也会发生在 for 属性所指向的标签上（该标签的 id 的值和 for 的值一样）。这样就可以将两个标签关联起来，即一个事件在两个标签上同时发生。例如图 7.9 所示，当鼠标移动到 label 标签时，label 标签和 input 标签同时改变样式，即 input 标签同时也发生鼠标的移动事件。

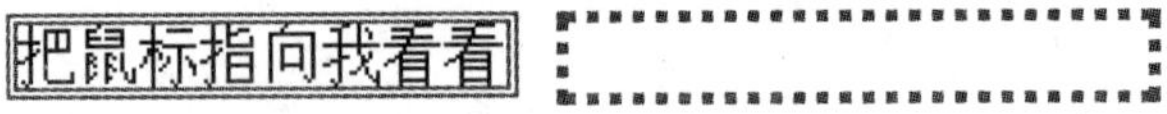

图 7.9　使用 for 属性将事件转嫁

需要注意的是，某些版本的 360 浏览器（以 IE 为浏览器内核）支持伪类描述符以及属性描述符，且不支持下划线开头的属性名字设置（而 IE 6.0 支持下划线开头的属性名字）。

另外还要注意的是，并不是所有标签都有 for 属性。

7.2.2　背景

下面设计一个含有丰富背景设置的表单。其实背景的设置我们之前已经设计过多次了，但是这次应用在表单中还是第一次。下面继续巩固之前的知识，一起来学习如何给表单内部的其他标签添加背景效果。

1．HTML 部分设计

下面是本程序的 HTML 部分的源代码。

```html
<body>
    <form action="http://www.baidu.com/s?" method="get" id="submitform">
        <div>
            <label for="account">
                账号：
            </label>
            <input type="text"  name="account" id="account"/>
        </div>
        <div>
            <label for="oldpw" class="pwl">
                旧密码：
            </label>
            <input type="password" name="oldpw" id="oldpw" class="pw" />
        </div>
        <div>
            <label for="newpw" class="pwl">
                新密码：
            </label>
            <input type="password" name="newpw" id="newpw" class="pw"/>
        </div>
        <div>
            <label for="newpw2" class="pwl">
                确认新密码：
            </label>
            <input type="password" name="newpw2" id="newpw2" class="pw"/>
        </div>
        <input type="submit" value="确定提交" name="submit" id="submit"/>
        <input type="reset" name="reset" id="reset"/>
    </form>
</body>
```

```
</html>
```

对上述代码进行剖析如下：

在 form 标签里面添加了 4 个 div 标签，每个 div 标签含有一个 label 标签以及 input 文本框，其中每个 label 和 input 通过 for 来进行关联。因为 IE 浏览器不支持属性选择符，所以在后面的 3 个 label 和文本框中分别添加 class 属性。

另外从图 7.10 可以看出，第二个按钮的文本为"重置"，因为我们没有设置该按钮的 value 值，所以"重置"就是 value 属性的默认值。第一个按钮的 value 属性的默认值为"提交"，这和上一小节的内容一致。

2. CSS 部分设计

下面是本程序的 CSS 代码部分。

```
<!DOCTYPE html PUBLIC "-//W3C//DTD XHTML 1.0 Transitional//EN"
"http://www.w3.org/TR/xhtml1/DTD/xhtml1-transitional.dtd">
<html xmlns="http://www.w3.org/1999/xhtml">
<head>
    <meta http-equiv="Content-Type" content="text/html; charset=gb2312"
/>
    <title>
        表单的背景
    </title>
    <style type="text/css">
        <!--
            #submitform
            {
                padding:10px;                          /*设置内边距*/
                padding-top:80px;                      /*设置顶部内边距*/
                background:url(img/w3school.jpg) no-repeat;
                                                       /*设置背景图片*/
                background-color: rgb(63,128,184);/*设置背景颜色*/
                float:left;                            /*设置左浮动*/

                -ms-border-radius: 8px;                /*设置圆角边框*/
                -moz-border-radius: 8px;
                -webkit-border-radius: 8px;
                -khtml-border-radius: 8px;
                -o-border-radius: 8px;
                border-radius: 8px;
            }
            #submitform *
            {
                margin:3px;                            /*设置外边距*/
            }
```

对上述代码进行剖析如下：

在 HTML 部分，已经为 form 标签添加了 id 属性，在 CSS 代码部分利用该 id 属性来设置 form 标签的样式，主要包括圆角边框以及背景颜色和背景图片。

在设置该 form 标签的样式时，使用 CSS 3 的 border-radius 属性来设置 form 标签的边框圆角效果，并且将其 float 属性设置为 left 来达到自适应内部内容大小的效果。

在设置该 form 标签的背景时，使用 background-image 属性来设置背景图片，使用 background-color 来设置背景颜色，以使得该背景颜色和图片的背景颜色一致。

下面是设置 label 标签样式的 CSS 代码。

```
#submitform label
{
    width:100px;                                    /*设置宽度*/
    display:block;                                  /*设置为块标签*/
    float:left;                                     /*设置向左浮动*/

    padding-top:6px;                                /*设置顶部内边距*/
    padding-bottom:3px;                             /*设置底部内边距*/
    padding-left:30px;                              /*设置左侧内边距*/
    background:url(img/img1.png) no-repeat;
                                                    /*设置背景图片*/

    border:#0033CC 1px solid;                       /*设置边框颜色、宽度和样式*/
    background-color:#FEEEE9;                        /*设置背景颜色*/

    -ms-border-top-left-radius: 8px;                /*设置左上方圆角*/
    -moz-border-top-left-radius: 8px;
    -webkit-border-top-left-radius: 8px;
    -khtml-border-top-left-radius: 8px;
    -o-border-top-left-radius: 8px;
    border-top-left-radius: 8px;

    -ms-border-bottom-left-radius: 8px;             /*设置左下方圆角*/
    -moz-border-bottom-left-radius: 8px;
    -webkit-border-bottom-left-radius: 8px;
    -khtml-border-bottom-left-radius: 8px;
    -o-border-bottom-left-radius: 8px;
    border-bottom-left-radius: 8px;
}
#submitform label.pwl
{
    background-image:url(img/img2.png);             /*设置背景图片*/
    background-repeat:no-repeat;                    /*设置背景不重复*/
}
```

对上述代码进行剖析如下：

在设置 label 标签时，分为两部分，一部分是统一设置所有的 lable 的颜色属性，其中包括背景颜色以及圆角效果；另一部分是分别设置两类 label 的背景图片。

下面是设置 input 标签样式的 CSS 代码。

```
#submitform input
{
    width:200px;                                    /*设置宽度*/
    padding-top:3px;                                /*设置顶部内边距*/
    padding-bottom:3px;                             /*设置底部内边距*/
    font-size:18px;                                 /*设置字体大小*/
    font-family:"宋体";                             /*设置字体类型*/

    -ms-border-top-right-radius: 8px;
                                                    /*设置右上方圆角*/
    -moz-border-top-right-radius: 8px;
    -webkit-border-top-right-radius: 8px;
    -khtml-border-top-right-radius: 8px;
    -o-border-top-right-radius: 8px;
    border-top-right-radius: 8px;
```

```
        -ms-border-bottom-right-radius: 8px;
                                            /*设置右下方圆角*/
        -moz-border-bottom-right-radius: 8px;
        -webkit-border-bottom-right-radius: 8px;
        -khtml-border-bottom-right-radius: 8px;
        -o-border-bottom-right-radius: 8px;
        border-bottom-right-radius: 8px;

        border:#B3E9F2 1px solid;           /*设置边框颜色、宽度和样式*/
}
#submitform input:hover
{
        border:#7781F7 2px solid;           /*设置边框颜色、宽度和样式*/
        padding-top:2px;                    /*设置顶部内边距*/
        padding-bottom:2px;                 /*设置底部内边距*/
        outline:#00CC66 2px solid;          /*设置边框颜色、宽度和样式*/
}
#submitform #submit , #submitform #reset
{
        -ms-border-radius: 5px;             /*设置圆角*/
        -moz-border-radius: 5px;
        -webkit-border-radius: 5px;
        -khtml-border-radius: 5px;
        -o-border-radius: 5px;
        border-radius: 5px;

        width:164px;                        /*设置宽度*/
        background-image: -moz-linear-gradient
        (top, #FFFFFF, #DDDDDD );           /*用于 Firefox 浏览器*/
        background-image: -webkit-gradient(linear,left top, left
        bottom, color-stop(0,#FFFFFF), color-stop(1,#DDDDDD ));
                                            /*用于Safari和Chrome浏览器*/
        filter: progid:DXImageTransform.Microsoft.gradient
        (startColorstr='#FFFFFF', endColorstr='#DDDDDD',
        GradientType='0');                  /*用于 IE 浏览器*/
}
#submitform #submit:hover,#submitform #reset:hover
{
        border-color:#0000CC;               /*设置边框颜色*/
        border-width:2px;                   /*设置边框宽度*/
        border-style:solid;                 /*设置边框样式*/

        cursor:pointer;                     /*设置鼠标样式*/
}
#submitform #submit:active,#submitform #reset:active
{
        background-image: -moz-linear-gradient(top, #DDDDDD,
        #FFFFFF );                          /*用于 Firefox 浏览器*/
        background-image: -webkit-gradient(linear,left top, left
        bottom, color-stop(0,#DDDDDD), color-stop(1,#FFFFFF ));
                                            /*用于Safari和Chrome浏览器*/
        filter: progid:DXImageTransform.Microsoft.gradient
        (startColorstr='#DDDDDD', endColorstr='#FFFFFF',
        GradientType='0');                  /*用于 IE 浏览器*/
}
    -->
</style>
```

```
</head>
```

对上述代码进行剖析如下：

在本部分的 CSS 代码里，为所有的 input 标签添加 border-top-right-radius 和 border-bottom-right-radius 属性，来控制 input 标签的右上角以及右下角的圆角效果，并设置边框风格以及颜色。

并且为这些 input 标签添加 hover 伪类描述符，即文本框发生鼠标移动事件的时候，文本框的 border 和 outline 属性就会起作用。

而且还为 type 属性为 submit 以及 reset 的两个 input 标签（即按钮）添加 CSS 样式，依次设置其宽度、圆角边框以及颜色渐变。

然后为这两个 input 标签添加 active 伪类描述符，即按钮被单击按下时背景颜色就会改变；另外还为这两个按钮添加 hover 伪类描述符，即按钮发生鼠标移动事件时，鼠标的光标样式以及按钮的边框样式就会改变。

添加了 outline 属性后，会在 border 属性所产生的边框效果外面再添加一个外边框。border 属性所产生的边框，会改变内部内容的定位，且会影响相邻元素的定位；而 outline 属性产生的边框既不会改变内部内容的定位，也不会影响相邻元素的定位，但是可能会影响其父节点的宽度和高度。本例中，当文本框发生鼠标 Hover 事件时就会出现 border 属性的效果，而父节点使用了"float:left"设置，则父节点的宽度也跟着变大。

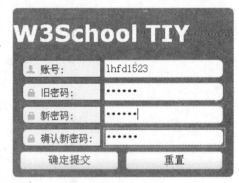

另外还需要为所有的 input 标签设置 font-family 属性，特别是文本框，因为在 IE 浏览器下面，password 类型的文本框的 font-family 属性，和 text 类型的文本框的 font-family 属性的值是不一样的，所以会造成所占高度不一致，为了使得各个文本框高度一致还需要设置 font-family 属性。

图 7.10　为表单添加背景

我们将会在下一节继续讨论 outline 属性和 border 属性的区别。本程序的运行结果如图 7.10 所示。

另外在使用 PhotoShop 设计时，因为要展现 PNG 图片的透明效果，所以编辑 PNG 图片时需要将其设置为索引颜色模式，需要在 PhotoShop 里依次单击菜单"图像"|"模式"|"索引颜色"命令即可，如图 7.11 所示。之所以这样设置是因为 IE 浏览器不支持 RGB 颜色模式的 PNG 图片的背景透明效果，而其他的浏览器一般都支持 RGB 颜色模式的背景透明效果。

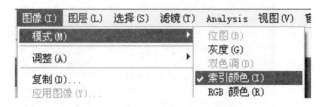

图 7.11　将图片设置为索引颜色模式

7.2.3　边框

在本例里，先讲解一下 border 变化所造成的不良效果，以及使用 outline 属性的好处。用一句话来概括就是：border 属性会影响本标签内部内容的定位以及该标签外部内容的定位，而 outline 属性则不会，outline 属性只参与重新绘制边框样式不涉及标签的定位。

通过下面的例子进一步深入讨论该 border 所造成的不良效果。

```
<!DOCTYPE html PUBLIC "-//W3C//DTD XHTML 1.0 Transitional//EN"
"http://www.w3.org/TR/xhtml1/DTD/xhtml1-transitional.dtd">
<html xmlns="http://www.w3.org/1999/xhtml">
<head>
    <meta http-equiv="Content-Type" content="text/html; charset=gb2312" />
    <title>
        border 标签的不良影响
    </title>
    <style type="text/css">
        <!--
        #frm
        {
            border-color:red;                /*设置边框颜色*/
            border-width:2px;                /*设置边框宽度*/
            border-style:double;             /*设置边框样式*/
            float:left;                      /*设置左浮动*/
        }
        #frm *
        {
            margin:2px;                      /*设置外边距*/
            font-family:"宋体";              /*设置字体类型*/
            font-size:16px;                  /*设置字体大小*/
        }
        #frm .label
        {
            border-color:#0000FF;            /*设置边框颜色*/
            border-width:1px;                /*设置边框宽度*/
            border-style:solid;              /*设置边框样式*/
            float:left;                      /*左浮动*/
        }
        #frm .text
        {
            border-color:#735444;            /*设置边框颜色*/
            border-width:1px;                /*设置边框宽度*/
            border-style:solid;              /*设置边框样式*/
            float:left;                      /*左浮动*/
        }
        #frm .label:hover
        {
            border-color:#FF0000;            /*设置边框颜色*/
            border-width:4px;                /*设置边框宽度*/
            border-style:double;             /*设置边框样式*/
        }
        #frm .f2
        {
            float:left;                      /*左浮动*/
```

```
                    clear:both;                              /*从下一行开始浮动*/
                }
            -->
        </style>
    </head>
    <body>
        <div id="frm">
            <div class="f2">
                <span class="label">
                    Label1:
                </span>
                <div class="text">
                    Text Area1
                </div>
            </div>
            <div class="f2">
                <span class="label">
                    Label2:
                </span>
                <div class="text">
                    Text Area2
                </div>
            </div>
            <div class="f2">
                <span class="label">
                    Label3:
                </span>
                <div class="text">
                    Text Area3
                </div>
            </div>
            <div class="f2">
                <span class="label">
                    Label4:
                </span>
                <div class="text">
                    Text Area4
                </div>
            </div>
        </div>
    </body>
</html>
```

对上述代码进行剖析如下：

在本例里，HTML 代码部分添加了若干个标签，首先以 id 为 frm 的 div 标签作为根节点，在其下面添加 4 个 class 属性为 f2 的 div 标签，每个 div 标签都含有一个 class 属性为 label 的 label 标签以及一个 class 属性为 text 的 div 标签。

并依次为 id 为 frm 的 div 标签、class 属性为 label 的 label 标签以及 class 属性为 text 的 div 标签添加边框以及 margin 属性样式。当没有鼠标移动事件时样式如图 7.12 所示。

当某 label 标签发生鼠标移动事件时，则该 label 标签的 border 相关属性的值变为 "border-color:#FF0000; border-width:4px; border-style:double;"，则 border 的宽度变为 4 个像素。这样就会影响相邻的标签的定位，如图 7.13 所示，其右侧以及下侧的标签分别向右和向下移动了。

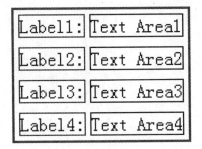

图 7.12　正常情况　　　　　　　图 7.13　border 变化后的错位

为了解决图 7.13 上面的样式错位问题，可以使用 outline 进行设置，outline 是在 border 所形成的边框的外面再套一层边框。

outline 属性的相关子属性包括 outline-width（设置外边框的宽度）、outline-style（设置外边框的风格，如实线、虚线及双边等等）以及 outline-color（设置外边框的颜色）。

也可以使用组合形式来控制边框 4 边的样式，例如使用 outline-left-color、outline-left-width 以及 border-left- style 分别设置边框左侧的颜色、宽度以及风格。

在设置边框颜色的时候，可以使用关键字、井号形式以及 GRB 形式。例如：

```
outline -color: red;
outline -color: #ff0000;
outline -color: rgb(255,0,0);
```

在设置边框宽度的时候，可以使用单位形式。例如：

```
outline -width: 10px;
```

在设置边框风格的时候，可以使用关键字形式。例如关键字 dotted 表示点式边框，关键字 dashed 表示虚线边框，关键字 solid 表示实线边框。例如：

```
outline-type: dashed;
```

表 7.2 是 outline-type 的属性值及其相应的样式效果描述。

表 7.2　outline-style属性值和效果描述表

值	描　　述
none	定义无边框
hidden	与 "none" 相同。不过应用于表时除外，对于表，hidden 用于解决边框冲突
dotted	定义点状边框。在大多数浏览器中呈现为实线
dashed	定义虚线。在大多数浏览器中呈现为实线
solid	定义实线
double	定义双线。双线的宽度等于 border-width 的值
groove	定义 3D 凹槽边框。其效果取决于 border-color 的值
ridge	定义 3D 垄状边框。其效果取决于 border-color 的值
inset	定义 3D inset 边框。其效果取决于 border-color 的值
outset	定义 3D outset 边框。其效果取决于 border-color 的值
inherit	规定应该从父元素继承边框样式

下面是修改后的 CSS 代码，使用以下代码后，之前的网页控件错位的问题就不再存在了。所以在需要设计动态边框的情况下，推荐大家使用 outline。

```
<style type="text/css">
    <!--
        #frm
        {
            outline-color:red;              /*设置外边框颜色*/
            outline-width:2px;              /*设置外边框宽度*/
            outline-style:double;           /*设置外边框样式*/
            float:left;                     /*设置左浮动*/
        }
        #frm *
        {
            margin:2px;                     /*设置外边距*/
            font-family:"宋体";             /*设置字体类型*/
            font-size:16px;                 /*设置字体大小*/
        }
        #frm .label
        {
            outline-color:#0000FF;          /*设置外边框颜色*/
            outline-width:1px;              /*设置外边框宽度*/
            outline-style:solid;            /*设置外边框样式*/
            float:left;                     /*设置浮动后高度会改变,
                                            稍有增加*/
        }
        #frm .text
        {
            outline-color:#735444;          /*设置外边框颜色*/
            outline-width:1px;              /*设置外边框宽度*/
            outline-style:solid;            /*设置外边框样式*/
            float:left;                     /*设置左浮动*/
        }
        #frm .label:hover
        {
            outline-color:#FF0000;          /*设置外边框颜色*/
            outline-width:4px;              /*设置外边框宽度*/
            outline-style:double;           /*设置外边框样式*/
        }
        #frm .f2
        {
            float:left;                     /*设置左浮动*/
            clear:both;                     /*从下一行开始浮动*/
        }
    -->
</style>
```

对上述代码进行剖析如下：

在本例中保持了前一例子的 HTML 部分的代码，并将 CSS 部分的代码修改为以 outline 属性来显示边框，只需将前一程序的 CSS 代码的所有 border 属性都修改为 outline 即可，运行结果如图 7.14 所示。但是这样也会稍稍改变边距，只需改变 margin 属性即可。

通过图 7.13 和图 7.14 的比较可以看到，使用 border 属性时，class 属性为 label 的标签以及 class

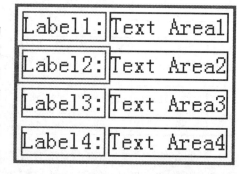

图 7.14　使用 outline 属性后

属性为 text 的标签之间边框的距离比使用 outline 属性后要宽。因为 margin 属性是从 border 所设置的边框外面第一个像素算起的，使用 outline 属性时没有设置 border，则 border 的边框宽度为 0，即本例中那两个标签之间的间距在没有使用 border 标签的时候，比使用了 border 标签的时候少 2 个像素。

使用了 outline 属性之后，之前的标签错位的现象就消失了。虽然 outline 属性的效果很好，但是并不是所有的浏览器都支持它。例如，IE 6.0 以下的版本都不支持这一属性的设置（而 360 IE 浏览器可以支持 outline 属性的设置）。

另外也不可以使用 outline 来设置圆角效果，所以如果想使用 border 属性而又不想使其他的标签定位出错，可以同时设置 margin 属性。

下面的例子是结合了 margin 和 border 两个属性同时设置来实现的程序，该程序在 border 变化的情况下，配合 margin 属性的设置来达到标签位置固定的效果。

```html
<!DOCTYPE html PUBLIC "-//W3C//DTD XHTML 1.0 Transitional//EN"
"http://www.w3.org/TR/xhtml1/DTD/xhtml1-transitional.dtd">
<html xmlns="http://www.w3.org/1999/xhtml">
<head>
    <meta http-equiv="Content-Type" content="text/html; charset=gb2312"
/>
    <title>
        border 加 margin 重新设置
    </title>
    <style type="text/css">
        <!--
            #frm
            {
                border-color:red;                   /*设置边框颜色*/
                border-width:2px;                   /*设置边框宽度*/
                border-style:double;                /*设置边框样式*/
                float:left;                         /*设置向左浮动*/
                -ms-border-radius: 8px;             /*设置圆角*/
                -moz-border-radius: 8px;
                -webkit-border-radius: 8px;
                -khtml-border-radius: 8px;
                -o-border-radius: 8px;
                border-radius: 8px;
            }
            #frm *
            {
                margin:4px;                         /*设置外边距*/
                font-family:"宋体";                 /*设置字体类型*/
                font-size:16px;                     /*设置字体大小*/
            }
            #frm .label
            {
                border-color:#0000FF;               /*设置边框颜色*/
                border-width:1px;                   /*设置边框宽度*/
                border-style:solid;                 /*设置边框样式*/
                padding:1px;                        /*设置内边距*/
                float:left;                         /*设置左浮动*/

                -ms-border-radius: 4px;             /*设置圆角*/
                -moz-border-radius: 4px;
                -webkit-border-radius: 4px;
```

```
                    -khtml-border-radius: 4px;
                    -o-border-radius: 4px;
                    border-radius: 4px;
                }
            #frm input
                {
                    border-color:#735444;              /*设置边框颜色*/
                    border-width:1px;                  /*设置边框宽度*/
                    border-style:solid;                /*设置边框样式*/
                    float:left;                        /*设置左浮动*/
                }
            #frm .label:hover
                {
                    border-color:#FF0000;              /*设置边框颜色*/
                    border-width:4px;                  /*设置边框宽度*/
                    border-style:double;               /*设置边框样式*/
                    margin:1px;                        /*设置外边距*/
                }
            #frm .f2
                {
                    float:left;                        /*设置左浮动*/
                    clear:both;                        /*从下一行开始浮动*/
                }
        -->
    </style>
</head>
<body>
    <form id="frm">
        <div class="f2">
            <label class="label">
                Label1:
            </label>
            <input />
        </div>
        <div class="f2">
            <label class="label">
                Label2:
            </label>
            <input />
        </div>
        <div class="f2">
            <label class="label">
                Label3:
            </label>
            <input />
        </div>
        <div class="f2">
            <label class="label">
                Label4:
            </label>
            <input />
        </div>
    </form>
</body>
</html>
```

对上述代码进行剖析如下：

在以上代码里添加了一个 id 属性为 frm 的 form 标签，该 form 标签包含 4 个 class 属性为 f2 的 div 标签，而每个 class 属性为 f2 的 div 标签里面又包含一个 class 属性为 label 的 label 标签以及一个 input 标签。

在 CSS 代码部分，依次设置 form 标签的 border、border-radius 以及 float 属性，接着设置其内部子标签的 margin 属性。

接着对 label 标签添加 border 属性和 border-radius 属性，使得 label 标签产生圆角效果，添加 padding 属性来使得 label 标签的高度和 input 标签一样。

最后为 label 标签添加 hover 事件的伪类描述符，并对 border 属性和 margin 属性进行适当的调整，来使得 label 标签附近标签的位置不会发生改变，这样就使得在某一个标签的 border 属性改变的情况下，其余标签的位置都能保持不变，如图 7.15 所示。

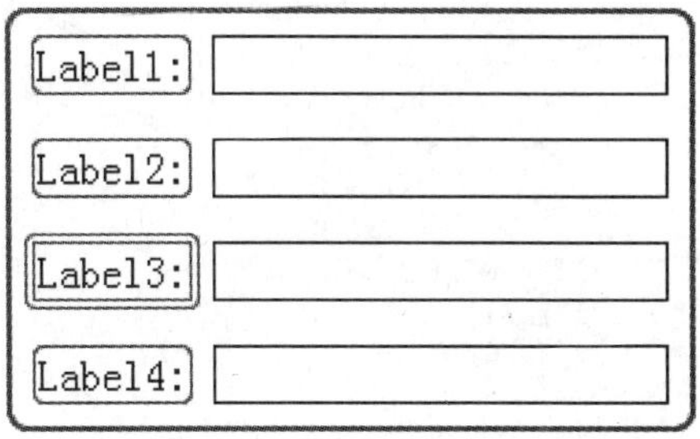

图 7.15 border 加 margin 重新设置

7.2.4 布局

1. 表单基本排布

对于 label 以及 input 这两类标签来说，它们都是行内标签（但是 label 标签不能设置 CSS 的 width 属性，而 input 可以。但 input 不具有换行特点），和块标签不同，它们都是在一行内排布的，直到父节点空间不够或者遇到换行标签，该行内标签才会换行。

以下面的代码为例，来看一下 label 和 input 这些表单的一般标签的默认设置。

```
<!DOCTYPE html PUBLIC "-//W3C//DTD XHTML 1.0 Transitional//EN"
"http://www.w3.org/TR/xhtml1/DTD/xhtml1-transitional.dtd">
<html xmlns="http://www.w3.org/1999/xhtml">
<head>
    <meta http-equiv="Content-Type" content="text/html; charset=gb2312"
/>
    <title>
        表单基本排布
    </title>
    <style type="text/css">
        <!--
            #frm
            {
                border:#000000 2px solid;        /*设置边框颜色、宽度和样式*/

                width:500px;                     /*设置宽度*/
            }
        -->
    </style>
</head>
<body>
    <form id="frm">
        <label class="label">
            Label1:
        </label>
        <input />
        <br />
```

```
        <label class="label">
            Label2:
        </label>
        <input />
        <label class="label">
            Label3:
        </label>
        <input />
        <label class="label">
            Label4:
        </label>
        <input />
    </form>
</body>
</html>
```

对上述代码进行剖析如下：

上面的代码里，在 id 为 frm 的 form 标签里添加了 4 个 label 标签以及 4 个 input 标签，在第一个 label 标签以及 input 标签后面添加了 br 标签，则后面的标签就会从下一行开始排布，如图 7.16 所示。

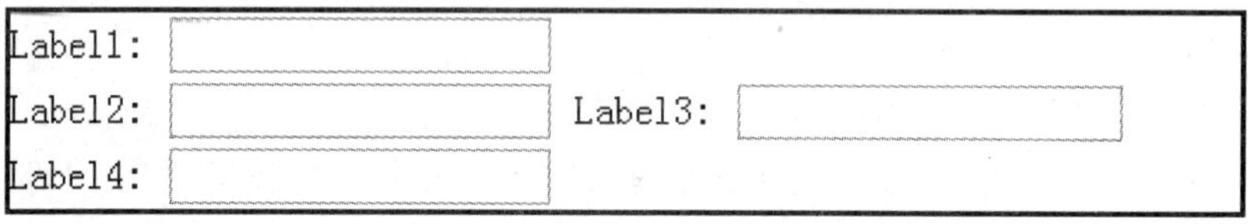

Label1:	[ ]		
Label2:	[ ]	Label3:	[ ]
Label4:	[ ]		

图 7.16　表单基本元素的排布

又因为 form 标签的 width 宽度属性在 CSS 代码部分已经设置为 500 个像素，所以第 4 个 label 开始需要在下一行开始排布。

另外也可以使用 div 标签作为框架来装载其他的标签，这样也可以设置换行的效果。

2. 横向排布

下面实现表单内部标签的横向排布，将使用到之前已经介绍过的一些属性的设置，需要设置标签的高度，设置相关的标签同行展示的效果等等。

```
<!DOCTYPE html PUBLIC "-//W3C//DTD XHTML 1.0 Transitional//EN"
"http://www.w3.org/TR/xhtml1/DTD/xhtml1-transitional.dtd">
<html xmlns="http://www.w3.org/1999/xhtml">
<head>
    <meta http-equiv="Content-Type" content="text/html; charset=gb2312"
/>
    <title>
        表单基本排布 2
    </title>
    <style type="text/css">
        <!--
            #frm
            {
                border:#aaa 2px solid;          /*设置边框颜色、宽度和样式*/

                padding:20px 80px;              /*设置内边距*/
```

```
                float:left;                              /*设置左浮动*/
            }
        #frm *
        {
                margin:1px;                              /*设置外边距*/
        }
        #frm .label
        {
                border:#666666 solid 1px;                /*设置边框颜色、宽度和样式*/
                padding-top:1px;                         /*设置内边距*/
                width:100px;                             /*设置宽度*/
                float:left;                              /*设置左浮动*/
                /*text-align:right;*/
                /*display:block; */
        }
        #frm input
        {
                height:15px;                             /*设置高度*/
        }
        -->
    </style>
</head>
<body>
    <form id="frm">
        <div>
            <label class="label">
                标签 1:
            </label>
            <input />
        </div>
        <div>
            <label class="label">
                更长的标签 2:
            </label>
            <input />
        </div>
        <div>
            <label class="label">
                标签 3:
            </label>
            <input />
        </div>
        <div>
            <label class="label">
                更长的标签 4:
            </label>
            <input />
        </div>
    </form>
</body>
</html>
```

运行的效果如图 7.17 所示。

对上述代码进行剖析如下：

在很多时候，都需要为表单内部的标签设置宽度和高度，而表单的内部标签一般为行内标签，所以需要先将它们变成块标签才

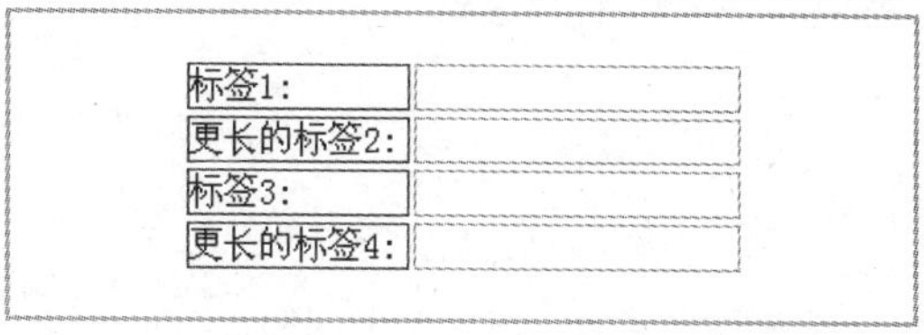

图 7.17　表单基本元素的横向排布 1

能设置它们的宽度和高度。

在本例中，为了使得 label 标签的高度和 input 标签一致，以及每行的 label 标签宽度一致，所以需要将 label 转换为块元素，可以使用"float:left"或者"display:block"，它们都可以使标签变为块级元素。但是"float:left"设置可以将 label 标签向左排布，而后面的 input 标签作为行元素就可以位于同一行。

而在不同的浏览器里，input 元素的高度也是不一样的，所以需要统一 input 标签的高度。而 input 标签没有设置 float 浮动效果，其 div 父节点可以自适应 input 标签的高度。

另外，label 标签的文本内容也可以向右浮动，只需要设置 text-align 属性为 right 即可。其效果如图 7.18 所示。

3．纵向排布

如果希望呈现纵向排布的效果，只需要将上面代码中 label 标签的"float:left"属性修改为"display:block"即可，这样 label 标签的末尾就会出现换行的效果，如图 7.19 所示。

图 7.18　表单基本元素的横向排布 2　　　　图 7.19　表单基本元素的纵向排布

4．内部可折叠表单

下面设计一个内部可展开的表单，当选择了指定单选项标签时，相应的标签项就会展开或者收起。以下是本程序的 HTML 代码部分的设计。

```
<form method="post" action="#" id="form">
    <div id="info">
        <div>
            <label class="label">
                姓名：
            </label>
            <input />
        </div>
        <div>
            <label class="label">
                年龄：
            </label>
            <input />
        </div>
        <div>
            <label class="label">
                籍贯：
            </label>
            <input />
        </div>
        <div>
            <label class="label">
                职业：
            </label>
```

```html
            <input  />
        </div>
</div>
<div id="answ">
    <div id="cap">
        <label class="label">
            是否回答问题
        </label>
        <div> <!---->
            <label>
                是
            </label>
            <input type="radio" onclick="show(this)"
            value="1"  name="choose"/>
            <label>
                否
            </label>
            <input type="radio" onclick="hide(this)"
            value="0" checked="1"  name="choose"/>
        </div>
    </div>
    <div id="next">
        <div>
            <label class="title">
                服务满意度
            </label>
            <div class="cont">
                <div class="satif">
                    <input type="radio"
                    value="1"  name="choose1"/>
                    <label>
                        满意
                    </label>
                </div>
                <div class="satif">
                    <input type="radio"
                    value="2"  name="choose1"/>
                    <label>
                        一般
                    </label>
                </div>
                <div class="satif">
                    <input type="radio"
                    value="3"  name="choose1"/>
                    <label>
                        不满意
                    </label>
                </div>
            </div>
        </div>
        <div>
            <label class="title">
                最喜欢的手机品牌
            </label>
            <div class="cont">
                <div class="phone">
                    <input type="radio"
                    value="1"  name="choose2"/>
                    <label>
                        苹果
```

```
                          </label>
                      </div>
                      <div class="phone">
                          <input type="radio"
                          value="2"  name="choose2"/>
                          <label>
                              索尼
                          </label>
                      </div>
                      <div class="phone">
                          <input type="radio"
                          value="3"  name="choose2"/>
                          <label>
                              三星
                          </label>
                      </div>
                      <div class="phone">
                          <input type="radio"
                          value="4"  name="choose2"/>
                          <label>
                              其他
                          </label>
                      </div>
                  </div>
              </div>
          </div>
      </div>
      <div id="bottom">
          <input type="submit"  id="submit" value="提 交"  />
          <input type="reset"  id="reset" value="重 置"  />
      </div>
  </form>
```

对上述代码进行剖析如下：

上述代码中以 id 为 frm 的 form 标签作为根节点，其下面有 id 分别为 info、answ 和 bottom 的 3 个 div 节点。这 3 个节点分别包含：一般性的内容、可张开的内容以及按钮。

在 id 为 answ 的 div 标签里，放置了两部分可展开的内容，另一部分是一个包含 radio 类型的可选框。在默认的情况下，id 为 next 的 div 标签是隐藏的，当单击相应的 radio 类型的可选框时，该 div 就会展开，但单击另一个时就会隐藏。

下面是本程序的 CSS 代码部分。

```
#frm
{
    border:#aaa 2px solid;                    /*设置边框颜色、宽度和样式*/
    padding:20px 80px;                        /*设置内边距*/
    float:left;                               /*设置左浮动*/
}
#frm #info *
{
    margin:1px;                               /*设置外边距*/
    font-family:"新宋体";                      /*设置字体类型*/
    font-size:16px;                           /*设置字体大小*/
}
#frm #info .label
{
    border:#666666 solid 1px;                 /*设置边框颜色、宽度和样式*/
```

```
    padding-top:1px;                                /*设置顶部内边距*/
    width:100px;                                    /*设置宽度*/
    float:left;                                     /*设置左浮动*/
}
#frm #info input
{
    height:15px;                                    /*设置高度*/
}
/**/
#frm #bottom
{
    border:#666666 solid 1px;                       /*设置边框颜色、宽度和样式*/
    clear:left;                                     /*从向左浮动的标签下一行开始
                                                    浮动*/
    margin-top:10px;                                /*设置顶部外边距*/
    padding-top:10px;                               /*设置顶部内边距*/
}
#frm #bottom #submit, #frm #bottom #reset
{
    height:30px;                                    /*设置高度*/
    width:80px;                                     /*设置宽度*/
    clear:both;                                     /*从下一行开始浮动*/
}
/**/
#frm #answ
{
    width:280px;                                    /*设置宽度*/
    float:left;                                     /*向左浮动*/
    border:#000000 1px solid;                       /*设置边框颜色、宽度和样式*/
}
#frm #answ *
{
    font-size:12px;                                 /*设置字体大小*/
}
#frm #answ #next
{/*border:#0000FF 1px solid;*/
    display:none;                                   /*取消显示*/
    clear:both;                                     /*从下一行开始浮动*/
    float:left;                                     /*向左浮动*/

    width:90%;                                      /*设置宽度*/
    margin-left:15px;                               /*设置左侧外边距*/
    margin-bottom:10px;                             /*设置底部外边距*/
}
#frm #answ #next .title
{/*border:#000000 1px solid;*/
    font-size:14px;                                 /*设置字体大小*/
    font-weight:bold;                               /*设置字体粗细*/
    float:left;                                     /*设置向左浮动*/
    padding-top:10px;                               /*设置顶部内边距*/
}
#frm #answ #next .cont
{/*border:#00FF66 1px solid;*/
    float:left;                                     /*设置向左浮动*/
    width:100%;                                     /*设置宽度*/
}
#frm #answ #next .cont .phone
```

```
{
    float:left;                                /*设置向左浮动*/
    width:23%;                                 /*设置宽度*/
}
#frm #answ #next .cont .satif
{
    float:left;                                /*设置向左浮动*/
    width:32%;                                 /*设置宽度*/
}
#frm #answ #cap .label
{
    font-size:14px;                            /*设置字体大小*/
    font-weight:bold;                          /*设置字体粗细*/
    padding:6px 30px;                          /*设置内边距*/
    float:left;                                /*设置向左浮动*/
}
#frm #answ #cap div
{
    padding:2px;                               /*设置内边距*/
}
#frm #answ #cap input
{
    width:12px;                                /*设置宽度*/
    height:12px;                               /*设置高度*/
}
```

对上述代码进行剖析如下：

对于 class 属性为 phone 以及 satif 的标签，分别使用百分值来设置它们较为平均地分布在父节点内部。因为设置了 margin 属性，所以 width 的值应该适当地减少。

图 7.20 是本程序在 Chrome 浏览器的运行截图，可以看出底部 id 为 bottom 的 div 标签设置了 margin 和 padding 属性，但是只有 padding 起效果。解决方法可以是将 id 为 bottom 的 div 标签设置为 "float:left;"，或者再添加一个 div 来包含其下面的两个 input 按钮节点。但是对于 IE 浏览器来说，margin 的计算还依然是以上一个标签的底部开始的。

图 7.20　表单折叠效果

假设一个标签设置了 "clear:left" 或者 "clear:right"，若它的 float 属性为 none，那么 margin 从上一个 float 属性为 none 的标签开始计算；若它的 float 属性不为 none，那么 margin 从上一个 float 属性为 left 或者 right 的标签开始计算。

```
<script type="text/javascript">
    function show(obj)
    {
        var fnod=obj.parentNode;
        fnod=fnod.parentNode;
        fnod=fnod.parentNode;
        list=fnod.getElementsByTagName("div");
        list[2].style.display="block";
```

```
    }
    function hide(obj)
    {
        var fnod=obj.parentNode;
        fnod=fnod.parentNode;
        fnod=fnod.parentNode;
        list=fnod.getElementsByTagName("div");
        list[2].style.display="none";
    }
</script>
```

对上述代码进行剖析如下：

因为已经在 HTML 代码部分为 name 属性为 choose 的 radio 类型的两个 input 标签分别添加了 onclick 事件，刚这两个 onclick 事件分别对应 show()函数以及 hide()函数。

当 show()函数执行时，通过往上三级得到第三级父节点，然后往下获得第 3 个 div 的节点实体，即 id 为 next 的 div 节点（因为是按深度搜索并排序的，且第一个 div 节点还含有一个 div 节点，所以是数组的第 3 个节点），并将其 display 属性设置为 block。当 hide()函数执行时，通过与 show()函数一样的搜索方法得到 id 为 next 的 div 节点，并将其 display 属性设置为 none。

7.3　表单示例一：用户注册界面设计

下面一起动手设计一个用户注册的常用表单。在本例中应用了之前所学的内容，包括 div 的排布（float 和 clear 属性的使用）、圆角设计、文本框事件的响应并修改样式，以及按钮样式的设计等等。

下面是本程序的 HTML 代码部分。

```
<form method="post" action="#" id="frm">
    <div id="info">
        <div>
            <label class="label">姓名</label>
            <input onfocus="focushandle(this)"
            onfocusout="onfocusouthandle(this)" />
        </div>
        <div>
            <label class="label">参加笔试城市</label>
            <input onfocus="focushandle(this)"
            onfocusout="onfocusouthandle(this)"  />
        </div>
        <div>
            <label class="label">
                应聘职位
            </label>
            <select name="pochos" id="pochos" >
                <option>---</option>
                <option>技术类</option>
                <option>服务类</option>
                <option>业务类</option>
            </select>
        </div>
        <div>
```

```
            <label class="label">性别</label>
            <div class="choose">
                <input type="radio"  value="1"  name="choose"/>
                <label>男</label>
                <input type="radio"  value="0" checked="1"
                name="choose"/>
                <label>女</label>
            </div>
        </div>
        <div>
            <label class="label">身份证号</label>
            <input onfocus="focushandle(this)"
            onfocusout="onfocusouthandle(this)"  />
        </div>
        <div>
            <label class="label">手机号</label>
            <input onfocus="focushandle(this)"
            onfocusout="onfocusouthandle(this)"  />
        </div>
        <div>
            <label class="label">你的邮箱地址</label>
            <input onfocus="focushandle(this)"
            onfocusout="onfocusouthandle(this)"  />
        </div>
        <div>
            <label class="label">设置密码</label>
            <input type="password" onfocus="focushandle(this)"
            onfocusout="onfocusouthandle(this)"/>
        </div>
    </div>
    <div id="bottom">
        <input type="submit"  id="submit" value="保存并进入下一步"  />
    </div>
    </form>
</body>
</html>
```

运行的效果如图 7.21 所示。

对上述代码进行剖析如下：

form 标签包含了两个 div 二级标签，第一个二级 div 标签用于包含若干个 div、label、input 和 select 标签，在后面会通过 CSS 代码来控制这些标签的位置以及样式。其中文本框的 input 标签被添加了响应事件 onfocus 以及 onfocusout，这两个事件的响应函数分别是 onfocushandle() 以及 onfocusouthandle()。这两个是 JavaScript 函数，当 input 标签被选中后执行 onfocushandle() 函数，当 input 标签不再被选中后执行 onfocusouthandle() 函数。这两个函数都重新设置 input 文本框的 border 和 margin 属性。

第二个二级 div 标签用于作为 input 按钮的父节点，这样设置的目的是为了给按钮添加更多的边

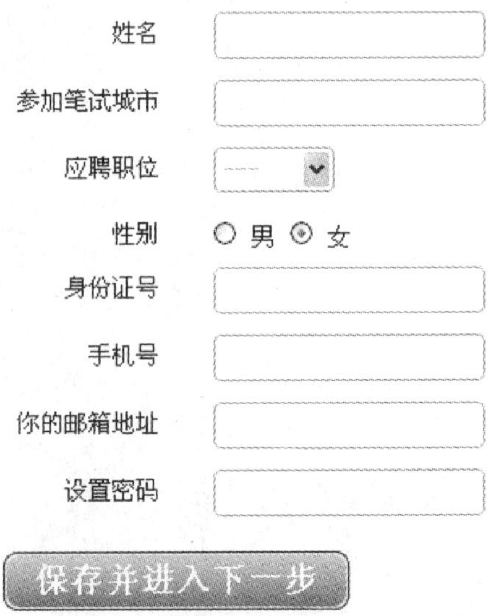

图 7.21　用户注册表单

框，这样使得按钮样式更有层次感（因为 outline 属性是不允许设置边框圆角效果的，我们可以设置父节点的圆角效果来作为外层边框，所以这也是另一个添加父节点的原因）。

下面是本程序的 CSS 代码部分。

```
#frm
{/*border:#aaa 2px solid;padding:20px 80px;*/
    float:left;                                  /*设置向左浮动*/
}
#frm #info *
{
    margin:1px;                                  /*设置外边距*/
    font-family:"新宋体";                         /*设置字体类型*/
    font-size:14px;                              /*设置字体大小*/
}
#frm #info .label
{/*border:#666666 solid 1px;*/
    padding:4px  30px 4px 0;                     /*设置内边距*/
    width:100px;                                 /*设置宽度*/
    float:left;                                  /*设置左浮动*/
    text-align:right;                            /*设置内容位于左侧*/
    color:#666666;                               /*设置文字颜色*/
}
#frm #info .choose
{
    color:#666666;                               /*设置文字颜色*/
    padding-top:4px;                             /*设置顶部内边距*/
}
#frm #info input , #frm #info #pochos
{
    height:15px;                                 /*设置高度*/
    padding:5px  4px;                            /*设置内边距*/
    padding-bottom:5px;                          /*设置底部内边距*/
    margin-bottom:10px;                          /*设置底部外边距*/

    -ms-border-radius: 4px;                      /*设置圆角*/
    -moz-border-radius: 4px;
    -webkit-border-radius: 4px;
    -khtml-border-radius: 4px;
    -o-border-radius: 4px;                       /*用于 Opera 浏览器*/
    border-radius: 4px;

    border:#aaa 1px solid;                       /*设置边框颜色、宽度和样式*/
    outline:none;                                /*设置没有外边框*/
    color:#BBB;                                  /*设置字体颜色*/
}
#frm #info #pochos
{
    height:26px;                                 /*设置高度*/
    padding:1px;                                 /*设置内边距*/
}
#frm #bottom
{
    clear:left;                                  /*设置从上一个左浮动下面开始
                                                 浮动*/
    margin:10px;                                 /*设置外边距*/
    width:200px;                                 /*设置宽度*/
```

```
    height:30px;                                          /*设置高度*/

    border:#0033FF 1px solid;                             /*设置边框颜色、宽度和样式*/
    background-color:#D6F0FC ;                            /*设置背景颜色*/
    padding:1px;                                          /*设置内边距*/
}
#frm #bottom #submit
{
    height:100%;                                          /*设置高度*/
    width:100%;                                           /*设置宽度*/
    clear:both;                                           /*从下一行开始浮动*/

    border:none;                                          /*取消边框*/
    background-image: -moz-linear-gradient
    (top, #ACCFF7, #4D94F4 );                             /* 用于 Firefox 浏览器 */
    background-image: -webkit-gradient(linear,left top, left
    bottom, color-stop(0,#ACCFF7), color-stop(1,#4D94F4 ));
                                                          /*用于 Safari 和 Chrome 浏览器*/
    filter: progid:DXImageTransform.Microsoft.gradient
    (startColorstr=#ACCFF7'', endColorstr='#4D94F4',
    GradientType='0');                                    /*用于 IE 浏览器*/
    font-size:20px;                                       /*设置字体大小*/
    font-weight:bold;                                     /*设置字体粗细*/
    color:#FFFFFF;                                        /*设置字体颜色*/
    cursor:pointer;                                       /*设置鼠标形状*/
}
#frm #bottom,#frm #bottom #submit
{
    -ms-border-radius: 8px;                               /*设置圆角*/
    -moz-border-radius: 8px;
    -webkit-border-radius: 8px;
    -khtml-border-radius: 8px;
    -o-border-radius: 8px;                                /*用于 Opera 浏览器*/
    border-radius: 8px;
}
```

对上述代码进行剖析如下：

（1）首先要设置 font 字体的大小和类型，来保证 text 类型和 password 类型的文本框大小一致；并且为各个标签设置默认的 margin 属性。

（2）接着根据 HTML 的 div 和各个元素间的布局，为各个 label 属性添加"float:left"设置。

（3）另外因为有的浏览器（如 Chrome）会对 input 的 onfocus 事件添加 outline 样式，所以需要将 outline 设置为 none。

（4）最后就是设置 input 的圆角效果，以及按钮背景的渐变效果。

下面是本程序的 JavaScript 代码部分。

```
<script type="text/javascript">
    function focushandle(obj)
    {
        obj.style.border="#CCEDFB 2px solid";             /*设置边框*/
        obj.style.margin="0";                             /*设置外边距*/
        obj.style.marginBottom="9px";                     /*设置底部外边距*/
    }
```

```
    function onfocusouthandle(obj)
    {
        obj.style.border="#aaa 1px solid";              /*设置边框*/
        obj.style.margin="1px";                          /*设置外边距*/
        obj.style.marginBottom="10px";                   /*设置底部外边距*/
    }
</script>
```

对上述代码进行剖析如下：

在 HTML 部分已经对文本框的 input 标签添加了 onfocus 以及 onfocusout 事件，因为发生 onfocus 事件要增加边框的宽度，但 input 边框的宽度和高度不能改变；所以会导致其他标签错位。这时就需要同时设置 margin 属性来保证其他标签位置不变。

只要遵循这一规则即可：当 border 的宽度增加 1，则 margin 的各个分量都要减 1。当发生 onfocusout 事件时，只需设置 CSS 代码的相应值即可。

7.4　表单示例二：问卷调查表单设计

下面来设计一个含有"星星评级"样式的表单提交，这是很多网页调查问卷中都经常使用的高级样式，相信你会用得着。在本例里还需要制作图片来使你的样式更加丰富，你也可以到素材网站来获得有用的图片。

以下是本程序的 HTML 代码部分。

```
<form method="post" action="#" id="frm">
    <div class="vote" >
        <label>服务满意度</label>
        <input type="hidden" value="0"  name="answ1" />
        <img class="score" src="img/start0.png"
        onMouseOver="overhandle(this)" onMouseOut="outhandle(this)"
        onClick="clickhandle(this)"/>
        <img class="score" src="img/start0.png"
        onMouseOver="overhandle(this)" onMouseOut="outhandle(this)"
        onClick="clickhandle(this)"/>
        <img class="score" src="img/start0.png"
        onMouseOver="overhandle(this)" onMouseOut="outhandle(this)"
        onClick="clickhandle(this)"/>
        <img class="score" src="img/start0.png"
        onMouseOver="overhandle(this)" onMouseOut="outhandle(this)"
        onClick="clickhandle(this)"/>
        <img class="score" src="img/start0.png"
        onMouseOver="overhandle(this)" onMouseOut="outhandle(this)"
        onClick="clickhandle(this)"/>
    </div>
    <div class="vote">
        <label>书店环境满意度</label>
        <input type="hidden" value="0"  name="answ2" />
        <img class="score" src="img/start0.png"
        onMouseOver="overhandle(this)" onMouseOut="outhandle(this)"
        onClick="clickhandle(this)"/>
        <img class="score" src="img/start0.png"
        onMouseOver="overhandle(this)" onMouseOut="outhandle(this)"
        onClick="clickhandle(this)"/>
        <img class="score" src="img/start0.png"
```

```
             onMouseOver="overhandle(this)" onMouseOut="outhandle(this)"
             onClick="clickhandle(this)"/>
             <img class="score" src="img/start0.png"
             onMouseOver="overhandle(this)" onMouseOut="outhandle(this)"
             onClick="clickhandle(this)"/>
             <img class="score" src="img/start0.png"
             onMouseOver="overhandle(this)" onMouseOut="outhandle(this)"
             onClick="clickhandle(this)"/>
        </div>
        <div class="vote">
             <label>书籍质量满意度</label>
             <input type="hidden" value="0"  name="answ3" />
             <img class="score" src="img/start0.png"
             onMouseOver="overhandle(this)" onMouseOut="outhandle(this)"
             onClick="clickhandle(this)"/>
             <img class="score" src="img/start0.png"
             onMouseOver="overhandle(this)" onMouseOut="outhandle(this)"
             onClick="clickhandle(this)"/>
             <img class="score" src="img/start0.png"
             onMouseOver="overhandle(this)" onMouseOut="outhandle(this)"
             onClick="clickhandle(this)"/>
             <img class="score" src="img/start0.png"
             onMouseOver="overhandle(this)" onMouseOut="outhandle(this)"
             onClick="clickhandle(this)"/>
             <img class="score" src="img/start0.png"
             onMouseOver="overhandle(this)" onMouseOut="outhandle(this)"
             onClick="clickhandle(this)"/>
        </div>
        <input type="submit" id="submit" value="确定提交"  />
</form>
```

运行的效果如图 7.22 所示。

对上述代码进行剖析如下：

本代码的 HTML 核心部分是这样的一个层次：以 id 属性为 frm 的 form 标签为父节点，其内部包含了 3 个 class 属性为 vote 的 div 标签，以及 1 个 id 属性为 submit 的提交按钮类型的 input 标签。每个 class 属性为 vote 的 div 标签内部含有 1 个 label 标签、1 个隐藏的 input 标签以及 5 个 img 标签。

图 7.22　问卷调查

隐藏的 input 标签的 value 属性用于保存用户选择了哪一个星星评级。value 属性的默认值为 0，当单击提交按钮时，input 的 name 属性以及 value 属性就会被提交。

以下是本程序的 CSS 代码部分。

```
#frm
{/*border:#aaa 2px solid;padding:20px 80px;*/
    float:left;                              /*设置左浮动*/
    -ms-border-radius: 8px;                  /*设置圆角*/
    -moz-border-radius: 8px;
    -webkit-border-radius: 8px;
    -khtml-border-radius: 8px;
    -o-border-radius: 8px;                   /*用于 Opera 浏览器*/
    border-radius: 8px;
    border:#aaa 2px solid;                   /*设置边框颜色、宽度和样式*/
    padding:10px;                            /*设置内边距*/
}
```

```
#frm #submit
{
    background:url(img/button.PNG);            /*设置背景图片*/
    width:112px;                               /*设置宽度*/
    height:36px;                               /*设置高度*/
    border:none;                               /*取消边框*/
    cursor:pointer;                            /*设置鼠标*/
    color:#FFFFFF;                             /*设置字体颜色*/
    font-size:18px;                            /*设置字体大小*/
    font-weight:bold;                          /*设置字体粗细*/
    float:left;                                /*设置向左浮动*/
    clear:left;                                /*设置从上一个左浮动的标签下
                                                 面开始浮动*/
    margin:10px;                               /*设置外边距*/
}
#frm .vote .score
{/*border:#666666 1px solid;*/
    width:30px;                                /*设置宽度*/
    margin:0;                                  /*设置外边距*/
    float:left;                                /*设置左浮动*/
}
#frm .vote label
{/*border:#F00 1px solid;*/
    float:left;                                /*设置左浮动*/
    padding:6px 0;                             /*设置内边距*/
    width:150px;                               /*设置宽度*/

    font-size:14px;                            /*设置字体大小*/
    font-weight:bold;                          /*设置字体粗细*/
}
#frm .vote
{
    float:left;                                /*设置左浮动*/
    clear:left;                                /*设置从上一个左浮动的标签下
                                                 面开始浮动*/
}
```

对上述代码进行剖析如下：

本部分的 CSS 代码和之前的例子差不多，只是使用了较多的图片。不论是 img 标签或者是设置背景，都需要将图片修改为索引模式。class 属性为 vote 的 div 标签使用"float:left;clear:left;"，可以保证标签按行分布。

其他的一些设置为，将 id 为 frm 的 form 标签设置为边框圆角效果。

另外 img 标签需要使用"float:left"来取消外边距的默认效果。也许你动手改变本程序的 img 位置时会发现，img 以弧线的方式排布可能会更好看些。

以下是本程序的 JavaScript 代码部分。

```html
<script type="text/javascript">
    function overhandle(obj)
    {
        var fnode=obj.parentNode;
        var imglist=fnode.getElementsByTagName("img");
        for(var i=0;i<imglist.length;i++)
        {
            imglist[i].src="img/start0.png";   /*设置图片地址*/
```

```
    }/**/
        var node= obj;
        index=0;
        while(node = node.previousSibling)
        {
            if(node.nodeType == 1)
            {
                index++;
            }
        }
        node= obj;
        for( ;index>=2;)
        {
            if(node.nodeType == 1)
            {
                node.src="img/start1.png";              /*设置图片地址*/
                index--;                                //alert(node.tagName);
            }
            node = node.previousSibling;                /*获取上一个兄弟节点*/
        }/**/
    }
    function outhandle(obj)
    {
        var fnode=obj.parentNode;
        var list=fnode.getElementsByTagName("input");
        var imglist=fnode.getElementsByTagName("img");
        for(var i=0;i<imglist.length;i++)
        {
            imglist[i].src="img/start0.png";
                                                        /*设置图片地址*/
        }/**/
        for(var i=0;i<list[0].value;i++)
        {
            imglist[i].src="img/start1.png";
                                                        /*设置图片地址*/
        }/**/
    }
    function clickhandle(obj)
    {
        var fnode=obj.parentNode;
        var list=fnode.getElementsByTagName("input");
                                                        /*通过标签名获取标签对象*/
        var node= obj;
        index=0;
        while(node = node.previousSibling)
        {
            if(node.nodeType == 1)
            {
                index++;
            }
        }
        list[0].value=index-1;
    }
</script>
```

对上述代码进行剖析如下：

JavaScript 部分代码是本程序的最重要的部分，它负责以下 3 个事件的处理。

（1）鼠标移动事件的处理：当某个 img 标签发生 onMouseover 事件时，执行 overhandle()函数。该函数先获得父节点，并将相应的所有的 img 的 src 属性设置为

img/start0.png，接着所有 previousSibling 向前计算当前发生 onMouseover 事件的是第几个标签节点（节点的 nodeType 属性为 1 的才是标签节点）。因为前两个标签节点为 label 和 input，所以再将从第三个节点开始直到当前发生事件的节点的 src 属性设置为 img/start1.png。

（2）鼠标单击事件的处理：当某个 img 标签发生 onClick 事件时，表示用户选择了当前"星星评级"，这时执行 clickhandle()函数。该函数先获得父节点下面的 input 标签，接着使用 previousSibling 属性来获得当前事件的发生标签，并将 input 的 value 属性设置为"星星评级"（即第几个 img 标签）。

（3）鼠标移出事件的处理：当某个 img 标签发生 onMouseOut 事件时，这时执行 outhandle()函数。该函数先获得父节点下面的 input 标签，因为之前必定发生了鼠标移动事件，所以 img 的 src 属性可能改变了，所以现在再根据 input 标签的 value 属性的值来将 src 设置回正确的值。

7.5　表单示例三：人人网登录界面设计

下面来设计一个模拟人人网的登录界面，本程序的代码较短，而真正的人人网的登录部分的代码更长。本程序没有验证码框，而且功能也没有真正的人人网那么完美。

来一起看一下这个"钓鱼网站"登录界面是怎么设计的，以下是本程序的 HTML 代码部分。

```html
<div id="rrlogin">
   <div id="topbg">
      <img src="img/logo_new.png" />
      <div>
      </div>
   </div>
   <form method="post" action="http://www.renren.com/Login.do" id="frm">
      <div class="info" id="info1">
         <input type="text" name="email" id="email" onfocus="focushandle(this)" onfocusout="outhandle(this)" />
         <label for="email">邮箱/手机/用户名</label>
      </div>
      <div class="info" id="info2">
         <input type="password" name="password" id="password" onfocus="focushandle(this)"onfocusout="outhandle(this)"/>
         <label for="password">请输入密码</label>
      </div>
      <div>
         <input type="checkbox" name="chb" id="checkbox" />
         <label for="checkbox" >下次自动登录</label>
         <a href="http://safe.renren.com/findPass.do" >忘记密码? </a>
      </div>
      <input type="submit" name="login" id="login" value=""/>
      <div style="margin:20px 0;border-top:rgb(209,209,209) 1px solid;border-bottom:#ffffff 1px solid;"></div>
      <input type="button" id="register" value="" onclick="window.location='http://wwv.renren.com/xn.do?ss=10113&amp;rt=27&amp;g=v6reg'" >
```

```
    </form>
</div>
```

对上述代码进行剖析如下：

HTML 代码的标签大体框架是这样的：以 id 为 rrlogin 的 div 节点为根节点，里面再包含一个 id 为 topbg 以及一个 id 为 frm 的 form 标签。表单里面包含两个文本框、两个按钮标签、一个多选框以及遗忘密码的链接。

在上述代码里还为文本框 input 标签指定 onfocus 和 onfocusout 事件处理，来控制 label 标签的显示。因为在 CSS 代码中会将 label 标签放到文本框上面，所以要给 label 标签添加 for 属性，来将 onfocus 和 onfocusout 事件传给文本框 input 标签。

其中在 form 表单中第一个 div 标签里利用设置 boder-top 和 border-bottom 属性来使网页出现分隔线条的效果，而在人人网的登录源码里是利用图片来实现的。

另外本程序某些标签的 name 属性是不与人人网的相应标签一致的，但是某些链接和 action 属性及 onclick 属性是一致的。

以下是本程序的 CSS 代码部分。

```
#rrlogin
{
    float:left;                                      /*设置向左浮动*/
    background:rgb(235,240,250);                      /*设置背景颜色*/
    border:rgb(212,212,212) 1px solid;
                                                     /*设置边框颜色、宽度和样式*/
}
#rrlogin #topbg
{
    background:#FFFFFF;                               /*设置背景颜色*/
}
#rrlogin #topbg div
{
    background-image: -moz-linear-gradient(top, #FFFFFF,
    #EBF0FA );                                       /* 用于 Firefox 浏览器*/
    background-image: -webkit-gradient(linear,left top, left
    bottom, color-stop(0,#FFFFFF), color-stop(1,#EBF0FA ));
                                                     /*用于Safari和Chrome浏览器*/
    filter: progid:DXImageTransform.Microsoft.gradient
    (startColorstr='#FFFFFF', endColorstr='#EBF0FA',
    GradientType='0');                               /* 用于 IE 浏览器*/

    height:15px;                                     /*设置高度*/
    width:222px;                                     /*设置宽度*/
}
#rrlogin #frm
{
    padding:16px;                                    /*设置内边距*/
    text-align:center;                               /*设置内容居中*/
}
#rrlogin #frm label,#rrlogin #frm a
{
    font-size:12px;                                  /*设置字体大小*/
    text-decoration:none;                            /*设置文字修饰*/
    margin-top:0;                                    /*设置外边距*/
}
#rrlogin #frm .info
```

```
    -ms-border-radius: 3px;                              /*设置圆角*/
    -moz-border-radius: 3px;
    -webkit-border-radius: 3px;
    -khtml-border-radius: 3px;
    -o-border-radius: 3px;
    border-radius: 3px;
    border:rgb(173,183,201) 1px solid;
                                                         /*设置边框颜色、宽度和样式*/
    padding:1px 2px 1px 30px ;                           /*设置内边距*/
    background:#FFFFFF;                                  /*设置背景颜色*/
    margin-bottom:15px;                                 /*设置底部外边距*/
    background-image:url(img/img1.png);                 /*设置背景图片*/
    background-repeat:no-repeat;                         /*设置背景不重复*/
}
#rrlogin #frm #info2
{
    background-image:url(img/img2.png)                  /*设置背景图片*/
}
#rrlogin #frm .info div
{
    position:relative;                                  /*设置为相对定位*/
    margin:0;                                           /*设置外边距*/
}
#rrlogin #frm .info input
{
    margin:0;                                           /*设置外边距*/
    padding:7px 0;                                      /*设置内边距*/
    width:156px;                                        /*设置宽度*/
    border:0px;                                         /*设置边框*/
    font-size:14px;                                     /*设置字体大小*/
}
#rrlogin #frm .info label
{
    position:absolute;                                  /*设置绝对定位*/
    top:9px;                                            /*设置顶部偏移*/
    left:0px;                                           /*设置水平偏移*/
    cursor:text;                                        /*设置鼠标样式*/
    color:#999999;                                      /*设置字体颜色*/
    font-size:14px;                                     /*设置字体大小*/
}
#rrlogin #frm #login,#rrlogin #frm #register
{
    background:url(img/btn.png) ;                       /*设置背景图片*/
    border:none;                                        /*取消边框*/
    width:190px;                                        /*设置宽度*/
    height:38px;                                        /*设置高度*/
    margin-top:15px;                                    /*设置顶部外边距*/
}
#rrlogin #frm #register
{
    background:url(img/btn.png) ;                       /*设置背景图片*/
    background-position:0 -38px;                        /*设置图片偏移*/
    margin-top:0px;                                     /*设置顶部外边距*/
}
```

对上述代码进行剖析如下：

还可以总结出以下几点来供大家参考。

（1）设置 position:absolute 以及 top 和 left 之后，在 IE 浏览器里是从 padding 内部计算，在 Chrome 浏览器里是从 border 内部计算。

（2）Background 都从 border 内部开始设置的。

（3）Filter 滤镜的渐变效果是从 border 内部开始设置的（Filter 滤镜的渐变效果需要设置高度或宽度才起作用）。

（4）"border:none;"设置对 IE 6.0 无效，使用"border:0px;"代替。

以下代码是本程序的 JavaScript 代码部分。

```
<script type="text/javascript">
    function focushandle(obj)
    {
        var node=obj.nextSibling;
        node=node.nextSibling;
        node.style.visibility="hidden";          /*设置节点隐藏*/
    }
    function outhandle(obj)
    {
        var node=obj.nextSibling;
        node=node.nextSibling;
        if(obj.value=="")
            node.style.visibility="visible";      /*设置节点可见*/
    }
</script>
```

对上述代码进行剖析如下：

在 HTML 代码部分，已经为文本框 input 标签设置好 onfocus()和 onfocusout()的响应函数。当文本框 input 标签被选中时执行 focushandle()函数，该函数将 label 标签设置为隐藏；当不再被选中时执行 outhandle()函数，若文本框 input 的 value 属性为空则将 label 标签设置为可视。程序运行结果如图 7.23 所示。

图 7.23　人人网登录界面设计

第 8 章　其他 CSS 样式设计

CSS 是一个强大的语言，通过它可以设计出丰富多彩的样式，且 CSS 3 能支持更强大的功能。通过前几章的学习，相信大家已经掌握了 Web 前端设计的基本方法，在这一章将会进一步讲解其他的一些样式的设计。本章通过实例来讲解 CSS 样式设计的一些编程技巧。希望通过本章的学习，可以提高大家的编程能力。

8.1　圆角的设计

在这一节将学习怎么样添加圆角边框效果，可以通过使用图片、使用 CSS 3 的 border-radius 属性或者纯粹使用 CSS 边框颜色设置来达到圆角边框的效果。

8.1.1　通过设置背景设计圆角

下面通过设置 div 的边框以及 margin 属性来设置圆角边框效果。本程序中不需要使用到图片记忆属性 border-radius，所以可用于低版本的 IE 浏览器。

下面是本程序的完整代码。

```
<!DOCTYPE html PUBLIC "-//W3C//DTD XHTML 1.0 Transitional//EN"
"http://www.w3.org/TR/xhtml1/DTD/xhtml1-transitional.dtd">
<html xmlns="http://www.w3.org/1999/xhtml">
<head>
    <meta http-equiv="Content-Type" content="text/html; charset=gb2312" />
    <title>
        通过设置背景设计圆角
    </title>
    <style type="text/css">
        <!--
        #frm
        {
            float:left;                     /*设置为左浮动*/
        }
        #frm *
        {
            clear:both;                     /*从下一行开始浮动*/
            text-align:center;              /*设置内容居中*/
        }
        #frm .top div
        {
            border:#00FF66 1px solid;       /*设置边框颜色、宽度和样式*/
            border-width:0;                 /*设置边框宽度*/
            border-top-width:1px;           /*设置顶部宽度*/
```

```
        }
        #frm .top .14
        {
            margin:0 1px;                      /*设置外边距*/
            border-color:#F6F9FE;              /*设置边框颜色*/
        }
        #frm .top .13
        {
            margin:0 2px;                      /*设置外边距*/
            border-color:#F7FAFE;              /*设置边框颜色*/
        }
        #frm .top .12
        {
            margin:0 3px;                      /*设置外边距*/
            border-color:#F8FBFE;              /*设置边框颜色*/
        }
        #frm .top .11
        {
            margin:0 5px;                      /*设置外边距*/
            border-color:#F9FCFE;              /*设置边框颜色*/
        }
        #frm .title
        {
            background-image: -moz-linear-gradient(top, #F4F7FC,
            #EBF0FA );                         /* 用于 Firefox 浏览器 */
            background-image: -webkit-gradient(linear,left top, left
            bottom, color-stop(0,#F4F7FC), color-stop(1,#EBF0FA ));
                                               /*用于Safari和Chrome浏览器*/
            filter: progid:DXImageTransform.Microsoft.gradient
            (startColorstr='#F4F7FC', endColorstr='#EBF0FA',
            GradientType='0');                 /* 用于 IE 浏览器 */
            _width:300px;                      /*IE 6.0 必须这样设置,filter
                                               效果才能有效*/

        }
        #frm .content
        {
            border:#C5D5E4 1px solid;          /*设置边框颜色、宽度和样式*/
        }
        #frm .content div
        {
            width:200px;                       /*设置宽度*/
            height:80px;                       /*设置高度*/
            padding:20px;                      /*设置内边距*/
            text-align:left;                   /*设置内容居左*/
        }
    -->
    </style>
</head>
<body>
    <div id="frm">
        <div class="top">
            <div class="11"></div>
            <div class="12"></div>
            <div class="13"></div>
            <div class="14"></div>
        </div>
        <div class="title">
            题目《_____》
```

```
        </div>
        <div class="content" >
        <div >
            级联样式表简称 CSS, 通常又称为"风格样式表", 它是
用来进行网页风格设计的。
        </div>
    </div>
</body>
</html>
```

运行效果如图 8.1 所示。对上述代码进行剖析如下：

在 HTML 代码部分，以 id 为 frm 的 div 标签来装载所有的子节点，在 div 标签内部包含 3 个 div 子节点，其中 class 属性为 top 的 div 子节点用于绘画横向圆角效果。其内部含有 4 个 div 子节点，在 CSS 代码部分分别设置这 4 个 div 子节点只有上边框（即线条，或者不设置边框，改为设置高度为 1px 并设置背景色），并设置这 4 个 div 子节点含有渐变的左右 margin 值便可。

class 属性为 title 的 div 子节点用于保存标题，因为需要设置渐变效果，所以对于 IE 浏览器要使用 filter 属性，并且需要设置宽度值。

class 属性为 content 的 div 子节点用于保存主体内容，并使用 "text-align:middle" 来保证内部内容居中。

另外并不是任何节点都使用 "float:left" 设置，因为有的节点需要适应父节点的宽度。

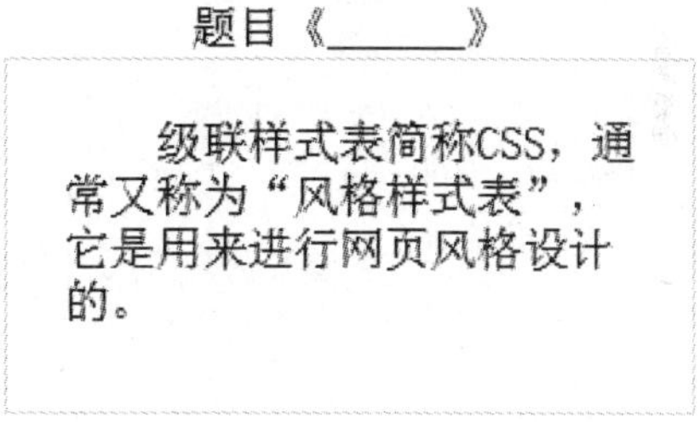

题目《_____》

级联样式表简称CSS，通常又称为"风格样式表"，它是用来进行网页风格设计的。

图 8.1　通过设置背景来设计圆角

8.1.2　五环效果

下面使用 CSS 3 提供的 border-radius 属性来设置 div 标签的边框，使其出现圆的效果，并通过设置 z-index 属性来设置标签的层次关系。

下面是本程序的完整代码。

```
<!DOCTYPE html PUBLIC "-//W3C//DTD XHTML 1.0 Transitional//EN"
"http://www.w3.org/TR/xhtml1/DTD/xhtml1-transitional.dtd">
<html xmlns="http://www.w3.org/1999/xhtml">
<head>
    <meta http-equiv="Content-Type" content="text/html; charset=gb2312" />
    <title>五环</title>
    <style type="text/css" media="screen">
    <!--
     .circles
     {
        position: relative;              /*设置相对定位*/
        float:left;                      /*设置左浮动*/
        margin: 0;                       /*设置外边距*/
     }
     .circles div
     {
        -ms-border-radius: 50px;         /*设置圆角*/
        -moz-border-radius: 50px;
        -webkit-border-radius: 50px;
```

```
        -khtml-border-radius: 50px;
        -o-border-radius: 50px;
        border-radius: 50px;
        width:80px;                             /*设置宽度*/
        height:80px;                            /*设置高度*/
        border: solid 7px red;                  /*设置边框样式、宽度和颜色*/
        position:absolute;                      /*设置绝对定位*/
        z-index:-1;                             /*设置垂直层次*/
    }
    .circles .blue
    {
        border-color:blue;                      /*设置边框颜色*/
        z-index:0;                              /*设置垂直层次*/
    }
    .circles .yellow
    {
        border-color:yellow;                    /*设置边框颜色*/
        top:50px;                               /*设置竖直偏移*/
        left:50px;                              /*设置水平偏移*/
        z-index:1;                              /*设置标签图层层次*/
    }
    .circles .black
    {
        border-color:black;                     /*设置边框颜色*/
        left:100px;                             /*设置水平偏移*/
        z-index:0;                              /*设置标签图层层次*/
    }
    .circles .green
    {
        border-color:green;                     /*设置边框颜色*/
        top:50px;                               /*设置竖直偏移*/
        left:150px;                             /*设置水平偏移*/
        z-index:1;                              /*设置标签图层层次*/
    }
    .circles .red
    {
        border-color:red;                       /*设置边框颜色*/
        left:200px;                             /*设置水平偏移*/
        z-index:0;                              /*设置标签图层层次*/
    }
    .circles .leftbig
    {
        border-right-color:transparent;         /*设置左边边框颜色透明*/
    }
    .circles .rightsmall
    {
        border-left-color:transparent;          /*设置左边边框颜色透明*/
        border-top-color:transparent;           /*设置顶部边框颜色透明*/
        border-bottom-color:transparent;        /*设置底部边框颜色透明*/
    }
    .circles .blue.rightsmall
    {
        z-index:2;                              /*设置标签图层层次*/
    }
    .circles .yellow.rightsmall
    {
        z-index:-1;                             /*设置标签图层层次*/
```

```
            }
            .circles .black.rightsmall
            {
                z-index:2;                        /*设置标签图层层次*/
            }
            .circles .green.rightsmall
            {
                z-index:-1;                       /*设置标签图层层次*/
            }
            .circles .red.rightsmall
            {
                z-index:0;                        /*设置标签图层层次*/
            }
            -->
        </style>
    </head>
    <body>
        <div class="circles">
            <div class="blue leftbig"></div>
            <div class="blue rightsmall"></div>
            <div class="yellow leftbig"></div>
            <div class="yellow rightsmall"></div>
            <div class="black leftbig"></div>
            <div class="black rightsmall"></div>
            <div class="green leftbig"></div>
            <div class="green rightsmall"></div>
            <div class="red leftbig"></div>
            <div class="red rightsmall"></div>
        </div>
    </body>
</html>
```

运行效果如图 8.2 所示。对上述代码进行剖析如下：

首先在 HTML 代码部分添加了 10 个 div 标签用于绘制圆环。

（1）在设计圆环的时候，必须使 border-radius 的值足够的大，以使得 div 标签呈现圆形的效果，最好是比高度的一半还要大。

（2）因为我们把 div 分为两类，一类是左边四分之三为透明颜色的（class 属性含有 rightsmall），一类是右边四分之一为透明颜色的（class 属性含有 leftbig）。然后根据各个 div 标签设置它们的 z-index 属性（z-index 的值需要从右到左逐个计算）。

（3）另外是定位的问题，因为 10 个 div 的父节点的 position 属性为 relative，所以这 10 个 div 标签，以它们的直接父节点的左上角为原点进行定位。

图 8.2　奥运五环

8.2　特殊部件设计

在网页设计里，会经常见到某些特殊的网页动态效果。这些特殊部件大都由 JavaScript 语言控制，且用法灵活、效果突出，值得初学者学习。在这一节将会结合实例向大家讲解相关的动态网页部件的设计，希望大家学以致用。

8.2.1　可移动的 div

首先设计一个可移动的 div 标签，该标签可以在指定的边框内部移动，但是其所有父节点必须是 position 属性没有设置的，否则父节点的边框偏移没有添加到子节点的位置变量里。而对于本程序来说，使用鼠标事件单击点的差值进行计算，所以父节点可以设置 position 属性。

```html
<!DOCTYPE html PUBLIC "-//W3C//DTD XHTML 1.0 Transitional//EN"
"http://www.w3.org/TR/xhtml1/DTD/xhtml1-transitional.dtd">
<html xmlns="http://www.w3.org/1999/xhtml">
<head>
    <meta http-equiv="Content-Type" content="text/html; charset=gb2312"
/>
    <title>
        可移动的 div
    </title>
    <style type="text/css">
            #frm
            {
                border-color:red;                /*设置边框颜色*/
                border-width:3px;                /*设置边框宽度*/
                border-style:solid;              /*设置边框样式*/
                width:300px;                     /*设置宽度*/
                height:200px;                    /*设置高度*/
            }
            #frm div
            {
                float:left;                      /*设置向左浮动*/
                background-color:#0033FF;        /*设置背景颜色*/
                cursor:default;                  /*设置鼠标样式*/
                position:relative;               /*设置相对定位*/
                left:0px;                        /*设置水平偏移*/
                top:0px;                         /*设置竖直偏移*/
            }
    </style>
    <script type="text/javascript">
        var mousedown;
        var frm_width;
        var frm_height;
        var obj_top=-1;
        var obj_left=-1;
        var obj_cur_top ;
        var obj_cur_left ;
        var press_x ;
        var press_y ;
        var block_obj;
        document.onmouseup=mouseuphandle;        /*设置鼠标放开处理函数*/
        document.onmousemove=mousemovehandle;    /*设置鼠标移动处理函数*/

        for(var i=0;i<document.styleSheets[0].rules.length;i++)
        {
            if( document.styleSheets[0].rules[i].selectorText=="#frm" )
            {
```

```
        frm_width = parseInt( document.styleSheets[0].rules[i].
        style["width"] );                /*转换为数字*/
        frm_height = parseInt( document.styleSheets[0].rules[i].
        style["height"] );               /*转换为数字*/
    }
}

function mousedownhandle(obj)
{
    mousedown=true;
    if( obj_top ==-1)
    {
        obj_left=obj.offsetLeft+ obj.offsetParent.offsetLeft;
        obj_top=obj.offsetTop+ obj.offsetParent.offsetTop;
    }
    obj_cur_left = obj.offsetLeft+ obj.offsetParent.offsetLeft;
    obj_cur_top = obj.offsetTop+ obj.offsetParent.offsetTop;

    press_x = event.clientX + document.body.scrollLeft;
    press_y = event.clientY + document.body.scrollTop;

    block_obj = obj;
}
function mousemovehandle()
{
    if(mousedown==true)
    {
        var mouseX = event.clientX + document.body.scrollLeft ;
        var mouseY = event.clientY + document.body.scrollTop ;

        //==========计算纵坐标========================
        if( mouseY-press_y+obj_cur_top> frm_height - block_obj.
        offsetHeight )
        {
            block_obj.style.top= frm_height - block_obj.
        offsetHeight +"px";              /*设置竖直偏移*/
        }
        else if( mouseY-press_y+obj_cur_top < obj_top )
        {
            block_obj.style.top="0px";  /*设置竖直偏移*/
        }
        else
        {
            block_obj.style.top= mouseY-press_y+obj_cur_top
            +"px";                       /*设置竖直偏移*/
        }
        //==========计算横坐标========================
        if( mouseX-press_x+obj_cur_left> frm_width -
        block_obj.offsetWidth )
        {
            block_obj.style.left= frm_width -
            block_obj.offsetWidth +"px";/*设置水平偏移*/
        }
        else if( mouseX-press_x+obj_cur_left < obj_left )
        {
            block_obj.style.left="0px"; /*设置水平偏移*/
        }
        else
        {
            block_obj.style.left= mouseX-press_x+obj_cur_left
```

```
                +"px";                          /*设置水平偏移*/
            }
        }
    }
    function mouseuphandle()
    {
        mousedown=false;
    }
    </script>
</head>
<body>
    <div id="frm">
        <div id="mov"    onmousedown="mousedownhandle(this)">
            点击拖动我
        </div>
    </div>
</body>
</html>
```

运行的效果如图 8.3 所示。对上述代码进行剖析如下如下：

首先 HTML 部分的代码很简单，它添加了两个 div 节点，一个是 id 属性为 frm 的 div 标签，它作为边框；另一个是 id 属性为 mov 的 div 标签，其中第二个添加了 onmousedown 事件。

本程序的 CSS 部分的代码也很简单，主要是设置父节点的大小和边框，以及子节点的背景颜色和 position 的相关属性等等。

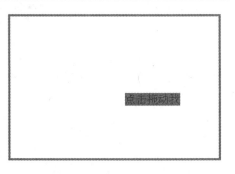

图 8.3　可拖动的 div 标签

下面本程序的 JavaScript 代码部分才是重头戏。首先解析一下本程序的几个变量的用处：mousedown 用于表示是否鼠标已经按下，frm_width 用于记录父节点的宽度，frm_height 用于记录父节点的高度，obj_top 用于记录元素初始时顶部的位置，obj_left 用于记录元素初始时左侧的位置，obj_cur_top 用于记录元素当前顶部的位置，obj_cur_left 用于记录元素当前左侧的位置，press_x 用于记录鼠标事件横坐标位置，press_y 用于记录鼠标事件纵坐标位置，block_obj 用于记录可移动 div 的实体。

在 JavaScript 代码的开头，属性遍历第一个 CSS 表单的所有规则，当规则的选择符的名字和 "#frm" 匹配时，获得其 width 属性和 height 属性的值，并使用函数 parseInt() 将它们转化为 int 类型。接着设置这个文档的鼠标移动事件以及鼠标提起事件的相应函数（之所以不是可移动 div 的鼠标移动事件以及鼠标提起事件，是因为鼠标移动速度过快会超出 div 标签的感知范围）。

当鼠标按下时执行 mousedownhandle，依次记录鼠标按下事件、设置 div 的初始位置、设置 div 的当前位置并设置鼠标的单击坐标。当鼠标移动时执行 mousemovehandle，首先获取鼠标事件的位置（即当前范围的相对坐标加上滚动的偏移量），并通过鼠标当前位置和单击点的差来决定 div 移动的距离，并通过判断是否超过父节点的内部宽度来控制 div 的位置。

最后当鼠标提起时，将 mousedown 标记为 false，则 mousemovehandle() 函数就不会起实在的作用。

8.2.2 进度条设计

下面来设计一个由超时函数控制的进度条,每隔一秒钟就会执行指定的超时函数,在指定的超时函数里设置进度条的标签的长度,即可完成进度条的进度显示。

下面是本程序的完整代码。

```html
<!DOCTYPE html PUBLIC "-//W3C//DTD XHTML 1.0 Transitional//EN"
"http://www.w3.org/TR/xhtml1/DTD/xhtml1-transitional.dtd">
<html xmlns="http://www.w3.org/1999/xhtml">
<head>
    <meta http-equiv="Content-Type" content="text/html; charset=gb2312" />
    <title>
        进度条设计
    </title>
    <script language="Javascript" type="text/javascript">
        window.setTimeout("Update();",0);
        function Update()
        {
            var frm=document.getElementById("frame");
                                                        /*获取 id 为 frame 的标签*/
            var list=document.getElementsByTagName("div");
                                                        /*获取 div 标签*/
            var bar;
            for(var i=0; i<list.length ;i++)
            {
                if( list[i].className=="bar" )
                                                        /*查找 class 属性为 bar 的标签*/
                    bar=list[i];
            }
            if( bar.style.width=="" )
            {
                bar.style.width="6%";                   /*设置宽度*/
            }
            else
            {
                bar.style.width= parseInt(bar.style.width)+1+"%";
            }
            bar.nextSibling.nextSibling.textContent = parseInt
            (bar.style.width)-5+"%";
            if( bar.style.width!="105%" )
            {
                window.setTimeout("Update();",100);
                                                        /*设置超时*/
            }
        }
    </script>
    <style type="text/css">
        <!--
            #frame
            {
                border:#FF0000 solid 1px;               /*设置边框颜色、样式和宽度*/
                overflow:hidden;                        /*设置隐藏超出范围的内容*/
                width:300px;                            /*设置宽度*/

                -ms-border-radius: 50px;                /*设置圆角*/
                -moz-border-radius: 50px;
```

```
    -webkit-border-radius: 50px;
    -khtml-border-radius: 50px;
    -o-border-radius: 50px;
    border-radius: 50px;
    border:2px solid black;               /*设置边框宽度、样式和颜色*/
    border-bottom-width:4px;              /*设置底部边框宽度*/
    border-top-width:3px;                 /*设置顶部边框宽度*/

    background-image: -moz-linear-gradient
    (top,#F8F8F8,#CCCCCC);                /*用于 Firefox 浏览器 */
    background-image: -webkit-gradient(linear,left top, left
    bottom,  color-stop(0,#F8F8F8),  color-stop(1,#CCCCCC));
                                          /*用于 Safari 和 Chrome 浏览器*/
    filter: progid:DXImageTransform.Microsoft.gradient
    (startColorstr='#F8F8F8', endColorstr='#CCCCCC',
    GradientType='0');                    /*用于 IE 浏览器*/
}
#frame .border
{
    margin:15px 30px;                     /*设置外边距*/
    border:2px solid black;               /*设置边框宽度、样式和颜色*/
    height:30px;                          /*设置高度*/
    background-image: -moz-linear-gradient
    (top,#B0B0B0,#F8F8F8);                /*用于 Firefox 浏览器 */
    background-image: -webkit-gradient(linear,left top, left
    bottom,  color-stop(0,#B0B0B0),  color-stop(1,#F8F8F8));
                                          /*用于 Safari 和 Chrome 浏览器*/
    filter: progid:DXImageTransform.Microsoft.gradient
    (startColorstr='#B0B0B0', endColorstr='#F8F8F8',
    GradientType='0');                    /*用于 IE 浏览器*/
    overflow:hidden;                      /*隐藏超出范围的部分*/
    position:relative;                    /*设置相对定位*/
}
#frame .border .bar
{
    width:5%;                             /*设置宽度*/
    height:100%;                          /*设置高度*/

    background-image: -moz-linear-gradient
    (top,#B0B0B0,#F8F8F8);                /* 用于 Firefox 浏览器 */
    background-image: -webkit-gradient(linear,left top, left
    bottom,  color-stop(0,#8EFB3C),  color-stop(1,#7AC478));
                                          /*用于 Safari 和 Chrome 浏览器*/
    filter: progid:DXImageTransform.Microsoft.gradient
    (startColorstr='#B0B0B0', endColorstr='#F8F8F8',
    GradientType='0');                    /*用于 IE 浏览器*/
    -ms-border-top-right-radius: 10px;
                                          /*设置右上方圆角*/
    -moz-border-top-right-radius: 10px;
    -webkit-border-top-right-radius: 10px;
    -khtml-border-top-right-radius: 10px;
    -o-border-top-right-radius: 10px;
    border-top-right-radius: 10px;

    -ms-border-bottom-right-radius: 10px;
                                          /*设置右下方圆角*/
    -moz-border-bottom-right-radius: 10px;
    -webkit-border-bottom-right-radius: 10px;
```

```
                    -khtml-border-bottom-right-radius: 10px;
                    -o-border-bottom-right-radius: 10px;
                    border-bottom-right-radius: 10px;

                    -webkit-transition: all 0.1s ease-in-out 0s ;
                                                    /*用于Safari和Chrome浏览器*/
                    -moz-transition: all 0.1s ease-in-out 0s ;
                                                    /*用于FireFox浏览器*/
                    -ms-transition: all 0.1s ease-in-out 0s ;
                                                    /*用于IE 9浏览器*/
                    -o-transition: all 0.1s ease-in-out 0s ;
                                                    /* 用于Opera浏览器 */
                    transition: all 0.1s ease-in-out 0s ;
                                                    /* CSS3标准 */

                }
            #frame .border .persentage
            {
                    position:absolute;              /*设置绝对定位*/
                    left:0;                         /*设置水平偏移*/
                    top:0;                          /*设置竖直偏移*/
                    width:100%;                     /*设置宽度*/
                    text-align:center;              /*设置内容居中*/
                    padding:5px;                    /*设置内边距*/
                    color:#F9EC75;                  /*设置字体颜色*/
                    font-weight:bold;               /*设置字体粗细*/
            }
        -->
    </style>
</head>
<body>
    <div id="frame">
        <div class="border">
            <div class="bar">

            </div>
            <div class="persentage" >
                    0%
            </div>
        </div>
    </div>
</body>
</html>
```

运行的效果如图 8.4 所示。

对上述代码进行剖析如下：

本程序的 HTML 代码里添加了 3 个 div 标签，最内部的 div 标签用于绘制进度条，其外面的 div 标签用于绘制装载进度条的狭槽，最外部的 div 标签用于绘制外壳效果。

图 8.4 进度条设计

本程序的 CSS 代码部分相对简单，依次设置 id 选择符 "#frame" 的圆角边框、背景渐变以及宽度，设置 class 描述符 ".border" 的边框和背景渐变，设置 class 描述符 ".bar" 的圆角边框以及背景渐变。

在本程序的运行中，可以发现有停滞的效果，这是因为 JavaScript 程序和 CSS 3 的

transition 属性不一致所造成的。如果希望进渡条过渡顺利可以取消超时函数里面的超时重设，并直接将 bar.style.width 设置为超过 100，并将 transition 属性的变化时间设置为较长的时间即可。

8.3 　 颜色

颜色是页面效果极其重要的方面，需要很好地掌握。在之前的编程中已经涉及了很多颜色的设置，在这里将详细讲解颜色的表示方法以及设置方法。

8.3.1 　 颜色的表示

颜色的表示方法主要有 3 种：关键字形式、RGB 形式以及十六进制形式。

1. 关键字形式

以下是关键字和相应的十六进制值的对照表，我们不可能记住所有的关键字，除非你想学英文，表 8.1 只为大家作参考。

表 8.1 　 颜色的关键字和相应的十六进制值

关键字	十六进制	关键字	十六进制	关键字	十六进制
black	#000000	dimgray	#696969	gray	#808080
slategray	#708090	lightslategray	#778899	dakgray	#A9A9A9
silver	#C0C0C0	lightgray	#D3D3D3	gainsboro	#DCDCDC
whitesmoke	#F5F5F5	ghostwhite	#F8F8FF	white	#FFFFFF
midnightblue	#191970	navy	#000080	darkblue	#00008B
darkslateblue	#483D8B	mediumblue	#0000CD	royalblue	#4169E1
dodgerblue	#1E90FF	cornflowerblue	#6495ED	deepskyblue	#00BFFF
lightskyblue	#87CEFA	lightsteelblue	#B0C4DE	lightblue	#ADD8E6
steelblue	#4682B4	darkcyan	#008B8B	cadetblue	#5F9EA0
darkturquoise	#00CED1	mediumturquoise	#48D1CC	turquoise	#40E0D0
skyblue	#87CECB	powderblue	#B0E0E6	paleturquoise	#AFEEEE
lightcyan	#E0FFFF	azure	#F0FFFF	aliceblue	#F0F8FF
aqua(cyan)	#00FFFF	darkslategray	#2F4F4F	darkolivegreen	#556B2F
olive	#808000	darkgreen	#006400	forestgreen	#228B22
seagreen	#2E8B57	green(teal)	#008080	lightseagreen	#20B2AA
madiumaquamarine	#66CDAA	mediumseagreen	#3CB371	darkseagreen	#8FBC8F
yellowgreen	#9ACD32	limegreen	#32CD32	lime	#00FF00
chartreuse	#7FFF00	lawngreen	#7CFC00	greenyellow	#ADFF2F
mediumspringgreen	#00FA9A	springgreen	#00FF7F	lightgreen	#90EE90
palegreen	#98F898	aquamarine	#7FFFD4	honeydew	#F0FFF0
darkgoldenrod	#B8860B	goldenrod	#DAA520	gold	#FFD700
yellow	#FFFF00	darkkhaki	#BDB76B	khaki	#F0E68C
palegoldenrod	#EEE8AA	beige	#F5F5DC	lemonchiffon	#FFFACD
lightgoldenrodyellow	#FAFAD2	lightyellow	#FFFFE0	saddlebrown	#8B4513
sienna	#A0522D	chocolate	#D2691E	indianred	#CD5C5C
rosybrown	#BC8F8F	lightcorol	#F08080	salmon	#FA8072
lightsalmon	#FFA07A	orangered	#FF4500	tomato	#FF6347

续表

关键字	十六进制	关键字	十六进制	关键字	十六进制
coral	#FF7F50	darkorange	#FF8C00	sandybrown	#F4A460
peru	#CD853F	tan	#D2B48C	burlywood	#DEB887
wheat	#F5DEB3	moccasin	#FFE4B5	navajowhite	#FFDEAD
peachpuff	#FFDAB9	bisque	#FFE4C4	antuquewhite	#FAEBD7
papayawhip	#FFEFD5	cornsilk	#FFF8DC	oldlace	#FDF5E6
linen	#FAF0E6	seashell	#FFF5EE	snow	#FFFAFA
floralwhite	#FFFAF0	ivory	#FFFFF0	mintcream	#F5FFFA
indigo	#4B0082	purple	#800080	darkmagenta	#8B008B
darkorchid	#9932CC	blueviolet	#8A2BE2	darkviolet	#9400D3
slateblue	#6A5ACD	mediumpurple	#9370DB	mediumslateblue	#7B68EE
mediumorchid	#BA55D3	violet	#EE82EE	plum	#DDA0DD
thistle	#D8BFD8	lavender	#E6E6FA	mediumvioletred	#C71585
palevioletred	#D87093	deeppink	#FF1493	fuchsia(magenta)	#FF00FF
hotpink	#FF69B4	pink	#FFC0CB	lightpink	#FFB6C1
mistyrose	#FFE4E1	lavenderblush	#FFF0F5	maroon	#800000
darkred	#8B0000	brown	#A52A2A	firebrick	#B22222
crimson	#DC143C	red	#FF0000		

2．RGB 形式

在指定颜色值的时候，可以使用 RGB 形式来指定颜色的数值，其中 R 代表红色、G 代表绿色、B 代表蓝色。

该形式内部含有 3 个分量，分别表示红、绿、蓝的颜色成分的值。例如，可以有以下两种设置方式。

（1）百分比数值形式

例如，rgb(10%, 0%, 0%)，表示红色分量占红色总分量的 10%，绿色分量占绿色总分量的 0%，蓝色分量占蓝色总分量的 0%。

（2）0~255 数值形式

除了百分比形式外，另外还可以使用 0~255 的数值来表示红、绿、蓝 3 个分量的值。例如，rgb(10,0,0)，表示红色分量的值为 10，绿色分量的值为 0，蓝色分量的值为 0。

但是绝对不能同时使用百分比数值以及 0~255 数值形式，即 rgb(10%,200,50%)这种形式是错误的。而当你将某个数值设置为超过 255 的值时，会按 255 来进行显示。

另外某些有浏览器还支持 RGBA 颜色形式，该形式可以含有 4 个分量，前 3 个分量和 RGB 形式一样都是表示红、绿、蓝 3 种颜色的值，而第 4 个分量表示透明度，它必须是小于等于 1 的正数，而不可以是百分比形式的数。

3．十六进制形式

使用十六进制指定颜色，现在大家首先要了解一下什么是十六进制数值。这里所说的十六进制和大家所知道的十进制数十分相像。其中十进制是由 0、1、2、3、4、5、6、7、8、9 这几个数字组成的，而十六进制由 0、1、2、3、4、5、6、7、8、9、A、B、C、D、E、F 所组成，其中 A、B、C、D、E、F 分别表示 10、11、12、13、14、15。

例如，ff 表示的十进制数值为 15*16+15，123 表示的十进制数值为 1*16*16+2*16+3。在 CSS 代码下面一般以井号"#"开头表示十六进制数值。其中表示颜色的十六进制的前两个字符表示红色的数值，中间两个字符表示绿色的数值，后面两个字符表示蓝色的数值。

例如，#ff2035，ff 表示红色分量的十六进制数值（其十进制值为 15*16+15），20 表示绿色分量的十六进制数值（其十进制值为 2*16+0），35 表示蓝色分量的十六进制数值（其十进制值为 3*16+5）。

4．网络安全色

因为显示设备以及浏览器的不同，可能会导致同一种颜色在不同终端上显示效果不同。所谓的网络安全色指的是在任何终端上显示效果都基本相同的颜色。

网络安全色是指每个颜色分量只能取 0、51、102、153、204、255 这几个数值之一。而由这些数值组成的颜色就叫做网络安全色。

8.3.2　颜色的使用

下面我们通过一个简单的程序来讲解如何进行颜色的设置，该程序涉及前面提到的 3 种颜色格式的具体应用和设置，希望大家通过本程序的学习可以掌握颜色的设置。

```
<!DOCTYPE html PUBLIC "-//W3C//DTD XHTML 1.0 Transitional//EN"
"http://www.w3.org/TR/xhtml1/DTD/xhtml1-transitional.dtd">
<html xmlns="http://www.w3.org/1999/xhtml">
<head>
    <meta http-equiv="Content-Type" content="text/html; charset=gb2312" />
    <title>
        颜色的使用
    </title>
    <style type="text/css">
        <!--
            #frame
            {
                border-color:blue;              /*设置边框颜色*/
                border-width:3px;               /*设置边框宽度*/
                border-style:solid;             /*设置边框样式*/
                color:#FF0000;                  /*设置字体颜色*/
                background-color:rgba(0%,100%,0%,0.2);
                                                /*设置背景颜色*/
                float:left;                     /*设置向左偏移*/
                height:50px;                    /*设置高度*/
            }
        -->
    </style>
</head>
<body>
    <div id="frame">
        红色字，绿底，蓝框
    </div>
</body>
</html>
```

运行的效果如图 8.5 所示。对上述代码进行剖析如下：

在本程序里，HTML 代码段添加一个 div 标签，在 CSS 代码里面分别为该标签的边框、字体颜色以及背景颜色添加颜色设置。

对颜色的设置分别使用了关键字形式、十六进制形式以及

红色字，绿底，蓝框

图 8.5　颜色设置

RGB 形式。

8.4　细说选择符

在之前的章节里，都会涉及 CSS 的样式设置，其中包括选择符的指定（也就是该样式所修饰的标签），而之前没有对这些选择符展开说明。在这一节将会进一步讨论这些选择符的种类、书写格式以及提供相应的使用举例。

8.4.1　全局选择符

所谓的全局选择符，就是控制这个页面以及某个标签的所有选择符，CSS 规定星号"*"为全局选择符。下面是全局选择符的使用举例。

```
<!DOCTYPE html PUBLIC "-//W3C//DTD XHTML 1.0 Transitional//EN"
"http://www.w3.org/TR/xhtml1/DTD/xhtml1-transitional.dtd">
<html xmlns="http://www.w3.org/1999/xhtml">
<head>
    <meta http-equiv="Content-Type" content="text/html; charset=gb2312" />
    <title>
        全局选择符
    </title>
    <style type="text/css">
        <!--
            *
            {
                border-color:red;                /*设置边框颜色*/
                border-style:solid;              /*设置边框样式*/
                border-width:2px;                /*设置边框宽度*/
                background-color:#E3FDE9;         /*设置背景颜色*/
            }
            div  *
            {
                border-style:dotted;             /*设置边框样式*/
                border-color:blue;               /*设置边框颜色*/
                background-color:#EEF7A6;         /*设置背景颜色*/
            }
        -->
    </style>
</head>
<body>
    <span>
        全局选择符
    </span>
    <div>
        <h3>
            全局选择符
        </h3>
        <p>
            使用全局选择符来指定页面内或某个标签下的所有标签，直接星号"*"即可。
        </p>
    </div>
</body>
```

```
</html>
```

对上述代码进行剖析如下：

CSS 代码部分使用了两个选择符规则来控制指定的标签的样式。第一个选择符控制网页内部所有的节点，包括<html>、<body>、<span>、<div>、<h3>和<p>，如图 8.6 所示，最外层的边框是 html 节点的边框，而紧紧包围所有文字的边框为 body 标签的边框。

图 8.6　全局选择符

第二个选择符除了使用全局选择符外，还使用了派生选择符，即各个选择符间使用空格分开，即表示前一个选择符指定的标签是后一个选择符指定的标签的父节点。如果前一个选择符指定的标签内含有后一个选择符指定的标签，则最内部的子节点就可以被该选择符的样式规则所控制。例如在本例中选择符"div *"表示所有 div 标签内部的所有子节点。

8.4.2　标签选择符

标签选择符是准确定义样式的网页元素对象，直接使用 HTML 标签的名字作为选择符即可。下面是使用标签选择符的简单示例。

```
<!DOCTYPE html PUBLIC "-//W3C//DTD XHTML 1.0 Transitional//EN"
"http://www.w3.org/TR/xhtml1/DTD/xhtml1-transitional.dtd">
<html xmlns="http://www.w3.org/1999/xhtml">
<head>
    <meta http-equiv="Content-Type" content="text/html; charset=gb2312" />
    <title>
        标签选择符
    </title>
    <style type="text/css">
        <!--
            h3
            {
                color:#FF0000;                    /*设置字体颜色*/
                background-color:#00FFFF;         /*设置背景颜色*/
                width:200px;                      /*设置宽度*/
                margin: 0;                        /*设置外边距*/
            }
            div
            {
                border-color:#003366;             /*设置边框颜色*/
                border-style:dashed;              /*设置边框样式*/
                border-width:4px;                 /*设置边框宽度*/
                padding:20px ;                    /*设置内边距*/
                width:200px;                      /*设置宽度*/
            }
        -->
    </style>
</head>
```

```
<body>
    <h3>
        标签选择符
    </h3>
    <div>
        <h3>
            标签选择符
        </h3>
        <p>
            标签选择符是准确定义样式的网页元素对象，直接使用 Html 标签的名字作为选择
            符即可
        </p>
    </div>
</body>
</html>
```

运行效果如图 8.7 所示。

对上述代码进行剖析如下：

在本代码里 body 标签内部含有一个 h3 标签以及一个 div 标签，div 标签内部还含有一个 h3 标签以及一个 p 标签。

在 CSS 代码部分使用了两个标签选择符来定义规则。第一个标签选择符为 h3，它可以控制页面内部所有的 h3 标签。例如第一个 h3 标签以及 div 标签内部的 h3 标签，它们都由这个 h3 标签选择符所控制。第二个标签选择符 div 也同样可以控制页面内部所有的 p 标签。

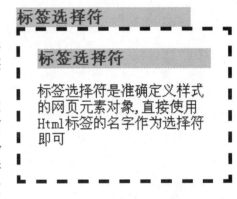

图 8.7　标签选择符

8.4.3　ID 选择符

下面我们讲解一下什么是 ID 选择符。每个标签在 HTML 代码部分都可以拥有一个 id 属性，并且仅可以拥有一个 id 属性值，但不同的标签可以拥有同一个 id 值。

下面是 id 选择符的简单使用。

```
<!DOCTYPE html PUBLIC "-//W3C//DTD XHTML 1.0 Transitional//EN"
"http://www.w3.org/TR/xhtml1/DTD/xhtml1-transitional.dtd">
<html xmlns="http://www.w3.org/1999/xhtml">
<head>
    <meta http-equiv="Content-Type" content="text/html; charset=gb2312" />
    <title>
        ID 选择符
    </title>
    <style type="text/css">
        <!--
            #p1
            {
                font-size:10px;                    /*设置字体大小*/
            }
            #p2
            {
                border-color:red;                  /*设置边框颜色*/
```

```
                border-style:dotted;                    /*设置边框样式*/
                border-width:3px;                       /*设置边框宽度*/
            }
        #p3
        {
                font-size:10px;                         /*设置字体大小*/
        }
        #p4
        {
                border-color:red;                       /*设置边框颜色*/
                border-style:dotted;                    /*设置边框样式*/
                border-width:3px;                       /*设置边框宽度*/
        }
    -->
    </style>
</head>
<body>
    <p id="p1">
        1．这是 id 为 p1 的标签。
    </p>
    <p id="p2">
        2．这是 id 为 p2 的标签，显示正常。
    </p>
    <p id="p2">
        3．这也是 id 为 p2 的标签，显示正常。
    </p>
    <p id="p3  p4">
        4．这是 id 为 p3 和 p4 的标签，是错误的。
    </p>
</body>
</html>
```

运行效果如图 8.8 所示。对上述代码进行剖析如下：

在本程序的 HTML 代码部分，添加了 4 个<p>标签，每个<p>标签都赋予了一定的 id 值。

第 1 个<p>标签的 id 属性值为 p1，它也正常显示了 id 选择符为 "#p1" 的样式规则；第 2 个<p>标签的 id 属性值为 p2，它也正常显示了 id 选择符为 "#p2" 的样式规则；且第 3 个<p>标签的 id 属性值为 p2，它也正常显示了 id 选择符为 "#p2" 的样式规则。可见同一个 id 值是可以赋给不同的标签的。

第 4 个<p>标签的 id 属性值为 "p3 p4"，但它没有正常显示 id 选择符为 "#p3" 和 "#p4" 的样式规则，所以同一个标签不能拥有多个 id 选择符。

图 8.8　ID 选择符

8.4.4　CLASS 选择符

下面讲解一下什么是 CLASS 选择符。每个标签在 HTML 代码部分都可以拥有多个
class 属性，并且不同的标签可以拥有同一个 class 值。

下面是 class 选择符的简单使用。

```
<!DOCTYPE html PUBLIC "-//W3C//DTD XHTML 1.0 Transitional//EN"
"http://www.w3.org/TR/xhtml1/DTD/xhtml1-transitional.dtd">
<html xmlns="http://www.w3.org/1999/xhtml">
<head>
    <meta http-equiv="Content-Type" content="text/html; charset=gb2312" />
    <title>
        CLASS 选择符
    </title>
    <style type="text/css">
        <!--
        .p1
        {
            font-size:10px;                    /*设置字体大小*/
        }
        .p2
        {
            border-color:red;                  /*设置边框颜色*/
            border-style:dotted;               /*设置边框样式*/
            border-width:3px;                  /*设置边框宽度*/
        }
        .p3
        {
            font-size:10px;                    /*设置字体大小*/
        }
        .p4
        {
            border-color:red;                  /*设置边框颜色*/
            border-style:dotted;               /*设置边框样式*/
            border-width:3px;                  /*设置边框宽度*/
        }
        -->
    </style>
</head>
<body>
    <p class="p1">
        1. 这是 class 为 p1 的标签。
    </p>
    <p class="p2">
        2. 这是 class 为 p2 的标签，显示正常。
    </p>
    <p class="p2">
        3. 这也是 class 为 p2 的标签，显示正常。
    </p>
    <p class="p3 p4">
        4. 这是 class 为 p3 和 p4 的标签，显示正常。
    </p>
</body>
</html>
```

运行效果如图 8.9 所示。对上述代码进行剖析如下：

在本程序的 HTML 代码部分，添加了 4 个<p>标签，每个<p>标签都赋予了一定的 class 值。

第 1 个<p>标签的 class 属性值为 p1，它也正常显示了 class 选择符为 ".p1" 的样式规则；第 2 个<p>标签的 class 属性值为 p2，它也正常显示了 id 选择符为 ".p2" 的样式规则；且第 3 个<p>标签的 class 属性值为 p2，它也正常显示了 id 选择符为 ".p2" 的样式规则，可见同一个 class 值是可以赋给不同的标签的。

第 4 个<p>标签的 class 属性值为 "p3 p4"，它正常显示了 class 选择符为 ".p3" 和 ".p4" 的样式规则，所以同一个标签可以拥有多个 class 选择符。

图 8.9　CLASS 选择符

8.4.5　派生选择符

所谓派生选择符就是各个选择符间使用空格分开，即表示前一个选择符指定的标签是后一个选择符指定的标签的父节点。如果前一个选择符指定的标签内含有后一个选择符指定的标签，则最内部的子节点就可以被该选择符的样式规则所控制。

下面是派生选择符的简单使用。

```
<!DOCTYPE html PUBLIC "-//W3C//DTD XHTML 1.0 Transitional//EN"
"http://www.w3.org/TR/xhtml1/DTD/xhtml1-transitional.dtd">
<html xmlns="http://www.w3.org/1999/xhtml">
<head>
    <meta http-equiv="Content-Type" content="text/html; charset=gb2312" />
    <title>
        派生选择符
    </title>
    <style type="text/css">
    <!--
        #d1  h3
        {
            border-color:red;                /*设置边框颜色*/
            border-style:solid;              /*设置边框样式*/
            border-width:2px;                /*设置边框宽度*/
            margin:0;                        /*设置外边距*/
        }
        #d2  h3
        {
            border-color:blue;               /*设置边框颜色*/
            border-style:dashed;             /*设置边框样式*/
            border-width:2px;                /*设置边框宽度*/
            margin:0;                        /*设置外边距*/
        }
        #d1  div  p
```

```
        {
            background-color:#C6FAC0;            /*设置背景颜色*/
            height:30px;                         /*设置高度*/
            margin:0;                            /*设置外边距*/
        }
        #d2  div  p
        {
            background-color:#BCAFFA;            /*设置背景颜色*/
            height:30px;                         /*设置高度*/
            margin:0;                            /*设置外边距*/
        }
        -->
    </style>
</head>
<body>
    <div id="d1">
        <h3>
            这是 id="d1"的 div 标签里的 h3 标签
        </h3>
        <div>
            <p>
                这是 id="d1"的 div 标签里的 div 标签里的 span 标签
            </p>
        </div>
    </div>
    <div id="d2">
        <h3>
            这是 id="d2"的 div 标签里的 h3 标签
        </h3>
        <div>
            <p>
                这是 id="d2"的 div 标签里的 div 标签里的 span 标签
            </p>
        </div>
    </div>
</body>
</html>
```

运行效果如图 8.10 所示。对上述代码进行剖析如下：

在本程序的 HTML 部分，添加了两个 div 标签，每个 div 标签里面都含有一个 h3 标签以及一个 div 标签，而该 div 标签还含有一个 p 标签。

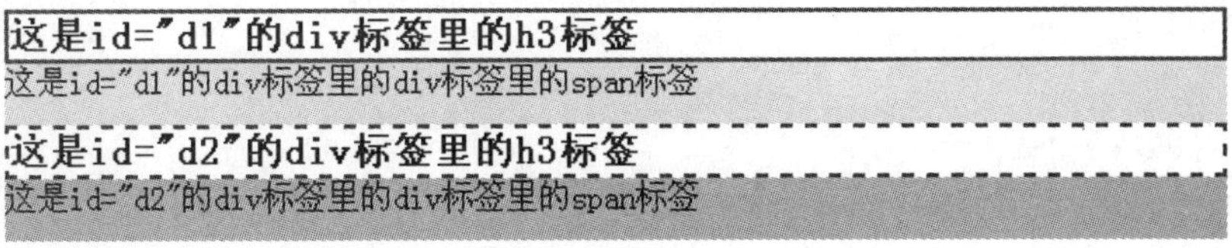

图 8.10　派生选择符

因为 h3 标签和 p 标签没有 id 属性设置，也没有 class 属性设置，而我们必须修改这两个 h3 标签以及 p 标签为不同的样式，所以我们需要将它们分别设置，这时可以使用派生选择符来控制不同 div 标签里面的子标签的属性。例如，"#d1 h3"表示 id 为 d1 的标签下面的所有 h3 标签。

派生选择符可以添加任意多个子节点选择符，直到它指向你所需要控制的标签，且每个节点的选择符可以是全局选择符、标签选择符、ID 选择符以及 CLASS 选择符。

8.4.6　元素群选择符

有时需要将某些不同类型的标签设置相同的属性值，这时可以使用元素群选择符来控制这些标签具有相同的属性和值，这样可以减少编程的代码量以及数据传输的用时。

指定元素群选择符，使用逗号"，"将各个需要设置为相同属性值的标签连接起来即可。以下是元素群选择符的简单使用。

```
<!DOCTYPE html PUBLIC "-//W3C//DTD XHTML 1.0 Transitional//EN"
"http://www.w3.org/TR/xhtml1/DTD/xhtml1-transitional.dtd">
<html xmlns="http://www.w3.org/1999/xhtml">
<head>
    <meta http-equiv="Content-Type" content="text/html; charset=gb2312" />
    <title>
        元素群选择符
    </title>
    <style type="text/css">
        <!--
        #id1 , .p1 , div
        {
            border-color:red;              /*设置边框颜色*/
            border-style:solid;            /*设置边框样式*/
            border-width:1px;              /*设置边框宽度*/
            margin:0;                      /*设置外边距*/
        }
        #d1 p , #d2 p
        {
            background-color:#D0F8C9;      /*设置背景颜色*/
            font-weight:bold;              /*设置字体粗细*/
        }
        -->
    </style>
</head>
<body>
    <span id="id1">
        这是 id="id1"的 span 标签
    </span>
    <div>
        这是 div 标签
    </div>
    <p class="p1">
        这是 class="p1"的 p 标签
    </p>
    <div id="d1">
        <p>
            这是 id="d1"的 div 标签里的 p 标签
        </p>
    </div>
    <div id="d2">
        <p>
            这是 id="d2"的 div 标签里的 p 标签
        </p>
    </div>
```

```
</body>
</html>
```

运行效果如图 8.11 所示。对上述代码进行剖析如下：

在 HTML 代码部分，包含一个 id 为 id1 的 span 标签、一个 div 标签、一个 class 为 p1 的 p 标签、一个 id 为 d1 的 div 标签以及一个 id 为 d2 的 div 标签。

在 CSS 代码部分使用了元素群选择符 "#id1,.p1,div"，该选择符订立的样式规则将会依次控制 id 为 id1 的标签、class 为 p1 的标签以及 div 标签。

选择符 "#d1 p , #d2 p" 结合了元素群选择符以及派生选择符，该选择符订立的样式规则将会依次控制 id 为 d1 的标签里面的 p 标签以及 id 为 d2 的标签里面的 p 标签。

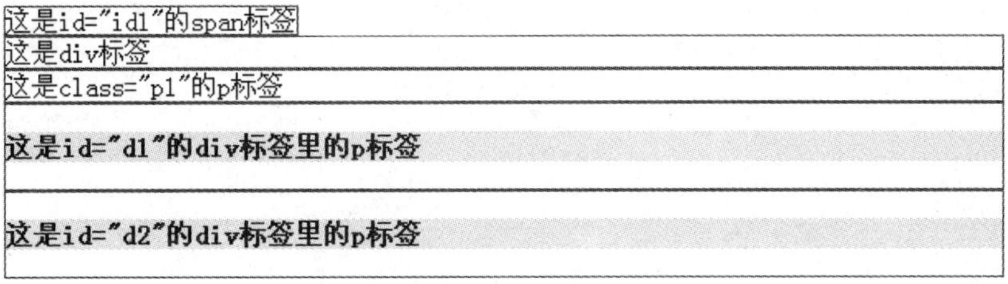

这是id="id1"的span标签
这是div标签
这是class="p1"的p标签

这是id="d1"的div标签里的p标签

这是id="d2"的div标签里的p标签

图 8.11　元素群选择符

8.4.7　指定选择符

指定选择符是指某个选择符标签同时拥有另一个选择符的联合使用，所有选择符紧贴着书写，一般标签选择符写在最开头，中间不可以写标签选择符，否则区分不出来。

下面是指定选择符的简单使用示例。

```
<!DOCTYPE html PUBLIC "-//W3C//DTD XHTML 1.0 Transitional//EN"
"http://www.w3.org/TR/xhtml1/DTD/xhtml1-transitional.dtd">
<html xmlns="http://www.w3.org/1999/xhtml">
<head>
    <meta http-equiv="Content-Type" content="text/html; charset=gb2312" />
    <title>
        指定选择符
    </title>
    <style type="text/css">
        <!--
        h3#d1
        {
            border-color:red;               /*设置边框颜色*/
            border-style:solid;             /*设置边框样式*/
            border-width:2px;               /*设置边框宽度*/
            margin:0;                       /*设置外边距*/
            background-color:#CDFCE9;        /*设置背景颜色*/
        }
        h4#d1
        {
            border-color:red;               /*设置边框颜色*/
            border-style:dashed;            /*设置边框样式*/
            border-width:2px;               /*设置边框宽度*/
            margin:0;                       /*设置外边距*/
```

```
                background-color:#CDFCE9;           /*设置背景颜色*/
            }
        p.t1
            {
                border-color:red;                   /*设置边框颜色*/
                border-style:solid;                 /*设置边框样式*/
                border-width:2px;                   /*设置边框宽度*/
                margin:0;                           /*设置外边距*/
            }
        div.t1
            {
                border-color:red;                   /*设置边框颜色*/
                border-style:dashed;                /*设置边框样式*/
                border-width:2px;                   /*设置边框宽度*/
                margin:0;                           /*设置外边距*/
            }
        .t2#d2.t3
            {
                border-color:red;                   /*设置边框颜色*/
                border-style:dotted;                /*设置边框样式*/
                border-width:4px;                   /*设置边框宽度*/
            }
        -->
    </style>
</head>
<body>
    <h3 id="d1">
        这是 id="d1"的 h3 标签
    </h3>
    <p class="t1">
        这是 class="t1"的 div 标签
    </p>
    <h4 id="d1">
        这是 id="d1"的 h4 标签
    </h4>
    <div class="t1">
        这是 class="t1"的 div 标签
    </div>
    <div class="t2 t3" id="d2">
        这是 id="d2",class="t2 t3"的 div 标签
    </div>
</body>
</html>
```

运行效果如图 8.12 所示。对上述代码进行剖析如下：

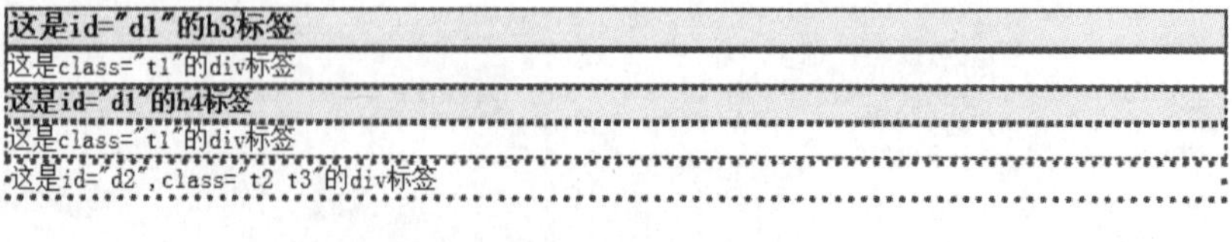

图 8.12　指定选择符

在 HTML 代码部分，含有一个 h3 标签、一个 p 标签、一个 h4 标签和两个 div 标签。其中 h3 标签和 h4 标签的 id 属性值一样，但是它们的样式并不相同，而 class 值都为 t1 的

p 标签和 div 标签的样式也不同。

在 CSS 代码部分，使用了选择符"h3#d1"，它控制的是 id 值为 d1 的 h3 标签；选择符"h4#d1"，它控制的是 id 值为 d1 的 h4 标签；选择符"p.t1"，它控制的是 class 值为 t1 的 p 标签；选择符"div.t1"，它控制的是 class 值为 t1 的 div 标签；选择符".t2#d2.t3"，它控制的是 class 值含有 t2 和 t3 的 id 值为 d2 的标签。

8.4.8 属性选择符

1. 属性存在选择符

所谓的属性存在选择符是指当某个标签的某个属性被设置才起作用的选择符，它使用中括号"[]"将目标属性括起指定。

```html
<!DOCTYPE html PUBLIC "-//W3C//DTD XHTML 1.0 Transitional//EN"
"http://www.w3.org/TR/xhtml1/DTD/xhtml1-transitional.dtd">
<html xmlns="http://www.w3.org/1999/xhtml">
<head>
    <meta http-equiv="Content-Type" content="text/html; charset=gb2312" />
    <title>
        属性选择符
    </title>
    <style type="text/css">
        <!--
        div[id]
        {
            border-color:red;                    /*设置边框颜色*/
            border-style:solid;                  /*设置边框样式*/
            border-width:2px;                    /*设置边框宽度*/
            margin:0;                            /*设置外边距*/
            background-color:#CDFCE9;            /*设置背景颜色*/
        }
        div[class]
        {
            border-color:red;                    /*设置边框颜色*/
            border-style:dashed;                 /*设置边框样式*/
            border-width:2px;                    /*设置边框宽度*/
            margin:0;                            /*设置外边距*/
            background-color:#CDFCE9;            /*设置背景颜色*/
        }
        -->
    </style>
</head>
<body>
    <div class="t1" >
        这是 class="t1"的 div 标签，有自定义样式
    </div>
    <div id="d2">
        这是 id="d2"的 div 标签，有自定义样式
    </div>
    <div>
        这是普通的 div 标签，没有自定义样式
    </div>
</body>
</html>
```

运行效果如图 8.13 所示。对上述代码进行剖析如下：

在本代码里的 HTML 部分，定义了 3 个 div 标签，其中前两个分别指定了 class 属性为 t1 以及 id 属性为 d2。在 CSS 代码部分，添加了选择符"div[id]"表示所有 id 属性被设置了的 div 标签，"div[class]"表示所有 class 属性被设置了的 div 标签。不止可以使用 class 和 id 属性来指定，还可以使用其他的 HTML 标签属性来进行指定。

另外指定的属性被设置为空字符串也算是已设置了的。IE 6.0 以下的版本属性选择符会无效，所以建议不要使用属性选择符。

```
这是class="t1"的div标签，有自定义样式
这是id="d2"的div标签，有自定义样式
这是普通的div标签，没有自定义样式
```

图 8.13　属性存在选择符

2．属性值指定选择符

所谓的属性值指定选择符就是既指定属性也同时指定属性值的选择符，其使用是在中括号内添加属性以及属性值和等号，如下面所示。

```
选择符[属性="值"]{
/*定义属性值*/
}
```

下面是属性值指定选择符的使用举例。

```
<!DOCTYPE html PUBLIC "-//W3C//DTD XHTML 1.0 Transitional//EN"
"http://www.w3.org/TR/xhtml1/DTD/xhtml1-transitional.dtd">
<html xmlns="http://www.w3.org/1999/xhtml">
<head>
    <meta http-equiv="Content-Type" content="text/html; charset=gb2312" />
    <title>
        属性值指定选择符
    </title>
    <style type="text/css">
        <!--
        div[id="d1"]
        {
            border-color:red;                 /*设置边框颜色*/
            border-style:solid;               /*设置边框样式*/
            border-width:2px;                 /*设置边框宽度*/
            margin:0;                         /*设置外边距*/
            background-color:#CDFCE9;         /*设置背景样式*/
        }
        div[id="d2"]
        {
            border-color:red;                 /*设置边框颜色*/
            border-style:solid;               /*设置边框样式*/
            border-width:2px;                 /*设置边框宽度*/
            margin:0;                         /*设置外边距*/
            background-color:#ACABE2;         /*设置背景样式*/
            font-size:28px;                   /*设置字体大小*/
        }
        div[class="c1"][id="d3"]
```

```
                    {
                        border-color:red;              /*设置边框颜色*/
                        border-style:dashed;           /*设置边框样式*/
                        border-width:2px;              /*设置边框宽度*/
                        margin:0;                      /*设置外边距*/
                        background-color:#CDFCE9;      /*设置背景样式*/
                    }
                -->
        </style>
    </head>
    <body>
        <div  id="d1" >
            这是 id="d1"的 div 标签，有自定义样式
        </div>
        <div  id="d2">
            这是 id="d2"的 div 标签，有自定义样式
        </div>
        <div  class="c1" id="d3">
            这是 class="c1"id="d3"的 div 标签，有自定义样式
        </div>
        <div  class="c1">
            这是 class="c1"的 div 标签，无样式
        </div>
    </body>
</html>
```

运行效果如图 8.14 所示。对上述代码进行剖析如下：

在本代码里的 HTML 部分，定义了 3 个 div 标签，分别指定了 id 属性为 d1、id 属性为 d2 以及 class 属性为 c1。在 CSS 代码部分，添加了属性指定选择符"div[id="d1"]"，表示所有 id 属性被设置为 d1 的 div 标签，"div[id="d2"]"表示所有 id 属性被设置为 d2 的 div 标签，"div[class="c1"][id="d3"]"表示所有 class 属性被设置为 c1 且 id 属性被设置为 d3 的 div 标签。

使用了属性指定选择符就可以对含有指定属性值的标签进行控制。属性值指定选择符一般用于除了 class 和 id 属性以外属性的指定，而对于 class 和 id 属性可以使用 CLASS 属性选择符和 ID 选择符配合指定选择符即可。但是 IE 6.0 以下版本的浏览器不支持，所以一般不要使用属性值指定选择符。

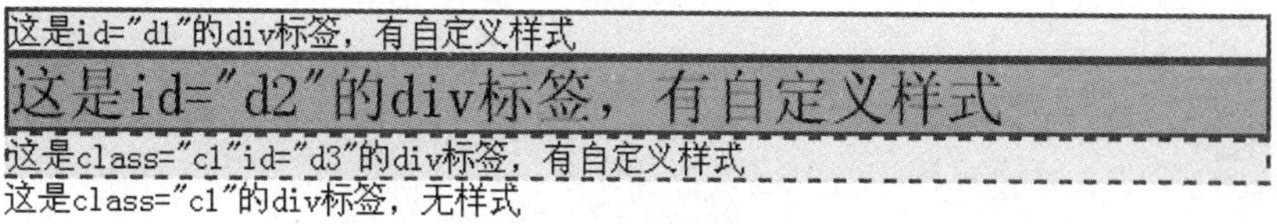

图 8.14　属性值指定选择符

另外属性值指定选择符使用时需要全匹配。例如，如果 HTML 部分使用了"class="c1 c2""，那么属性值指定选择符必须写为"[class="c1 c2"]"才能控制该标签。

3．属性值分隔选择符

所谓的属性值分隔选择符就是使用指定属性及其被空格隔开的字符，该选择符需要在等号前添加波浪符"~"，例如下面所示。

```
选择符[属性~="部分值"]{
/*定义属性值*/
}
```

下面是属性值分隔选择符的使用举例。

```html
<!DOCTYPE html PUBLIC "-//W3C//DTD XHTML 1.0 Transitional//EN"
"http://www.w3.org/TR/xhtml1/DTD/xhtml1-transitional.dtd">
<html xmlns="http://www.w3.org/1999/xhtml">
<head>
    <meta http-equiv="Content-Type" content="text/html; charset=gb2312" />
    <title>
        属性值分隔选择符
    </title>
    <style type="text/css">
        <!--
        div[class~="c1"]
        {
            border-color:red;                /*设置边框颜色*/
            border-style:dashed;             /*设置边框样式*/
            border-width:2px;                /*设置边框宽度*/
            margin:0;                        /*设置外边距*/
            background-color:#CDFCE9;         /*设置背景颜色*/
        }
        div[class~="c3"][class~="c2"]
        {
            border-color:red;                /*设置边框颜色*/
            border-style:solid;              /*设置边框样式*/
            border-width:2px;                /*设置边框宽度*/
            font-size:28px;                  /*设置字体大小*/
        }
        #i1[class~="c2"]
        {
            background-color:#CDFCE9;         /*设置背景颜色*/
        }
        -->
    </style>
</head>
<body>
    <div  class="c1 c2"  >
        这是 class="c1 c2"的 div 标签，有自定义样式
    </div>
    <div  class="c1"  >
        这是 class="c1"的 div 标签，有自定义样式
    </div>
    <div  class="c3 c2"  >
        这是 class="c3 c2"的 div 标签，有自定义样式
    </div>
    <div  class="c2"  id="i1"  >
        这是 class="c2"的 div 标签，有自定义样式
    </div>
</body>
</html>
```

运行效果如图 8.15 所示。对上述代码进行剖析如下：

这是class="c1 c2"的div标签，有自定义样式
这是class="c1"的div标签，有自定义样式

这是class="c3 c2"的div标签，有自定义样式

这是class="c2"的div标签，有自定义样式

图 8.15　属性值分隔指定选择符

在 HTML 代码部分，添加了 4 个 div 标签。

在 CSS 部分，添加了属性值分隔选择符"div[class~="c1"]"表示所有 class 属性含有 c1 分量的 div 标签，"div[class~="c3"][class~="c2"]"表示所有 class 属性含有 c3 分量和 c2 分量的 div 标签，"#i1[class~="c2"]"表示所有 class 属性含有 c2 分量的 id 为 i1 的标签。

4．属性值前缀选择符

所谓的属性值前缀选择符就是使用指定属性及其开头字符串，该选择符需要在等号前添加尖角符"^"，例如下面所示。

```
选择符[属性^="打头的字符串"]{
/*定义属性值*/
}
```

下面是属性值前缀选择符的使用举例。

```
<!DOCTYPE html PUBLIC "-//W3C//DTD XHTML 1.0 Transitional//EN"
"http://www.w3.org/TR/xhtml1/DTD/xhtml1-transitional.dtd">
<html xmlns="http://www.w3.org/1999/xhtml">
<head>
    <meta http-equiv="Content-Type" content="text/html; charset=gb2312" />
    <title>
        属性值前缀选择符
    </title>
    <style type="text/css">
        <!--
            div[id^="d1"]
            {
                border-color:red;                 /*设置边框颜色*/
                border-style:solid;               /*设置边框样式*/
                border-width:2px;                 /*设置边框宽度*/
                margin:0;                         /*设置外边距*/
                background-color:#CDFCE9;         /*设置背景颜色*/
            }
            div[id^="d2"]
            {
                border-color:red;                 /*设置边框颜色*/
                border-style:solid;               /*设置边框样式*/
                border-width:2px;                 /*设置边框宽度*/
                margin:0;                         /*设置外边距*/
                background-color:#ACABE2;         /*设置背景颜色*/
                font-size:28px;                   /*设置字体大小*/
            }
            div[class^="c1"][id^="d3"]
            {
                border-color:red;                 /*设置边框颜色*/
                border-style:dashed;              /*设置边框样式*/
```

```
                border-width:2px;              /*设置边框宽度*/
                margin:0;                      /*设置外边距*/
                background-color:#CDFCE9;      /*设置背景颜色*/
            }
        -->
    </style>
</head>
<body>
    <div  id="d1pre" >
        这是 id="d1pre"的 div 标签，有自定义样式
    </div>
    <div  id="d2pre">
        这是 id="d2pre"的 div 标签，有自定义样式
    </div>
    <div  class="c1pre" id="d3pre">
        这是 class="c1pre" id="d3pre"的 div 标签，有自定义样式
    </div>
    <div  class="c1pre">
        这是 class="c1pre"的 div 标签，无样式
    </div>
</body>
</html>
```

运行效果如图 8.16 所示。对上述代码进行剖析如下：

在 HTML 代码部分，添加了 4 个 div 标签。

在 CSS 部分，添加了属性值前缀选择符"div[id^="d1"]"表示所有 id 属性含有 d1 作为前缀的 div 标签，"div[id^="d2"]"表示所有 id 属性含有 d2 作为前缀的 div 标签，"div[class^="c1"][id^="d3"]"表示所有 class 属性含有 c1 作为前缀的且 id 属性含有 d3 作为前缀的 div 标签。

这是id="d1pre"的div标签，有自定义样式
这是id="d2pre"的div标签，有自定义样式
这是class="c1pre" id="d3pre"的div标签，有自定义样式
这是class="c1pre"的div标签，无样式

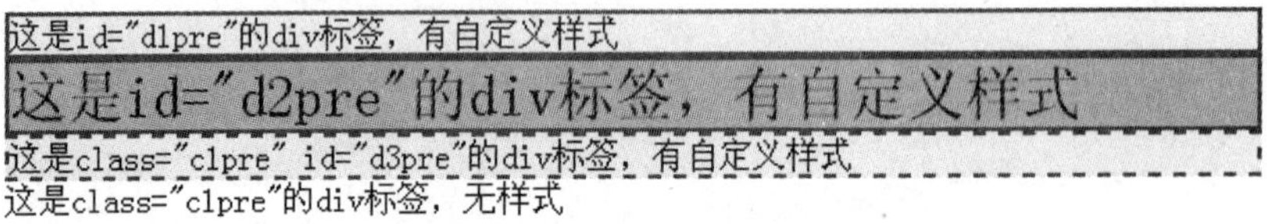

图 8.16 属性值前缀选择符

5．属性值后缀选择符

所谓的属性值后缀选择符就是使用指定属性及其结尾字符串，该选择符需要在等号前添加美元符"$"，例如下面所示。

```
选择符[属性$="结尾的字符串"]{
/*定义属性值*/
}
```

下面是属性值后缀选择符的使用举例。

```
<!DOCTYPE html PUBLIC "-//W3C//DTD XHTML 1.0 Transitional//EN"
"http://www.w3.org/TR/xhtml1/DTD/xhtml1-transitional.dtd">
<html xmlns="http://www.w3.org/1999/xhtml">
<head>
    <meta http-equiv="Content-Type" content="text/html; charset=gb2312" />
    <title>
        属性值后缀选择符
```

```
        </title>
        <style type="text/css">
            <!--
                div[id$="d1"]
                {
                        border-color:red;                   /*设置边框颜色*/
                        border-style:solid;                 /*设置边框样式*/
                        border-width:2px;                   /*设置边框宽度*/
                        margin:0;                           /*设置外边距*/
                        background-color:#CDFCE9;           /*设置背景颜色*/
                }
                div[id$="d2"]
                {
                        border-color:red;                   /*设置边框颜色*/
                        border-style:solid;                 /*设置边框样式*/
                        border-width:2px;                   /*设置边框宽度*/
                        margin:0;                           /*设置外边距*/
                        background-color:#ACABE2;           /*设置背景颜色*/
                        font-size:28px;                     /*设置字体大小*/
                }
                div[class$="c1"][id$="d3"]
                {
                        border-color:red;                   /*设置边框颜色*/
                        border-style:dashed;                /*设置边框样式*/
                        border-width:2px;                   /*设置边框宽度*/
                        margin:0;                           /*设置外边距*/
                        background-color:#CDFCE9;           /*设置背景颜色*/
                }
            -->
        </style>
</head>
<body>
    <div id="sufd1" >
        这是 id="sufd1"的 div 标签，有自定义样式
    </div>
    <div id="sufd2">
        这是 id="sufd2"的 div 标签，有自定义样式
    </div>
    <div class="sufc1" id="sufd3">
        这是 class="sufc1" id="sufd3"的 div 标签，有自定义样式
    </div>
    <div class="sufc1">
        这是 class="sufc1"的 div 标签，无样式
    </div>
</body>
</html>
```

运行效果如图 8.17 所示。对上述代码进行剖析如下：

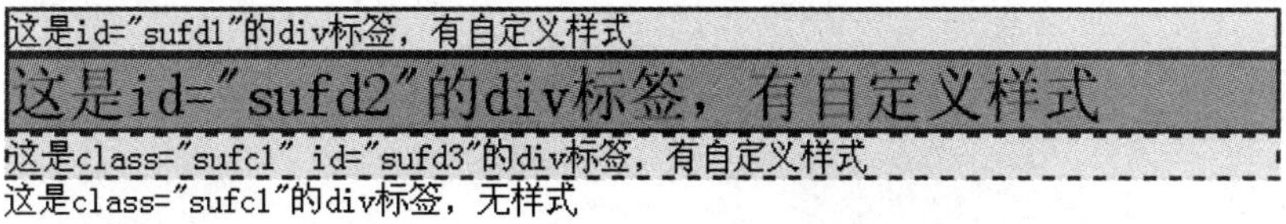

图 8.17 属性值后缀选择符

在 HTML 代码部分，添加了 4 个 div 标签。

在 CSS 部分，添加了属性值后缀选择符"div[id$="d1"]"表示所有 id 属性含有 d1 作为后缀的 div 标签，"div[id$="d2"]"表示所有 id 属性含有 d2 作为后缀的 div 标签，"div[class$="c1"][id$="d3"]"表示所有 class 属性含有 c1 作为后缀的且 id 属性含有 d3 作为后缀的 div 标签。

6. 属性值部分选择符

所谓的属性值部分选择符就是使用指定属性及其含有的字符串，该选择符需要在等号前添加星号符"*"，如下面所示。

```
选择符[属性*="部分字符串"]{
/*定义属性值*/
}
```

下面是属性值部分选择符的使用举例。

```
<!DOCTYPE html PUBLIC "-//W3C//DTD XHTML 1.0 Transitional//EN"
"http://www.w3.org/TR/xhtml1/DTD/xhtml1-transitional.dtd">
<html xmlns="http://www.w3.org/1999/xhtml">
<head>
    <meta http-equiv="Content-Type" content="text/html; charset=gb2312" />
    <title>
        属性值部分选择符
    </title>
    <style type="text/css">
        <!--
        div[id*="d1"]
        {
            border-color:red;                /*设置边框颜色*/
            border-style:solid;              /*设置边框样式*/
            border-width:2px;                /*设置边框宽度*/
            margin:0;                        /*设置外边距*/
            background-color:#CDFCE9;        /*设置背景颜色*/
        }
        div[id*="d2"]
        {
            border-color:red;                /*设置边框颜色*/
            border-style:dashed;             /*设置边框样式*/
            border-width:2px;                /*设置边框宽度*/
            margin:0;                        /*设置外边距*/
            background-color:#ACABE2;        /*设置背景颜色*/
            font-size:28px;                  /*设置字体大小*/
        }
        div[class*="c1"][id*="d3"]
        {
            border-color:red;                /*设置边框颜色*/
            border-style:dashed;             /*设置边框样式*/
            border-width:2px;                /*设置边框宽度*/
            margin:0;                        /*设置外边距*/
            background-color:#CDFCE9;        /*设置背景颜色*/
        }
        -->
    </style>
</head>
<body>
```

```
    <div id="pred1suf" >
        这是 id="pred1suf"的 div 标签, 有自定义样式
    </div>
    <div id="pred2suf">
        这是 id="pred2suf"的 div 标签, 有自定义样式
    </div>
    <div class="prec1suf" id="pred3suf">
        这是 class="prec1suf" id="pred3suf"的 div 标签, 有自定义样式
    </div>
    <div id="d1 d2">
        这是 id="d1 d2"的 div 标签, 有自定义样式
    </div>
</body>
</html>
```

运行的效果如图 8.18 所示。对上述代码进行剖析如下：

在 HTML 代码部分，添加了 4 个 div 标签。

在 CSS 部分，添加了属性值部分选择符"div[id*="d1"]"表示所有 id 属性含有字符串 d1 的 div 标签，"div[id*="d2"]"表示所有 id 属性含有字符串 d2 的 div 标签，"div[class*="c1"][id*="d3"]"表示所有 class 属性含有字符串 c1 且 id 属性含有字符串 d3 的 div 标签。

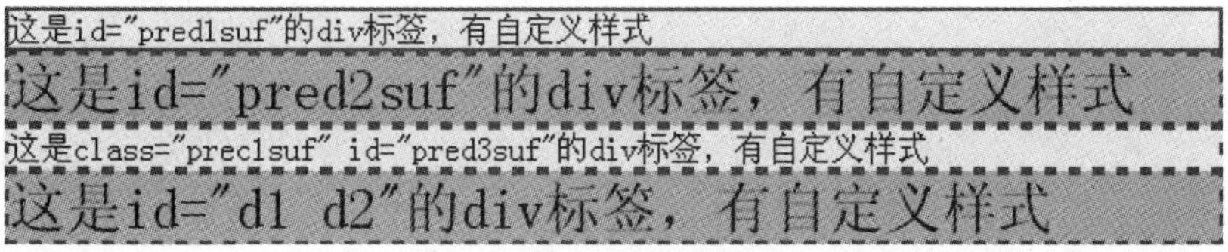

这是 id="pred1suf"的 div 标签, 有自定义样式

这是 id="pred2suf"的 div 标签, 有自定义样式

这是 class="prec1suf" id="pred3suf"的 div 标签, 有自定义样式

这是 id="d1 d2"的 div 标签, 有自定义样式

图 8.18　属性值部分选择符

7. 属性值连字符选择符

所谓的属性值连字符选择符就是使用指定属性及以连字符"-"结尾的打头的字符串，该选择符需要在等号前添加竖杠符"|"，如下面所示。

```
选择符[属性|="连字符前的字符串"]{
/*定义属性值*/
}
```

下面是属性值连字符选择符的使用举例。

```
<!DOCTYPE html PUBLIC "-//W3C//DTD XHTML 1.0 Transitional//EN"
"http://www.w3.org/TR/xhtml1/DTD/xhtml1-transitional.dtd">
<html xmlns="http://www.w3.org/1999/xhtml">
<head>
    <meta http-equiv="Content-Type" content="text/html; charset=gb2312" />
    <title>
        属性值连字符选择符
    </title>
    <style type="text/css">
        <!--
            div[id|="d1"]
            {
                border-color:red;                /*设置边框颜色*/
                border-style:solid;              /*设置边框样式*/
```

```
            border-width:2px;                    /*设置边框宽度*/
            margin:0;                            /*设置外边距*/
            background-color:#CDFCE9;            /*设置背景颜色*/
        }
        div[id|="pre-d2"]
        {
            border-color:red;                    /*设置边框颜色*/
            border-style:dotted;                 /*设置边框样式*/
            border-width:2px;                    /*设置边框宽度*/
            margin:0;                            /*设置外边距*/
            background-color:#ACABE2;            /*设置背景颜色*/
        }
        div[id|="d3"]
        {
            border-color:red;                    /*设置边框颜色*/
            border-style:dashed;                 /*设置边框样式*/
            border-width:2px;                    /*设置边框宽度*/
            margin:0;                            /*设置外边距*/
            background-color:#ACABE2;            /*设置背景颜色*/
            font-size:28px;                      /*设置字体大小*/
        }
        div[class|="c1"][id|="d3"]
        {
            border-color:red;                    /*设置边框颜色*/
            border-style:dashed;                 /*设置边框样式*/
            border-width:2px;                    /*设置边框宽度*/
            margin:0;                            /*设置外边距*/
            background-color:#CDFCE9;            /*设置背景颜色*/
        }
        -->
    </style>
</head>
<body>
    <div  id="d1-suf" >
        这是 id="d1-suf"的 div 标签，有自定义样式
    </div>
    <div  class="c1-suf" id="d3-suf">
        这是 class="c1-suf" id="d2-suf"的 div 标签，有自定义样式
    </div>
    <div  id="pre-d2">
        这是 id="pre-d2"的 div 标签，有自定义样式
    </div>
    <div  id="pre-d2-">
        这是 id="pre-d2-"的 div 标签，有自定义样式
    </div>
    <div  id="pre-d3-">
        这是 id="pre-d3-"的 div 标签，无自定义样式
    </div>
</body>
</html>
```

运行效果如图 8.19 所示。对上述代码进行剖析如下：

在 Html 代码部分，添加了 5 个 div 标签。

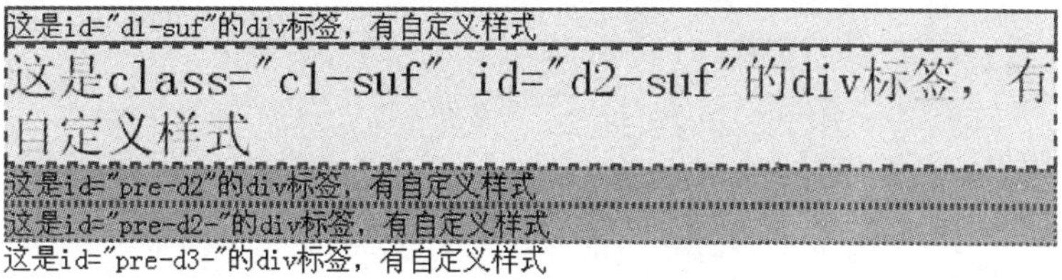

图 8.19　属性值连字符选择符

在 CSS 部分，添加了属性值连字符选择符"div[id|="d1"]"表示所有 id 属性以字符串"d1-"开头的 div 标签，"div[id|="pre-d2"]"表示所有 id 属性以字符串"pre-d2-"开头的 div 标签，"div[id|="d3"]"表示所有 class 属性以字符串"d3-"开头的 div 标签，"div[class|="c1"][id|="d3"]"表示所有 class 属性以字符串"c1-"开头的且 id 属性以字符串"d3-"开头的 div 标签。

8.4.9　相邻选择符

所谓的相邻选择符就是使用加号"+"将前一个标签的选择符和某一个标签的选择符相连接即可控制选择符对应的标签，如下面所示。

```
选择符+下一个邻近标签的选择符{
/*定义属性值*/
}
```

下面是相邻选择符的使用举例。

```
<!DOCTYPE html PUBLIC "-//W3C//DTD XHTML 1.0 Transitional//EN"
"http://www.w3.org/TR/xhtml1/DTD/xhtml1-transitional.dtd">
<html xmlns="http://www.w3.org/1999/xhtml">
<head>
    <meta http-equiv="Content-Type" content="text/html; charset=gb2312" />
    <title>
        相邻选择符
    </title>
    <style type="text/css">
        <!--
        #i1+.c1
        {
            border-color:red;                /*设置边框颜色*/
            border-style:solid;              /*设置边框样式*/
            border-width:2px;                /*设置边框宽度*/
            background-color:#CDFCE9;         /*设置背景颜色*/
            margin:0;                        /*设置外边距*/
        }
        span+p[id]
        {
            border-color:red;                /*设置边框颜色*/
            border-style:dotted;             /*设置边框样式*/
            border-width:2px;                /*设置边框宽度*/
            background-color:#D5E1F9;         /*设置背景颜色*/
            margin:0;                        /*设置外边距*/
        }
```

```
            span+span, div+span
            {
                background-color:#D5E1F9;          /*设置背景颜色*/
            }
        -->
    </style>
</head>
<body>
    <div></div>
    <div>
        <span  id="i1">
            这是 id="i1"的 span 标签
        </span>
        <p  class="c1" >
            这是直接位于 id="i1"的 span 标签后面的 class="c1"的 p 标签,
            有自定义样式
        </p>
        <span>
            这是 span 标签
        </span>
        <p  id="i2" >
            这是直接位于 span 标签后面的 id="i2"的 p 标签, 有自定义样式
        </p>
    </div>
</body>
</html>
```

运行效果如图 8.20 所示。对上述代码进行剖析如下:

在 HTML 标签里添加了两个 div 标签、两个 span 标签以及两个 p 标签。

在 CSS 部分,添加了属性值部分选择符"#i1+.c1"表示所有紧跟在 id 属性为 i1 的标签后面的 class 属性为 c1 的标签,"span+p[id]"表示所有紧跟在 span 标签后面的 id 属性存在的 p 标签,"span+span"表示所有紧跟在 span 标签后面的 span 标签,"div+span"表示所有紧跟在 div 标签后面的 span 标签。

这是id="i1"的span标签
这是直接位于id="i1"的span标签后面的class="c1"的p标签,有自定义样式
这是span标签
这是直接位于span标签后面的id="i2"的p标签,有自定义样式

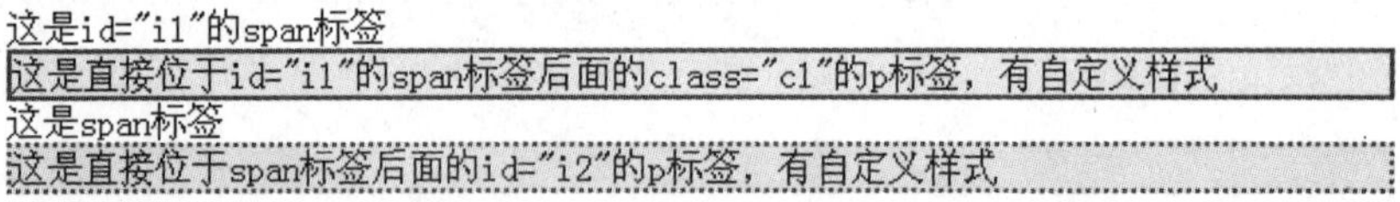

图 8.20　相邻选择符

8.4.10　伪类选择符

所谓的伪类选择符就是某个标签在某个情况和特殊位置下的样式指定标签。

1. link 伪类选择符

link 伪类选择符用于指定 a 标签在没被访问时的样式。使用方式如下:

```
选择符:link{
/*定义属性值*/
}
```

2．hover 伪类选择符

hover 伪类选择符用于指定 a 标签在鼠标经过时的样式。在高版本的浏览器中也支持其他标签的 hover 伪类选择符。使用方式如下：

```
选择符:hover{
/*定义属性值*/
}
```

3．active 伪类选择符

active 伪类选择符用于指定 a 标签在没被单击时的样式。使用方式如下：

```
选择符:active{
/*定义属性值*/
}
```

4．visited 伪类选择符

visited 伪类选择符用于指定被访问过的 a 标签的样式。使用方式如下：

```
选择符:visited{
/*定义属性值*/
}
```

5．focus 伪类选择符

focus 伪类选择符用于设置对象在成为输入焦点（该对象的 onfocus 事件发生）时的样式表属性。使用方式如下：

```
选择符:focus{
/*定义属性值*/
}
```

6．first-letter 伪类选择符

first-letter 伪类选择符用于设置对象内的第一个字符的样式表属性。使用方式如下：

```
选择符:first-letter{
/*定义属性值*/
}
```

7．first-line 伪类选择符

first-line 伪类选择符用于设置对象内的第一行的样式表属性。使用方式如下：

```
选择符:first-line{
/*定义属性值*/
}
```

8．first-child 伪类选择符

first-child 伪类选择符用于设置第一个和指定的选择符匹配的标签的样式表属性。使用方式如下：

```
选择符:first-child{
/*定义属性值*/
}
```

9．lang 伪类选择符

lang 伪类选择符用于设置 lang 属性为指定值的标签的样式表属性。使用方式如下：

```
选择符:lang(值){
/*定义属性值*/
}
```

8.5　样式优先级

所谓的样式优先级就是在发生样式冲突时（即有多处对同一个标签对象的同一属性进行了不同的属性值设置），最终应该使用哪一个属性值来渲染标签。通过优先级的学习可以避免样式冲突，使样式表现和设计的一致。

8.5.1　各自的优先级

在设置样式属性的时候往往会出现重复定义的情况，或者你是为了覆盖之前的样式，或者代码不规范等等原因可能会导致样式的冲突。这时就需要知道样式选择符的优先级顺序。

我们可以总结为以下几点规则：

（1）属性样式表比内部样式表优先级高，即 HTML 部分以 style 属性来设置的 CSS 属性比在 style 标签里设置的属性的优先级要高。

（2）内部样式表比链接样式表优先级高，即 style 标签里设置的属性比使用 link 标签来引用的外部的 CSS 样式的优先级要高。

（3）链接样式表比导入样式表优先级高，即使用 link 标签来引用的外部的 CSS 样式比 style 标签内使用@import 来引用的外部 CSS 样式优先级要高。

（4）id 选择符比 class 选择符优先级高。

（5）class 选择符比标签选择符优先级高。

（6）同一条件下，后定义的样式比先定义的优先级高。

（7）派生选择符的优先级比没使用派生选择符的优先级高。

（8）以!important 标识的属性的优先级最高。

8.5.2　!important 标识符

!important 标识符对属性值进行设置，可使得该属性的当前设置的优先级最高。下面是!important 标识符的使用格式：

```
属性:属性值 !important;
```

以下是使用!important 的简单示例。

```
<!DOCTYPE html PUBLIC "-//W3C//DTD XHTML 1.0 Transitional//EN"
"http://www.w3.org/TR/xhtml1/DTD/xhtml1-transitional.dtd">
<html xmlns="http://www.w3.org/1999/xhtml">
<head>
    <meta http-equiv="Content-Type" content="text/html; charset=gb2312" />
    <title>
        important 的使用
```

```
    </title>
    <style type="text/css">
        <!--
            div
            {
                border-color:red;                    /*设置边框颜色*/
                border-style:dashed !important;      /*设置边框样式，且优先级较高*/
                border-width:2px;                    /*设置边框宽度*/
                background-color:#CDFCE9;            /*设置背景颜色*/
                margin:0;                            /*设置外边距*/
                border-style:solid;                  /*设置边框样式*/

                font-size:24px !important;           /*设置字体大小，且优先级较高*/
                font-size:16px;                      /*设置字体大小*/
            }
        -->
    </style>
</head>
<body>
    <div>
        Important 的使用
    </div>
</body>
</html>
```

运行效果如图 8.21 所示。

图 8.21　!important 标识符使用示例

对上述代码进行剖析如下：

在 HTML 代码部分只有一个 div 标签。

CSS 代码部分为该 div 标签依次设置了边框、背景以及字体。其中 border-style 属性和 font-size 属性依次被重复设置了两次，第一次 border-style 被设置为 dashed，第二次 border-style 被设置为 solid。因为第一次设置 border-style 时使用了 impotant 属性使最终边框显示为虚线。同理 font-size 也由于!important 高优先级的效果而使得字体大小为 24 像素。

另外 IE 6.0 以下的版本是不支持!important 标识符的。

第 9 章　DIV 布局控制

通过前几章的学习，我们应该已经能够设计简单的网页界面了，但是关于各个模块应该如何布局，我们将在这一章进行详细的讲解。通常来说，CSS 的布局被认为是一个比较难的知识点，因为它要涉及到 CSS 处理页面的原理。即当我们在考虑页面整体表现效果前，要了解内容的语义和结构，然后再针对语义和结构设计 CSS 的布局。本章包括以下几方面的内容：

- □　CSS 布局的基本概念；
- □　CSS 的盒式模型的难点；
- □　布局定位的具体实例。

CSS 布局从根本上说，其实也就是 3 种布局类型：固定宽度的布局、流式布局和弹性布局。本章将通过详细的介绍，让大家对这几种布局类型进行掌握。

9.1　块元素和行元素

在这一节的开头，我们将会介绍块元素（block element）和行元素（inline element）的概念（行元素也可以称为内联元素），它们都是 HTML 规范中的概念，两者之间既有区别又有联系。

9.1.1　区别和联系

对于块元素来说，它的范围是比较广的，既可以是段落、标题、表格和列表元素，又可以表示摘要、备注及附录等。块元素作为一个块状，可以很舒服地单独占据一行，而且它还可以包含行元素和其他块元素，有着特别多的优待。

块元素的高度 height 属性、外边距 margin 属性和内边距 padding 属性都可以进行设置，但是宽度 width 属性却与浏览器的宽度保持一致，与块元素的内容无关。

对于行元素来说，它的定义更加宽泛，只要不是块元素的可见元素都可以被称为行元素。行元素是不能换行的，所以它享受不了块元素单独占据一行的待遇，它必须和其他元素挤在同一行里，而且它只能包含其他的行元素。

行元素的高度 height 属性和宽度 width 属性都不可以设置，其中，外边距 margin 属性和内边距 padding 属性也只有部分可以设置。它的宽度 width 属性只与文本的内容有关，和浏览器无关。而它的高度 height 属性只与字体大小有关系，可以通过设置 line-height 属性来间接地改变。外边距 margin 属性当中，只有 margin-left 属性和 margin-right 属性可以设置，而 margin-top 属性和 margin-bottom 属性是不能有效地设置的；同理，内边距 padding

属性当中，也只有 padding-left 属性和 padding-right 属性可以设置，而 padding-top 属性和 padding-bottom 属性是不行的。

虽然它们有着如此多的不同之处，但是其实它们之间还是有联系的。可以发现，块元素相当于是行元素在前后各加一个换行符。所以，只要给行元素定义"display:block"，它就可以变成块元素了。同理，只要给块元素定义"display:inline"，它也就可以变成行元素。

以下是一个简单的例子，它可以将行元素和块元素进行相互的转换。

```html
<!DOCTYPE html PUBLIC "-//W3C//DTD XHTML 1.0 Transitional//EN"
"http://www.w3.org/TR/xhtml1/DTD/xhtml1-transitional.dtd">
<html xmlns="http://www.w3.org/1999/xhtml">
    <head>
        <meta http-equiv="Content-Type"content="text/html;charset=gb2312"/>
        <title>
            行元素和块元素的互换
        </title>
        <style type="text/css" >
            <!--
                div,span
                {
                    border-width:1px;            /*设置边框宽度*/
                    border-color:red;            /*设置边框颜色*/
                    border-style:solid;          /*设置边框样式*/
                    margin:2px;                  /*设置外边距*/
                }
            -->
        </style>
    </head>
    <body>
        <div>
            div1
        </div>
        <div>
            div2
        </div>
        <span>
            span1
        </span>
        <span>
            span2
        </span>
        <br>
        <div style="display:inline">
            div3
        </div>
        <div style="display:inline">
            div4
        </div>
        <span style="display:block">
            span3
        </span>
        <span style="display:block">
            span4
        </span>
    </body>
</html>
```

对上述代码进行剖析如下：

本程序总共包含了 4 个 div 标签和 4 个 span 标签。其中的 style 属性规定的是元素的行内样式。它能够覆盖任何全局的样式设定，例如在本程序的<style>标签里规定的样式。然后 style 属性的值分别变成"display:block"和"display:inline"，以实现块元素和行元素的互换。

上述代码的运行结果如图 9.1 所示，可以看到第一行和第二行的块元素分别占据了一行，而且它们的宽度与浏览器的宽度保持一致；第三行是两个行元素，它们都在同一行，而且它们的宽度都和文本内容的宽度一致。由于使用了
标签，所以在两个行元素之后又进行了换行；在第四行由于给 style 属性赋值"display:block"，所以两个块元素变成了行元素；同理，在第五行和第六行由于给 style 属性赋值"display:inline"，所以两个行元素变成了块元素。

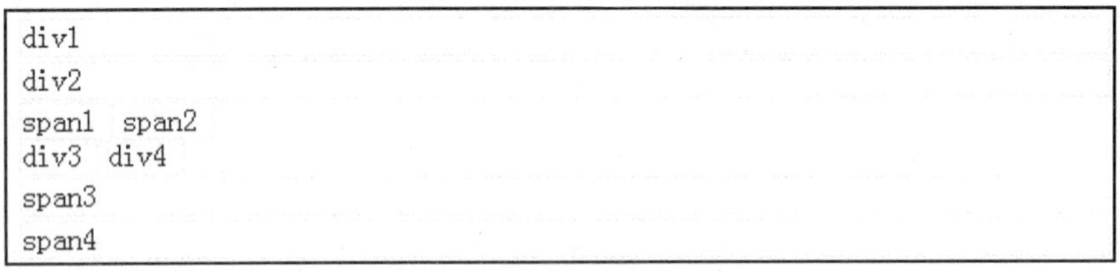

```
div1
div2
span1　span2
div3　div4
span3
span4
```

图 9.1　行元素和块元素的互换

9.1.2　分类

虽然行元素和块元素能够进行互换，但是在 HTML 的标准中，依然对一些标签进行了细致的分类。在分类当中，不仅有行元素和块元素，还有一个新的概念——可变元素。它其实也是基于行元素和块元素的，只不过它会随环境而发生变化。它的概念是这样的：它需要根据上下文关系来确定某个元素是块元素还是行元素。所以说，可变元素依然属于上述两种元素类别，当上下文关系确定了之后，它的类别也就可以确定了，如果属于块元素，就必须遵循块元素的特点；同理，如果属于行元素，就具有行元素的性质。下面我们来看块元素、行元素和可变元素的标签集合。

表 9.1 表示的是属于块元素的标签，其中包括标签名以及标签的相关描述。

表 9.1　属于块元素的标签

名称	描　　述
address	可定义一个地址（比如电子邮件地址）
blockquote	定义块引用。经常会在左、右两边进行缩进（即增加外边距），而且有时会使用斜体
center	居中对齐块，对其所包括的文本进行水平居中
dir	目录列表
div	常用块级，可定义文档中的分区或节
dl	定义列表，会对列表中的项目进行定义和描述
fieldset	表单控制组，将表单内容的一部分打包，生成一组相关表单
form	交互表单，用于为用户输入创建HTML表单
h1	大标题
h2	副标题
h3	3级标题
h4	4级标题

名称	描　　述
h5	5级标题
h6	6级标题
hr	水平分隔线，可以在视觉上将文档分隔成各个部分
isindex	定义与文档相关的可搜索索引，不建议使用
menu	菜单列表
noframes	定义不支持框架的用户的替代内容，位于frameset标签内
noscript	定义不支持客户端脚本的用户的替代内容
ol	有序列表
p	段落，会自动在其前后创建一些空白
pre	预格式化的文本，文本通常会保留空格和换行符。而文本也会呈现为等宽字体
table	表格，包括表格行、表头和表格单元
ul	无序列表

看过块元素的标签之后，接下来，我们再看行元素。表 9.2 所示的是属于行元素的标签，其中包括标签名以及标签的相关描述。

<p style="text-align:center">表 9.2　属于行元素的标签</p>

名称	描　　述
a	定义锚。锚（anchor）有两种用法：通过使用href属性，创建指向另外一个文档的链接（或超链接）；通过使用name或id属性，创建一个文档内部的书签（或指向文档片段的链接）
abbr	缩写，表示它所包含的文本是一个更长单词或短语的缩写形式
acrony	只取首字母的缩写
b	粗体字
bdo	文字方向
big	大号文本
br	简单的折行，即插入一个简单的换行符
cite	引用。能对参考文献的引用进行定义，如书籍或杂志的标题
code	计算机代码文本
dfn	一个定义项目
em	强调的内容，对于浏览器来说，这意味着要把这段文字用斜体来显示
font	规定文本的字体、字体尺寸和字体颜色。不推荐使用
i	斜体字
img	从网页上链接图像
input	输入控件。可以是文本字段、复选框、掩码后的文本控件、单选按钮以及按钮等等
kbd	键盘文本。它表示文本是从键盘上键入的。它经常用在与计算机相关的文档或手册中
label	input元素定义的标注。当用户选择该标签时，浏览器就会自动将焦点转到和标签相关的表单控件上
q	短的引用，本质上与<blockquote>是一样的，但它表示行内引用
s	加删除线的文本，不建议使用
samp	样本文本，表示一段用户应该对其没有什么其他解释的文本字符。从正常的上下文抽取这些特殊字符时，会用到它
select	选择列表（下拉列表）
small	小号文本
span	常用行级，可定义文档中的行内元素
strike	加删除线的文本，不建议使用
strong	语气更强的强调的内容，比<em>标签程度还要强

续表

名称	描　述
sub	下标文本，会以当前文本流中字符高度的一半来显示，但是与当前文本流中文字的字体和字号都是一样的，如数学符号的角标
sup	上标文本，会以当前文本流中字符高度的一半来显示，但是与当前文本流中文字的字体和字号都是一样的，如方程式的指数
textarc	多行的文本输入控件，可容纳无限数量的文本，其中文本的默认字体是等宽字体
tt	打字机文本，等宽的文本效果
u	下划线文本，不建议使用
var	定义变量。可以将此标签与<pre>及<code>标签配合使用

在最后，我们再来看看可变元素的标签，一定要注意，可变元素是根据上下文语境来决定元素类型的。表 9.3 所示的是属于可变元素的标签，其中包括标签名以及标签的相关描述。

表 9.3　属于行元素的标签

名称	描　述
applet	定义嵌入的 applet，不建议使用，如需包含applet，请尽可能地使用object元素（会在第17章涉及）
button	按钮。可以放置除了图像映射之外的任意内容，比如文本或多媒体。这是该元素与input元素所创建的按钮之间的不同之处
del	被删除的文本
iframe	内联框架（即行内框架）
ins	已经被插入文档中的文本
map	图像映射，指带有可单击区域的一幅图像
object	嵌入的对象，可包含图像、音频、视频、Java applets、ActiveX、PDF以及Flash。object初衷是取代img和applet元素，可是没成功
script	客户端脚本，比如JavaScript。script元素既可以包含脚本语句，也可以通过src属性指向外部脚本文件

9.2　盒式模型

盒式模型是我们学好 CSS 控制页面的基础。只有很好地掌握了盒式模型以及其中每个元素的用法，才能真正地控制好页面中的各个元素。本节主要介绍盒式模型的基本概念，并讲解 CSS 定位的基本方法。

9.2.1　几个关键属性

所有页面中的元素都可以看成是一个盒子，占据着一定的页面空间。

一个页面由很多这样的盒子组成，这些盒子之间会互相影响，因此掌握盒子模型需要从两方面来理解：一是理解一个孤立盒子的内部结构，二是理解多个盒子之间的相互关系。

我们先看一个盒子的内部结构，它由边框、内边距、外边距和元素内容组成的。如图9.2 所示，即为一个盒式模型的内部结构。

在图 9.2 中，内边距 padding、外边距 margin
和边框 border 都是可选的，默认值都为 0。其实有
时候，许多元素由用户代理样式表设置了外边距和
内边距，此时我们可以将 margin 属性和 padding 属
性的值设置为 0 来覆盖这些浏览器样式。我们一般
不采用"margin:0;padding:0;"来进行设置，而是通
过全局 reset 属性将内边距和外边距设置为 0。在图
9.2 中，width 和 height 指的是内容区域的宽度和高
度。增加内边距、边框和外边距不会影响内容区域
的尺寸，但是会增加元素框的总尺寸。

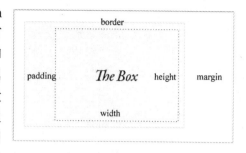

图 9.2　盒式模型的内部结构图

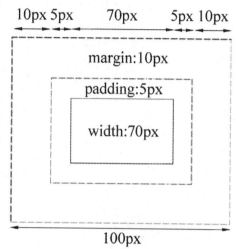

图 9.3　盒式模型的内边距，边框和外边距

　　假设框的每个边上有 10 个像素的外边距和 5
个像素的内边距。如果希望这个元素框达到 100 个
像素，就需要将内容的宽度设置为 70 像素，如图
9.3 所示，即为盒式模型内边距、边距和外边距对
内容宽度的影响。可以看到，内容宽度也发生了变
化。所以，盒子的宽度值=width 属性值+padding-left
属性值+padding-right 属性值+border-left 属性值
+border-right 属性值；盒子的高度值=height 属性值
+padding-top 属 性 值 +padding-bottom 属 性 值
+border-top 属性值+border-bottom 属性值。

9.2.2　间距

　　元素的间距问题是一个比较简单的问题，但是如果不加以重视的话，也会出现一些不
可避免的损失，所以在这里我们会对间距的细节加以详细阐述。

　　内边距 padding 属性是定义元素边框与元素内容之间的空白区域，它是指文本边框与
文本之间的距离，一般情况下，它会有 4 个值，4 个值依次表示上内边距、右内边距、下
内边距和左内边距，按照顺时针方向排列；如果它只有 3 个值如"padding:6px 5px 8px;"，
那么它表示的是上内边距为 6px，右内边距和左内边距是 5px，下内边距为 8px；如果它只
有两个值如"padding:6px 10px;"，那么它表示的是上内边距和下内边距为 6px，右内边距
和左内边距是 10px；如果它只有一个值，如"padding:7px;"，那么它表示的是 4 个内边
距都是 7px。

　　外边距 margin 属性是定义围绕在元素边框的空白区域。这个属性接受任何长度单位、
百分数值甚至负值。它是指元素与元素之间的距离，一般情况下，它会有 4 个值，4 个值
依次表示上外边距、右外边距、下外边距和左外边距，按照顺时针方向排列；如果它只有
3 个值，如"padding:6px 5px 8px;"，那么它表示的是上外边距为 6px，右外边距和左外边
距是 5px，下外边距为 8px；如果它只有两个值如"padding:6px 10px;"，那么它表示的是
上外边距和下外边距为 6px，右外边距和左外边距是 10px；如果它只有一个值，如
"padding:7px;"，那么它表示的是 4 个外边距都是 7px。

对于外边距的问题不仅仅涉及单个元素，还涉及两个或者多个元素在一起的时候，如果我们处理不好，很容易就会导致网页布局的混乱。

对于两个行元素之间的水平距离，以及两个块元素之间的垂直距离，我们可以通过一个简单的实例程序来说明，如下所示。

```
<!DOCTYPE html PUBLIC "-//W3C//DTD XHTML 1.0 Transitional//EN"
"http://www.w3.org/TR/xhtml1/DTD/xhtml1-transitional.dtd">
<html xmlns="http://www.w3.org/1999/xhtml">
    <head>
        <meta http-equiv="Content-Type"content="text/html;charset=gb2312"/>
        <title>
            相邻元素的距离
        </title>
        <style type="text/css" >
            <!--
                span
                {
                    border:5px solid red;          /*设置边框宽度、样式、颜色*/
                    margin:10px;                   /*设置外边距*/
                }
                div
                {
                    border:5px solid red;          /*设置边框宽度、样式、颜色*/
                    margin-bottom:10px;            /*设置底部外边距*/
                }
            -->
        </style>
    </head>
    <body>
        <div id="id1">
            div1
        </div>
        <div id="id2">
            div2
        </div>
        <span>
            span1
        </span>
        <span>
            span2
        </span>
        <br/>
        <div id="id3"  style=" display: inline ">
            div3
        </div>
        <div id="id4"  style=" display: inline ">
            div4
        </div>
        <span  style=" display: block ">
            span3
        </span>
        <span  style=" display: block ">
            span4
        </span>
    </body>
</html>
```

上述代码的运行结果如图 9.4 所示，可以看到第一行和第二行的块元素分别占据了一行，而且它的宽度与浏览器的宽度保持一致。第三行是两个行元素，它们都在同一行，而且它们的宽度都和文本内容的宽度一致。由于使用了
标签，所以在两个行元素之后又进行了换行。在第四行由于给 style 属性赋值"display:inline"，所以两个块元素变成了行元素。同理，在第五行和第六行由于给 style 属性赋值"display:block"，所以两个行元素变成了块元素。

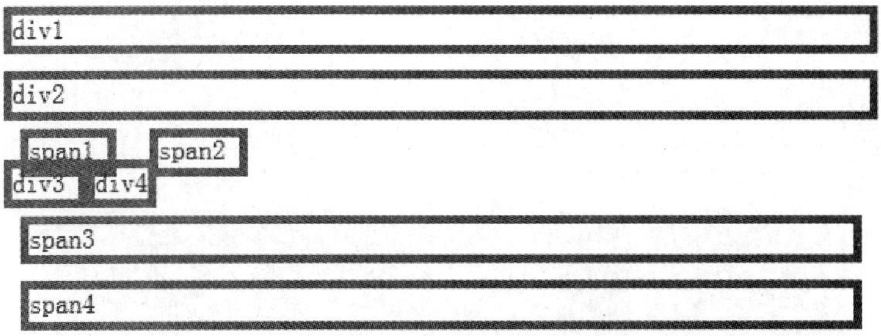

图 9.4　行元素和块元素的互换

另外还可以看到，行元素的 margin 属性只对行内有效，即不会影响上下相邻的元素，甚至边框也不影响上下相邻元素的间隔，所以 span1 和 div3 的边框交叠在一起（总之，换行后行元素的上边框内侧紧贴上面的元素的末端，换行后行元素的下边框内侧紧贴下面的元素的开端，而块元素则需要考虑 border、padding、margin 三者的作用）。

9.3　DIV 定位举例一：个人网站类

在这一节我们介绍如何设计一个个人网站的 DIV 页面框架。首先我们通过一个例子网站来了解个人网站的网页特点，然后设计我们的网站主页布局。

9.3.1　个人网站举例

这一节，我们通过一个简单的实例来讲解一下个人网站的布局要点，该网站首页地址为 http://www.zcool.com.cn/u/353331/，该网站首页如图 9.5 所示。

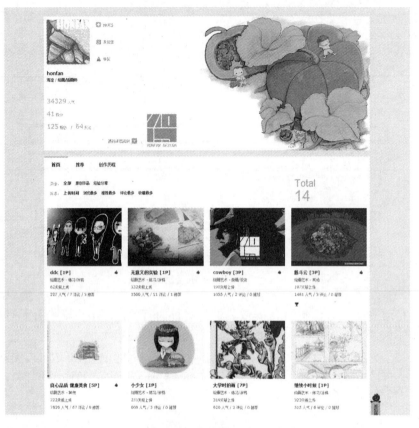

图 9.5　个人网站主页

该网站是一个个人空间的网站，它主要介绍一个插画师的资料以及作品，还有一个详细资料的下拉按钮，另外还包括作者粉丝的数量、关注作者的数量、作者的人气以及作者的积分。

所以一个个人主页可以包括以下这些内容：

- □ 空间主人的资料（头像、兴趣、星座、生日、职业和籍贯等等）；
- □ 空间主人的日记、作品、分享、相册、活动和应用等等；
- □ 好友的资料、链接和留言等等。

9.3.2　设计个人网站主页的布局

在这一节，我们开始编写上一节介绍的网站的 DIV 布局代码。该代码主要包括两方面，首先是 HTML 代码，用于定义网页出现的标签，然后是 CSS 代码，用于控制标签的样式和位置等属性。以下是本程序的代码部分，图 9.6 是本程序的运行截图。

```
<!DOCTYPE html PUBLIC "-//W3C//DTD XHTML 1.0 Transitional//EN"
"http://www.w3.org/TR/xhtml1/DTD/xhtml1-transitional.dtd">
<html xmlns="http://www.w3.org/1999/xhtml">
<head>
    <meta http-equiv="Content-Type" content="text/html; charset=utf-8" />
    <title>
        个人主页
```

```
</title>
<style type="text/css">
    body
    {
        border-color:#FF0000;                      /*设置边框颜色*/
        border-style:dotted;                       /*设置边框样式*/
        border-width:1px;                          /*设置边框宽度*/
        margin:0;                                  /*设置外边距*/
    }
    div
    {
        border-color:#00FF00;                      /*设置边框颜色*/
        border-style:solid;                        /*设置边框样式*/
        border-width:1px;                          /*设置边框宽度*/
    }
    #mainDiv
    {
        border-color:#FF0000;                      /*设置边框颜色*/
        border-style:dashed;                       /*设置边框样式*/
        border-width:1px;                          /*设置边框宽度*/
        width:1100px;                              /*设置宽度*/
        margin: 30px auto;                         /*设置外边距*/
    }
    #head
    {
        width:100%;                                /*设置宽度*/
        border-color:#0000FF;                      /*设置边框颜色*/
        border-style:solid;                        /*设置边框样式*/
        border-width:1px;                          /*设置边框宽度*/
        margin-bottom:20px;                        /*设置底部外边距*/
    }
    #content
    {
        width:100%;                                /*设置宽度*/
        border-color:#0000FF;                      /*设置边框颜色*/
        border-style:solid;                        /*设置边框样式*/
        border-width:1px;                          /*设置边框宽度*/
        text-align:center;                         /*设置内容居中*/
    }
    .compose
    {
        margin:0 auto;                             /*设置外边距*/
        display:block;                             /*设置为块标签*/
        border-color:#FF0000;                      /*设置边框颜色*/
        display:inline-block;                      /*1.自适应子节点长度;
                                                     /*2.被父节点捕获*/

    }
    .compose div
    {
        height:200px;                              /*1.先确定图片大小*/
        width:250px;                               /*设置宽度*/
        margin:0 10px;                             /*2.再确定图片间距*/
        float:left;                                /*设置左浮动*/
        line-height:200px;                         /*设置行高度*/
        text-align:center;                         /*设置内容居中*/
    }
```

```
        #button div
        {
            float:left;                          /*设置左浮动*/
            padding:5px;                         /*设置内边距*/
        }
        #person
        {
            width:200px;                         /*设置宽度*/
            height:250px;                        /*设置高度*/
            margin:10px;                         /*设置外边距*/
            padding:10px;                        /*设置内边距*/
        }
        .operate
        {
            float:right;                         /*设置右浮动*/
            width:50px;                          /*设置宽度*/
            margin:0 10px 18px 0;                /*设置外边距*/
        }
        img
        {
            width:100px;                         /*设置宽度*/
            height:100px;                        /*设置高度*/
            border:#009999 1px solid;            /*设置边框*/
            float:left;                          /*设置左浮动*/
            margin-right:0;                      /*设置右侧外边距*/
        }
        .number
        {
            clear:both;                          /*从下一行开始浮动*/
            margin-bottom:10px;                  /*设置底部外边距*/
        }
    </style>
</head>
<body>
    <div id="mainDiv">
        <div id="head">
            <div id="imfo">
                <div id="person">
                    <img  />
                    <div class="operate">
                        加关注
                    </div>
                    <div class="operate">
                        发私信
                    </div>
                    <div class="operate">
                        举报
                    </div>
                    <div class="number">
                        honfan
                        <br />
                        海淀 / 绘画/插画师
                    </div>
                    <div class="number">
                        34329 人气
                    </div>
                    <div class="number">
                        41 积分
```

```
                </div>
                <div class="number">
                    125 粉丝　/　64 关注
                </div>
            </div>
        </div>
        <div id="detail">
            展开详细资料
        </div>
    </div>
    <div id="button">
        <div>
            首页
        </div>
        <div>
            推荐
        </div>
        <div>
            创作历程
        </div>
    </div>
    <div id="content">
        <div class="compose">
            <div>
            图片一
        </div>
            <div>
                图片二
            </div>
            <div>
                图片三
            </div>
            <div>
                图片四
            </div>
        </div>
        <div class="compose">
            <div>
                图片五
            </div>
            <div>
                图片六
            </div>
            <div>
                图片七
            </div>
            <div>
                图片八
            </div>
        </div>
    </div>
    </div>
</body>
</html>
```

上述代码剖析如下：

本程序比较简单，布局中不同的标签模块都已经用 border 属性将其位置标示出来（可以参考图 9.6）。其中编程中要注意的是 DIV 标签块平均分布居中的问题。因为多块 div

同行时要保持块属性就只能设置 float 属性，而这样会不被父节点所捕获。所以需要多加一层父节点，并将该父节点的 display 属性设置为 inline-block，这样就使得该父节点自适应内部子节点，且该节点也可以被祖父节点的 text-align 属性所影响。

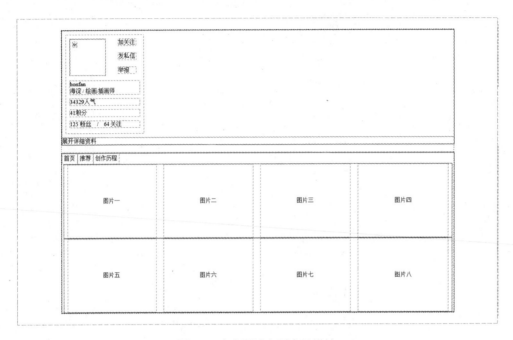

图 9.6　个人网站主页布局设计

9.4　DIV 定位举例二：新闻网站类

在这一节我们介绍如何设计一个新闻网站的 DIV 页面框架，首先我们通过一个例子网站来了解新闻网站的网页特点，然后设计我们的网站主页布局。

9.4.1　新闻网站举例

下面我们通过一个简单的实例讲解一下新闻网站的布局要点，该网站首页地址为 http://sh.qihoo.com/zt/lianghui2013.html?src=hao360，该网站首页如图 9.7 所示。

图 9.7　新闻网站主页

　　该网站是一个关于 2013 两会新闻的网站，布局上有幻灯片类型的大图片、列表和链接等等。内容上它主要介绍两会的新闻事件，各个代表的发言以及新的政策和举措，包括的内容有文字性的新闻、视频性的新闻和图片性的新闻等等。

　　下面总结一下新闻网站首页一般包括的内容，这些内容一般以图片和链接标题或者列表的形式来表现。

- ❑　各个新闻头条的图片；
- ❑　政策、时事和采访；
- ❑　好友的链接留言等等。

9.4.2　设计个人网站主页的布局

　　下面我们开始编写上一节介绍的新闻网站的 DIV 布局代码。以下是本程序的代码部分。

```
<!DOCTYPE html PUBLIC "-//W3C//DTD XHTML 1.0 Transitional//EN"
"http://www.w3.org/TR/xhtml1/DTD/xhtml1-transitional.dtd">
<html xmlns="http://www.w3.org/1999/xhtml">
<head>
    <meta http-equiv="Content-Type" content="text/html; charset=utf-8" />
    <title>
        新闻主页
    </title>
    <style type="text/css">
        body
        {
            border-color:#FF0000;                    /*设置边框颜色*/
            border-style:dotted;                     /*设置边框样式*/
```

```
        border-width:1px;                      /*设置边框宽度*/
        margin:0;                              /*设置外边距*/
    }
    div
    {
        border-color:#00FF00;                  /*设置边框颜色*/
        border-style:solid;                    /*设置边框样式*/
        border-width:1px;                      /*设置边框宽度*/
    }
    #banner
    {
        background-color:#FFCC99;              /*设置背景颜色*/
        height:200px;                          /*设置高度*/
    }
    #mainDiv
    {
        border-color:#FF0000;                  /*设置边框颜色*/
        border-style:dashed;                   /*设置边框样式*/
        border-width:1px;                      /*设置边框宽度*/
        width:1000px;                          /*设置宽度*/
        margin: -45px auto;                    /*向负方向偏移*/
        text-align:center;                     /*设置内容居中*/
    }
    #menu
    {
        display:inline-block;                  /*设置为内联-块对象*/
    }
    #menu div
    {
        float:left;                            /*设置左浮动*/
        padding:10px 16px;                     /*设置内边距*/
    }
    #video
    {
        clear:both;                            /*从下一行开始浮动*/
        padding-top:20px;                      /*设置顶部内边距*/
        text-align:left;                       /*设置内容居中*/
    }
    .vedio_img
    {
        width:140px;                           /*设置宽度*/
        height:140px;                          /*设置高度*/
        margin:10px;                           /*设置外边距*/
        float:left;                            /*设置左浮动*/
    }
    #o_video div
    {
        margin:10px ;                          /*设置外边距*/
        width:280px;                           /*设置宽度*/
        height:26px;                           /*设置高度*/
    }
    </style>
</head>
<body>
    <div id="banner">
        背景
    </div>
```

```html
<div id="mainDiv">
    <div id="menu">
        <div>
            新闻首页
        </div>
        <div>
            全国两会
        </div>
        <div>
            热搜榜
        </div>
        <div>
            总理答记者问
        </div>
        <div>
            政府报告
        </div>
        <div>
            提案议案
        </div>
        <div>
            图片
        </div>
        <div>
            视频
        </div>
        <div>
            调查
        </div>
        <div>
            互动
        </div>
        <div>
            知识
        </div>
    </div>
    <div id="hot">
        <div id="event" style="width:500px;height:240px; float:left;
        margin:20px;">

        </div>
        <div style="float:right;clear:right;margin:20px 20px 0
        20px;width:400px;height:80px;">
            新闻热点一
        </div>
        <div style="float:right;clear:right;margin:20px 20px 0
        20px;width:400px;height:80px;">
            新闻热点二
        </div>
        <div style="float:right;clear:right;margin:20px 20px 0
        20px;width:400px;height:80px;">
            新闻热点三
        </div>
        <div style="clear:left; float:left; margin-left:20px;">
            两会热搜：  3 月 17 日两会热语录：中国梦归根到底是人民的梦
        </div>
    </div>
    <div id="video">
        <div style="text-align:left;">
```

```
        视频
    </div>
    <div id="m_video" style="display:inline-block;">
        <div class="vedio_img">
            视频一
        </div>
        <div class="vedio_img">
            视频二
        </div>
        <div class="vedio_img">
            视频三
        </div>
        <div class="vedio_img">
            视频四
        </div>
    </div>
    <div id="o_video" style="float:right;">
        <div>
            其他视频1
        </div>
        <div>
            其他视频2
        </div>
        <div>
            其他视频3
        </div>
        <div>
            其他视频4
        </div>
    </div>
    </div>
    </div>
</body>
</html>
```

运行效果如图 9.8 所示。上述代码剖析如下：

上面的代码也比较简单，主要还是注意菜单（id 为 menu）的子标签 div 的平均居中分布，当然还是使用了 display:inline-block 和 text-align:center 的组合设置。

另外还要注意 float 属性比 text-align 属性优先级高，即如果父节点设置为 text-align:left，而子节点设置为 float:right，则子节点会向右浮动。

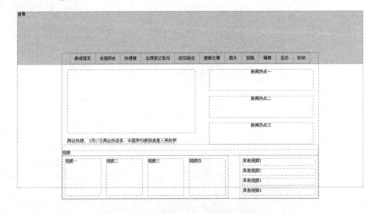

图 9.8　新闻网站主页布局设计

第 10 章　CSS Sprite 技术

这一章我们将学习 CSS Sprite 技术，通过学习，我们将掌握以下几个方面的知识。

- ❑ 什么是 CSS Sprite 技术；
- ❑ CSS Sprite 的简单应用；
- ❑ 如何设计热门查询栏；
- ❑ 如何设计酷狗电台列表。

通过这一章的介绍，大家将会感受到 CSS Sprite 技术无穷无尽的魅力。

10.1　什么是 CSS Sprite 技术

CSS Sprite 技术，从其表面含义上讲就是 CSS 的精灵技术，而 CSS 的精灵到底是什么呢？实际上 CSS 的精灵就是图片里的一个个的图标元素，这些图标可以是按钮、标签及 logo 等等。

如果你有分析网站代码的习惯的话，你可以发现某些 HTML 所引用的 img 图片、背景图片所使用的图片是一幅繁杂的图片，它包含各种各样的小图片，是众多小图片的大杂烩。

图 10.1 是我们从人人网主页代码里跟踪到的一幅图片，里面布满了各种的图标，包括人人网的 Logo、注册按钮、一些 label 图片以及提示图片等等。

另外有些朋友可能会察觉到图 10.1 实际上有效的图片空间比一整幅图片的空间远远小得多，你可能会觉得这样会耗损更多的网络流量来传输这幅图片，而实际上并非如此，因为本图片使用的是索引的存储方式，索引的存储方式是既使用了像素颜色同时也使用了子图片元素（在这里所谓的子图片元素就是整幅图片里面的相对独立的某一块小图片，不同的子图片元素一般用于不同的标签）的位置信息来进行存储，这样就可以大大地节省了存储空间。

该图片的地址为：http://s.xnimg.cn/imgpro/login/login-new2.png，你可以下载下来并使用 Photoshop 检查其格式类型以及大小，并转换为 RGB 模式并对比前后大小。

CSS Sprite 技术听起来很深奥，而它实际上就

图 10.1　人人网使用的 Sprite 图片

是使用了 background-position 属性来进行同一个图片使用不同部分来进行显示，或者达到切换图片的效果。background-position 属性我们已经在图片那一章讲解过，现在我们再温习一下。

1. 关键字

background-position 属性提供的关键字值有：left、top、center、right、bottom 和 inherit。其中前面 5 个关键字值表示图片位置和标签位置的对应关系，即左对左、顶对顶、中间对中间、右对右以及底对底的关系。

2. 百分号形式

对应关系为标签百分值的位置对应于图片百分值的位置（如果仅规定了一个值，另一个值将是 50%）。

3. 像素形式

对应关系为图片的左上角对应于标签的(x,y)，其中 x、y 就是我们要设置的值（也是图片左上角的偏移量）。如果仅规定了一个值，另一个值将是 50%。

另外使用 CSS Sprite 技术进行定位还要注意以下几点：

（1）图片制作

把每个子图片的位置都记录下来以提供给 CSS 和 JavaScript 程序调用，并且不相连的子图片的距离要足够大，避免标签的范围过大将无关的图片部分也显示出来。

（2）background-position 属性值的确定

可以编写该 Sprite 图片的相应 JavaScript 文件或者 CSS 文件，可以使用 link 以及 Script 标签来调用这些 CSS 文件和 JavaScript 文件，使用 xml 文件来记录各个图片子元素的位置信息，来提供给 JavaScript 程序进行读取。

10.2　CSS Sprite 的简单应用

这一节我们编写一个简单的 CSS Sprite 程序.本程序使用 CSS Sprite 技术来切换 4 个伪类 active、hover、visited 和 link 来设置背景样式。

```
<!DOCTYPE html PUBLIC "-//W3C//DTD XHTML 1.0 Transitional//EN"
"http://www.w3.org/TR/xhtml1/DTD/xhtml1-transitional.dtd">
<html xmlns="http://www.w3.org/1999/xhtml">
    <head>
        <meta           http-equiv="Content-Type"           content="text/html;
charset=gb2312" />
        <link type="text/css" href="css.css" rel="stylesheet" />
        <title>
            css sprite 的简单应用
        </title>
        <style type="text/css">
            #link:hover
            {
                background-position:0px  -128px; /*设置背景图片偏移*/
            }
            #link:visited
```

```
        {
            background-position:0px  -256px; /*设置背景图片偏移*/
        }
    #link:active
        {
            background-position:0px  -384px; /*设置背景图片偏移*/
        }
    #link
        {
            display:block;                      /*设置为块元素*/
            width:128px;                        /*设置宽度*/
            height:128px;                       /*设置高度*/
            border:#FF0000 solid 1px;           /*设置边框颜色、样式和宽度*/
            background-image:url(appearence.png);
                                                /*设置背景图片*/
            background-position:0px  0px;       /*设置背景图片偏移*/
        }
    </style>
  </head>
  <body>
    <a  href="#"  id="link">
    </a>
  </body>
</html>
```

上述代码剖析如下：

在进行代码编写前首先要制作一个 CSS Sprite 图片集合，这里我们从网上搜索几幅图片，并将它们合并为一幅图片，使用 CSS Sprite 技术来访问这些子图片，如图 10.2 所示。

另外在制作这些图片时，还需要注意这些子图片合并后的位置，可以先在原图里添加一个边框上界以及一个边框下界，最后所有图片对齐后再将上、下界边框去掉。

在本程序的 HTML 代码部分添加一个锚点标签，并将它的 id 属性设置为 link。在本程序的 CSS 代码部分将 id 属性为 link 的标签的 display 属性设置为 block，并设置标签的大小以及指定背景图片。最后分别设置伪类 active、hover 和 visited 的 background-position 属性来显示不同的图片。

本程序的运行截图如图 10.3 所示。

图 10.2　合并后的图片

10.3　设计热门查询栏

在这一节，我们使用 CSS Sprite 技术来设计一个热门查询栏。通常你可以在某些新闻网站、视频网站或者其他综合类型的网站看见类似的网页部件，这些部件一般放置在网页的左边，并显示了某些热门的时尚的点击率高的资讯。所以热门查询栏可以说是很重要的网页部分。

图 10.3　程序截图

10.3.1　使用 Photoshop 定位元素

下面我们讲解 Photoshop 的哪些功能可以用来辅助进行小图片的合并，从而构造出一幅包含了许多子图片元素的图片，包括 Photoshop 提供的坐标信息和画布设置工具等。

（1）对于有边框的图片，可以直接复制粘贴到目标图片里，并使用移动工具配合右上角信息框的 X、Y、W 和 H 等参数的信息来定位子图片，如图 10.4 所示。

图 10.4　Photoshop 信息框图　　　　　　图 10.5　Photoshop 描边设置

（2）对于没有边框的图片，可以为该子图片先添加一个边框来辅助定位。依次使用矩形选框工具选择整个子图片，接着单击菜单"编辑(E)"|"描边(S)"命令，选择 1 像素以及一种特殊的颜色进行描边，如图 10.5 所示。

（3）如果新增加的边框可能会覆盖子图片，可以先增加画布的大小，依次单击菜单"图像(I)"|"画布大小(S)"命令（如图 10.6 所示），并勾选"相对"设置，以及将新增宽度和高度设置为 2个像素。

以上介绍了 Photoshop 下的几个常用的操作。通过以上 3 个 Photoshop 工具的使用介绍，希望对大家进行小图片的合并有一定的帮助作用。你可以根据需要设计自己的热门查询栏的合并图片。

图 10.6　设置画布大小

10.3.2　进行 DIV 排版

下面是本程序的 HTML 部分的主要代码。

```html
<ul  id="frm" >
    <li  class="l1"  onmouseover="mouseoverhandle(this)"
onmouseout="mouseouthandle(this)" >
    <div  class="d">
    </div>
    <div>
        <h5>
                热门团购
        </h5>
```

```html
        <a href="#">
            漩涡团-劲爆小肥牛
        </a>
    </div>
</li>
<li class="12" onmouseover="mouseoverhandle(this)"
onmouseout="mouseouthandle(this)" >
    <div class="d">
    </div>
    <div>
        <h5>
            热门音乐
        </h5>
        <a href="#">
            清音乐空间-心里满满都是你
        </a>
    </div>
</li>
<li class="13" onmouseover="mouseoverhandle(this)"
onmouseout="mouseouthandle(this)" >
    <div class="d">
    </div>
    <div>
        <h5>
            热门游戏
        </h5>
        <a href="#">
            NEO 世纪网游-霹雳格斗
        </a>
    </div>
</li>
<li class="14" onmouseover="mouseoverhandle(this)"
onmouseout="mouseouthandle(this)" >
    <div class="d">
    </div>
    <div>
        <h5>
            热门电影
        </h5>
        <a href="#">
            奇风影视-劲爆小肥牛
        </a>
    </div>
</li>
<li class="15" onmouseover="mouseoverhandle(this)"
onmouseout="mouseouthandle(this)" >
    <div class="d">
    </div>
    <div>
        <h5>
            热门剧集
        </h5>
        <a href="#">
            家庭影院-爱你每一天大结局
        </a>
    </div>
</li>
<li class="16" onmouseover="mouseoverhandle(this)"
onmouseout="mouseouthandle(this)" >
    <div class="d">
```

```
        </div>
        <div>
            <h5>
                热门软件
            </h5>
            <a href="#">
                电脑管家-暴风杀毒软件（看片不留痕）
            </a>
        </div>
    </li>
</ul>
```

运行效果如图 10.7 所示。如下上述代码剖析如下：

本程序的 HTML 部分以 ul 标签作为根节点，ul 标签内部含有 6 个 li 标签，因为每个 li 标签的图标为不同的子图片，所以给每个 li 标签添加不同的 class 属性。

每个 li 标签里面的 class 属性为 d 的标签的作用是设置 li 标签项的图标。每个 li 标签都添加了 onmouseover 以及 onmouseout 事件响应函数。

图 10.7　热门查询栏

10.3.3　添加皮肤

下面是本程序的 CSS 代码部分。

```
<style type="text/css">
    #frm
    {
        margin:0;     /*设置外边距*/
        padding:0;    /*设置内边距*/
        list-style-type:none;                /*取消列表标志*/
        width:300px;                         /*设置宽度*/
        border:#000000 1px solid;            /*设置边框颜色、宽度和样式*/
        border-top:none;                     /*取消顶部边框*/
    }
    #frm *
    {
        margin:0;     /*设置外边距*/
        padding:0;    /*设置内边距*/
        font-size:14px;                      /*设置字体大小*/
        color:#FFFFFF;                       /*设置字体颜色*/
    }
    #frm li a
    {
        text-decoration:none;                /*取消文字修饰*/
        color:#FFFFFF;                       /*设置字体颜色*/
        font-size:12px;                      /*设置字体大小*/
    }
    #frm li
    {
        border-top:#000000 1px solid;        /*设置顶部边框样式、宽度和样式*/
        padding:4px;                         /*设置内边距*/
        background-color:#555555;            /*设置背景颜色*/
```

```
        _width:100%;        /*设置宽度，IE Hack*/
    }
    #frm li .d                              /*每个 li 的第二个 div 不浮动*/
    {
        width:32px;  /*设置宽度*/
        height:32px;                        /*设置高度*/
        float:left;  /*设置左浮动*/
        background-image:url(ico_list.png);
                    /*设置背景图片*/
        background-repeat:no-repeat;        /*设置背景不重复*/
        margin-right:13px;                  /*设置右侧外边距*/
    }
    #frm .12 .d
    {
        background-position:0 -32px;        /*设置背景偏移*/
    }
    #frm .13 .d
    {
        background-position:0 -64px;        /*设置背景偏移*/
    }
    #frm .14 .d
    {
        background-position:0 -96px;        /*设置背景偏移*/
    }
    #frm .15 .d
    {
        background-position:0 -128px;       /*设置背景偏移*/
    }
    #frm .16 .d
    {
        background-position:0 -160px;       /*设置背景偏移*/
    }
    #frm .hov
    {
        background-color:#888888;           /*设置背景颜色*/
    }
</style>
```

上述代码剖析如下：

本 CSS 部分的主要任务为设置各个 li 标签的 class 属性为 d 的 div 标签，因为子图标的高度为 32px，所以每个偏移只需要设置为 32px 的整数倍即可。

另外还要注意的是，在非 IE 浏览器里面设置 li 标签的长度为 100%时，会使得 li 标签超出 ul 标签的范围，这时可以使用 IE 的 Hack（属性以下滑线开头）或者 ul 标签设置 overflow 属性为 hidden。

10.3.4　添加鼠标事件处理

下面为鼠标移动事件添加样式反应。以下是本程序的 JavaScript 代码部分，该代码为 onmouseover 和 onmouseout 事件进行处理。

```
<script type="text/javascript">
    function mouseoverhandle(obj)
    {
    obj.className+=" hov";                  /*改变 class 属性*/
```

```
    }
    function mouseouthandle(obj)
    {
        obj.className=obj.className.substring(0, 2) ;
                        /*改变 class 属性*/
    }
</script>
```

上述代码剖析如下：

本代码为 onmouseover 和 onmouseout 事件定制事件响应函数，分别是 mouseoverhandle 以及 mouseouthandle。

因为 CSS 代码部分已经定义了样式的规则，包括鼠标移动到 li 标签上面的样式定义，所以我们只需要利用 CSS 对应的样式选择符进行控制就可以了。

mouseoverhandle()函数将鼠标移动事件的发生者追加一个 class 名字 hov，注意这里并不是赋值为 hov，否则就会覆盖掉原来的背景（hov 类的具体样式只是改变了 li 标签的背景颜色）。

10.4　酷狗电台列表设计

喜欢听音乐的朋友一定对酷狗不陌生，酷狗是一个音乐播放器和下载工具，在上面有一个酷狗电台的板块。在这一节将酷狗电台移植到页面上，当然只有酷狗电台的外形而没有相应的下载和播放功能。通过这一节的学习，希望大家可以进一步巩固 CSS Sprite 的编程方法。

10.4.1　图标元素设计

首先从酷狗播放器里面提取相关的图片，并将这些子元素合并到新的图片里面。为了使图片更好地读取和显示，一律把子图片规范化为 38px×38px 像素格式，如图 10.8 所示。

另外为了适应 IE 浏览器对透明图片的支持，还要将该 Sprite 图片的保存模式设置索引模式，使得透明效果有效。

10.4.2　进行 DIV 排版

为了实现多层图片的叠加效果，本 DIV 排布的关键是连续使用多个同级的 DIV 图片，并依次定义其 class 属性的名字，最终提供给 CSS 处理。

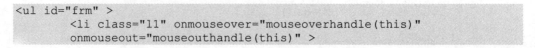

图 10.8　酷狗 Sprite 图片

```
<ul id="frm" >
    <li class="l1" onmouseover="mouseoverhandle(this)"
    onmouseout="mouseouthandle(this)" >
```

```
        <div class="d">
            <div class="img"></div>
            <div class="mask"></div>
            <div class="play"></div>
        </div>
        <div class="cont">
            <div>
                酷狗热歌
            </div>
            <span href="#">
                徐朗 - 小夜曲
            </span>
        </div>
</li>
<li class="l2" onmouseover="mouseoverhandle(this)"
onmouseouthandle(this)" >
        <div class="d">
            <div class="img"></div>
            <div class="mask"></div>
            <div class="play"></div>
        </div>
        <div class="cont">
            <div>
                DJ 热碟
            </div>
            <span href="#">
                曾春年 - 最幸福的人
            </span>
        </div>
</li>
<li class="l3" onmouseover="mouseoverhandle(this)"
onmouseouthandle(this)" >
        <div class="d">
            <div class="img"></div>
            <div class="mask"></div>
            <div class="play"></div>
        </div>
        <div class="cont">
            <div>
                网络红歌
            </div>
            <span href="#">
                徐志强 - 想你的时候
            </span>
        </div>
</li>
<li class="l4" onmouseover="mouseoverhandle(this)"
onmouseouthandle(this)" >
        <div class="d">
            <div class="img"></div>
            <div class="mask"></div>
            <div class="play"></div>
        </div>
        <div class="cont">
            <div>
                新歌
            </div>
            <span href="#">
                孙俪 - 美丽信号
            </span>
```

```
        </div>
    </li>
    <li class="l5" onmouseover="mouseoverhandle(this)"
    onmouseout="mouseouthandle(this)" >
        <div class="d">
            <div class="img"></div>
            <div class="mask"></div>
            <div class="play"></div>
        </div>
        <div class="cont">
            <div>
                经典
            </div>
            <span href="#">
                游鸿明 - 寻你
            </span>
        </div>
    </li>
    <li class="l6" onmouseover="mouseoverhandle(this)"
    onmouseout="mouseouthandle(this)" >
        <div class="d">
            <div class="img"></div>
            <div class="mask"></div>
            <div class="play"></div>
        </div>
        <div class="cont">
            <div>
                怀旧粤语
            </div>
            <span href="#">
                陈慧娴 - 人生何处不相逢
            </span>
        </div>
    </li>
    <li class="l7" onmouseover="mouseoverhandle(this)"
    onmouseout="mouseouthandle(this)" >
        <div class="d">
            <div class="img"></div>
            <div class="mask"></div>
            <div class="play"></div>
        </div>
        <div class="cont">
            <div>
                钢琴
            </div>
            <span href="#">
                July - My Soul
            </span>
        </div>
    </li>
    <li class="l8" onmouseover="mouseoverhandle(this)"
    onmouseout="mouseouthandle(this)" >
        <div class="d">
            <div class="img"></div>
            <div class="mask"></div>
            <div class="play"></div>
        </div>
        <div class="cont">
            <div>
                KTV 必点
```

```
            </div>
            <span href="#">
                蔡健雅 – 无底洞
            </span>
        </div>
    </li>
    <li class="l9" onmouseover="mouseoverhandle(this)"
onmouseout="mouseouthandle(this)" >
        <div class="d">
            <div class="img"></div>
            <div class="mask"></div>
            <div class="play"></div>
        </div>
        <div class="cont">
            <div>
                思念
            </div>
            <span href="#">
                张杰 – 这就是爱
            </span>
        </div>
    </li>
    <li class="l10" onmouseover="mouseoverhandle(this)"
onmouseout="mouseouthandle(this)" >
        <div class="d">
            <div class="img"></div>
            <div class="mask"></div>
            <div class="play"></div>
        </div>
        <div class="cont">
            <div>
                DJ 外文舞曲
            </div>
            <span href="#">
                Jean Claud Ades
            </span>
        </div>
    </li>
</ul>
```

运行效果如图 10.9 所示。上述代码剖析如下：

图 10.9   酷狗 Sprite 图片

本程序的 HTML 部分以 ul 标签作为根节点，ul 标签内部含有 10 个 li 标签，因为每个

li 标签的图标为不同的子图片，所以给每个 li 标签添加不同的 class 属性。

其中每个 li 标签的 class 属性为 d 的 div 标签里面包含了 3 个 div 标签，它们的 class 属性为 img、mask 和 play，这 3 个标签依次为主题图标、遮罩标签和播放图标，而它们的父节点 div（class 属性为 d）以背景图片作为边框。

每个 li 标签都添加了 onmouseover 以及 onmouseout 事件响应函数，这两个函数设置 class 属性为 d 的 div 标签里面 div 子标签的样式。

10.4.3　添加皮肤

对于多层图片叠加的效果，本 CSS 代码使用 position 绝对定位技术来进行控制，并对不同状态的 class 属性设置不同的样式值。

以下是本程序的 CSS 代码部分。

```
<style type="text/css">
    #frm
    {
        margin:0;                                    /*设置外边距*/
        padding:0;                                   /*设置内边距*/
        list-style-type:none;                        /*取消列表标志*/
        width:500px;                                 /*设置宽度*/
        border:#000000 1px solid;                    /*设置边框样式、宽度和样式*/
        overflow:hidden;                             /*隐藏超出范围的部分*/
        /*border-top:none;*/
    }
    #frm *
    {
        margin:0;                                    /*设置外边距*/
        padding:0;                                   /*设置内边距*/
        font-size:12px;                              /*设置字体大小*/
    }
    #frm li
    {/*border:#000000 1px solid; background-color:#EEEEEE;*/
        padding:4px 0;                               /*设置内边距*/
        width:47%;                                   /*设置宽度*/
        float:left;                                  /*设置左浮动*/
        margin:5px 15px 5px 0;                       /*设置外边距*/
        cursor:pointer;                              /*设置鼠标*/
    }
    #frm li span
    {
        color:#999999;                               /*设置字体颜色*/
        position:relative;                           /*设置相对定位*/
    }
    #frm li .d
    {/*border:#000000 1px solid;*/
        width:38px;                                  /*设置宽度*/
        height:38px;                                 /*设置高度*/
        float:left;                                  /*设置左浮动*/
        margin:0px 12px 6px 0;                       /*设置外边距*/
        background-image:url(kugou_sprite.png);
                                                     /*设置背景图片*/
        position:relative;                           /*设置相对定位*/
```

```
}
#frm li .cont
{/*border:#000000 1px solid;*/
    position:relative;
    /*一定要加，否则 overflow:hidden 对子节点不起效果(absolute 也行,
    但 IE 和 Chrome 浏览器下 absolute 不同程度自适应子节点长度 )*/
    height:37px;                              /*设置高度*/
    _height:35px;                             /*设置高度,IE Hack*/
    overflow:hidden;                          /*隐藏超出范围的部分*/
}
#frm li .cont div
{
    margin:5px 0 5px 0;                       /*设置外边距*/
}
#frm li .d div
{
    position:absolute;                        /*设置绝对定位*/
    width:100%;                               /*设置宽度*/
    height:100%;                              /*设置高度*/
}
#frm li .d .img,#frm li .d .play
{
    background-image:url(kugou_sprite.png);
                                              /*设置背景图片*/
}
#frm .l1 .d .img                         /*以下截取各个 Sprite 子图片*/
{
    background-position:-38px 0;              /*设置背景偏移*/
}
#frm .l2 .d .img
{
    background-position:-38px -38px;          /*设置背景偏移*/
}
#frm .l3 .d .img
{
    background-position:-38px -76px;          /*设置背景偏移*/
}
#frm .l4 .d .img
{
    background-position:-38px -114px;         /*设置背景偏移*/
}
#frm .l5 .d .img
{
    background-position:-38px -152px;         /*设置背景偏移*/
}
#frm .l6 .d .img
{
    background-position:-38px -190px;         /*设置背景偏移*/
}
#frm .l7 .d .img
{
    background-position:-38px -228px;         /*设置背景偏移*/
}
#frm .l8 .d .img
{
    background-position:-38px -266px;         /*设置背景偏移*/
}
#frm .l9 .d .img
```

```
    {
        background-position:-38px -304px;        /*设置背景偏移*/
    }
    #frm .l10 .d .img
    {
        background-position:-38px -342px;        /*设置背景偏移*/
    }
    #frm li .d .mask, #frm li .d .play
    {
        visibility:hidden;                       /*设置不可见*/
    }
    #frm .choose .d
    {
        background-position:0px -38px;           /*设置背景偏移*/
        outline:rgb(233,243,250) solid 1px;

                                                 /*设置外边框样式、样式和宽度*/
    }
    #frm .choose .d .mask
    {
        background-color:#000000;                /*设置背景颜色*/
        filter:alpha(Opacity=50);                /*设置透明*/
        -moz-opacity:0.5;
        opacity: 0.5;
        height:32px;                             /*设置高度*/
        width:32px;                              /*设置宽度*/
        top:3px;                                 /*设置竖直偏移*/
        left:3px;                                /*设置水平偏移*/
        visibility:visible;                      /*设置可见*/
    }
    #frm .choose .d .play
    {
        background-position:0px -76px;           /*设置背景偏移*/
        visibility:visible;                      /*设置可见*/
    }/**/
    #frm .choose .cont div
    {
        font-weight:bold;                        /*设置字体加粗*/
        color:rgb(0,155,250);                    /*设置字体颜色*/
    }
</style>
```

上述代码剖析如下：

本 CSS 代码部分的主要任务是设置各个 class 属性为 img 的图片的 background-position，以及设置 class 属性为 d 的 div 的 background-position。

另外当鼠标移动事件发生时，该 li 标签会增加一个值为 choose 的 class 属性，这时 class 为 play 和 mask 的标签会显示出来并添加其背景图片。

10.4.4　鼠标移动事件响应

当鼠标指向某个 li 标签时，我们进行图片的切换。

```
<script type="text/javascript">
    function mouseoverhandle(obj)
    {
```

```
        obj.className+="  choose";
    }
    function mouseouthandle(obj)
    {
        obj.className=obj.className.substring(0, 2) ;
    }/**/
</script>
```

上述代码剖析如下：

本代码分别为 onmouseover 和 onmouseout 事件定制事件响应函数，分别是 mouseoverhandle 以及 mouseouthandle，如图 10.10 所示。

图 10.10　发生移动事件的效果

mouseouthandle()函数使用 substring 系统字符串函数来删除后面的 class 属性值。

10.4.5　音乐提示响应模拟

下面的代码是模拟酷狗音乐盒歌曲切换时的歌曲名上升的效果。注意本代码没有切换音乐的效果，也没有播放音乐的效果，只是添加文字动态显示的效果。

```
<script type="text/javascript">
    var ul_obj=document.getElementById("frm");
    var li_objs=ul_obj.getElementsByTagName("li");
    var i;
    for(i=0;i<li_objs.length;i++)
    {
        span_objs=li_objs[i].getElementsByTagName("span");
                                            /*获取 span 标签*/
        li_objs[i].span_obj=span_objs[0];
    }

    var index=-1;
    function showup()
    {
        if(li_objs[index].span_obj.style.top=="")
            li_objs[index].span_obj.style.top="13px";
                                            /*设置竖直位置*/
```

```
          if( parseInt(li_objs[index].span_obj.style.top)<=0 )
          {
              li_objs[index].span_obj.style.top="";
              setTimeout( shownext, 1000);            /*1 秒后*/
          }
          else
          {

 li_objs[index].span_obj.style.top=parseInt(li_objs[index].span_obj.
 style.top)-1+"px";
              setTimeout( showup, 100);               /*0.1 秒后再升起*/
          }
     }
     function shownext()
     {
          index++;
          index=index%li_objs.length;
          showup();
     }
     setTimeout( shownext, 1000);                       /*1 秒后*/
</script>
```

运行效果如图 10.11 所示。上述代码剖析如下：

本 JavaScript 代码部分主要分为两块，第一块是绑定 div 标签及其 span 子节点对象，第二部分是设置超时处理函数。

首先程序获取 id 为 frm 的标签，并获取该标签的所有 li 子标签，同时获取所有 li 的 span 标签，并绑定第一个 span 标签到 li 标签对象的 span_obj 上。

然后编写两个超时函数 shownext()以及 showup()，其中 showup()函数负责产生歌名升起的效果，而函数 shownext()负责切换到下一个音乐台的歌曲的播放。

另外还要注意的是，对象的方法内部不可以设置自身为超时函数。

图 10.11　音乐标题升起效果

10.5　菜单标签的 Sprite 应用

在这一节我们使用 CSS Sprite 技术来设计一个网页导航菜单。首先设计菜单的 HTML 部分，接着添加 CSS 样式，最后使用 JavaScript 对菜单事件进行编程控制。

10.5.1　简单的 DIV 布局

下面我们设计一个使用 Sprite 技术制作的菜单标题栏，就像各个网站的主页顶部的导航菜单那样。有的书上也叫滑动门技术，因为只需将下面的图片滑动上去就可以做样式变换了。

下面是本程序的 HTML 代码部分。

```html
<ul id="frm" >
    <li  class="l1"  onclick="clickhandle(this)" >
        <span>
            首 页
        </span>
    </li>
    <li  onclick="clickhandle(this)" >
        <span>
            音 乐
        </span>
    </li>
    <li  onclick="clickhandle(this)" >
        <span>
            新 闻
        </span>
    </li>
    <li  onclick="clickhandle(this)" >
        <span>
            体 育
        </span>
    </li>
    <li  onclick="clickhandle(this)" >
        <span>
            娱 乐
        </span>
    </li>
</ul>
```

运行效果如图 10.12 所示。上述代码剖析如下：

本程序的 HTML 部分以 ul 标签作为根节点，ul 标签内部含有 5 个 li 标签，并将第一个 li 的 class 属性设置为 l1。在 CSS 部分将会设置 class 为 l1 的样式和其他的 li 标签的不一样。

图 10.12　菜单标题栏

每个 li 标签都添加了 onclick 事件响应函数，这个函数设置 backgroundPosition 属性来改变 li 标签的背景图片。

10.5.2 使用 CSS 添加 Sprite

下面我们编写本程序的 CSS 代码，该 CSS 代码主要处理 li 标签的大小以及背景样式，并设置所有 li 标签的 background-position 属性。

以下是本程序的 CSS 代码。

```
<style type="text/css">
    #frm
    {/*border:#000000 1px solid;*/
        margin:0;                                    /*设置外边距*/
        padding-top:10px;                            /*设置顶部内边距*/
        padding-left:10px;                           /*设置左侧内边距*/
        padding-right:10px;                          /*设置右侧内边距*/
        list-style-type:none;                        /*取消列表标志*/
        float:left;                                  /*向左浮动*/
        overflow:hidden;                             /*隐藏超出范围的部分*/
        background-color:#3786B0;                     /*设置背景颜色*/
        border-top:none;                             /*取消顶部边框*/
    }
    #frm *
    {
        margin:0;                                    /*设置外边距*/
        padding:0;                                   /*设置内边距*/
        font-size:14px;                              /*设置字体大小*/
    }
    #frm li
    {/*border:#000000 1px solid;background-color:#EEEEEE;*/
        width:100px;                                 /*设置宽度*/
        height:32px;                                 /*设置高度*/
        float:left;                                  /*向左浮动*/
        cursor:pointer;                              /*设置鼠标样式*/
        background-image:url(menu.png);              /*设置背景图片*/
        text-align:center;                           /*设置内容居中*/
        background-position:0 -32px;                 /*设置背景偏移*/
        color:#777777;                               /*设置字体颜色*/
    }
    #frm li span
    {
        margin-top:10px;                             /*设置外边距*/
        display:block;                               /*要转化为 block 后，
                                                     margin-top 才能有效*/
    }
    #frm .l1
    {
        background-position:0 0;                      /*设置背景偏移*/
        color:white;                                 /*设置字体颜色*/
        font-weight:bold;                            /*设置字体加粗*/
    }
</style>
```

上述代码剖析如下：

本代码的主要任务是设置每个 li 标签的大小，以及设置默认情况下 li 标签的 background-position 属性，并设置第一个 li 标签（class 属性为 l1）的 background-position 属性，然后分别设置它们的字体和颜色。

另外 li 标签内部的文本的位置如果通过设置 li 标签的 padding-top 属性来达到效果的话，会使得实际显示的高度加长，所以在 li 标签内部加了一个 span 标签。为了使得 span 标签的 margin-top 属性生效，还必须将它转换为块节点。

图 10.13 是本程序使用的 Sprite 图片，并以索引模式存储，分为上、下两个子图片，每个子图片长 100 像素、高 100 像素。

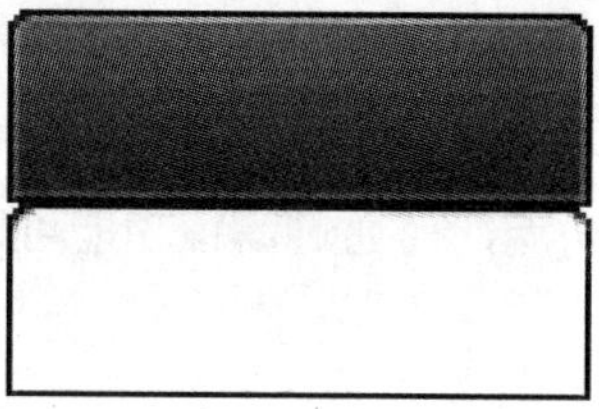

图 10.13　菜单背景的 Sprite 图片

10.5.3　使用 JavaScript 控制

下面编写本程序的 JavaScript 代码，该 JavaScript 代码主要处理 li 标签的 onclick 事件，并设置所有 li 标签的 style.backgroundPosition 属性。

以下是本程序的 JavaScript 代码。

```
<script type="text/javascript">
    var ul=document.getElementById("frm");
    var li_obj=ul.getElementsByTagName("li");
    function clickhandle(obj)
    {
        var i;
        for(i=0;i<li_obj.length;i++)
        {
            li_obj[i].style.backgroundPosition="0 -32px";
                                             /*设置背景偏移*/
            li_obj[i].style.color="";            /*取消设置*/
            li_obj[i].style.fontWeight="";       /*取消设置*/
            li_obj[i].className="";              /*取消设置*/
        }
        obj.style.backgroundPosition="0 0";      /*设置背景偏移*/
        obj.style.color="white";                 /*设置字体颜色*/
        obj.style.fontWeight="bold";             /*设置字体加粗*/
    }
</script>
```

运行效果如图 10.14 所示。上述代码剖析如下：

本 JavaScript 代码完成 li 标签的获取以及完成 onclick 事件的响应函数的编写。函数 clickhandle()负责处理 onclick 事件，该函数首先将所有的 li 标签的 backgroundPosition 属性设置为 "0 -32px"（即白色的背景），再将发生 onclick 事件的标签的 backgroundPosition 属性设置为 "0 0"（即蓝色背景）。

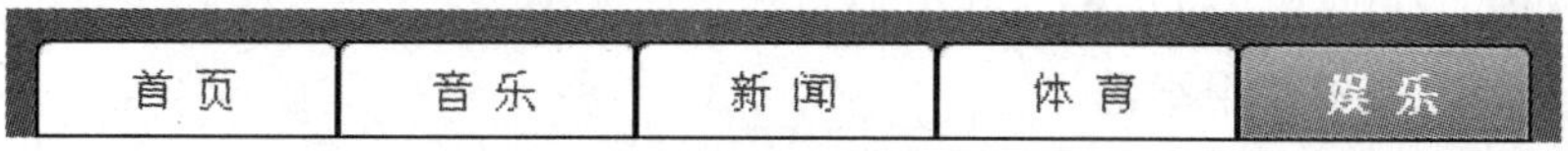

首　页　　音　乐　　新　闻　　体　育　　娱　乐

图 10.14　响应鼠标单击事件

第 11 章 CSS 滤镜的使用

这一章我们来学习一下 CSS 滤镜的使用，我们首先要知道只有 IE 浏览器才支持滤镜功能，而通过滤镜功能可以设计出丰富的样式出来。

11.1 静态滤镜

静态滤镜是对于 IE 系列浏览器常用的样式设置方法。所谓的静态滤镜就是样式效果不会出现动画的滤镜效果，即样式效果不会随时间改变，如阴影、光晕、模糊以及弯曲。这一节，我们通过结合例子的方法来讲解几种常用的静态滤镜的设置方法。

11.1.1 透明滤镜

透明滤镜可以用于对网页的层次效果进行渲染。设置透明滤镜后，标签的颜色会变浅，并且处于底层的标签的颜色和轮廓会显现出来。

透明滤镜（Alpha 滤镜）的使用方法如下：

```
filter:progid:DXImageTransform.Microsoft.Alpha(enabled=true|false,style
=value,opacity=value,finishOpacity=value,startX=value,startY=value,fini
shX=value,finishY=value);
```

参数解析：

❑ enabled：其值可以是 true 或 false，true 使得滤镜功能有效，false 使得滤镜功能无效。

❑ style：其值可以是 0、1、2、3；其中 0 表示均匀渐变，1 表示线性渐变（水平的或垂直的），2 表示椭圆渐变，3 表示星形渐变。

❑ opacity：控制起始点的透明度 ，其值为 0~100，0 表示全透明，100 表示不透明。

❑ finishOpacity：控制结束点的透明度，其值为 0~100，0 表示全透明，100 表示不透明。

❑ startX：渐变开始横坐标，其值为不带单位的像素数字，只能在线性渐变时起效。

❑ startY：渐变开始纵坐标，其值为不带单位的像素数字，只能在线性渐变时起效。

❑ finishX：渐变结束横坐标，其值为不带单位的像素数字，只能在线性渐变时起效。

❑ finishY：渐变结束纵坐标，其值为不带单位的像素数字，只能在线性渐变时起效。

下面是透明滤镜的使用举例。

```
<!DOCTYPE  html  PUBLIC  "-//W3C//DTD  XHTML  1.0  Transitional//EN"
"http://www.w3.org/TR/xhtml1/DTD/xhtml1-transitional.dtd">
```

```html
<html xmlns="http://www.w3.org/1999/xhtml">
<head>
    <meta http-equiv="Content-Type" content="text/html; charset=gb2312" />
    <title>
        渐变滤镜
    </title>
    <style type="text/css">
        <!--
            div
            {
                border-color:red;                   /*设置边框颜色*/
                border-style:solid;                 /*设置边框样式*/
                border-width:2px;                   /*设置边框宽度*/
                margin:0;                           /*设置外边框 */
                background-color:#ACABE2;           /*设置背景颜色 */
                font-size:28px;                     /*设置字体大小 */
                height:50px;                        /*设置高度 */
                filter:progid:DXImageTransform.Microsoft.Alpha
                (enabled=true,style=1,opacity=0, finishOpacity=50,
                startX=0,startY=0,finishX=50,finishY=0);
                                                    /*设置透明滤镜 */

            }
            body
            {
                border-color:#0000FF;               /*设置边框颜色*/
                border-style:solid;                 /*设置边框样式*/
                border-width:2px;                   /*设置边框宽度*/
            }
        -->
    </style>
</head>
<body>
    <div>
        这是 div 标签，有自定义样式
    </div>
</body>
</html>
```

对上述代码进行剖析如下：

在本程序里的 HTML 部分添加了一个 div 标签。

在 CSS 代码部分首先设置了 body 标签的边框来定位变化的样式部分。接着为 div 标签设置 filter 的透明滤镜效果，其中 style 选项为 1 表示线性渐变，并且从(0,0)处的透明度为全透明，而从(50,0)往后的透明度都为 50，如图 11.1 所示。

图 11.1　透明滤镜

11.1.2　模糊滤镜

模糊滤镜可以对清晰的含有图片或文字的标签进行模糊化，会呈现出颜色减淡、轮廓不清以及区域难以区分的效果。模糊滤镜（Blur 滤镜）的使用方法如下：

```
filter:progid:DXImageTransform.Microsoft.Alpha(enabled=true|false,makeS
hadow=true|false,pixelRadius=value,shadowOpacity=value);
```

参数解析：

❑ enabled：其值可以是 true 或 false，true 使得滤镜功能有效，false 使得滤镜功能无效。

❑ makeShadow：其值可以是 true 或 false，true 使得阴影效果有效，false 使得阴影效果无效。

❑ pixelRadius：其值是数字，表示模糊的半径。

❑ shadowOpacity：其值是数字，表示阴影的透明度。

下面是模糊滤镜的使用举例。

```
    <!DOCTYPE html PUBLIC "-//W3C//DTD XHTML 1.0 Transitional//EN"
"http://www.w3.org/TR/xhtml1/DTD/xhtml1-transitional.dtd">
    <html xmlns="http://www.w3.org/1999/xhtml">
    <head>
        <meta http-equiv="Content-Type"content="text/html;charset=gb2312"/>
        <title>
            模糊滤镜
        </title>
        <style type="text/css">
            <!--
                div
                {
                    border-color:red;              /*设置边框颜色*/
                    border-style:solid;            /*设置边框样式*/
                    border-width:2px;              /*设置边框宽度*/
                    margin:0;                      /*设置外边距*/
                    background-color:#ACABE2;      /*设置背景颜色*/
                    font-size:28px;                /*设置字体大小*/
                    height:50px;                   /*设置高度*/
                    filter:progid:DXImageTransform.Microsoft.
                    Blur(pixelRadius=3);           /*设置模糊滤镜*/
                }
                body
                {
                    border-color:#0000FF;          /*设置边框颜色*/
                    border-style:solid;            /*设置边框样式*/
                    border-width:2px;              /*设置边框宽度*/
                }
            -->
        </style>
    </head>
    <body>
        <div>
            这是div标签，有自定义样式
        </div>
```

```
    </body>
    </html>
```

对上述代码进行剖析如下：

在本程序里的 HTML 部分添加了一个 div 标签。

在 CSS 代码部分首先设置了 body 标签的边框来定位变化的样式部分。接着为 div 标签设置 filter 的模糊滤镜效果，其中 enabled 没有设置表示使用默认值 true，makeShadow 没有设置表示使用默认值 false，pixelRadius 设置为 3 表示模糊半径为 3，如图 11.2 所示。

图 11.2　模糊滤镜

11.1.3　基色滤镜

基色滤镜可以将标签进行灰度化、透明化以及翻转处理。基色滤镜（BasicImage 滤镜）的使用方法如下：

```
filter:progid:DXImageTransform.Microsoft.BasicImage(enable=true|false,g
rayScale=0|1,mirror=0|1,opacity=value,Xray=0|1);
```

参数解析：

❑ enabled：其值可以是 true 或 false，true 使得滤镜功能有效，false 使得滤镜功能无效。

❑ grayscale：其值可以是 0 或 1，0 表示以元素颜色显示，1 表示以灰度颜色显示。

❑ mirror：其值可以是 0 或 1，0 表示正常显示，1 表示翻转。

❑ opacity：表示内容的透明度，其值从 0～1。

❑ XRay：表示 X 光效果，0 表示正常显示，1 表示 X 光效果。

下面是基色滤镜的使用举例。

```
<!DOCTYPE  html  PUBLIC  "-//W3C//DTD  XHTML  1.0  Transitional//EN"
"http://www.w3.org/TR/xhtml1/DTD/xhtml1-transitional.dtd">
<html xmlns="http://www.w3.org/1999/xhtml">
<head>
    <meta http-equiv="Content-Type" content="text/html; charset=gb2312" />
    <title>
        基色滤镜
    </title>
    <style type="text/css">
        <!--
            div
            {
                border-color:red;                   /*设置边框颜色*/
                border-style:solid;                 /*设置边框样式*/
                border-width:2px;                   /*设置边框宽度*/
                margin:0;                           /*设置外边距*/
                font-size:28px;                     /*设置字体大小*/
```

```
            height:50px;                          /*设置高度*/
            filter:progid:DXImageTransform.Microsoft.BasicImage
            (mirror=1,XRay=1);                    /*设置基色滤镜*/
            background-color:#ACABE2;             /*设置背景颜色*/
        }
        body
        {
            border-color:#0000FF;                /*设置边框颜色*/
            border-style:solid;                  /*设置边框样式*/
            border-width:2px;                    /*设置边框宽度*/
        }
    -->
    </style>
</head>
<body>
    <div>
        这是 div 标签，有自定义样式
    </div>
</body>
</html>
```

对上述代码进行剖析如下：

在本程序里的 HTML 部分添加了一个 div 标签。

在 CSS 代码部分首先设置了 body 标签的边框来定位变化的样式部分。接着为 div 标签设置 filter 的基色滤镜效果，其中 enabled 没有设置表示使用默认值 true，mirror 被设置为 1 表示翻转效果，XRay 设置为 1 表示 X 光效果，如图 11.3 所示。

图 11.3　基色滤镜

11.1.4　落影滤镜

通过落影滤镜可以设置标签的阴影效果，包括阴影的颜色和位置等属性。落影滤镜（DropShadow 滤镜）的使用方法如下：

```
filter:progid:DXImageTransform.Microsoft.DropShadow(enabled=true|false,
color=value,offX=value,offY=value,positive=true|false);
```

参数解析：

❑　color：颜色项，设置阴影的颜色。

❑　offX：阴影的横坐标位置（不带单位）。

❑　offY：阴影的纵坐标位置（不带单位）。

❑　positive：其值为 true 或 false，true 表示正阴影，false 表示反向阴影。

下面是落影滤镜的使用举例。

```
<!DOCTYPE html PUBLIC "-//W3C//DTD XHTML 1.0 Transitional//EN"
"http://www.w3.org/TR/xhtml1/DTD/xhtml1-transitional.dtd">
```

```
<html xmlns="http://www.w3.org/1999/xhtml">
<head>
    <meta http-equiv="Content-Type" content="text/html; charset=gb2312" />
    <title>
        落影滤镜
    </title>
    <style type="text/css">
        <!--
            div
            {
                border-color:red;                /*设置边框颜色*/
                border-style:solid;              /*设置边框样式*/
                border-width:2px;                /*设置边框宽度*/
                margin:0;                        /*设置外边距*/
                font-size:28px;                  /*设置字体大小*/
                height:50px;                     /*设置高度*/
            }
            #d1
            {

                filter:progid:DXImageTransform.Microsoft.DropShadow
                (color=#ff0000,offX=10,offY=10);/*设置落影滤镜*/
            }
            #d2
            {

                filter:progid:DXImageTransform.Microsoft.DropShadow(  col
                or=#ff0000,offX=10,offY=10,positive=false );
                                                 /*设置落影滤镜*/

            }
            body
            {
                border-color:#0000FF;            /*设置边框颜色*/
                border-style:solid;              /*设置边框样式*/
                border-width:2px;                /*设置边框宽度*/
            }
        -->
    </style>
</head>
<body>
    <div id="d1">
        这是 id="d1"的 div 标签，有自定义样式
    </div>
    <div id="d2">
        这是 id="d2"的 div 标签，有自定义样式
    </div>
</body>
</html>
```

对上述代码进行剖析如下：

在本程序里的 HTML 部分添加了两个 div 标签。

在 CSS 代码部分首先设置了 body 标签的边框来定位变化的样式部分。接着为 id 为 d1 的 div 标签设置 filter 的落影滤镜效果，其中 enabled 没有设置表示使用默认值 true，设置落影纵、横偏移分别为 10 个像素，并设置落影颜色。最后设置 id 为 d2 的 div 标签的落影滤镜的 positive 参数为 false，即设置反向落影，如图 11.4 所示。

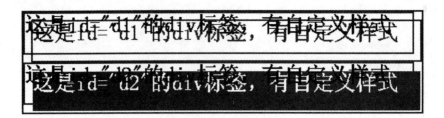

图 11.4　落影滤镜

11.1.5　光晕滤镜

通过光晕滤镜可以设置标签文字和边框的光晕效果。包括光晕的颜色以及光照范围。光晕滤镜（Glow 滤镜）的使用方法如下：

```
filter:progid:DXImageTransform.Microsoft.Glow(enabled=true|false,
color=value, strength=value);
```

参数解析：

❑　color：颜色项，设置阴影的颜色。

❑　strength：设置光晕的大小。

下面是光晕滤镜的使用举例。

```
<!DOCTYPE html PUBLIC "-//W3C//DTD XHTML 1.0 Transitional//EN"
"http://www.w3.org/TR/xhtml1/DTD/xhtml1-transitional.dtd">
    <html xmlns="http://www.w3.org/1999/xhtml">
    <head>
        <meta http-equiv="Content-Type" content="text/html;
charset=gb2312" />
        <title>
            光晕滤镜
        </title>
        <style type="text/css">
            <!--
                div
                {
                    border-color:red;              /*设置边框颜色*/
                    border-style:solid;            /*设置边框样式*/
                    border-width:2px;              /*设置边框宽度*/
                    margin:0;                      /*设置外边距*/
                    font-size:28px;                /*设置字体大小*/
                    height:50px;                   /*设置高度*/
                    filter:progid:DXImageTransform.Microsoft.Glow
                    (color=#00FF00, strength=3);/*设置光晕滤镜*/
                }
                body
                {
                    border-color:#0000FF;          /*设置边框颜色*/
                    border-style:solid;            /*设置边框样式*/
                    border-width:2px;              /*设置边框宽度*/
                }
            -->
        </style>
```

```
        </head>
        <body>
            <div>
                这是 div 标签，有自定义样式
            </div>
        </body>
        </html>
```

对上述代码进行剖析如下：

在本程序里的 HTML 部分添加了一个 div 标签。

在 CSS 代码部分首先设置了 body 标签的边框来定位变化的样式部分。接着为 div 标签设置 filter 的光晕滤镜效果，其中 enabled 没有设置表示使用默认值 true，color 设置光晕的颜色，strength 设置光晕的大小。光晕可以作用于文字和边框且会被背景覆盖，如图 11.5 所示。

图 11.5　光晕滤镜

11.1.6　光照滤镜

通过光照滤镜可以给标签设置光照效果，设置相应的属性值可以出现探照灯效果、暗淡光照效果和全辐射光照效果。

光照滤镜（Light 滤镜）的使用方法如下：

```
filter:progid:DXImageTransform.Microsoft.Light();
```

设置了光照滤镜后可以使用一系列的辅助函数来设置。

（1）addAmbient 方法，该方法可以为对象添加环境光，其使用格式如下：

```
addAmbient(red,green,blue,strength);
```

其中：

❑ red：表示红色的分量值（0~255）；

❑ green：表示绿色的分量值（0~255）；

❑ blue：表示蓝色的分量值（0~255）；

❑ strength：表示光线的强度（0~100）；

（2）addCone 方法，该方法可以为对象添加锥形光，其使用格式如下：

```
addCone(x1,y1,z1,x2,y2,red,green,blue,strength,spread);
```

其中：

❑ x1：表示光源的开始横坐标；

❑ y1：表示光源的开始纵坐标；

❑ z1：表示光源到页面的距离；

❑ x2：表示焦点的横坐标；

- ❑ y2：表示焦点的纵坐标；
- ❑ red：表示红色的分量值（0~255）；
- ❑ green：表示绿色的分量值（0~255）；
- ❑ blue：表示蓝色的分量值（0~255）；
- ❑ strength：表示光线的强度（0~100）；
- ❑ spread：表示光线的投射范围（0~90）；

（3）addPoint 方法，该方法可以为对象添加点光源，其使用格式如下：

```
addPoint( x1,y1, spread, red, green, blue, strength );
```

其中：

- ❑ x1：表示光源的开始横坐标；
- ❑ y1：表示光源的开始纵坐标；
- ❑ spread：表示光线的投射范围；
- ❑ red：表示红色的分量值（0~255）；
- ❑ green：表示绿色的分量值（0~255）；
- ❑ blue：表示蓝色的分量值（0~255）；
- ❑ strength：表示光线的强度（0~100）；

下面是光照滤镜和相关函数的使用示例，我们设计 3 个 div，并分别为它们添加光源坐标、光照范围以及焦点坐标等相应的参数设置。

```
<!DOCTYPE html PUBLIC "-//W3C//DTD XHTML 1.0 Transitional//EN"
"http://www.w3.org/TR/xhtml1/DTD/xhtml1-transitional.dtd">
<html xmlns="http://www.w3.org/1999/xhtml">
<head>
    <meta http-equiv="Content-Type" content="text/html; charset=gb2312" />
    <title>
        光照滤镜
    </title>
    <style type="text/css">
        <!--
            div
            {
                border-color:red;                  /*设置边框颜色*/
                border-style:solid;                /*设置边框样式*/
                border-width:2px;                  /*设置边框宽度*/
                margin:10px;                       /*设置外边距*/
                background-color:#337177;          /*设置背景颜色*/
                filter:Light();                    /*设置光照滤镜*/
                width:100px;                       /*设置宽度*/
                height:100px;                      /*设置高度*/
                float:left;                        /*设置左浮动*/
            }
        -->
    </style>
</head>
<body>
<div onmousemove="javascript:this.filters.light.addAmbient(100,0,0,100)">
</div>
<div onmousemove="javascript:this.filters.light.addCone
(50,50,10,0,0,60,80,80,30,100 )">
```

```
</div>
<div onmousemove="javascript:this.filters.light.addPoint
(60,20,100,100,20,80,80 )">
</div>
</body>
</html>
```

对上述代码进行剖析如下：

在本程序里的 HTML 部分添加了 3 个 div 标签。在这 3 个 div 标签里都添加了 onmousemove 事件响应，其中第一个 div 使用 addAmbient()函数，其环境颜色为纯红色。

第二个 div 使用 addCone()函数，其光源坐标为(50,50)，焦点坐标为(0,0)，该光源到页面的距离为 10。

第三个 div 使用 addPoint()函数，其光源坐标为(60,20)，光源范围为 100。

另外执行 addAmbient、addCone、addPoint 时是渐进地变换的。并且这几个函数必须是在设置了光照滤镜的前提下才起作用的，如图 11.6 所示。

图 11.6　光照滤镜

11.1.7　翻转滤镜

所谓的翻转滤镜，顾名思义就是可以对标签的文字和图片进行翻转设置，包括水平翻转滤镜以及竖直翻转滤镜。

水平翻转滤镜（FlipH 滤镜）的使用方法如下：

```
filter:progid:DXImageTransform.Microsoft.FlipH();
```

竖直翻转滤镜（FlipV 滤镜）的使用方法如下：

```
filter:progid:DXImageTransform.Microsoft.FlipV();
```

下面是翻转滤镜的使用示例。

```
<!DOCTYPE html PUBLIC "-//W3C//DTD XHTML 1.0 Transitional//EN"
"http://www.w3.org/TR/xhtml1/DTD/xhtml1-transitional.dtd">
    <html xmlns="http://www.w3.org/1999/xhtml">
    <head>
        <meta http-equiv="Content-Type" content="text/html; charset=gb2312" />
        <title>
            翻转滤镜
        </title>
        <style type="text/css">
            <!--
```

```
        div
        {
            border-color:red;              /*设置边框颜色*/
            border-style:solid;            /*设置边框形状*/
            border-width:2px;              /*设置边框宽度*/
            margin:10px;                   /*设置外边距*/
            background-color:#337177;      /*设置背景颜色*/
            width:100px;                   /*设置宽度*/
            height:100px;                  /*设置高度*/
            float:left;                    /*设置左浮动*/
            font-size:24px;                /*设置字体大小*/
            color:#FFFFFF;                 /*设置字体颜色*/
        }
        #d1
        {
            filter:FlipH();                /*设置翻转滤镜*/
        }
        #d2
        {
            filter:FlipV();                /*设置翻转滤镜*/
        }
        -->
    </style>
</head>
<body>
    <div id="d1">
        水平翻转滤镜
    </div>
    <div id="d2">
        竖直翻转滤镜
    </div>
</body>
</html>
```

对上述代码进行剖析如下：

在本程序里的 HTML 部分添加了两个 div 标签，分别命名其 id 为 d1 和 d2。

在 CSS 代码部分，分别给 id 为 d1 和 id 为 d2 的两个 div 标签设置 FlipH 和 FlipV 滤镜。可以从图 11.7 看出 div 已经经过翻转，且是整个 div 标签进行的翻转，并不仅仅是字符串的翻转。

图 11.7　翻转滤镜

另外还有一个对颜色取反的滤镜：Invert()。Invert 滤镜的使用方法如下：

```
filter:progid:DXImageTransform.Microsoft.Invert();
```

下面是颜色翻转滤镜的使用示例。

```
<!DOCTYPE html PUBLIC "-//W3C//DTD XHTML 1.0 Transitional//EN"
"http://www.w3.org/TR/xhtml1/DTD/xhtml1-transitional.dtd">
<html xmlns="http://www.w3.org/1999/xhtml">
<head>
    <meta http-equiv="Content-Type" content="text/html; charset=gb2312" />
    <title>
        颜色翻转滤镜
```

```
        </title>
        <style type="text/css">
            <!--
                div
                {
                    border-color:red;                    /*设置边框颜色*/
                    border-style:solid;                  /*设置边框形状*/
                    border-width:2px;                    /*设置边框宽度*/
                    margin:10px;                         /*设置外边距*/
                    background-color:#337177;            /*设置背景颜色*/
                    width:100px;                         /*设置宽度*/
                    height:100px;                        /*设置高度*/
                    float:left;                          /*设置左浮动*/
                    font-size:24px;                      /*设置字体大小*/
                    color:#FFFFFF;                       /*设置字体颜色*/
                }
                #d1
                {
                    filter:Invert();                     /*设置翻转滤镜*/
                }
            -->
        </style>
</head>
<body>
        <div>
            颜色翻转滤镜
        </div>
        <div id="d1">
            颜色翻转滤镜
        </div>
</body>
</html>
```

对上述代码进行剖析如下：

在本程序里的 HTML 部分添加了两个 div 标签，其中第二个 div 标签命名其 id 为 d1。

在 CSS 代码部分，给 id 为 d1 的 div 标签设置 Invert 滤镜。可以从图 11.8 看出，第二个 div 的颜色恰好是第一个 div 颜色的取反（包括边框的颜色）。

图 11.8　颜色翻转滤镜

11.1.8　X 光滤镜

使用 X 光滤镜后会出现类似于 X 光照射物体后得到的照片的效果，就像医院使用 X 光来为病人拍照得到的照片一样。X 光滤镜（Xray 滤镜）的使用方法如下：

```
filter: Xray();
```

下面是 X 光滤镜的使用示例。

```
<!DOCTYPE html PUBLIC "-//W3C//DTD XHTML 1.0 Transitional//EN"
"http://www.w3.org/TR/xhtml1/DTD/xhtml1-transitional.dtd">
<html xmlns="http://www.w3.org/1999/xhtml">
```

```
<head>
    <meta http-equiv="Content-Type" content="text/html; charset=gb2312" />
    <title>
        X 光滤镜
    </title>
    <style type="text/css">
        <!--
        div
        {
            border-color:red;                /*设置边框颜色*/
            border-style:solid;              /*设置边框形状*/
            border-width:2px;                /*设置边框宽度*/
            margin:10px;                     /*设置外边距*/
            background-color:#337177;        /*设置背景颜色*/
            width:100px;                     /*设置宽度*/
            height:100px;                    /*设置高度*/
            float:left;                      /*向左浮动*/
            font-size:24px;                  /*设置字体大小*/
            color:#FFFFFF;                   /*设置字体颜色*/
        }
        #d1
        {
            filter:Xray();                   /*设置 X 光滤镜*/
        }
        -->
    </style>
</head>
<body>
    <div>
        X 光滤镜
    </div>
    <div id="d1">
        X 光滤镜
    </div>
</body>
</html>
```

对上述代码进行剖析如下：

在本程序里的 HTML 部分添加了两个 div 标签，其中第二个 div 标签命名其 id 为 d1。

在 CSS 代码部分，给 id 为 d1 的 div 标签设置 Xray 滤镜。可以从图 11.9 看出，第二个 div 的颜色并非是第一个 div 颜色的取反（包括边框的颜色也会改变）。

图 11.9　X 光滤镜

11.1.9　运动模糊滤镜

运动模糊滤镜的效果是在标签上添加某个方向的移动路径的线条那样，看上去有种运动的效果，就像是相机对运动的物体拍照后的效果一样。

运动模糊滤镜（MotionBlur 滤镜）的使用方法如下：

```
filter:progid:DXImageTransform.Microsoft.MotionBlur(enabled=true|false,
add=true|false,direction=value,strength=value);
```

参数解析：

❑ add：表示是否覆盖原图像，true 表示不覆盖，false 表示覆盖。

❑ direction：设置移动的角度（只能显示是直角或半角的移动，如 0、45、90、135、180、225···）。

❑ strength：设置移动的距离（不带单位的像素距离）。

下面是运动模糊滤镜的使用示例。

```
<!DOCTYPE html PUBLIC "-//W3C//DTD XHTML 1.0 Transitional//EN"
"http://www.w3.org/TR/xhtml1/DTD/xhtml1-transitional.dtd">
<html xmlns="http://www.w3.org/1999/xhtml">
<head>
    <meta http-equiv="Content-Type" content="text/html; charset=gb2312" />
    <title>
        运动模糊滤镜
    </title>
    <style type="text/css">
        <!--
            div
            {
                border-color:red;                  /*设置边框颜色*/
                border-style:solid;                /*设置边框形状*/
                border-width:2px;                  /*设置边框宽度*/
                margin:10px;                       /*设置外边距*/
                background-color:#337177;          /*设置背景颜色*/
                width:100px;                       /*设置宽度*/
                height:100px;                      /*设置高度*/
                float:left;                        /*向左浮动*/
                font-size:24px;                    /*设置字体大小*/
                color:#FFFFFF;                     /*设置字体颜色*/
            }
            #d1
            {
                filter:progid:DXImageTransform.Microsoft.MotionBlur
                (add=true,direction=5,strength=60);
                                                   /*设置动态模糊滤镜*/
            }
        -->
    </style>
</head>
<body>
    <div>
        运动模糊滤镜
    </div>
    <div  id="d1">
        运动模糊滤镜
    </div>
</body>
</html>
```

对上述代码进行剖析如下：

在本程序里的 HTML 部分添加了两个 div 标签，其中第二个 div 标签命名其 id 为 d1。

在 CSS 代码部分首先设置了 div 的一般样式部分。接着为 id 为 d1 的 div 标签设置 filter 的运动模糊滤镜效果，其中 enabled 没有设置表示使用默认值 true，add 被设置为 true 表示原图不被覆盖，direction 设置为 5，但实际上是以 45°来设置移动路径，strength 设置为 60 表示移动距离为 60 个像素，如图 11.10 所示。

图 11.10　运动模糊滤镜

11.1.10　阴影滤镜

通过阴影滤镜设置可以渲染出颜色渐变的阴影效果，可以设置阴影的颜色、方向以及范围来呈现不同的效果。阴影滤镜（Shadow 滤镜）的使用方法如下：

```
filter:progid:DXImageTransform.Microsoft.Shadow(enabled=true|false,color=value,direction=value,strength=value);
```

参数解析：
- color：表示阴影的颜色（只能是十六进制的颜色形式）。
- direction：设置阴影的角度（只能显示是直角或半角的投影，如 0、45、90、135、180、225…）。
- strength：设置阴影的大小（不带单位的像素距离）。

下面是阴影滤镜的使用示例。

```
<!DOCTYPE html PUBLIC "-//W3C//DTD XHTML 1.0 Transitional//EN"
"http://www.w3.org/TR/xhtml1/DTD/xhtml1-transitional.dtd">
    <html xmlns="http://www.w3.org/1999/xhtml">
    <head>
        <meta http-equiv="Content-Type" content="text/html;
charset=gb2312" />
        <title>
            阴影滤镜
        </title>
        <style type="text/css">
            <!--
                div
                {
                    border-color:red;              /*设置边框颜色*/
                    border-style:solid;            /*设置边框形状*/
                    border-width:2px;              /*设置边框宽度*/
                    margin:10px;                   /*设置外边距*/
                    background-color:#337177;      /*设置背景颜色*/
                    width:100px;                   /*设置宽度*/
                    height:100px;                  /*设置高度*/
                    float:left;                    /*向左浮动*/
                    font-size:24px;                /*设置字体大小*/
                    color:#FFFFFF;                 /*设置字体颜色*/
                }
                #d1
                {
                    filter:progid:DXImageTransform.Microsoft.Shadow
                    (color=#FF0000,direction=20, strength=60);
                                                   /*设置阴影滤镜*/
                }
```

```
        -->
    </style>
</head>
<body>
    <div>
        阴影滤镜
    </div>
    <div  id="d1">
        阴影滤镜
    </div>
</body>
</html>
```

对上述代码进行剖析如下：

在本程序里的 HTML 部分添加了两个 div 标签，其中第二个 div 标签命名其 id 为 d1。

在 CSS 代码部分首先设置了 div 的一般样式部分。接着为 id 为 d1 的 div 标签设置 filter 的阴影滤镜效果，其中 enabled 没有设置表示使用默认值 true，color 设置颜色为#FF0000，direction 设置为 20，但实际上是以 0° 来设置投影方向，strength 设置为 60 表示阴影厚度为 60 个像素，如图 11.11 所示。

图 11.11 阴影滤镜

11.1.11 波浪滤镜

波浪滤镜可以渲染出波浪的效果，可以通过设置波浪的高度、个数等属性来呈现不同的效果。波浪滤镜（Wave 滤镜）的使用方法如下：

```
filter:progid:DXImageTransform.Microsoft.Shadow(enabled=true|false,add=
true|false,freq=value,phase=value,strength=value,lightStrength=value);
```

参数解析：

❑ add：表示是否覆盖原图像，true 表示不覆盖，false 表示覆盖。

❑ freq：设置波浪的个数。

❑ phase：设置波浪的相位（0~100）。

❑ lightStrength：设置波浪的颜色深浅。

❑ strength：设置波浪的起伏大小。

下面是波浪滤镜的使用示例。

```
<!DOCTYPE html PUBLIC "-//W3C//DTD XHTML 1.0 Transitional//EN"
"http://www.w3.org/TR/xhtml1/DTD/xhtml1-transitional.dtd">
<html xmlns="http://www.w3.org/1999/xhtml">
<head>
    <meta http-equiv="Content-Type" content="text/html; charset=gb2312" />
    <title>
        波浪滤镜
    </title>
    <style type="text/css">
        <!--
```

```
            div
            {
                border-color:red;                    /*设置边框颜色*/
                border-style:solid;                  /*设置边框形状*/
                border-width:2px;                    /*设置边框宽度*/
                margin:10px;                         /*设置外边距*/
                background-color:#337177;            /*设置背景颜色*/
                width:100px;                         /*设置宽度*/
                height:100px;                        /*设置高度*/
                float:left;                          /*向左浮动*/
                font-size:24px;                      /*设置字体大小*/
                color:#FFFFFF;                       /*设置字体颜色*/
            }
            #d1
            {
                filter:progid:DXImageTransform.Microsoft.wave( );
                                                     /*设置波浪滤镜*/
            }
            #d2
            {
                filter:progid:DXImageTransform.Microsoft.wave(  freq=6 );
                                                     /*设置波浪滤镜*/
            }
            #d3
            {
                filter:progid:DXImageTransform.Microsoft.wave( add=true, freq=6 );
                                                     /*设置波浪滤镜*/
            }
            #d4
            {
                filter:progid:DXImageTransform.Microsoft.wave
                ( add=true, freq=6, phase=50 ); /*设置波浪滤镜*/
            }
            #d5
            {
                filter:progid:DXImageTransform.Microsoft.wave
                (add=true,freq=6,phase=50,lightStrength=30 );
                                                     /*设置波浪滤镜*/
            }
            #d6
            {
                filter:progid:DXImageTransform.Microsoft.wave
                (add=true,freq=6,phase=50,lightStrength=30,strength=10 );
                                                     /*设置波浪滤镜*/
            }
        -->
    </style>
</head>
<body>
    <div>
        波浪滤镜
    </div>
    <div id="d1">
        波浪滤镜
    </div>
    <div id="d2">
        波浪滤镜
    </div>
```

```
    <div  id="d3">
         波浪滤镜
    </div>
    <div  id="d4">
         波浪滤镜
    </div>
    <div  id="d5">
         波浪滤镜
    </div>
    <div  id="d6">
         波浪滤镜
    </div>
</body>
</html>
```

对上述代码进行剖析如下：

在本程序里添加了 7 个 div 标签。

在 CSS 代码部分为第二个 div 标签设置波浪滤镜，第三个 div 标签设置标签里的波浪的个数，第四个 div 标签设置覆盖原标签的背景，第五个标签设置波浪的起始相位，第六个标签设置波浪的颜色深浅，第七个标签设置波浪边框的变化曲度，如图 11.12 所示。

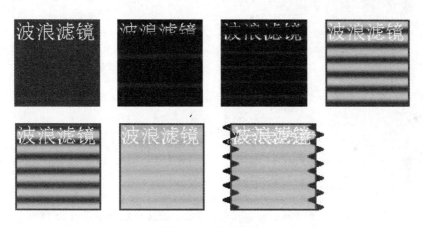

图 11.12　波浪滤镜

11.1.12　图片插入滤镜

通过图片插入滤镜可以为标签添加额外的图片效果，类似于 background-image 属性的效果，另外图片插入滤镜还允许设置图片的大小。图片插入滤镜（AlphaImageloader 滤镜）的使用方法如下：

```
filter:progid:DXImageTransform.Microsoft.AlphaImageloader(enabled=true|
false,sizingMethod=crop|image|scale,src=URL);
```

参数解析：

❑ sizingMethod：表示图片的设置方式，其值为 crop、image 或 scale，crop 表示图片嵌入到标签上面，image 表示只显示图片范围的样式，scale 表示图片按标签的大小来扩展。

❑　src：设置图片的路径。

下面是图片插入滤镜的使用示例。

```
<!DOCTYPE html PUBLIC "-//W3C//DTD XHTML 1.0 Transitional//EN"
"http://www.w3.org/TR/xhtml1/DTD/xhtml1-transitional.dtd">
    <html xmlns="http://www.w3.org/1999/xhtml">
    <head>
        <meta http-equiv="Content-Type" content="text/html;
        charset=gb2312" />
        <title>
            图片插入滤镜
        </title>
        <style type="text/css">
            <!--
                div
                {
                    border-color:red;           /*设置边框颜色*/
                    border-style:solid;         /*设置边框形状*/
                    border-width:2px;           /*设置边框宽度*/
                    margin:10px;                /*设置外边距*/
                    background-color:#337177;   /*设置背景颜色*/
                    width:500px;                /*设置宽度*/
                    height:50px;                /*设置高度*/
                    float:left;                 /*向左浮动*/
                    font-size:24px;             /*设置字体大小*/
                    color:#FFFFFF;              /*设置字体颜色*/
                }
                #d1
                {
                    filter:progid:DXImageTransform.Microsoft.
                    AlphaImageloader(sizingMethod=crop,
                    src="http://www.baidu.com/img/baidu_jgylogo3.gif");
                                                /*设置图片插入滤镜*/
                }
                #d2
                {
                    filter:progid:DXImageTransform.Microsoft.
                    AlphaImageloader(sizingMethod=image,
                    src="http://www.baidu.com/img/baidu_jgylogo3.gif");
                                                /*设置图片插入滤镜*/
                }
                #d3
                {
                    filter:progid:DXImageTransform.Microsoft.
                    AlphaImageloader(sizingMethod=scale,
                    src="http://www.baidu.com/img/baidu_jgylogo3.gif");
                                                /*设置图片插入滤镜*/
                }
            -->
        </style>
    </head>
    <body>
        <div>
            图片插入滤镜
        </div>
        <div id="d1">
            图片插入滤镜
        </div>
```

```
            <div id="d2">
                 图片插入滤镜
            </div>
            <div id="d3">
                 图片插入滤镜
            </div>
    </body>
    </html>
```

对上述代码进行剖析如下：

在本程序里添加了 7 个 div 标签。

在 CSS 代码部分将第二个 div 标签的 sizingMethod
参数设置为 crop，第三个 div 标签的 sizingMethod 参数
设置为 image，第四个 div 标签的 sizingMethod 参数设
置为 scale，如图 11.13 所示。

图 11.13   波浪滤镜

11.1.13   渐变滤镜

渐变滤镜是极其重要的滤镜，通过它可以设置标签的背影颜色渐变效果。渐变滤镜
（Gradient 滤镜）是我们之前使用最多的滤镜方法。渐变滤镜的使用方法如下：

```
filter:progid:DXImageTransform.Microsoft.Gradient(enabled=true|false,
GradientType=1|0, startColorStr=value, endColorStr=value);
```

参数解析：

❑ Gradient：设置渐变的方式，其值为 1 或 0，1 表示横向渐变，0 表示纵向渐变。

❑ startColorStr：设置开始端颜色（包括颜色和透明度），十六进制格式。

❑ endColorStr：设置结束端颜色（包括颜色和透明度），十六进制格式。

下面是渐变滤镜的使用示例。

```
<!DOCTYPE html PUBLIC "-//W3C//DTD XHTML 1.0 Transitional//EN"
"http://www.w3.org/TR/xhtml1/DTD/xhtml1-transitional.dtd">
<html xmlns="http://www.w3.org/1999/xhtml">
<head>
    <meta http-equiv="Content-Type" content="text/html; charset=gb2312" />
    <title>
        渐变滤镜
    </title>
    <style type="text/css">
        <!--
        div
        {
            border-color:red;                    /*设置边框颜色*/
            border-style:solid;                  /*设置边框形状*/
            border-width:2px;                    /*设置边框宽度*/
            margin:0;                            /*设置外边距*/
            background-color:#ACABE2;            /*设置背景颜色*/
            font-size:28px;                      /*设置字体大小*/
            height:50px;                         /*设置高度*/

        }
        #d1
```

```
            {
                filter:progid:DXImageTransform.Microsoft.Gradient
                ( GradientType=1, startColorStr=#ff0000,
                endColorStr=#0000ff);                  /*设置渐变滤镜*/
            }
            #d2
            {
                filter:progid:DXImageTransform.Microsoft.Gradient
                ( GradientType=0, startColorStr=#ff0000,
                endColorStr=#0000ff);                  /*设置渐变滤镜*/
            }
        -->
    </style>
</head>
<body>
    <div id="d1">
        这是 id="d1"的 div 标签，横向渐变
    </div>
    <div id="d2">
        这是 id="d2"的 div 标签，纵向渐变
    </div>
</body>
</html>
```

对上述代码进行剖析如下：

在本程序里添加了两个 div 标签。

在 CSS 代码部分将第一个 div 标签的 Gradient 参数设置为 1，即为横向渐变（从左到右），第二个 div 标签的 Gradient 参数设置为 0，即为纵向渐变（从右到左）。另外它们的起始端和结束端的颜色也是一样的，如图 11.14 所示。

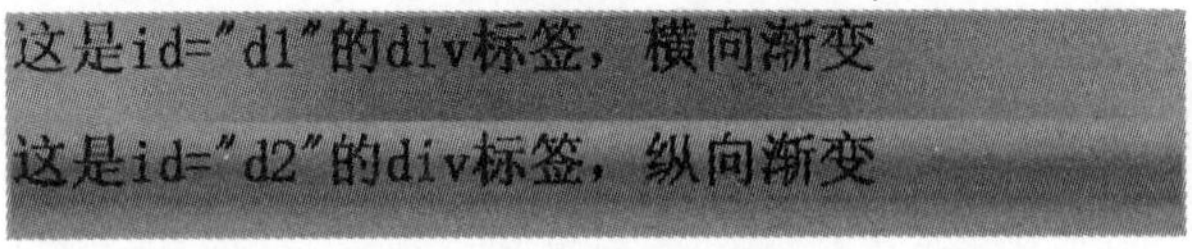

图 11.14　渐变滤镜

11.1.14　浮雕滤镜

浮雕滤镜的效果就是将目标标签的样式设置得像浮雕一样，出现凸起或凹陷。浮雕滤镜（Engrave 和 Enboss 滤镜）的使用方法如下：

```
filter:progid:DXImageTransform.Microsoft.Engrave(enabled=true|false,bias=value);
filter:progid:DXImageTransform.Microsoft.Emboss(enabled=true|false,bias=value);
```

其中，Engrave 滤镜是外凸内凹浮雕滤镜；Emboss 滤镜是内凸外凹浮雕滤镜。

参数解析：

❑ enabled：其值可以是 true 或 false，true 使得滤镜功能有效，false 使得滤镜功能无效。

❑ bias：其值是一个从-1～1 的值，设置添加到滤镜中的每种颜色成分值的百分比。

下面是浮雕滤镜的使用示例：

```
<!DOCTYPE    html    PUBLIC    "-//W3C//DTD    XHTML    1.0    Transitional//EN"
"http://www.w3.org/TR/xhtml1/DTD/xhtml1-transitional.dtd">
<html xmlns="http://www.w3.org/1999/xhtml">
<head>
    <meta http-equiv="Content-Type" content="text/html; charset=gb2312" />
    <title>
        浮雕滤镜
    </title>
    <style type="text/css">
        <!--
            div
            {
                border-color:red;                   /*设置边框颜色*/
                border-style:solid;                 /*设置边框形状*/
                border-width:2px;                   /*设置边框宽度*/
                margin:0;                           /*设置外边距*/
                background-color:#ACABE2;           /*设置背景颜色*/
                font-size:80px;                     /*设置字体大小*/
                height:50px;                        /*设置高度*/
                font-weight:bold;                   /*设置字体加粗*/
            }
            #d1
            {
                filter:progid:DXImageTransform.Microsoft.Engrave();
                                                    /*设置浮雕滤镜*/
            }
            #d2
            {
                filter:progid:DXImageTransform.Microsoft.Emboss
                (bias=0.4);                         /*设置浮雕滤镜*/
            }
        -->
    </style>
</head>
<body>
    <div>
        这是 div 标签
    </div>
    <div id="d1">
        这是 id="d1"的 div 标签（Engrave）
    </div>
    <div id="d2">
        这是 id="d2"的 div 标签（Emboss）
    </div>
</body>
</html>
```

对上述代码进行剖析如下：

在本程序里添加了两个 div 标签。在 CSS 代码部分为第一个 div 标签使用 Engrave 滤镜，第二个 div 标签使用 Emboss 滤镜，如图 11.15 所示。

这是div标签
这是id="d1"的div标签 （Engrave）
这是id="d2"的div标签（Emboss）

图 11.15　浮雕滤镜

11.2　动态滤镜

所谓的动态滤镜就是可以出现动态效果的 CSS 属性设置，也就是相对于静态滤镜来说的，标签样式会随着时间变化的滤镜效果。一般动态滤镜属性只能在 IE 浏览器下起作用。在这一节我们详细介绍一下几种常用的动态滤镜效果。

11.2.1　门滤镜

所谓的门滤镜就是设置后的标签能像门一样打开和关闭，也就是新的样式效果会像门打开和关闭时那样出现。门滤镜（Barn 滤镜）的使用方法如下：

```
filter:progid:DXImageTransform.Microsoft.Barn(enabled=true|false,durati
on=value, motion=out|in, orientation=vertical| horizontal);
```

参数解析：

❑ duration：设置变换时间（不带单位的秒数）。

❑ motion：其值为 out 或 in，out 表示内容展开，in 表示内容关闭。

❑ orientation：其值为 vertical 或 horizontal，表示关闭或展开的方向。

除了上述属性外，还提供以下方法控制变换。

❑ apply()：必须先调用此函数，才能使滤镜效果生效。

❑ play(time)：控制变换的时间（time 参数可以覆盖 duration 时间）。

❑ stop()：停止滤镜变换。

下面是门滤镜的使用示例。

```
<!DOCTYPE html PUBLIC "-//W3C//DTD XHTML 1.0 Transitional//EN"
"http://www.w3.org/TR/xhtml1/DTD/xhtml1-transitional.dtd">
<html xmlns="http://www.w3.org/1999/xhtml">
<head>
    <meta http-equiv="Content-Type" content="text/html; charset=gb2312" />
    <title>
        门滤镜
    </title>
    <style type="text/css">
        <!--
            div
            {
                border-color:red;              /*设置边框颜色*/
                border-style:solid;            /*设置边框形状*/
                border-width:2px;              /*设置边框宽度*/
                margin:0;                      /*设置外边距*/
                background-color:#ACABE2;      /*设置背景颜色*/
                font-size:25px;                /*设置字体大小*/
                height:50px;                   /*设置高度*/
                font-weight:bold;              /*设置字体加粗*/
            }
            #d1
            {
```

```
                    filter:progid:DXImageTransform.Microsoft.Barn
                    (duration=3, motion=out , orientation=vertical );
                                                        /*设置门滤镜*/
            }
            #d2
            {
                    filter:progid:DXImageTransform.Microsoft.Barn
                    (duration=3, motion=in , orientation=horizontal );
                                                        /*设置门滤镜*/
            }
        -->
    </style>
    <script>
        function start()
        {
            d1.filters[0].apply();
            d1.style.color="red";
            d1.filters[0].play();

            d2.filters[0].apply();
            d2.style.backgroundColor="red";
            d2.filters[0].play();
        }
    </script>
</head>
<body onload="start()" >
    <div id="d1" >
            这是 id="d1"的 div 标签
    </div>
    <div id="d2">
        这是 id="d2"的 div 标签
    </div>
</body>
</html>
```

对上述代码进行剖析如下：

在本程序里添加了两个 div 标签。

在 CSS 代码部分为第一个 div 标签使用 Barn 滤镜，其 duration 属性为 3 秒，motion 为由内打开，orientation 为横向打开；第二个 div 标签使用 Barn 滤镜，其 duration 属性为 3 秒，motion 为由外关闭，orientation 为纵向关闭。

在 body 标签的 onload 事件发生时执行 start()函数，并使用 apply()函数使 Barn 滤镜生效，而且设置 d1 和 d2 的字体颜色和背景颜色，并使用 play 开始播放。效果如图 11.16 所示。

图 11.16　门滤镜

11.2.2　栅栏滤镜

所谓的栅栏滤镜就是新的样式效果会像栅栏一样出现，也就是新的样式会间隔着出现。栅栏滤镜（Blinds 滤镜）的使用方法如下：

```
filter:progid:DXImageTransform.Microsoft.Blinds(enabled=true|false,dura
tion=value, bands=value, Direction=up|down| right|left);
```

参数解析：

❑ duration：设置变换的持续时间。

❑ bands：设置栅栏的个数。

❑ Direction：设置栅栏扩展的方向。

除了上述属性外，还提供以下方法控制变换。

❑ apply()：必须先调用此函数，才能使滤镜效果生效。

❑ play(time)：控制变换的时间（time 参数可以覆盖 duration 时间）。

❑ stop()：停止滤镜变换。

下面是栅栏滤镜的使用示例。

```
<!DOCTYPE html PUBLIC "-//W3C//DTD XHTML 1.0 Transitional//EN"
"http://www.w3.org/TR/xhtml1/DTD/xhtml1-transitional.dtd">
<html xmlns="http://www.w3.org/1999/xhtml">
<head>
    <meta http-equiv="Content-Type" content="text/html; charset=gb2312" />
    <title>
        栅栏滤镜
    </title>
    <style type="text/css">
        <!--
        div
        {
            border-color:red;                   /*设置边框颜色*/
            border-style:solid;                 /*设置边框形状*/
            border-width:2px;                   /*设置边框宽度*/
            margin:0;                           /*设置外边距*/
            background-color:#ACABE2;           /*设置背景颜色*/
            font-size:25px;                     /*设置字体大小*/
            height:50px;                        /*设置高度*/
            font-weight:bold;                   /*设置字体加粗*/
        }
        #d1
        {
            filter:progid:DXImageTransform.Microsoft.Blinds
            ( duration=3, bands=3, Direction=up );
                                        /*设置栅栏滤镜*/
        }
        #d2
        {
            filter:progid:DXImageTransform.Microsoft.Blinds
            ( duration=3, bands=3, Direction=left );
                                        /*设置栅栏滤镜*/
        }
        -->
    </style>
    <script>
        function start()
        {
            d1.filters[0].apply();
            d1.style.backgroundColor="red";
```

```
        d1.filters[0].play();

        d2.filters[0].apply();
        d2.style.backgroundColor="red";
        d2.filters[0].play();
        }
    </script>
</head>
<body onload="start()" >
    <div id="d1" >
        这是 id="d1"的 div 标签
    </div>
    <div id="d2">
        这是 id="d2"的 div 标签
    </div>
</body>
</html>
```

对上述代码进行剖析如下：

在本程序里添加了两个 div 标签。

在 CSS 代码部分为第一个 div 标签使用 Blinds 滤镜，其 duration 属性为 3 秒，bands 将栅栏个数设置为 3，Direction 的方向为向上扩展；第二个 div 标签使用 Blinds 滤镜，其 duration 属性为 3 秒，bands 将栅栏个数设置为 3，Direction 的方向为向右扩展。

在 body 标签的 onload 事件发生时执行 start()函数，并使用 apply()函数使 Blinds 滤镜生效，而且设置 d1 和 d2 的背景颜色，并使用 play 开始播放。效果如图 11.17 所示。

图 11.17　栅栏滤镜

11.2.3　棋盘滤镜

所谓的棋盘滤镜就是新的样式效果会像棋盘一样出现，也就是上下左右相邻着出现。棋盘滤镜（CheckerBoard 滤镜）的使用方法如下：

```
filter:progid:DXImageTransform.Microsoft.CheckerBoard(enabled=true|false,d
uration=value,squaresX=value,squaresY=value,Direction=up|down|right|left);
```

参数解析：

❑ duration：设置变换的持续时间。

❑ squaresX：设置水平分段。

❑ squaresY：设置竖直分段。

❑ Direction：设置栅栏扩展的方向。

除了上述属性外，还提供以下方法控制变换。

❑ apply()：必须先调用此函数，才能使滤镜效果生效。

❑ play(time)：控制变换的时间（time 参数可以覆盖 duration 时间）。

❑　stop()：停止滤镜变换。

下面是棋盘滤镜的使用示例。

```
<!DOCTYPE html PUBLIC "-//W3C//DTD XHTML 1.0 Transitional//EN"
"http://www.w3.org/TR/xhtml1/DTD/xhtml1-transitional.dtd">
<html xmlns="http://www.w3.org/1999/xhtml">
<head>
    <meta http-equiv="Content-Type" content="text/html; charset=gb2312" />
    <title>
        棋盘滤镜
    </title>
    <style type="text/css">
        <!--
            div
            {
                border-color:red;                /*设置边框颜色*/
                border-style:solid;              /*设置边框形状*/
                border-width:2px;                /*设置边框宽度*/
                margin:0;                        /*设置外边距*/
                background-color:#ACABE2;        /*设置背景颜色*/
                font-size:25px;                  /*设置字体大小*/
                height:50px;                     /*设置高度*/
                font-weight:bold;                /*设置字体加粗*/
            }
            #d1
            {
                filter:progid:DXImageTransform.Microsoft.CheckerBoard
                ( duration=3, squaresX=6, squaresY= 6, Direction=up );
                                                 /*设置棋盘滤镜*/
            }
            #d2
            {
                filter:progid:DXImageTransform.Microsoft.CheckerBoard
                ( duration=3, squaresX=8, squaresY= 8, Direction=left );
                                                 /*设置棋盘滤镜*/
            }
        -->
    </style>
    <script>
        function start()
        {
            d1.filters[0].apply();
            d1.style.backgroundColor="red";
            d1.filters[0].play();

            d2.filters[0].apply();
            d2.style.backgroundColor="red";
            d2.filters[0].play();
        }
    </script>
</head>
<body  onload="start()" >
    <div  id="d1" >
        这是 id="d1"的 div 标签
    </div>
    <div  id="d2">
        这是 id="d2"的 div 标签
    </div>
</body>
```

```
</html>
```

对上述代码进行剖析如下：

在本程序里添加了两个 div 标签。

在 CSS 代码部分为第一个 div 标签使用 CheckerBoard 滤镜，其 duration 属性为 3 秒，squaresX 设置横向格子数为 6，squaresY 设置纵向格子数为 6，Direction 的方向为向上扩展；第二个 div 标签使用 CheckerBoard 滤镜，其 duration 属性为 3 秒，squaresX 设置横向格子数为 8，squaresY 设置纵向格子数为 8，Direction 的方向为向左扩展。

在 body 标签的 onload 事件发生时执行 start() 函数，并使用 apply() 函数使 CheckerBoard 滤镜生效，而且设置 d1 和 d2 的背景颜色，并使用 play 开始播放。效果如图 11.18 所示。

图 11.18　棋盘滤镜

11.2.4　渐刷滤镜

所谓的渐刷滤镜就是标签的新样式逐渐改变的滤镜效果。棋盘滤镜（CheckerBoard 滤镜）的使用方法如下：

```
filter:progid:DXImageTransform.Microsoft.GradientWipe(enabled=true|false,duration=value, gradientSize=value, motion=forward|reverse);
```

参数解析：

❑ duration：设置变换的持续时间。

❑ gradientSize：设置渐进的比例占已改变的样式的百分比值，取值范围为 0.0～1.0。

❑ motion：其值为 forward 或 reverse，forward 表示变化方向从左边开始，reverse 表示变化方向从右边开始。

除了上述属性外，还提供以下方法控制变换。

❑ apply()：必须先调用此函数，才能使滤镜效果生效。

❑ play(time)：控制变换的时间（time 参数可以覆盖 duration 时间）。

❑ stop()：停止滤镜变换。

下面是渐刷滤镜的使用示例。

```
<!DOCTYPE html PUBLIC "-//W3C//DTD XHTML 1.0 Transitional//EN"
"http://www.w3.org/TR/xhtml1/DTD/xhtml1-transitional.dtd">
<html xmlns="http://www.w3.org/1999/xhtml">
<head>
    <meta http-equiv="Content-Type" content="text/html; charset=gb2312" />
    <title>
        渐刷滤镜
    </title>
    <style type="text/css">
        <!--
            div
            {
```

```
                    border-color:red;                    /*设置边框颜色*/
                    border-style:solid;                  /*设置边框形状*/
                    border-width:2px;                    /*设置边框宽度*/
                    margin:0;                            /*设置外边距*/
                    background-color:#ACABE2;            /*设置背景颜色*/
                    font-size:25px;                      /*设置字体大小*/
                    height:50px;                         /*设置高度*/
                    font-weight:bold;                    /*设置字体加粗*/
                }
            #d1
            {
                filter:progid:DXImageTransform.Microsoft.GradientWipe
                ( duration=3, gradientSize=0.1, motion=reverse );
                                                    /*设置渐刷滤镜*/
            }
            #d2
            {
                filter:progid:DXImageTransform.Microsoft.GradientWipe
                ( duration=3, gradientSize=1, motion=forward );
                                                    /*设置渐刷滤镜*/
            }
        -->
    </style>
    <script>
        function start()
        {
            d1.filters[0].apply();
            d1.style.backgroundColor="red";
            d1.filters[0].play();

            d2.filters[0].apply();
            d2.style.backgroundColor="red";
            d2.filters[0].play();
        }
    </script>
</head>
<body onload="start()" >
    <div id="d1" >
        这是 id="d1"的 div 标签
    </div>
    <div id="d2">
        这是 id="d2"的 div 标签
    </div>
</body>
</html>
```

对上述代码进行剖析如下：

在本程序里添加了两个 div 标签。

在 CSS 代码部分为第一个 div 标签使用 GradientWipe 滤镜，其 duration 属性为 3 秒，gradientSize 设置为 10%，motion 设置为 reverse；第二个 div 标签使用 GradientWipe 滤镜，其 duration 属性为 3 秒，gradientSize 设置为 80%，motion 设置为 forward。

在 body 标签的 onload 事件发生时执行 start()函数，并使用 apply()函数使 GradientWipe 滤镜生效，而且设置 d1 和 d2 的背景颜色，并使用 play 开始播放。效果如图 11.19 所示。

图 11.19 渐刷滤镜

11.2.5 消逝滤镜

所谓的消逝滤镜就是标签新样式逐渐淡出而旧样式逐渐消失的变化效果。消逝滤镜
（Fade 滤镜）的使用方法如下：

```
filter:progid:DXImageTransform.Microsoft.Fade(enabled=true|false,durati
on=value,overlap=value);
```

参数解析：

❑ duration：设置变换的持续时间。

❑ overlap：原内容和后面的内容同时出现占用的变化时间比例，取值范围为 0.0～1.0。
除了上述属性外，还提供以下方法控制变换。

❑ apply()：必须先调用此函数，才能使滤镜效果生效。

❑ play(time)：控制变换的时间（time 参数可以覆盖 duration 时间）。

❑ stop()：停止滤镜变换。

下面是消逝滤镜的使用示例。

```
<!DOCTYPE html PUBLIC "-//W3C//DTD XHTML 1.0 Transitional//EN"
"http://www.w3.org/TR/xhtml1/DTD/xhtml1-transitional.dtd">
<html xmlns="http://www.w3.org/1999/xhtml">
<head>
    <meta http-equiv="Content-Type" content="text/html; charset=gb2312" />
    <title>
        消逝滤镜
    </title>
    <style type="text/css">
        <!--
        div
        {
            border-color:red;                  /*设置边框颜色*/
            border-style:solid;                /*设置边框形状*/
            border-width:2px;                  /*设置边框宽度*/
            margin:0;                          /*设置外边距*/
            background-color:#ACABE2;          /*设置背景颜色*/
            font-size:25px;                    /*设置字体大小*/
            height:50px;                       /*设置高度*/
            font-weight:bold;                  /*设置字体加粗*/
        }
        #d1
        {
            filter:progid:DXImageTransform.Microsoft.Fade
            ( duration=3,overlap=0.2 );        /*设置消逝滤镜*/
        }
        #d2
        {
```

```
            filter:progid:DXImageTransform.Microsoft.Fade
            ( duration=3,overlap=0.6 );        /*设置消逝滤镜*/
        }
        -->
    </style>
    <script>
        function start()
        {
            d1.filters[0].apply();
            d1.style.backgroundColor="red";
            d1.filters[0].play();

            d2.filters[0].apply();
            d2.style.backgroundColor="red";
            d2.filters[0].play();
        }
    </script>
</head>
<body onload="start()" >
    <div id="d1" >
        这是 id="d1"的 div 标签
    </div>
    <div id="d2" >
        这是 id="d2"的 div 标签
    </div>
</body>
</html>
```

对上述代码进行剖析如下：

在本程序里添加了两个 div 标签。

在 CSS 代码部分为第一个 div 标签使用 Fade 滤镜，其 duration 属性为 3 秒，overlap 设置为 20%；第二个 div 标签使用 Fade 滤镜，其 duration 属性为 3 秒，overlap 设置为 60%。

在 body 标签的 onload 事件发生时执行 start()函数，而且使用 apply()函数使 Fade 滤镜生效，而且设置 d1 和 d2 的背景颜色，并使用 play 开始播放。效果如图 11.20 所示。

图 11.20　消逝滤镜

11.2.6　虹滤镜

所谓的虹滤镜就是标签新样式以指定的形状出现，旧样式也以相同的形状消失的变化效果，这里所说的指定的形状包括菱型、星型、圆形和方型等等。虹滤镜（Iris 滤镜）的使用方法如下：

```
filter:progid:DXImageTransform.Microsoft.Iris(enabled=true|false,
duration=value, irisStyle=PLUS |DIAMOND|CIRCLE|
CROSS|SQUARE|STAR,motion=out|in);
```

参数解析：

❑ duration：设置变换的持续时间。

❑ irisStyle：其值为 PLUS、DIAMOND、CIRCLE、CROSS、SQUARE 和 STAR。

❑ motion：设置移动方向，out 为从内到外，in 为从外到内。

除了上述属性外，还提供以下方法控制变换。

❑ apply()：必须先调用此函数，才能使滤镜效果生效；

❑ play(time)：控制变换的时间（time 参数可以覆盖 duration 时间）；

❑ stop()：停止滤镜变换。

下面是虹滤镜的使用示例。

```html
<!DOCTYPE html PUBLIC "-//W3C//DTD XHTML 1.0 Transitional//EN"
"http://www.w3.org/TR/xhtml1/DTD/xhtml1-transitional.dtd">
<html xmlns="http://www.w3.org/1999/xhtml">
<head>
    <meta http-equiv="Content-Type" content="text/html; charset=gb2312" />
    <title>
        虹滤镜
    </title>
    <style type="text/css">
        <!--
        div
        {
            border-color:red;               /*设置边框颜色*/
            border-style:solid;             /*设置边框形状*/
            border-width:2px;               /*设置边框宽度*/
            margin:0;                       /*设置外边距*/
            background-color:#ACABE2;       /*设置背景颜色*/
            font-size:25px;                 /*设置字体大小*/
            width:100px;                    /*设置宽度*/
            height:100px;                   /*设置高度*/
            font-weight:bold;               /*设置字体加粗*/
            margin:10px;                    /*设置外边距*/
            float:left;                     /*向左浮动*/
        }
        #d1
        {
            filter:progid:DXImageTransform.Microsoft.Iris
            ( duration=3,irisStyle=DIAMOND, motion=out );
                                            /*设置虹滤镜*/
        }
        #d2
        {
            filter:progid:DXImageTransform.Microsoft.Iris
            ( duration=3,irisStyle=STAR, motion=in );
                                            /*设置虹滤镜*/
        }
        #d3
        {
            filter:progid:DXImageTransform.Microsoft.Iris
            ( duration=3,irisStyle=CIRCLE, motion=out );
                                            /*设置虹滤镜*/
        }
        #d4
        {
```

```
              filter:progid:DXImageTransform.Microsoft.Iris
              ( duration=3,irisStyle=SQUARE, motion=in );
                                                    /*设置虹滤镜*/
                }
         -->
    </style>
    <script>
        function start()
        {
            d1.filters[0].apply();
            d1.style.backgroundColor="red";
            d1.filters[0].play();

            d2.filters[0].apply();
            d2.style.backgroundColor="red";
            d2.filters[0].play();

            d3.filters[0].apply();
            d3.style.backgroundColor="red";
            d3.filters[0].play();

            d4.filters[0].apply();
            d4.style.backgroundColor="red";
            d4.filters[0].play();
        }
    </script>
</head>
<body  onload="start()" >
    <div  id="d1" >
        这是 id="d1"的 div 标签
    </div>
    <div  id="d2">
        这是 id="d2"的 div 标签
    </div>
    <div  id="d3" >
        这是 id="d3"的 div 标签
    </div>
    <div  id="d4">
        这是 id="d4"的 div 标签
    </div>
</body>
</html>
```

对上述代码进行剖析如下：

在本程序里添加了 4 个 div 标签。

在 CSS 代码部分为第一个 div 标签使用 Iris 滤镜，其 duration 属性为 3 秒，irisStyle 设置为 DIAMOND，motion 设置为 out（即内部先变化）；第二个 div 标签使用 Iris 滤镜，其 duration 属性为 3 秒，irisStyle 设置为 STAR，motion 设置为 in（即外部先变化）；第三个 div 标签使用 Iris 滤镜，其 duration 属性为 3 秒，irisStyle 设置为 CIRCLE，motion 设置为 out（即内部先变化）；第四个 div 标签使用 Iris 滤镜，其 duration 属性为 3 秒，irisStyle 设置为 SQUARE，motion 设置为 in（即外部先变化）。

在 body 标签的 onload 事件发生时执行 start()函数，并使用 apply()函数使 Iris 滤镜生效，而且设置 d1、d2、d3 和 d4 的背景颜色，并使用 play 开始播放。效果如图 11.21 所示。

图 11.21　虹滤镜

11.2.7　内插滤镜

所谓的内插滤镜就是新的标签样式以一定方向插入，而旧样式被新样式覆盖的变化效果。内插滤镜（Inset 滤镜）的使用方法如下：

```
filter:progid:DXImageTransform.Microsoft.Inset(enabled=true|false,
duration=value );
```

参数解析：

❑　duration：设置变换的持续时间。

除了上述属性外，还提供以下方法控制变换。

❑　apply()：必须先调用此函数，才能使滤镜效果生效。

❑　play(time)：控制变换的时间（time 参数可以覆盖 duration 时间）。

❑　stop()：停止滤镜变换。

下面是内插滤镜的使用示例。

```
<!DOCTYPE html PUBLIC "-//W3C//DTD XHTML 1.0 Transitional//EN"
"http://www.w3.org/TR/xhtml1/DTD/xhtml1-transitional.dtd">
<html xmlns="http://www.w3.org/1999/xhtml">
<head>
    <meta http-equiv="Content-Type" content="text/html; charset=gb2312" />
    <title>
        内插滤镜
    </title>
    <style type="text/css">
        <!--
            div
            {
                border-color:red;                /*设置边框颜色*/
                border-style:solid;              /*设置边框形状*/
                border-width:2px;                /*设置边框宽度*/
                margin:0;                        /*设置外边距*/
                background-color:#ACABE2;        /*设置背景颜色*/
                font-size:25px;                  /*设置字体大小*/
                width:300px;                     /*设置宽度*/
                height:100px;                    /*设置高度*/
                font-weight:bold;                /*设置字体加粗*/
                margin:10px;                     /*设置外边距*/
                float:left;                      /*向左浮动*/
            }
            #d1
            {
                filter:progid:DXImageTransform.Microsoft.Inset
                ( duration=3  );                 /*设置内插滤镜*/
            }
```

```
        -->
    </style>
    <script>
        function start()
        {
            d1.filters[0].apply();
            d1.style.backgroundColor="red";
            d1.innerText="变化中的样式";
            d1.filters[0].play();
        }
    </script>
</head>
<body onload="start()" >
    <div id="d1" >
        这是 id="d1"的 div 标签
    </div>
</body>
</html>
```

对上述代码进行剖析如下：

在本程序里添加了一个 div 标签，如图 11.22 所示。

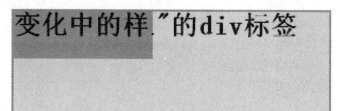

图 11.22　内插滤镜

在 CSS 代码部分为第一个 div 标签使用 Inset 滤镜，其 duration 属性为 3 秒。

在 body 标签的 onload 事件发生时执行 start()函数，并使用 apply()函数使 Inset 滤镜生效，而且设置 d1 的背景颜色以及文本内容，并使用 play 开始播放。

11.2.8　像素化滤镜

所谓的像素化滤镜就是标签的新样式以像素变大和模糊的方式变化，旧样式以相同的方式逐渐清晰出现的滤镜效果。像素化滤镜（Inset 滤镜）的使用方法如下：

```
filter:progid:DXImageTransform.Microsoft.Pixelate( enabled=true|false,
duration=value, maxSquare=value );
```

参数解析：

❑　duration：设置变换的持续时间。

❑　maxSquare：设置矩形色块的宽度。取值为 2~50。

除了上述属性外，还提供以下方法控制变换。

❑　apply()：必须先调用此函数，才能使滤镜效果生效。

❑　play(time)：控制变换的时间（time 参数可以覆盖 duration 时间）。

❑　stop()：停止滤镜变换。

下面是像素化滤镜的使用示例。

```
<!DOCTYPE html PUBLIC "-//W3C//DTD XHTML 1.0 Transitional//EN"
"http://www.w3.org/TR/xhtml1/DTD/xhtml1-transitional.dtd">
<html xmlns="http://www.w3.org/1999/xhtml">
<head>
    <meta http-equiv="Content-Type" content="text/html; charset=gb2312" />
    <title>
        像素化滤镜
    </title>
    <style type="text/css">
        <!--
        div
        {
            border-color:red;                   /*设置边框颜色*/
            border-style:solid;                 /*设置边框形状*/
            border-width:2px;                   /*设置边框宽度*/
            margin:0;                           /*设置外边距*/
            background-color:#ACABE2;           /*设置背景颜色*/
            font-size:25px;                     /*设置字体大小*/
            width:300px;                        /*设置宽度*/
            height:100px;                       /*设置高度*/
            font-weight:bold;                   /*设置字体加粗*/
            margin:10px;                        /*设置外边距*/
            float:left;                         /*向左浮动*/
        }
        #d1
        {
            filter:progid:DXImageTransform.Microsoft.Pixelate
            ( duration=3, maxSquare=10  );   /*设置像素化滤镜*/
        }
        -->
    </style>
    <script>
        function start()
        {
        d1.filters[0].apply();
        d1.style.backgroundColor="red";
        d1.filters[0].play();
        }
    </script>
</head>
<body  onload="start()" >
    <div  id="d1" >
        这是 id="d1"的 div 标签
    </div>
</body>
</html>
```

对上述代码进行剖析如下：

在本程序里添加了一个 div 标签。

在 CSS 代码部分为第一个 div 标签使用 Pixelate 滤镜，其 duration 属性为 3 秒，maxSquare 设置为 10。在 body 标签的 onload 事件发生时执行 start()函数，并使用 apply() 函数使 Pixelate 滤镜生效，而且设置 d1 的背景颜色，并使用 play 开始播放。效果如图 11.23 所示。

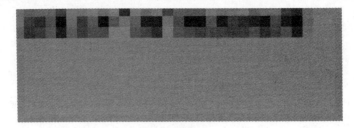

图 11.23　像素化滤镜（变化中）

11.2.9　随机线条滤镜

所谓的随机线条滤镜就是新的标签样式以随机线条的形式出现，而旧的样式被新样式覆盖的变化。随机线条滤镜（RandomBars 滤镜）的使用方法如下：

```
filter:progid:DXImageTransform.Microsoft.RandomBars( enabled=true|false,
duration=value, orientation=horizontal| vertical );
```

参数解析：

❑　duration：设置变换的持续时间。

❑　orientation：设置随机线条的方向（横向或纵向），其值为 horizontal 或 vertical。

除了上述属性外，还提供以下方法控制变换。

❑　apply()：必须先调用此函数，才能使滤镜效果生效。

❑　play(time)：控制变换的时间（time 参数可以覆盖 duration 时间）。

❑　stop()：停止滤镜变换。

下面是随机线条滤镜的使用示例。

```
<!DOCTYPE html PUBLIC "-//W3C//DTD XHTML 1.0 Transitional//EN"
"http://www.w3.org/TR/xhtml1/DTD/xhtml1-transitional.dtd">
<html xmlns="http://www.w3.org/1999/xhtml">
<head>
    <meta http-equiv="Content-Type" content="text/html; charset=gb2312" />
    <title>
        随机线条滤镜
    </title>
    <style type="text/css">
        <!--
            div
            {
                border-color:red;                  /*设置边框颜色*/
                border-style:solid;                /*设置边框形状*/
                border-width:2px;                  /*设置边框宽度*/
                margin:0;                          /*设置外边距*/
                background-color:#ACABE2;          /*设置背景颜色*/
                font-size:25px;                    /*设置字体大小*/
                width:300px;                       /*设置宽度*/
                height:100px;                      /*设置高度*/
                font-weight:bold;                  /*设置字体加粗*/
                margin:10px;                       /*设置外边距*/
                float:left;                        /*向左浮动*/
            }
```

```
        #d1
        {
            filter:progid:DXImageTransform.Microsoft.RandomBars
            ( duration=3, orientation=vertical  );
                                            /*设置随机线条滤镜*/
        }
        #d2
        {
            filter:progid:DXImageTransform.Microsoft.RandomBars
            ( duration=3, orientation=horizontal  );
                                            /*设置随机线条滤镜*/
        }
    -->
    </style>
    <script>
        function start()
        {
            d1.filters[0].apply();
            d1.style.backgroundColor="red";
            d1.filters[0].play();
            d2.filters[0].apply();
            d2.style.backgroundColor="red";
            d2.filters[0].play();
        }
    </script>
</head>
<body  onload="start()" >
    <div  id="d1" >
        这是 id="d1"的 div 标签
    </div>
    <div  id="d2" >
        这是 id="d2"的 div 标签
    </div>
</body>
</html>
```

对上述代码进行剖析如下：

在本程序里添加了 2 个 div 标签。

在 CSS 代码部分为第一个 div 标签使用
RandomBars 滤镜，其 duration 属性为 3 秒，
orientation 设置为 vertical；第二个 div 标签使用
RandomBars 滤镜，其 duration 属性为 3 秒，
orientation 设置为 horizontal。

在 body 标签的 onload 事件发生时执行 start()
函数，而且使用 apply()函数使 RandomBars 滤镜生
效，而且设置 d1、d2 的背景颜色，并使用 play 开
始播放。效果如图 11.24 所示。

图 11.24　随机线条滤镜（变化中）

11.2.10　旋转刷滤镜

所谓的旋转刷滤镜就是新的标签样式以时钟指针旋转的方式来刷除旧样式的变化。旋
转刷滤镜（RadialWipe 滤镜）的使用方法如下：

```
filter:progid:DXImageTransform.Microsoft.RadialWipe( enabled=true|false,
duration=value, wipeStyle=CLOCK|WEDGE|RADIAL );
```

参数解析：

❑ duration：设置变换的持续时间。

❑ wipeStyle：其值为 CLOCK、WEDGE 或 RADIAL，CLOCK 表示从 12 点钟位置旋转变化，WEDGE 表示从 12 点钟位置向两边旋转变化，RADIAL 表示从左上角旋转变化。

除了上述属性外，还提供以下方法控制变换。

❑ apply()：必须先调用此函数，才能使滤镜效果生效。

❑ play(time)：控制变换的时间（time 参数可以覆盖 duration 时间）。

❑ stop()：停止滤镜变换。

下面是旋转滤镜的使用示例。

```
<!DOCTYPE html PUBLIC "-//W3C//DTD XHTML 1.0 Transitional//EN"
"http://www.w3.org/TR/xhtml1/DTD/xhtml1-transitional.dtd">
<html xmlns="http://www.w3.org/1999/xhtml">
<head>
    <meta http-equiv="Content-Type" content="text/html; charset=gb2312" />
    <title>
        旋转刷滤镜
    </title>
    <style type="text/css">
        <!--
        div
        {
            border-color:red;                    /*设置边框颜色*/
            border-style:solid;                  /*设置边框形状*/
            border-width:2px;                    /*设置边框宽度*/
            margin:0;                            /*设置外边距*/
            background-color:#ACABE2;            /*设置背景颜色*/
            font-size:25px;                      /*设置字体大小*/
            width:100px;                         /*设置宽度*/
            height:100px;                        /*设置高度*/
            font-weight:bold;                    /*设置字体加粗*/
            margin:10px;                         /*设置外边距*/
            float:left;                          /*向左浮动*/
        }
        #d1
        {
            filter:progid:DXImageTransform.Microsoft.RadialWipe
            ( duration=3, wipeStyle=CLOCK );
                                                 /*设置旋转刷滤镜*/
        }
        #d2
        {
            filter:progid:DXImageTransform.Microsoft.RadialWipe
            ( duration=3, wipeStyle=WEDGE );
                                                 /*设置旋转刷滤镜*/
        }
        #d3
        {
            filter:progid:DXImageTransform.Microsoft.RadialWipe
            ( duration=3, wipeStyle=RADIAL );
```

```
                              /*设置旋转刷滤镜*/
        }
    -->
</style>
<script>
    function start()
    {
        d1.filters[0].apply();
        d1.style.backgroundColor="red";
        d1.filters[0].play();
        d2.filters[0].apply();
        d2.style.backgroundColor="red";
        d2.filters[0].play();
        d3.filters[0].apply();
        d3.style.backgroundColor="red";
        d3.filters[0].play();
    }
</script>
</head>
<body onload="start()" >
    <div id="d1" >
        这是 id="d1"的 div 标签
    </div>
    <div id="d2" >
        这是 id="d2"的 div 标签
    </div>
    <div id="d3" >
        这是 id="d3"的 div 标签
    </div>
</body>
</html>
```

对上述代码进行剖析如下：

在本程序里添加了 3 个 div 标签。

在 CSS 代码部分为第一个 div 标签使用 RadialWipe 滤镜，其 duration 属性为 3 秒，wipeStyle 设置为 CLOCK；第二个 div 标签使用 RadialWipe 滤镜，其 duration 属性为 3 秒，wipeStyle 设置为 WEDGE；第三个 div 标签使用 RadialWipe 滤镜，其 duration 属性为 3 秒，wipeStyle 设置为 RADIAL。

在 body 标签的 onload 事件发生时执行 start()函数，并使用 apply()函数使 RadialWipe 滤镜生效，而且设置 d1、d2、d3 的背景颜色，并使用 play 开始播放。效果如图 11.25 所示。

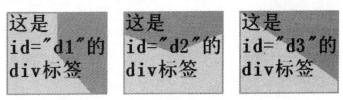

图 11.25　旋转刷滤镜（变化中）

11.2.11　随机转换滤镜

所谓的随机转换滤镜就是在某个指定的变化集合里选择某个变化效果的滤镜功能，当然该指定的变化是要通过 transition 属性进行设置的，而不是真的随机。随机转换滤镜（RevealTrans 滤镜）的使用方法如下：

```
filter:progid:DXImageTransform.Microsoft.RevealTrans( enabled=true|false, duration=value,
transition=value );
```

参数解析：

❑ duration：设置变换的持续时间。

❑ transition：设置变换的效果，其值为 0~23。表 11-1 是其值的含义描述。

表 11-1　transition 的取值及含义

取值	含 义	取值	含 义
0	矩形收缩变化	1	矩形扩展变化
2	圆形收缩变化	3	圆形扩展变化
4	向上扩展变化	5	向下扩展变化
6	向左扩展变化	7	向右扩展变化
8	纵向百叶窗翻转变化	9	横向百叶窗翻转变化
10	棋盘横向翻转变化	11	棋盘纵向翻转变化
12	随机噪声变化	13	左右关门变化
14	左右开门变化	15	上下关门变化
16	上下开门变化	17	右上向左下锯齿变化
18	右下向左上锯齿变化	19	左上向右下锯齿变化
20	左下向右上锯齿变化	21	随机横向线条变化
22	随机纵向线条变化	23	随机执行 0~22 的效果

除了上述属性外，还提供以下方法控制变换。

❑ apply()：必须先调用此函数，才能使滤镜效果生效。

❑ play(time)：控制变换的时间（time 参数可以覆盖 duration 时间）。

❑ stop()：停止滤镜变换。

下面是随机转换滤镜的使用示例。

```html
<!DOCTYPE html PUBLIC "-//W3C//DTD XHTML 1.0 Transitional//EN"
"http://www.w3.org/TR/xhtml1/DTD/xhtml1-transitional.dtd">
<html xmlns="http://www.w3.org/1999/xhtml">
<head>
    <meta http-equiv="Content-Type" content="text/html; charset=gb2312" />
    <title>
        随机转换滤镜
    </title>
    <style type="text/css">
        <!--
        div
        {
            border-color:red;                /*设置边框颜色*/
            border-style:solid;              /*设置边框形状*/
            border-width:2px;                /*设置边框宽度*/
            margin:0;                        /*设置外边距*/
            background-color:#ACABE2;        /*设置背景颜色*/
            font-size:25px;                  /*设置字体大小*/
            width:100px;                     /*设置宽度*/
            height:100px;                    /*设置高度*/
            font-weight:bold;                /*设置字体加粗*/
```

```
                     margin:10px;                        /*设置外边距*/
                     float:left;                         /*向左浮动*/
              }
          #d1
          {
              filter:progid:DXImageTransform.Microsoft.RevealTrans
              ( duration=3, transition=0  );  /*设置随机转换滤镜*/
          }
          #d2
          {
              filter:progid:DXImageTransform.Microsoft.RevealTrans
              ( duration=3, transition=10 );  /*设置随机转换滤镜*/
          }
          #d3
          {
              filter:progid:DXImageTransform.Microsoft.RevealTrans
              ( duration=3, transition=20 );  /*设置随机转换滤镜*/
          }
      -->
  </style>
  <script>
      function start()
      {
          d1.filters[0].apply();
          d1.style.backgroundColor="red";
          d1.filters[0].play();
          d2.filters[0].apply();
          d2.style.backgroundColor="red";
          d2.filters[0].play();
          d3.filters[0].apply();
          d3.style.backgroundColor="red";
          d3.filters[0].play();
      }
  </script>
</head>
<body  onload="start()" >
  <div  id="d1" >
      这是 id="d1"的 div 标签
  </div>
  <div  id="d2" >
      这是 id="d2"的 div 标签
  </div>
  <div  id="d3" >
      这是 id="d3"的 div 标签
  </div>
</body>
</html>
```

对上述代码进行剖析如下：

在本程序里添加了 3 个 div 标签。

在 CSS 代码部分为第一个 div 标签使用 RevealTrans 滤镜，其 duration 属性为 3 秒，transition 设置为 0；第二个 div 标签使用 RevealTrans 滤镜，其 duration 属性为 3 秒，transition 设置为 10；第三个 div 标签使用 RevealTrans 滤镜，其 duration 属性为 3 秒，transition 设置为 20。

在 body 标签的 onload 事件发生时执行 start()函数，并使用 apply()函数使 RevealTrans 滤镜生效，而且设置 d1、d2 和 d3 的背景颜色，并使用 play 开始播放。

效果如图 11.26 所示。

图 11.26　随机转换滤镜（变化中）

11.2.12　随机溶解滤镜

所谓的随机溶解效果就是新的标签样式以随机点出现，旧样式被新样式覆盖的变化。
随机溶解滤镜（RandomDissolve 滤镜）的使用方法如下：

```
filter:progid:DXImageTransform.Microsoft.RandomDissolve( enabled=true|f
alse, duration=value );
```

参数解析：

❑　Duration：设置变换的持续时间。

除了上述属性外，还提供以下方法控制变换。

❑　apply()：必须先调用此函数，才能使滤镜效果生效。

❑　play(time)：控制变换的时间（time 参数可以覆盖 duration 时间）。

❑　stop()：停止滤镜变换。

下面是随机溶解滤镜的使用示例。

```
<!DOCTYPE html PUBLIC "-//W3C//DTD XHTML 1.0 Transitional//EN"
"http://www.w3.org/TR/xhtml1/DTD/xhtml1-transitional.dtd">
<html xmlns="http://www.w3.org/1999/xhtml">
<head>
    <meta http-equiv="Content-Type" content="text/html; charset=gb2312" />
    <title>
        随机溶解滤镜
    </title>
    <style type="text/css">
        <!--
            div
            {
                border-color:red;               /*设置边框颜色*/
                border-style:solid;             /*设置边框形状*/
                border-width:2px;               /*设置边框宽度*/
                margin:0;                       /*设置外边距*/
                background-color:#ACABE2;       /*设置背景颜色*/
                font-size:25px;                 /*设置字体大小*/
                width:500px;                    /*设置宽度*/
                height:100px;                   /*设置高度*/
                font-weight:bold;               /*设置字体加粗*/
                margin:10px;                    /*设置外边距*/
                float:left;                     /*向左浮动*/
            }
            #d1
```

```
            {
                filter:progid:DXImageTransform.Microsoft.RandomDissolve
                ( duration=3  );                   /*设置随机溶解滤镜*/
            }
        -->
    </style>
    <script>
        function start()
        {
            d1.filters[0].apply();
            d1.style.backgroundColor="red";
            d1.filters[0].play();
        }
    </script>
</head>
<body  onload="start()" >
    <div  id="d1" >
        这是 id="d1"的 div 标签
    </div>
</body>
</html>
```

对上述代码进行剖析如下：

在本程序里添加了一个 div 标签。在 CSS 代码部分为 div 标签使用 RevealTrans 滤镜，其 duration 属性为 3 秒。

在 body 标签的 onload 事件发生时执行 start()函数，并使用 apply()函数使 RevealTrans 滤镜生效，而且设置 d1 的背景颜色，并使用 play 开始播放。效果如图 11.27 所示。

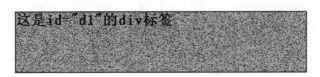

图 11.27　随机溶解滤镜（变化中）

11.2.13　螺旋滤镜

所谓的螺旋滤镜就是新的标签样式效果以螺旋状出现，旧样式被新样式覆盖的变化。螺旋滤镜（Spiral 滤镜）的使用方法如下：

```
filter:progid:DXImageTransform.Microsoft.Spiral(        enabled=true|false,
duration=value, gridSizeX=value, gridSizeY=value );
```

参数解析：

❑　duration：设置变换的持续时间。

❑　gridSizeX：设置横向分隔的格数。

❑　gridSizeY：设置纵向分隔的格数。

除了上述属性外，还提供以下方法控制变换。

❑　apply()：必须先调用此函数，才能使滤镜效果生效。

❑　play(time)：控制变换的时间（time 参数可以覆盖 duration 时间）。

❑　stop()：停止滤镜变换。

下面是螺旋滤镜的使用示例。

```
<!DOCTYPE html PUBLIC "-//W3C//DTD XHTML 1.0 Transitional//EN"
"http://www.w3.org/TR/xhtml1/DTD/xhtml1-transitional.dtd">
<html xmlns="http://www.w3.org/1999/xhtml">
<head>
    <meta http-equiv="Content-Type" content="text/html; charset=gb2312" />
    <title>
        螺旋滤镜
    </title>
    <style type="text/css">
        <!--
        div
        {
            border-color:red;                     /*设置边框颜色*/
            border-style:solid;                   /*设置边框形状*/
            border-width:2px;                     /*设置边框宽度*/
            margin:0;                             /*设置外边距*/
            background-color:#ACABE2;             /*设置背景颜色*/
            font-size:25px;                       /*设置字体大小*/
            width:500px;                          /*设置宽度*/
            height:100px;                         /*设置高度*/
            font-weight:bold;                     /*设置字体加粗*/
            margin:10px;                          /*设置外边距*/
            float:left;                           /*向左浮动*/
        }
        #d1
        {
            filter:progid:DXImageTransform.Microsoft.Spiral
            ( duration=3, gridSizeX=3, gridSizeY=4 );
                                                  /*设置螺旋滤镜*/
        }
        -->
    </style>
    <script>
        function start()
        {
            d1.filters[0].apply();
            d1.style.backgroundColor="red";
            d1.filters[0].play();
        }
    </script>
</head>
<body  onload="start()" >
    <div  id="d1" >
        这是 id="d1"的 div 标签
    </div>
</body>
</html>
```

对上述代码进行剖析如下：

在本程序里添加了一个 div 标签。

在 CSS 代码部分为 div 标签使用 Spiral 滤镜，其 duration 属性为 3 秒，gridSizeX 为 3 表示横向分为 3 格，gridSizeY 为 4 表示纵向分为 4 格。

在 body 标签的 onload 事件发生时执行 start()函数，并使用 apply()函数使 Spiral 滤镜生效，而且设置 d1 的背景颜色，并使用 play 开始播放。效果如图 11.28 所示。

图 11.28　螺旋滤镜（变化中）

11.2.14　滑动滤镜

所谓的滑动滤镜就是新的标签样式效果以滑动的方式出现，旧样式被新样式覆盖的变化。滑动滤镜（Slide 滤镜）的使用方法如下：

```
filter:progid:DXImageTransform.Microsoft.Slide( enabled=true|false,
duration=value, bands=value, slideStyle=HIDE|PUSH|SWAP );
```

参数解析：

❑ duration：设置变换的持续时间。

❑ bands：其值表示纵向方向上分为多少格，取值范围为 0~100。

❑ slideStyle：其值可以是 HIDE、PUSH 或者 SWAP。HIDE 表示拉出旧样式展现新样式，PUSH 表示拉出旧样式推出样式，SWAP 表示拉出旧样式推出新样式后再重合。

除了上述属性外，还提供以下方法控制变换。

❑ apply()：必须先调用此函数，才能使滤镜效果生效。

❑ play(time)：控制变换的时间（time 参数可以覆盖 duration 时间）。

❑ stop()：停止滤镜变换。

下面是滑动滤镜的使用示例。

```html
<!DOCTYPE html PUBLIC "-//W3C//DTD XHTML 1.0 Transitional//EN"
"http://www.w3.org/TR/xhtml1/DTD/xhtml1-transitional.dtd">
<html xmlns="http://www.w3.org/1999/xhtml">
<head>
    <meta http-equiv="Content-Type" content="text/html; charset=gb2312" />
    <title>
        滑动滤镜
    </title>
    <style type="text/css">
        <!--
            div
            {
                border-color:red;               /*设置边框颜色*/
                border-style:solid;             /*设置边框形状*/
                border-width:2px;               /*设置边框宽度*/
                margin:0;                       /*设置外边距*/
                background-color:#ACABE2;       /*设置背景颜色*/
                font-size:25px;                 /*设置字体大小*/
                width:100px;                    /*设置宽度*/
                height:100px;                   /*设置高度*/
```

```
        font-weight:bold;                    /*设置字体加粗*/
        margin:10px;                         /*设置外边距*/
        float:left;                          /*向左浮动*/
    }
    #d1
    {
        filter:progid:DXImageTransform.Microsoft.Slide
        ( duration=3, bands=5, slideStyle=HIDE );
                                             /*滑动滤镜*/
    }
    #d2
    {
        filter:progid:DXImageTransform.Microsoft.Slide
        ( duration=3, bands=5, slideStyle=PUSH );
                                             /*滑动滤镜*/
    }
    #d3
    {
        filter:progid:DXImageTransform.Microsoft.Slide
        ( duration=3, bands=5, slideStyle=SWAP );
                                             /*滑动滤镜*/
    }
    -->
</style>
<script>
    function start()
    {
        d1.filters[0].apply();
        d1.style.backgroundColor="red";
        d1.filters[0].play();
        d2.filters[0].apply();
        d2.style.backgroundColor="red";
        d2.filters[0].play();
        d3.filters[0].apply();
        d3.style.backgroundColor="red";
        d3.filters[0].play();
    }
</script>
</head>
<body onload="start()" >
    <div id="d1" >
        这是 id="d1"的 div 标签
    </div>
    <div id="d2" >
        这是 id="d2"的 div 标签
    </div>
    <div id="d3" >
        这是 id="d3"的 div 标签
    </div>
</body>
</html>
```

对上述代码进行剖析如下：

在本程序里添加了 3 个 div 标签。

在 CSS 代码部分为第一个 div 标签使用 Slide 滤镜，其 duration 属性为 3 秒，bands 为 5，slideStyle 为 HIDE；第二个 div 标签使用 Slide 滤镜，其 duration 属性为 3 秒，bands 为 5，slideStyle 为 PUSH；第三个 div 标签使用 Slide 滤镜，其 duration 属性为 3 秒，bands 为

5，slideStyle 为 SWAP。

在 body 标签的 onload 事件发生时执行 start()函数，并使用 apply()函数使 Slide 滤镜生效，而且设置 d1、d2 和 d3 的背景颜色，并使用 play 开始播放。效果如图 11.29 所示。

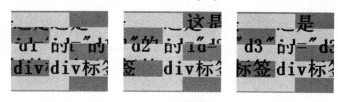

图 11.29　滑动滤镜（变化中）

11.2.15　剥除滤镜

所谓的剥除滤镜就是旧的标签样式以剥除的方式消失，新样式逐渐出现的变化。剥除滤镜（Strips 滤镜）的使用方法如下：

```
filter:progid:DXImageTransform.Microsoft.Strips( enabled=true|false,
duration=value,motion=leftdown|leftup| rightdown|rightup );
```

参数解析：

❑ duration：设置变换的持续时间。

❑ motion：设置变化的方式（锯齿的移动方向），其值可以是 leftdown、leftup、rightdown 和 rightup。

除了上述属性外，还提供以下方法控制变换。

❑ apply()：必须先调用此函数，才能使滤镜效果生效。

❑ play(time)：控制变换的时间（time 参数可以覆盖 duration 时间）。

❑ stop()：停止滤镜变换。

下面是剥除滤镜的使用示例。

```html
<!DOCTYPE html PUBLIC "-//W3C//DTD XHTML 1.0 Transitional//EN"
"http://www.w3.org/TR/xhtml1/DTD/xhtml1-transitional.dtd">
<html xmlns="http://www.w3.org/1999/xhtml">
<head>
    <meta http-equiv="Content-Type" content="text/html; charset=gb2312" />
    <title>
        剥除滤镜
    </title>
    <style type="text/css">
        <!--
        div
        {
            border-color:red;              /*设置边框颜色*/
            border-style:solid;            /*设置边框形状*/
            border-width:2px;              /*设置边框宽度*/
            margin:0;                      /*设置外边距*/
            background-color:#ACABE2;      /*设置背景颜色*/
            font-size:25px;                /*设置字体大小*/
            width:100px;                   /*设置宽度*/
            height:100px;                  /*设置高度*/
```

```
                font-weight:bold;                    /*设置字体加粗*/
                margin:10px;                         /*设置外边距*/
                float:left;                          /*向左浮动*/
        }
    #d1
    {
        filter:progid:DXImageTransform.Microsoft.Strips
        ( duration=3,motion=leftdown  ); /*剥除滤镜*/
    }
    #d2
    {
        filter:progid:DXImageTransform.Microsoft.Strips
        ( duration=3,motion=leftup  );    /*剥除滤镜*/
    }
    #d3
    {
        filter:progid:DXImageTransform.Microsoft.Strips
        ( duration=3,motion=rightdown  );/*剥除滤镜*/
    }
    -->
</style>
<script>
    function start()
    {
        d1.filters[0].apply();
        d1.style.backgroundColor="red";
        d1.filters[0].play();
        d2.filters[0].apply();
        d2.style.backgroundColor="red";
        d2.filters[0].play();
        d3.filters[0].apply();
        d3.style.backgroundColor="red";
        d3.filters[0].play();
    }
</script>
</head>
<body  onload="start()" >
    <div id="d1" >
        这是id="d1"的div标签
    </div>
    <div id="d2" >
        这是id="d2"的div标签
    </div>
    <div id="d3" >
        这是id="d3"的div标签
    </div>
</body>
</html>
```

对上述代码进行剖析如下：

在本程序里添加了 3 个 div 标签。

在 CSS 代码部分为第一个 div 标签使用 Strips 滤镜，其 duration 属性为 3 秒，motion 为 leftdown；第二个 div 标签使用 Strips 滤镜，其 duration 属性为 3 秒，motion 为 leftup；第三个 div 标签使用 Strips 滤镜，其 duration 属性为 3 秒，motion 为 rightdown。

在 body 标签的 onload 事件发生时执行 start()函数，并使用 apply()函数使 Strips 滤镜生效，而且设置 d1、d2 和 d3 的背景颜色，并使用 play 开始播放。效果如图 11.30 所示。

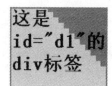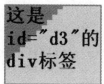

图 11.30　剥除滤镜（变化中）

11.2.16　拉伸滤镜

所谓的拉伸滤镜就是新的标签样式以拉伸的方式出现，旧样式被新样式覆盖的变化。拉伸滤镜（Stretch 滤镜）的使用方法如下：

```
filter:progid:DXImageTransform.Microsoft.Stretch( enabled=true|false,
duration=value, stretchStyle=SPIN|PUSH|HIDE  );
```

参数解析：

❑ duration：设置变换的持续时间。

❑ stretchStyle：设置拉伸的方式，其值可以是 SPIN、PUSH 或 HIDE。SPIN 表示新样式从中间拉伸，PUSH 表示新样式从左边拉伸把旧样式推走，HIDE 表示新样式从左边拉伸覆盖旧样式。

除了上述属性外，还提供以下方法控制变换。

❑ apply()：必须先调用此函数，才能使滤镜效果生效。

❑ play(time)：控制变换的时间（time 参数可以覆盖 duration 时间）。

❑ stop()：停止滤镜变换。

下面是拉伸滤镜的使用示例。

```
<!DOCTYPE html PUBLIC "-//W3C//DTD XHTML 1.0 Transitional//EN"
"http://www.w3.org/TR/xhtml1/DTD/xhtml1-transitional.dtd">
<html xmlns="http://www.w3.org/1999/xhtml">
<head>
    <meta http-equiv="Content-Type" content="text/html; charset=gb2312" />
    <title>
        拉伸滤镜
    </title>
    <style type="text/css">
        <!--
        div
        {
            border-color:red;                /*设置边框颜色*/
            border-style:solid;              /*设置边框形状*/
            border-width:2px;                /*设置边框宽度*/
            margin:0;                        /*设置外边距*/
            background-color:#ACABE2;        /*设置背景颜色*/
            font-size:25px;                  /*设置字体大小*/
            width:100px;                     /*设置宽度*/
            height:100px;                    /*设置高度*/
            font-weight:bold;                /*设置字体加粗*/
            margin:10px;                     /*设置外边距*/
            float:left;                      /*向左浮动*/
```

```
        }
        #d1
        {
            filter:progid:DXImageTransform.Microsoft.Stretch
            ( duration=3,stretchStyle=SPIN   ); /*设置拉伸滤镜*/
        }
        #d2
        {
            filter:progid:DXImageTransform.Microsoft.Stretch
            ( duration=3,stretchStyle=PUSH  );  /*设置拉伸滤镜*/
        }
        #d3
        {
            filter:progid:DXImageTransform.Microsoft.Stretch
            ( duration=3,stretchStyle=HIDE  );  /*设置拉伸滤镜*/
        }
    -->
    </style>
    <script>
        function start()
        {
            d1.filters[0].apply();
            d1.style.backgroundColor="red";
            d1.filters[0].play();
            d2.filters[0].apply();
            d2.style.backgroundColor="red";
            d2.filters[0].play();
            d3.filters[0].apply();
            d3.style.backgroundColor="red";
            d3.filters[0].play();
        }
    </script>
</head>
<body  onload="start()" >
    <div id="d1" >
        这是id="d1"的div标签
    </div>
    <div id="d2" >
        这是id="d2"的div标签
    </div>
    <div id="d3" >
        这是id="d3"的div标签
    </div>
</body>
</html>
```

对上述代码进行剖析如下：

在本程序里添加了 3 个 div 标签。

在 CSS 代码部分为第一个 div 标签使用 Stretch 滤镜，其 duration 属性为 3 秒，stretchStyle 为 SPIN；第二个 div 标签使用 Stretch 滤镜，其 duration 属性为 3 秒，stretchStyle 为 PUSH；第三个 div 标签使用 Stretch 滤镜，其 duration 属性为 3 秒，stretchStyle 为 HIDE。

在 body 标签的 onload 事件发生时执行 start()函数，并使用 apply()函数使 Stretch 滤镜生效，而且设置 d1、d2 和 d3 的背景颜色，并使用 play 开始播放。效果如图 11.31 所示。

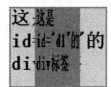

图 11.31 拉伸滤镜（变化中）

11.2.17 齿轮滤镜

所谓的齿轮滤镜就是新的标签样式以齿轮辐射状出现，旧样式被新样式覆盖的变化。
齿轮滤镜（Wheel 滤镜）的使用方法如下：

```
filter:progid:DXImageTransform.Microsoft.Wheel( enabled=true|false,
duration=value, spokes=value  );
```

参数解析：

❑ duration：设置变换的持续时间。

❑ spokes：设置辐条的个数，其值为 2~24。

除了上述属性外，还提供以下方法控制变换。

❑ apply()：必须先调用此函数，才能使滤镜效果生效。

❑ play(time)：控制变换的时间（time 参数可以覆盖 duration 时间）。

❑ stop()：停止滤镜变换。

下面是齿轮滤镜的使用示例。

```
<!DOCTYPE html PUBLIC "-//W3C//DTD XHTML 1.0 Transitional//EN"
"http://www.w3.org/TR/xhtml1/DTD/xhtml1-transitional.dtd">
<html xmlns="http://www.w3.org/1999/xhtml">
<head>
    <meta http-equiv="Content-Type" content="text/html; charset=gb2312" />
    <title>
        齿轮滤镜
    </title>
    <style type="text/css">
        <!--
        div
        {
            border-color:red;                   /*设置边框颜色*/
            border-style:solid;                 /*设置边框形状*/
            border-width:2px;                   /*设置边框宽度*/
            margin:0;                           /*设置外边距*/
            background-color:#ACABE2;           /*设置背景颜色*/
            font-size:25px;                     /*设置字体大小*/
            width:300px;                        /*设置宽度*/
            height:100px;                       /*设置高度*/
            font-weight:bold;                   /*设置字体加粗*/
            margin:10px;                        /*设置外边距*/
            float:left;                         /*向左浮动*/
        }
        #d1
        {
```

```
                filter:progid:DXImageTransform.Microsoft.Wheel
                ( duration=3, spokes=8    );        /*设置齿轮滤镜*/
            }
        -->
    </style>
    <script>
        function start()
        {
            d1.filters[0].apply();
            d1.style.backgroundColor="red";
            d1.filters[0].play();
        }
    </script>
</head>
<body  onload="start()" >
    <div  id="d1" >
        这是id="d1"的 div 标签
    </div>
</body>
</html>
```

对上述代码进行剖析如下：

在本程序里添加了一个 div 标签。

在 CSS 代码部分为 div 标签使用 Wheel 滤镜，其 duration 属性为 3 秒，spokes 为 8，表示有 8 条辐条，每个辐条中心角一样且新样式向右展开。

在 body 标签的 onload 事件发生时执行 start()函数，并使用 apply()函数使 Wheel 滤镜生效，而且设置 d1 的背景颜色，并使用 play 开始播放。效果如图 11.32 所示。

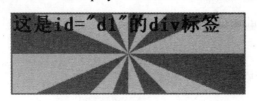

图 11.32　齿轮滤镜（变化中）

11.2.18　之字形滤镜

所谓的之字形滤镜就是新的标签样式以之字形状来回出现，旧样式被新样式覆盖的变化。之字形滤镜（ZigZag 滤镜）的使用方法如下：

```
filter:progid:DXImageTransform.Microsoft.ZigZag( enabled=true|false,
duration=value, gridSizeX=value, gridSizeY=value );
```

参数解析：

❑　duration：设置变换的持续时间。

❑　gridSizeX：设置横向变化步长。

❑　gridSizeY：设置纵向变化步长。

除了上述属性外，还提供以下方法控制变换。

❑　apply()：必须先调用此函数，才能使滤镜效果生效。

- ❑ play(time)：控制变换的时间（time 参数可以覆盖 duration 时间）。
- ❑ stop()：停止滤镜变换。

下面是之字形滤镜的使用示例。

```html
<!DOCTYPE html PUBLIC "-//W3C//DTD XHTML 1.0 Transitional//EN"
"http://www.w3.org/TR/xhtml1/DTD/xhtml1-transitional.dtd">
<html xmlns="http://www.w3.org/1999/xhtml">
<head>
    <meta http-equiv="Content-Type" content="text/html; charset=gb2312" />
    <title>
        之字形滤镜
    </title>
    <style type="text/css">
        <!--
            div
            {
                border-color:red;                /*设置边框颜色*/
                border-style:solid;              /*设置边框形状*/
                border-width:2px;                /*设置边框宽度*/
                margin:0;                        /*设置外边距*/
                background-color:#ACABE2;        /*设置背景颜色*/
                font-size:25px;                  /*设置字体大小*/
                width:300px;                     /*设置宽度*/
                height:100px;                    /*设置高度*/
                font-weight:bold;                /*设置字体加粗*/
                margin:10px;                     /*设置外边距*/
                float:left;                      /*向左浮动*/
            }
            #d1
            {
                filter:progid:DXImageTransform.Microsoft.ZigZag
                ( duration=3, gridSizeX=3, gridSizeY=5 );
                                                 /*设置之字形滤镜*/
            }
        -->
    </style>
    <script>
        function start()
        {
            d1.filters[0].apply();
            d1.style.backgroundColor="red";
            d1.filters[0].play();
        }
    </script>
</head>
<body onload="start()" >
    <div id="d1" >
        这是 id="d1"的 div 标签
    </div>
</body>
</html>
```

对上述代码进行剖析如下：

在本程序里添加了一个 div 标签。

在 CSS 代码部分为 div 标签使用 ZigZag 滤镜，其 duration 属性为 3 秒，gridSizeX 为 3，表示横向分为 3 格，gridSizeY 为 5，表示纵向分为 5 格。

　　在 body 标签的 onload 事件发生时执行 start()函数，并使用 apply()函数使 ZigZag 滤镜生效，而且设置 d1 的背景颜色，并使用 play 开始播放。效果为从上到下的之字形将新样式展开，如图 11.33 所示。

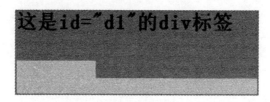

图 11.33　之字形滤镜（变化中）

第 12 章　CSS 浏览器样式兼容

对于网上冲浪来说，不同人由于其习惯或者喜好的不同，他们分别使用着不同的浏览器，而不同的浏览器由于其底层的解析程序不同或者支持的操作不同，对 HTML、CSS 以及 JavaScript 的支持也是不同的。所以在编程时为了在不同的浏览器下都能有相同的样式效果，需要使用某种方法来判断浏览器的类型，或者是利用浏览器的某些特性来达到样式兼容。

12.1　CSS 兼容问题

在这一节，为了给大家打好概念性的基础，我们首先介绍 CSS 的兼容问题，然后介绍主要的解决方案，希望大家能够对 CSS 的兼容问题有一个很好的概念基础。我们会在下一节对 CSS 兼容的具体方案进行应用。

12.1.1　什么是 CSS 兼容问题

所谓的 CSS 兼容问题，就在不同的浏览器里面，相同的 CSS 属性设置会产生不同的样式效果，特别是在 IE 浏览器和其他的浏览器之间更能体现出来。

另外低版本的 IE 浏览器不支持 CSS 3 的特有属性设置，只能使用 filter 属性来进行设置或者使用图片以及 JavaScript 来进行设置。

例如，当需要将背景颜色设置为红色到白色的渐变时，不同的浏览器需要不同的 CSS 属性设置，具体如下：

在 IE 浏览器下，由于不能使用 CSS 3，所以可以用以下语句代替。

```
filter: progid:DXImageTransform.Microsoft.gradient
(startColorstr='#FF0000', endColorstr='#FFFFFF', GradientType='0');
```

而对于 IE 10.0 浏览器，可以用以下语句代替。

```
background-image: -ms-linear-gradient(top, #FF0000, #FFFFFF);
```

而对于 Chrome 和 FireFox 这些浏览器，它们一般都支持 CSS 3 属性，但是具体的标识符不同。

对于 webkit 内核浏览器 Saf4+和 Chrome 可以用以下语句代替。

```
background-image: -webkit-gradient(linear, left top, left bottom,
from(#FF0000), to(#FFFFFF));
background-image: -webkit-linear-gradient(top, # FF0000, # FFFFFF);
```

对于 Gecko 内核浏览器 FireFox 可以用以下语句代替。

```
background-image: -moz-linear-gradient(top, # FF0000, # FFFFFF);
```

对于 Opera 浏览器可以用以下语句代替。

```
background-image: -o-linear-gradient(top, # FF0000, # FFFFFF);
```

12.1.2　兼容问题的解决方案

解决样式不一致的办法可以有很多，我们来介绍以下几种常用的解决方法：

（1）导入语句过滤器：由于不同的输出设备的输出样式可能不一致，可以使用@import 语句来将不同的样式导入到不同的设备里来解决不同设备是样式不一致的问题。

（2）IE 判断过滤器：不同的 IE 浏览器间也可能存在重载样式不一致的问题，可以通过判断 IE 浏览器的型号来进行相应的样式设置。

（3）属性名字过滤器：不同的浏览器对于 CSS 属性也有不同的识别方式，通过研究各种的浏览器的属性判断方式就可以得到设置 CSS 属性的规则，从而设置你想要的浏览器的样式。

（4）根符号过滤器：IE 6.0 以上的版本浏览器以及其他类型的浏览器不支持*标签作为根节点，利用这一点可以进行样式的一致性设置。

（5）派生选择符过滤器：IE 6.0 及以下的浏览器里不支持 “>” 尖括号作为子标签选择符（只能使用空格），利用这一点可以进行样式的一致性设置。

（6）属性选择符过滤器：IE 6.0 及以下的浏览器里不支持属性选择符，利用这一点可以进行样式的一致性设置。

（7）注释语句过滤器：IE 5.0 及以下浏览器不支持选择符和属性后添加注释语句，利用这一点可以进行样式的一致性设置。

（8）大括号过滤器：CSS 内使用大括号作为规则开始及结束定位标记。由于 IE 5.0 及以下的浏览器版本不支持某些特殊的转移字符，所以利用大括号来屏蔽掉后面的属性设置。

（9）优先级过滤器：利用!impotan 标志在不同浏览器下面的设置方法来实现样式的一致性设置，IE 6.0 以下的浏览器，!impotan 标志必须写在分号 “;” 后面。

（10）相邻选择符过滤器：利用 IE 6.0 版本以下的浏览器不支持相邻选择符的特性，来实现样式的一致性设置。

（11）转义字符过滤器：当属性名或者选择符名字出现斜杠 “\” 时，在 IE 5.0 浏览器下会忽略掉该斜杠。

12.2　浏览器过滤语句

12.2.1　导入语句过滤器

通过向@import 语句指定样式输出的设备，可控制该设备的样式。下面定义一个

screen.css 和 printer.css 文件，分别对显示器和打印机进行样式的输出。

以下是 screen.css 文件的代码。

```
div
{
    border-style:dotted;                    /*设置边框形状*/
    border-width:5px;                       /*设置边框宽度*/
    border-color:#666666;                   /*设置边框颜色*/
    font-size:30px;                         /*设置字体大小*/
    padding-bottom:30px;                    /*设置底部内边距*/
    text-align:center;                      /*设置内容居中*/
    color:#FF0000;                          /*设置字体颜色*/
}
```

以下是 printer.css 文件的代码。

```
div
{
    border-style:double;                    /*设置边框形状*/
    border-width:2px;                       /*设置边框宽度*/
    border-color:#FF0000;                   /*设置边框颜色*/
    font-size:30px;                         /*设置字体大小*/
    padding-bottom:5px;                     /*设置底部内边距*/
    text-align:left;                        /*设置内容居中*/
    color:#00FF99;                          /*设置字体颜色*/
}
```

screen.css 和 printer.css 文件都给相同的属性设置了不同的属性值，下面的 HTML 程序通过调用 screen.css 和 printer.css 文件来达到对显示屏和打印机显示不同样式。

```
<!DOCTYPE html PUBLIC "-//W3C//DTD XHTML 1.0 Transitional//EN"
"http://www.w3.org/TR/xhtml1/DTD/xhtml1-transitional.dtd">
<html xmlns="http://www.w3.org/1999/xhtml">
    <head>
        <meta http-equiv="Content-Type" content="text/html; charset=gb2312"/>
        <title>
            导入语句过滤器
        </title>
        <style type="text/css">
            @import url("screen.css")  screen;
            @import url("printer.css")  printer;
        </style>
    </head>
    <body>
        <div id="adsense" >
            导入语句过滤器
        </div>
    </body>
</html>
```

对上述代码进行剖析如下：

在本程序的 CSS 代码部分，添加了两个@import 语句，它们分别导入了 screen.css 和 printer.css 文件，并分别指定了样式导出到的设备为 screen 和 printer。screen 和 printer 都是关键字，分别表示显示器和打印机，这样 screen.css 和 printer.css 文件所定义的样式就会控制于@import 语句指定的设备。

有时相同的 CSS 样式设置可能在显示器以及打印机里面的显示是不一致的，可以通过 @import 语句来控制不同设备的样式。

下面是 screen.css 文件应该输出的样式，如图 12.1 所示。

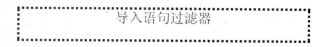

图 12.1　导入语句过滤器（显示器）

下面是 printer.css 文件应该输出的样式，如图 12.2 所示。

导入语句过滤器

图 12.2　导入语句过滤器（打印机）

另外 IE 6.0 以下的浏览器是不支持使用@import 语句来设置不同设备的样式输出的。

12.2.2　IE 判断过滤器

IE 浏览器提供了判断 IE 浏览器类型的 HTML 语句："<!--[if IE 7]>　<![endif]-->"，可以通过该语句来对不同的浏览器进行不同的样式设置。使用格式如下：

```
<!--[if IE 7]>
        [html 语句]

<![endif]-->
```

下面是 "<!--[if IE 7]>　<![endif]-->" 语句的使用举例。

```
<!DOCTYPE html PUBLIC "-//W3C//DTD XHTML 1.0 Transitional//EN"
"http://www.w3.org/TR/xhtml1/DTD/xhtml1-transitional.dtd">
<html xmlns="http://www.w3.org/1999/xhtml">
    <head>
        <meta http-equiv="Content-Type" content="text/html; charset=gb2312"/>
        <title>
            IE 判断过滤器
        </title>
<!--[if IE 7]>
        <style type="text/css">
            div
            {
                border-style:double;          /*设置边框形状*/
                border-width:2px;             /*设置边框宽度*/
                border-color:#FF0000;         /*设置边框颜色*/
                font-size:16px;               /*设置字体大小*/
                padding-bottom:5px;           /*设置底部内边距*/
                text-align:left;              /*设置内容位置*/
                color:#00FF99;                /*设置字体颜色*/
            }
        </style>
<![endif]-->
<!--[if IE 6]>
        <style type="text/css">
            div
```

```
                    {
                        border-style:dotted;        /*设置边框形状*/
                        border-width:5px;            /*设置边框宽度*/
                        border-color:#666666;        /*设置边框颜色*/
                        font-size:30px;              /*设置字体大小*/
                        padding-bottom:30px;         /*设置底部内边距*/
                        text-align:center;           /*设置内容居中*/
                        color:#FF0000;               /*设置字体颜色*/
                    }
                </style>
        <![endif]-->
    </head>
    <body>
        <div id="adsense" >
            IE 判断过滤器
        </div>
    </body>
</html>
```

对上述代码进行剖析如下：

上面代码使用了两条"<!--[if IE 7]>　<![endif]-->"，第一条用于控制在 IE 7.0 浏览器下面的样式，第二条用于控制在 IE 6.0 浏览器下面的样式。

图 12.3 和图 12.4 分别是 IE 6.0 和 IE 7.0 浏览器下面的样式显示。

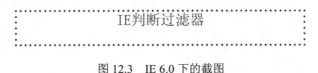

图 12.3　IE 6.0 下的截图

图 12.4　IE 7.0 下的截图

另外"<!--[if IE 7]>　<![endif]-->"还提供了 lt、lte、gt 和 gte 操作来判断浏览器的类型，lt、lte、gt 和 gte 操作分别表示：小于、小于等于、大于和大于等于。

使用格式如下：

（1）lt 操作：lt 是 IE 浏览器下的操作符，用于判断 IE 浏览器是否小于某个版本号。

```
<!--[if  lt IE 7]>
        [html 语句]
<![endif]-->
```

（2）lte 操作：lte 是 IE 浏览器下的操作符，用于判断 IE 浏览器是否小于等于某个版本号。

```
<!--[if  lte IE 7]>
        [html 语句]
<![endif]-->
```

（3）gt 操作：gt 是 IE 浏览器下的操作符，用于判断 IE 浏览器是否大于某个版本号。

```
<!--[if  gt IE 7]>
        [html 语句]
```

```
<![endif]-->
```

（4）gte 操作：gte 是 IE 浏览器下的操作符，用于判断 IE 浏览器是否大于等于某个版本号。

```
<!--[if gte IE 7]>
        [html 语句]
<![endif]-->
```

下面是 lt、lte、gt 和 gte 操作语句的使用举例。

```
<!DOCTYPE html PUBLIC "-//W3C//DTD XHTML 1.0 Transitional//EN"
"http://www.w3.org/TR/xhtml1/DTD/xhtml1-transitional.dtd">
<html xmlns="http://www.w3.org/1999/xhtml">
    <head>
        <meta http-equiv="Content-Type" content="text/html; charset=gb2312"/>
        <title>
            IE 判断过滤器(lt、lte、gt、gte 操作)
        </title>
        <!--[if gte IE 7]>
        <style type="text/css">
            div
            {
                border-style:double;        /*设置边框形状*/
                border-width:2px;           /*设置边框宽度*/
                border-color:#FF0000;       /*设置边框颜色*/
                font-size:16px;             /*设置字体大小*/
                padding-bottom:5px;         /*设置底部内边距*/
                text-align:left;            /*设置内容位置*/
                color:#00FF99;              /*设置字体颜色*/
            }
        </style>
        <![endif]-->
        <!--[if lte IE 6]>
        <style type="text/css">
            div
            {
                border-style:dotted;        /*设置边框形状*/
                border-width:5px;           /*设置边框宽度*/
                border-color:#666666;       /*设置边框颜色*/
                font-size:30px;             /*设置字体大小*/
                padding-bottom:30px;        /*设置底部内边距*/
                text-align:center;          /*设置内容位置*/
                color:#FF0000;              /*设置字体颜色*/
            }
        </style>
        <![endif]-->
    </head>
    <body>
        <div id="adsense" >
            IE 判断过滤器(lt、lte、gt、gte 操作)
        </div>
    </body>
</html>
```

对上述代码进行剖析如下：

上面代码使用了一条"<!--[if gte IE 7]> <![endif]-->"，表示控制在 IE 7.0 及以上版本

浏览器下面的样式；使用了一条"<!--[if lte IE 6]> <![endif]-->"，控制在 IE 6.0 及以下版本浏览器下面的样式。

图 12.5 和图 12.6 分别是 IE 6.0 及以下版本和 IE 7.0 及以上版本浏览器下的样式显示。

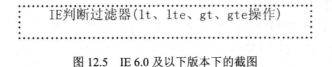

图 12.5　IE 6.0 及以下版本下的截图

图 12.6　IE 7.0 及以上版本下的截图

12.2.3　属性名字过滤器

IE 浏览器对于某些字符进行忽略，如"-"、"+"、"_"、"#"、"%"和"!"等等。以下是属性名字过滤器的使用举例。

```
<!DOCTYPE html PUBLIC "-//W3C//DTD XHTML 1.0 Transitional//EN"
"http://www.w3.org/TR/xhtml1/DTD/xhtml1-transitional.dtd">
<html xmlns="http://www.w3.org/1999/xhtml">
    <head>
        <meta http-equiv="Content-Type" content="text/html; charset=gb2312"/>
        <title>
            属性名字过滤器
        </title>
        <style type="text/css">
            div
            {
                border-style:double;            /* IE 7.0 及以上版本和其他类
                                                型浏览器下使用的代码*/
                border-width:2px;               /*设置边框宽度*/
                border-color:#FF0000;           /*设置边框颜色*/
                font-size:16px;                 /*设置字体大小*/
                padding-bottom:5px;             /*设置底部内边距*/
                text-align:left;                /*设置内容位置*/
                color:#00FF99;                  /*设置字体颜色*/

                +border-style:dotted;           /* IE 6.0 及以下版本浏览器下
                                                使用的代码*/
                -border-width:5px;              /*设置边框宽度*/
                *border-color:#666666;          /*设置边框颜色*/
                /font-size:30px;                /*设置字体大小*/
                #padding-bottom:30px;           /*设置底部内边距*/
                !text-align:center;             /*设置内容位置*/
                ^color:#FF0000;                 /*设置字体颜色*/
            }
        </style>
    </head>
    <body>
        <div id="adsense" >
```

```
            属性名字过滤器
        </div>
    </body>
</html>
```

对上述代码进行剖析如下：

在本程序的 CSS 代码部分，你会发现两次重复设置了 border-style、border-width、border-color、font-size、padding-bottom、text-align 和 color 这些属性，但是重复设置时在这些属性前面添加了"+"、"-"、"*"、"/"、"#"、"!"和"^"等字符。

而对于 IE 6.0 及以下版本的浏览器来说，会忽略这些字符（跳过）并继续执行这些字符后面的属性设置，如图 12.7 所示；而对于 IE 7.0 及以上版本的浏览器以及其他类型的浏览器来说，会将这些字符视为属性的一部分，即设置属性发生错误，如图 12.8 所示。

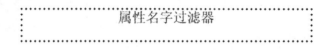

属性名字过滤器

图 12.7　IE 6.0 及以下版本浏览器下的截图

属性名字过滤器

图 12.8　IE 7.0 及以上版本和其他类型浏览器下的截图

12.2.4　根符号过滤器

根符号是 IE 6.0 及以下版本浏览器特有的，IE 7.0 及以上版本浏览器和其他的浏览器都不支持该符号。

根符号用星号"*"表示（但必须和 html 标签选择符一起使用才有过滤的效果）。和之前介绍的一样，星号"*"同时也可以作为全局选择符，即通过它可以选择所有的或者某个选择符下面的标签（IE 浏览器和其他浏览器都支持全局选择符）。

下面的根符号过滤器的简单使用举例。

```
<!DOCTYPE html PUBLIC "-//W3C//DTD XHTML 1.0 Transitional//EN"
"http://www.w3.org/TR/xhtml1/DTD/xhtml1-transitional.dtd">
<html xmlns="http://www.w3.org/1999/xhtml">
    <head>
        <meta http-equiv="Content-Type" content="text/html;
charset=gb2312"  />
        <title>
            根符号过滤器
        </title>
        <style type="text/css">
            html div
            {
                border-style:double;            /*设置边框形状*/
                border-width:2px;               /*设置边框宽度*/
                border-color:#FF0000;           /*设置边框颜色*/
                font-size:16px;                 /*设置字体大小*/
                padding-bottom:5px;             /*设置底部内边距*/
```

```
                    text-align:left;                    /*设置内容位置*/
                    color:#00FF99;                      /*设置字体颜色*/
              }
         *  html div
         {
                    border-style:dotted;                /*设置边框形状*/
                    border-width:5px;                   /*设置边框宽度*/
                    border-color:#666666;               /*设置边框颜色*/
                    font-size:30px;                     /*设置字体大小*/
                    padding-bottom:30px;                /*设置底部内边距*/
                    text-align:center;                  /*设置内容位置*/
                    color:#FF0000;                      /*设置字体颜色*/
              }
         </style>
   </head>
   <body>
         <div id="example" >
               根符号过滤器
         </div>
   </body>
</html>
```

对上述代码进行剖析如下：

本程序的 CSS 代码部分，设置了两个样式规则，其中一个的选择符为"html div"，另一个选择符为"* html div"，这两个选择符订立了两种属性规则，这两种规则对同类的属性设置不同的值。

在 IE 6.0 浏览器下面可以识别"* html div"选择符，该选择符的 "* html"放在前面时表示网页的根节点，即表示根节点下面的所有 div 标签节点，如图 12.9 所示。

在 IE 7.0 及以上版本的或者其他类型的浏览器里不能识别"* html"作为根节点，如图 12.10 所示。

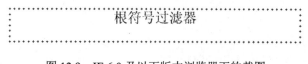

图 12.9　IE 6.0 及以下版本浏览器下的截图

根符号过滤器

图 12.10　IE 7.0 及以上版本浏览器以及其他浏览器下的截图

12.2.5　派生选择符过滤器

派生选择符也叫子类选择符，所有的浏览器包括 IE 浏览器都支持空格方式表示的派生选择符，而 IE 6.0 及以下版本的浏览器以外的浏览器还支持以右尖括号">"作为的派生选择符，即 IE 6.0 及以下版本的浏览器并不支持。

以下是右尖括号">"作为的派生选择符过滤器的使用举例。

```
<!DOCTYPE html PUBLIC "-//W3C//DTD XHTML 1.0 Transitional//EN"
"http://www.w3.org/TR/xhtml1/DTD/xhtml1-transitional.dtd">
```

```
<html xmlns="http://www.w3.org/1999/xhtml">
    <head>
        <meta http-equiv="Content-Type" content="text/html; charset=gb2312"/>
        <title>
            派生选择符过滤器
        </title>
        <style type="text/css">
            body  div
            {
                border-style:double;              /*设置边框形状*/
                border-width:2px;                 /*设置边框宽度*/
                border-color:#FF0000;             /*设置边框颜色*/
                font-size:16px;                   /*设置字体大小*/
                padding-bottom:5px;               /*设置底部内边距*/
                text-align:left;                  /*设置内容位置*/
                color:#00FF99;                    /*设置字体颜色*/
            }
            body>div
            {
                border-style:dotted;              /*设置边框形状*/
                border-width:5px;                 /*设置边框宽度*/
                border-color:#666666;             /*设置边框颜色*/
                font-size:30px;                   /*设置字体大小*/
                padding-bottom:30px;              /*设置底部内边距*/
                text-align:center;                /*设置内容位置*/
                color:#FF0000;                    /*设置字体颜色*/
            }
        </style>
    </head>
    <body>
        <div id="example" >
            派生选择符过滤器
        </div>
    </body>
</html>
```

对上述代码进行剖析如下：

本程序的 CSS 代码部分，设置了两个样式规则，其中一个的选择符为"body　div"，另一个选择符为"body>div"，这两个选择符订立了两种属性规则，这两种规则对同类的属性设置不同的值。

在 IE 6.0 及以下版本浏览器下面可以识别"body　div"选择符（即表示 body 标签节点下面的所有 div 标签节点），而不识别"body>div"选择符，所以 IE 6.0 及以下版本浏览器并不执行"body>div"选择符下面的样式规则，如图 12.11 所示。

在 IE 7.0 及以上版本和其他浏览器下面既可以识别"body　div"选择符也可以识别"body>div"选择符，它们都表示 body 标签节点下面的所有 div 标签节点，如图 12.12 所示。

派生选择符过滤器

图 12.11　IE 6.0 及以下版本浏览器下的截图

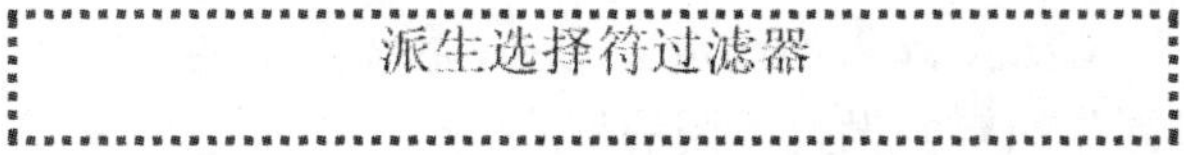

```
派生选择符过滤器
```

图 12.12　IE 7.0 及以上版本浏览器以及其他浏览器下的截图

12.2.6　属性选择符过滤器

　　IE 6.0 及以下版本的浏览器都（360 浏览器除外）不支持属性选择符，而其他的高版本 IE 浏览器和其他类型的浏览器一般都支持属性选择符，所以使用属性选择符可以起到过滤的效果。

　　以下是属性选择符过滤器的简单使用举例。

```html
<!DOCTYPE html PUBLIC "-//W3C//DTD XHTML 1.0 Transitional//EN"
"http://www.w3.org/TR/xhtml1/DTD/xhtml1-transitional.dtd">
<html xmlns="http://www.w3.org/1999/xhtml">
    <head>
        <meta http-equiv="Content-Type" content="text/html; charset=gb2312"/>
        <title>
            属性选择符过滤器
        </title>
        <style type="text/css">
            div
            {
                border-style:double;            /*设置边框形状*/
                border-width:2px;               /*设置边框宽度*/
                border-color:#FF0000;           /*设置边框颜色*/
                font-size:16px;                 /*设置字体大小*/
                padding-bottom:5px;             /*设置底部内边距*/
                text-align:left;                /*设置内容位置*/
                color:#00FF99;                  /*设置字体颜色*/
            }
            div[id]
            {
                border-style:dotted;            /*设置边框形状*/
                border-width:5px;               /*设置边框宽度*/
                border-color:#666666;           /*设置边框颜色*/
                font-size:30px;                 /*设置字体大小*/
                padding-bottom:30px;            /*设置底部内边距*/
                text-align:center;              /*设置内容位置*/
                color:#FF0000;                  /*设置字体颜色*/
            }
        </style>
    </head>
    <body>
        <div id="example" >
            属性选择符过滤器
        </div>
    </body>
</html>
```

　　对上述代码进行剖析如下：

　　本程序的 CSS 代码部分，设置了两个样式规则，其中一个的选择符为"div"，另一个选择符为"div[id]"（表示 id 属性已定义的 div 标签）。这两个选择符订立了两种属性规则，这两个规则对同类的属性设置不同的值。

在 IE 6.0 浏览器下面可以识别"div"选择符而不识别"div[id]"选择符，所以 IE 6.0 浏览器并不执行"div[id]"选择符下面的样式规则，如图 12.13 所示。

在 IE 7.0 浏览器下面既可以识别"div"选择符也可以识别"div[id]"选择符，所以前一个样式规则会被后一个样式规则所覆盖，如图 12.14 所示。

属性选择符过滤器

图 12.13　IE 6.0 及以下版本浏览器下的截图

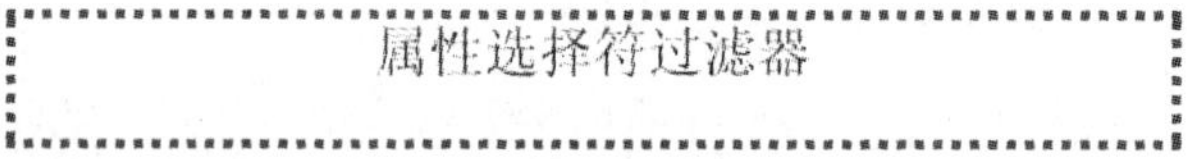

属性选择符过滤器

图 12.14　IE 7.0 及以上版本浏览器以及其他浏览器下的截图

12.2.7　注释语句过滤器

在 IE 5.0 浏览器里不识别样式选择符后面直接添加注释语句，而其他版本和类型的浏览器都支持，所以利用 IE 5.0 浏览器的这一特点可以进行样式过滤。

以下是注释语句过滤器（位于选择符后面）的使用举例。

```
<!DOCTYPE html PUBLIC "-//W3C//DTD XHTML 1.0 Transitional//EN"
"http://www.w3.org/TR/xhtml1/DTD/xhtml1-transitional.dtd">
<html xmlns="http://www.w3.org/1999/xhtml">
    <head>
        <meta http-equiv="Content-Type" content="text/html; charset=gb2312"/>
        <title>
            注释语句过滤器
        </title>
        <style type="text/css">
            #example
            {
                border-style:double;            /*设置边框形状*/
                border-width:2px;               /*设置边框宽度*/
                border-color:#FF0000;           /*设置边框颜色*/
                font-size:16px;                 /*设置字体大小*/
                padding-bottom:5px;             /*设置底部内边距*/
                text-align:left;                /*设置内容位置*/
                color:#00FF99;                  /*设置字体颜色*/
            }
            #example/**/
            {
                border-style:dotted;            /*设置边框形状*/
                border-width:5px;               /*设置边框宽度*/
                border-color:#666666;           /*设置边框颜色*/
                font-size:30px;                 /*设置字体大小*/
                padding-bottom:30px;            /*设置底部内边距*/
                text-align:center;              /*设置内容位置*/
```

```
                color:#FF0000;                          /*设置字体颜色*/
            }
        </style>
    </head>
    <body>
        <div id="example" >
            注释语句过滤器
        </div>
    </body>
</html>
```

对上述代码进行剖析如下：

本程序的 CSS 代码部分，设置了两个样式规则，这两个的选择符都为"#example"，但第二个选择符后面还添加了一条注释语句。这两个选择符订立了两种属性规则，这两种规则对同类的属性设置不同的值。

在 IE 5.0 浏览器下面不能识别选择符后面直接加注释语句的样式规则，而在其他浏览器下面都可以识别这两个选择符，所以前一个样式规则会被后一个样式规则所覆盖，如图 12.15 和图 12.16 所示。

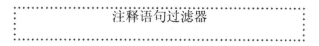

图 12.15　IE 5.0 浏览器下的截图

```
                        注释语句过滤器
```

图 12.16　其他浏览器下的截图

在 IE 6.0 浏览器里不识别样式属性后面添加注释语句（并以空格相隔），而其他版本和类型的浏览器都支持，所以利用 IE 6.0 浏览器的这一特点可以进行样式过滤。

以下是注释语句过滤器（位于属性后面，并以空格相隔）的使用举例。

```
<!DOCTYPE html PUBLIC "-//W3C//DTD XHTML 1.0 Transitional//EN"
"http://www.w3.org/TR/xhtml1/DTD/xhtml1-transitional.dtd">
<html xmlns="http://www.w3.org/1999/xhtml">
    <head>
        <meta http-equiv="Content-Type" content="text/html; charset=gb2312"/>
        <title>
            注释语句过滤器
        </title>
        <style type="text/css">
            div
            {
                border-style:double;            /*设置边框形状*/
                border-width:2px;               /*设置边框宽度*/
                border-color:#FF0000;           /*设置边框颜色*/
                font-size:16px;                 /*设置字体大小*/
                padding-bottom:5px;             /*设置底部内边距*/
                text-align:left;                /*设置内容位置*/
                color:#00FF99;                  /*设置字体颜色*/
            }
            div
            {
```

```
          border-style  /**/:dotted;        /*设置边框形状*/
          border-width  /**/:5px;           /*设置边框宽度*/
          border-color  /**/:#666666;       /*设置边框颜色*/
          font-size  /**/:30px;             /*设置字体大小*/
          padding-bottom  /**/:30px;        /*设置底部内边距*/
          text-align  /**/:center;          /*设置内容位置*/
          color  /**/:#FF0000;              /*设置字体颜色*/
        }
    </style>
  </head>
  <body>
     <div id="example" >
         注释语句过滤器
     </div>
  </body>
</html>
```

对上述代码进行剖析如下：

本程序的 CSS 代码部分，设置了两个样式规则，这两个的选择符都为 div，这两个选择符订立了两种属性规则，这两个规则对同类的属性设置不同的值，但第二个选择符内部还在属性名字后面添加了一条注释语句（并以空格相隔）。

在 IE 6.0 浏览器下面不能识别属性后面加注释语句（并以空格相隔），而在其他浏览器下面都可以识别，所以前一个样式规则会被后一个样式规则所覆盖，如图 12.17 和图 12.18 所示。

图 12.17　IE 6.0 浏览器下的截图

图 12.18　其他浏览器下的截图

12.2.8　大括号过滤器

CSS 某些属性的值可以是字符串，而 IE 5.0 浏览器不支持字符串里面使用转义字符，而其他版本和类型的浏览器可以支持字符串里面使用转义字符。利用 IE 5.0 浏览器的这一特点可以进行样式过滤。

以下是大括号过滤器的使用举例。

```
<!DOCTYPE html PUBLIC "-//W3C//DTD XHTML 1.0 Transitional//EN"
"http://www.w3.org/TR/xhtml1/DTD/xhtml1-transitional.dtd">
<html xmlns="http://www.w3.org/1999/xhtml">
   <head>
      <meta http-equiv="Content-Type" content="text/html; charset=gb2312"/>
      <title>
          大括号过滤器
      </title>
```

```
    <style type="text/css">
        div
        {
            border-style:double;              /*设置边框形状*/
            border-width:2px;                 /*设置边框宽度*/
            border-color:#FF0000;             /*设置边框颜色*/
            font-size:16px;                   /*设置字体大小*/
            padding-bottom:5px;               /*设置底部内边距*/
            text-align:left;                  /*设置内容位置*/
            color:#00FF99;                    /*设置字体颜色*/
        }
        div
        {
            voice-family:"\"}"\";
            border-style:dotted;              /*设置边框形状*/
            border-width:5px;                 /*设置边框宽度*/
            border-color:#666666;             /*设置边框颜色*/
            font-size:30px;                   /*设置字体大小*/
            padding-bottom:30px;              /*设置底部内边距*/
            text-align:center;                /*设置内容位置*/
            color:#FF0000;                    /*设置字体颜色*/
        }
    </style>
</head>
<body>
    <div id="example" >
        大括号过滤器
    </div>
</body>
</html>
```

对上述代码进行剖析如下：

本程序的 CSS 代码部分，设置了两个样式规则，这两个的选择符都为 div，这两个选择符订立了两种属性规则，这两种规则对同类的属性设置不同的值，但第二个选择符还添加了一条属性设置 "voice-family: "\"}"""，voice-family 属性用于设置发声的语句以及声音类型。

在 IE 5.0 浏览器下面不能识别转义字符，所以认为 voice-family 属性的值为 "\"，即大括号就会作为该样式规则的结束标志，如图 12.19 所示。

图 12.19　IE 5.0 及以下版本浏览器下的截图

而在其他浏览器下面都可以识别转义字符，所以认为 voice-family 属性的值为 ""}""，所以前一个样式规则会被后一个样式规则所覆盖，如图 12.19 所示。

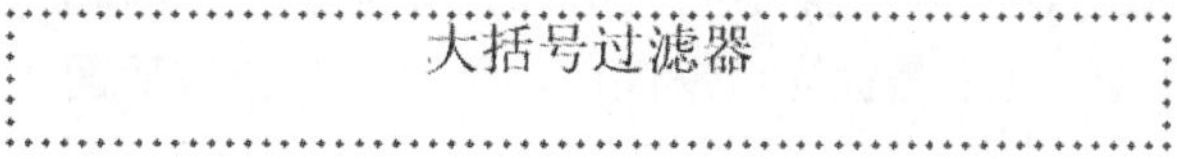

图 12.20　其他浏览器下的截图

12.2.9　优先级过滤器

IE 6.0 及以下版本浏览器不支持优先级标志"!important"，而其他版本和类型的浏览器可以支持优先级标志"!important"，利用这些浏览器的这一特点可以进行样式过滤。

以下是优先级过滤器的使用举例。

```html
<!DOCTYPE html PUBLIC "-//W3C//DTD XHTML 1.0 Transitional//EN"
"http://www.w3.org/TR/xhtml1/DTD/xhtml1-transitional.dtd">
<html xmlns="http://www.w3.org/1999/xhtml">
    <head>
        <meta http-equiv="Content-Type" content="text/html; charset=gb2312"/>
        <title>
            优先级过滤器
        </title>
        <style type="text/css">
            div
            {
                border-style:double !important;      /*设置边框形状*/
                border-width:2px !important;         /*设置边框宽度*/
                border-color:#FF0000 !important;     /*设置边框颜色*/
                font-size:16px !important;           /*设置字体大小*/
                padding-bottom:5px !important;       /*设置底部内边距*/
                text-align:left !important;          /*设置内容位置*/
                color:#00FF99 !important;            /*设置字体颜色*/

                border-style:dotted;                 /*设置边框形状*/
                border-width:5px;                    /*设置边框宽度*/
                border-color:#666666;                /*设置边框颜色*/
                font-size:30px;                      /*设置字体大小*/
                padding-bottom:30px;                 /*设置底部内边距*/
                text-align:center;                   /*设置内容位置*/
                color:#FF0000;                       /*设置字体颜色*/
            }
        </style>
    </head>
    <body>
        <div id="example" >
            优先级过滤器
        </div>
    </body>
</html>
```

对上述代码进行剖析如下：

本程序的 CSS 代码部分，设置了一个样式规则，但是订立了两类属性设置，这两类设置对同类的属性设置不同的值，第一部分的属性设置使用了优先级标志"!important"。

在 IE 6.0 及以下版本浏览器下面不能识别优先级标志"!important"，所以这些添加了"!important"标志的属性并不是优先级最高的，所以其值会被后面的属性值所覆盖，如图 12.21 所示。

而在其他浏览器下面都可以识别优先级标志"!important"，所以后面的重复属性设置不会覆盖带"!important"标志的属性的值，如图 12.22 所示。

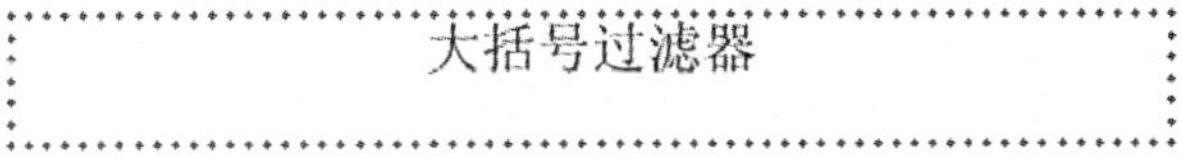

```
........................................................
:                                                      :
:                    大括号过滤器                       :
:                                                      :
........................................................
```

图 12.21　IE 6.0 及以下版本浏览器下的截图

```
┌──────────────────────────────────────────────────────┐
│ 大括号过滤器                                           │
└──────────────────────────────────────────────────────┘
```

图 12.22　其他浏览器下的截图

12.2.10　相邻选择符过滤器

IE 6.0 及以下版本浏览器不支持相邻选择符，而其他版本和类型的浏览器可以支持相邻选择符，利用这些浏览器的这一特点可以进行样式过滤。

以下是相邻选择符过滤器的使用举例。

```html
<!DOCTYPE html PUBLIC "-//W3C//DTD XHTML 1.0 Transitional//EN"
"http://www.w3.org/TR/xhtml1/DTD/xhtml1-transitional.dtd">
<html xmlns="http://www.w3.org/1999/xhtml">
    <head>
        <meta http-equiv="Content-Type" content="text/html; charset=gb2312"/>
        <title>
            相邻选择符过滤器
        </title>
        <style type="text/css">
            div
            {
                border-style:double;            /*设置边框形状*/
                border-width:2px;               /*设置边框宽度*/
                border-color:#FF0000;           /*设置边框颜色*/
                font-size:16px;                 /*设置字体大小*/
                padding-bottom:5px;             /*设置底部内边距*/
                text-align:left;                /*设置内容位置*/
                color:#00FF99;                  /*设置字体颜色*/
            }
            b+div
            {
                border-style:dotted;            /*设置边框形状*/
                border-width:5px;               /*设置边框宽度*/
                border-color:#666666;           /*设置边框颜色*/
                font-size:30px;                 /*设置字体大小*/
                padding-bottom:30px;            /*设置底部内边距*/
                text-align:center;              /*设置内容位置*/
                color:#FF0000;                  /*设置字体颜色*/
            }
        </style>
    </head>
    <body>
        <b></b>
        <div id="example" >
            相邻选择符过滤器
        </div>
    </body>
</html>
```

对上述代码进行剖析如下：

本程序的 CSS 代码部分，设置了两个样式规则，这两个规则的选择符分别是"div"和"b+div"，这两个选择符订立了两种属性规则，这两个规则对同类的属性设置不同的值。

在 IE 6.0 及以下版本浏览器下面不能识别相邻选择符，所以"b+div"选择符所订立的规则不能起效。而在其他浏览器下面都可以识别相邻选择符，所以前一个样式规则会被后一个样式规则所覆盖，如图 12.23 和图 12.24 所示。

相邻选择符过滤器

图 12.23　IE 6.0 及以下版本浏览器下的截图

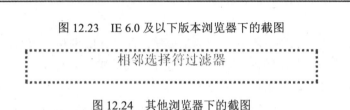

相邻选择符过滤器

图 12.24　其他浏览器下的截图

12.2.11　转义字符过滤器

在大部分浏览器里设置属性名字时，在某些字符前面添加斜杠一样可以正确设置该属性，而在 IE 5.0 浏览器下不是这样，利用这些浏览器的这一特点可以进行样式过滤。

以下是转义字符过滤器的使用举例。

```
<!DOCTYPE html PUBLIC "-//W3C//DTD XHTML 1.0 Transitional//EN"
"http://www.w3.org/TR/xhtml1/DTD/xhtml1-transitional.dtd">
<html xmlns="http://www.w3.org/1999/xhtml">
    <head>
        <meta http-equiv="Content-Type" content="text/html;
charset=gb2312"  />
        <title>
            转义字符过滤器
        </title>
        <style type="text/css">
            div
            {
                border-style:double;                /*设置边框形状*/
                border-width:2px;                   /*设置边框宽度*/
                border-color:#FF0000;               /*设置边框颜色*/
                font-size:16px;                     /*设置字体大小*/
                padding-bottom:5px;                 /*设置底部内边距*/
                text-align:left;                    /*设置内容位置*/
                color:#00FF99;                      /*设置字体颜色*/
                border-sty\le:dotted;               /*设置边框形状*/
                border-widt\h:5px;                  /*设置边框宽度*/
                border-colo\r:#666666;              /*设置边框颜色*/
                font\-size:30px;                    /*设置字体大小*/
                padding-botto\m:30px;               /*设置底部内边距*/
                text-alig\n:center;                 /*设置内容位置*/
                colo\r:#FF0000;                     /*设置字体颜色*/
            }
        </style>
```

```
    </head>
    <body>
        <div id="example" >
            转义字符过滤器
        </div>
    </body>
</html>
```

对上述代码进行剖析如下：

本程序的 CSS 代码部分，设置了一个样式规则，但是订立了两类属性设置，这两类设置对同类的属性设置不同的值，而第二部分的属性名字设置时还添加了斜杠 "\"。

在 IE 5.0 浏览器下面不能跳过斜杠 "\" 来进行属性的解析，所以这些添加了斜杠 "\"的属性无效。而在其他浏览器下面都可以跳过斜杠 "\" 来进行属性的解析（并不是在任何字符前添加斜杠 "\" 都可以，如 "\e"、"\f"、"\b"、"\d"、"\c" 和 "\a" 则不行），如图 12.25 和图 12.26 所示。

图 12.25　IE 5.0 浏览器下的截图

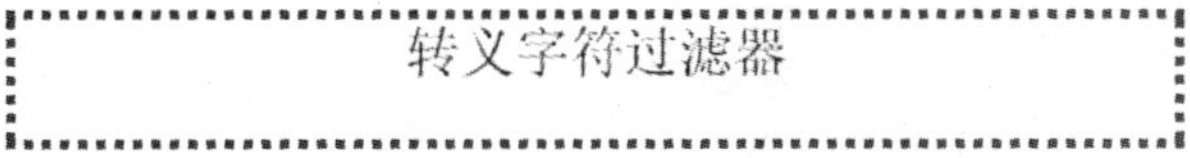

图 12.26　其他浏览器下的截图

第2篇　DIV+CSS 布局实战演练

第 13 章 广告的设计

广告是网页的常见的内容，有时它和网页主体几乎没有关系，但是它是网站赖以生存的经济来源。在这一章我们开始学习如何设置广告，尤其是动态广告。

13.1 旁侧浮动广告设计

在这一节，我们来制作一个旁侧的浮动广告，就像很多网站网页上附属的广告页面部件一样，它可以随着滚动条的滚动而滚动。

13.1.1 旁侧浮动广告 DIV 设计

本节设计一个旁侧的浮动广告 div，该 div 由多层构成，它可以随着页面滚动条的滚动而滚动，并且该广告的位置采用了绝对定位，所以不会影响其他网页元素的位置。

先来看一下网页 div 的全局结构。

```
<body>
    <div id="adsense" >
        <div class="left">
            <div id="content">
                    在这里添加你希望添加的内容（文字、图片、链接）
            </div>
            <div id="panel" >
                <div>
                </div>
            </div>
        </div>
        <div class="right">
            <div id="content">
                    在这里添加你希望添加的内容（文字、图片、链接）
            </div>
            <div id="panel" >
                <div>
                </div>
            </div>
        </div>
    </div>
    <div style="border:#0000FF solid 1px; margin: 0 auto; width:900px;
    height:10000px;">
            页面主体内容
    </div>
</body>
```

运行效果如图 13.1 所示。对上述代码进行剖析如下：

首先在 body 标签里添加了两个 div 标签，其中一个是
所有广告 div 标签的根节点，将其 id 设置 adsense，以方便
CSS 样式设置以及 JavaScript 代码的控制，通过控制该节
点可以控制广告的浮动位置以及广告的显现；另外一个 div
可以作为网页的内部主体标签的根节点，这样就可以提供
可扩展框架。

id 为 adsense 的 div 标签内部添加了 class 属性分别为 left
和 right 的 div 标签，这两个标签将会自适应内部广告内容的
大小而改变。程序员可以在 id 为 content 的 div 标签里面添加
自己希望添加的内容，该内容将会被 left 和 right 的 div 标签
所容纳，且其位置会被 id 为 adsense 的 div 标签所控制。

图 13.1　旁侧浮动广告 div

id 为 panel 的 div 标签用于构造一个控制面板，其内部的 div 标签会成为一个按钮，在
JavaScript 部分会给该按钮添加鼠标单击事件来关闭广告。该 id 为 panel 的 div 标签也可以
会自适应 id 为 content 的 div 标签，但是是通过 JavaScript 代码对 id 为 content 的 div 标签
的大小的检查来实现的，而不是 CSS（因为 IE 浏览器下不支持设置了 float 属性标签的子
标签对父标签的宽度适应）。

另外虽然存在两个 id 为 content 和两个 id 为 panel 的 div 标签，但并不会影响 CSS 的
样式显示，使用 document.getElementById 只能获得一个 div 标签对象。

13.1.2　旁侧浮动广告 CSS 设计部分

CSS 代码部分的作用主要不仅仅是设计广告的样式，而更重要的是定位广告到页面的
两侧，使得两侧的广告不会影响网页的主题内容。

```
<style type="text/css">
        body
        {
            margin:0;                       /*设置外边距*/
            padding:0;                      /*设置内边距/
        }
        #adsense
        {/*border:#FF0000 1px solid;*/
            position:absolute;              /*设置绝对定位*/
            left:0;                         /*设置水平偏移*/
            top:0;                          /*设置竖直颜色*/
            width:100%;                     /*设置宽度*/
            display:none;                   /*设置隐藏*/
        }
        #adsense .left, #adsense .right
        {
            border-color:#CCCCCC;           /*设置边框颜色*/
            border-style:solid;             /*设置边框形状*/
            border-width:1px;               /*设置边框宽度*/
            margin:10px;                    /*设置外边距*/
        }
        #adsense .left
```

```
    {
        float:left;                      /*设置左浮动*/
    }
    #adsense .right
    {
        float:right;                     /*设置右浮动*/
    }
    #adsense #content
    {
        width:100px;                     /*设置宽度*/
        height:200px;                    /*设置高度*/
        font-size:24px;                  /*设置字体大小*/
    }
    #adsense #panel
    {/*border:#999999 solid 1px; */
        background-image: -moz-linear-gradient
        (top, #FFFFFF, #CCCCCC );        /*用于 Firefox 浏览器 */
        background-image: -webkit-gradient(linear,left top, left
        bottom, color-stop(0, #FFFFFF), color-stop(1,#CCCCCC));
                                         /* 用于 Saf4+和 Chrome 浏览器 */
        filter: progid:DXImageTransform.Microsoft.gradient
        (startColorstr='#FFFFFF', endColorstr='#CCCCCC',
        GradientType='0');               /* 用于 IE 浏览器*/
        width:200px;                     /*设置宽度*/
        float:left;                      /*设置左浮动*/
    }
    #adsense #panel div
    {
        border:#333333 1px solid;   /*设置边框颜色、宽度和形状*/
        float:right;                     /*设置左浮动*/
        background-image:url(img/close.png);
                                         /*设置背景图片*/
        height:10px ;                    /*设置高度*/
        width:10px;                      /*设置宽度*/
        margin:3px;                      /*设置外边距*/
        margin-top:6px;                  /*设置顶部外边距*/
        overflow:hidden;                 /*设置隐藏多余部分*/
        cursor:pointer;                  /*设置鼠标样式*/
    }
    </style>
```

对上述代码进行剖析如下:

在设置 id 为 adsense 的 div 标签样式时,添加 position:absolute 是为了使得本 div 脱离默认的布局流,而后面的标签看起来像是 body 内部的第一个标签,从而达到不影响其他主体标签的作用;设置 width:100%是为了设置该标签占满这个横向页面(宽度属性依然可以继承于 HTML 上面的直接父标签,而不受 position:absolute 影响),从而可以让其中一个广告浮动到另一边;设置 display:none 是因为 id 为 content 和 panel 的两个 div 的大小不一致(panel 必须设置 width 属性,filter 渐变效果才有效),会在 JavaScript 部分动态设置 panel 的 width 属性后才显示广告。

而其他的 div 标签间不存在关键的关联问题,所以可以根据样式需要进行设置即可。

另外 overflow:hidden 属性和 position:absolute 有关联影响作用,当使用 position:absolute 重定位到新父节点后,原父节点的 overflow:hidden 属性对该子节点无效;另外 IE 存在一个 bug，就是子节点设置 position:relative 后，父节点必须也设置 position:relative，overflow:hidden 属性才能对该子节点有效。

还有设置了 position:absolute，在 Chrome 浏览器里也有类似于 float:left 的效果（IE 则不会），即父节点自适应于子节点的大小。

13.1.3 旁侧浮动广告 JavaScript 控制部分

本程序的 JavaScript 部分主要有三方面的作用，一是控制广告的滚动效果；二是控制 id 为 panel 的 div 标签的宽度大小；三是设置关闭按钮的响应事件。

```javascript
<script type="text/javascript">
    window.onscroll=function(){
        obj=document.getElementById("adsense");
        if(document.all)                          /*windows 下*/
            obj.style.top=document.documentElement.
        scrollTop+"px";
        else
            obj.style.top=document.body.scrollTop+"px";
    }
    obj=document.getElementById("adsense");
                                        /*获取 id 为 adsense 的标签*/
    childnodes=obj.childNodes;

    obj.style.display="block";
            /*父节点要设置为 block，才能获取子节点的 offsetWidth 属性*/

    for(i=0; i<childnodes.length ;i++)
    {
        if(childnodes[i].className=="right"||childnodes[i].
        className=="left")
        {
            childnodes_2=childnodes[i].childNodes;
            panel_obj=null;
            content_obj=null;
            for( j=0; j<childnodes_2.length ;j++ )
            {
                if(childnodes_2[j].id=="content")
                    content_obj=childnodes_2[j];
                if(childnodes_2[j].id=="panel")
                    panel_obj=childnodes_2[j];
            }
            panel_obj.style.width=content_obj.offsetWidth+"px";
                                            /*设置宽度*/
            for( j=0; j<panel_obj.childNodes.length ;j++ )
            {
                if(panel_obj.childNodes[j].nodeName=="DIV")
                {
                    panel_obj.childNodes[j].onclick=close_adsense;
                                            /*设置单击事件*/
                    break;
                }
            }
        }
    }
    function close_adsense()
    {
```

```
        obj.style.display="none";
    }

</script>
```

对上述代码进行剖析如下：

JavaScript 代码中主要分两部分，第一部分是页面滚动条的响应函数，第二部分是广告控制条的响应函数和控制条宽度的设置。

首先为 window.onscroll 添加响应函数，该函数先获得 id 为 adsense 的 div 标签对象，然后通过 document.all 变量是否存在判断是 IE 浏览器还是其他的浏览器（也可以使用 try-catch 语句）。如果是 IE 浏览器，则将页面纵向滚动值 document.documentElement. scrollTop 赋给 adsense，如果是其他浏览器，则将页面纵向滚动值 document.body.scrollTop 赋给 adsense。

然后设置 panel 的 width 属性。从 adsense 标签出发，搜索 class 值为 left 和 right 的两个广告条，而每个广告条都有一个 id 为 content 和 id 为 panel 的 div 标签。通过 adsense 标签的 childNodes 子节点数组来搜索 class 为 left 和 right 的 div，并再从 left 和 right 节点出发搜索 id 为 content 和 id 为 panel 的 div（除了 document 变量外，其他节点变量都不可以使用 getElementById 来获得指定 id 的对象），并使得 panel 的 width 样式属性为 content 的宽度值。最后将 panel 的内部的 div 子标签绑定到 close_adsense()函数。

另外父节点必须都为"display:block"属性时，所有子节点的 offsetWidth 才有效，因为只有显示了标签的 offsetWidth，这类页面属性才不为 0。

13.2　可折叠浮动广告设计

在这一节来制作一个可折叠的浮动广告，就像很多网站网页上附属的广告页面部件一样，它可以随着滚动条的滚动而滚动以及折叠隐藏起来。

13.2.1　可折叠浮动广告 DIV 设计

以下代码是本程序的 HTML 部分，该部分和上一节的代码很相像，只是改变了 id 为 panel 的 div 标签的位置（另外 CSS 部分也有相应的改变，但无需通过 JavaScript 来设置某个 div 的大小）。

```html
<body>
    <div id="adsense" >
        <div class="left">
            <div id="content" style=" border:#999999 solid 1px;" >
                在这里添加你希望添加的内容（文字、图片、链接）
            </div>
            <div id="panel" >
                <br />
                收起广告
            </div>
        </div>
        <div class="right">
```

```
            <div  id="content"  style="border:#999999 solid 1px;" >
                在这里添加你希望添加的内容（文字、图片、链接）
            </div>
            <div  id="panel" >
                <br />
                收起广告
            </div>
        </div>
    </div>
    <div  style="border:#0000FF solid 1px; margin: 0 auto; width:900px;
    height:10000px;">
        页面主体内容
    </div>
</body>
```

对上述代码进行剖析如下：

首先在 body 标签里添加了两个 div 标签，其中一个是所有广告 div 标签的根节点，其中广告节点通过设置 position 属性来实现绝对定位，从而不会影响页面的其他节点的位置。

广告节点还分为两个广告条幅节点 div，分别定义其 class 属性为 left 以及 right。每个广告条福标签里都添加了一个 id 为 content 的 div 标签以及一个 id 为 panel 的 div 标签，其中 id 为 panel 的 div 标签使用 position 属性来实现绝对定位，所以 panel 起到覆盖在 content 上面的效果。

13.2.2　可折叠浮动广告 CSS 设计

以下是本程序的 CSS 代码部分，该部分和上一节代码的 CSS 部分很相像，主要都是设置 div 标签的 position 属性以及一些样式的设置。

```
<style type="text/css">
    body
    {
        margin:0;                               /*设置外边距*/
        padding:0;                              /*设置内边距*/
    }
    #adsense
    {/*border:#FF0000 1px solid;*/
        position:absolute;                      /*设置绝对定位*/
        left:0;                                 /*设置水平偏移*/
        top:0;                                  /*设置竖直偏移*/
        width:100%;                             /*设置宽度*/
        margin-top:10px;                        /*设置顶部外边距*/
        display:none;                           /*设置隐藏*/
    }
    #adsense .left, #adsense .right
    {
        position:relative;                      /*设置相对定位*/
    }
    #adsense  .left
    {
        float:left;                             /*设置左浮动*/
    }
    #adsense  .right
    {
```

```
        float:right;                               /*设置右浮动*/
    }
#adsense #content
{
    width:100px;                                   /*设置宽度*/
    height:200px;                                  /*设置高度*/
    font-size:24px;                                /*设置字体大小*/
}
#adsense  #panel
{
    width:15px;                                     /*设置宽度*/
    height:95px;                                    /*设置高度*/
    position:absolute;                              /*设置绝对定位*/
    top:0;                                          /*设置竖直偏移*/
    font-size:12px;                                 /*设置字体大小*/
    padding-left:2px;                               /*设置左侧内边距*/
    cursor:pointer;                                 /*设置鼠标样式*/
}
#adsense  .left  #panel
{
    left:0;                                         /*设置水平偏移*/
    background-image:url(img/panel_left.png);
                                                    /*设置背景图片*/
}
#adsense  .right  #panel
{
    right:0;                                        /*设置水平偏移*/
    background-image:url(img/panel_right.png);
                                                    /*设置背景图片*/
}
</style>
```

对上述代码进行剖析如下：

本 CSS 代码主要分为三部分：第一部分是 id 为 adsense 的 div 的定位；第二部分是两侧广告条幅的定位；第三部分是 id 为 panel 的 div 标签的定位。

id 为 adsense 的 div 标签和上一节一样都使用了 position 的 absolute 属性来进行定位，并使用 JavaScript 来响应滚动条事件。

两侧的广告条幅使用 float 属性来进行浮动设置。id 为 panel 的 div 标签同样也是使用 position 的 absolute 属性来进行定位。

13.2.3　可折叠浮动广告 JavaScript 设计

以下是本程序的 JavaScript 代码部分，和上一节类似，主要添加了 window 对象的 onscroll 事件的响应，以及为 id 为 panel 的 div 标签添加 onclick 事件响应，并且为广告条幅添加 onmouseover 事件以及 onmouseout 事件响应。

```
<script type="text/javascript">
    window.onscroll=function(){
            obj=document.getElementById("adsense");
            if(document.all)

obj.style.top=document.documentElement.scrollTop+"px";
```

```
            else
                obj.style.top=document.body.scrollTop+"px";
    }
    obj=document.getElementById("adsense");
                                            /*获取 id 为 adsense 的标签*/
    childnodes=obj.childNodes;

    for(i=0; i<childnodes.length ;i++)
    {

if(childnodes[i].className=="right"||childnodes[i].className=="left")
{
        {
            childnodes[i].onmouseover=mouseoverhandle;
                                            /*设置鼠标移动事件*/
            childnodes[i].onmouseout=mouseouthandle;
                                            /*设置鼠标移出事件*/
            childnodes_2=childnodes[i].childNodes;
            for( j=0; j<childnodes_2.length ;j++ )
            {
                if(childnodes_2[j].id=="panel")
                {
                    childnodes_2[j].onclick=mouseclickhandle;
                                            /*设置鼠标单击事件*/
                    childnodes_2[j].style.visibility=
                    "hidden";                /*设置隐藏*/
                }
            }
        }
    }

    function mouseoverhandle()
    {
        childnodes=this.childNodes;
        for( i=0; i<childnodes.length ;i++ )
        {
            if(childnodes[i].id=="panel")
                childnodes[i].style.visibility="visible";
                                            /*设置可见*/
        }
    }
    function mouseouthandle()
    {
        childnodes=this.childNodes;
        for( i=0; i<childnodes.length ;i++ )
        {
            if(childnodes[i].id=="panel")
                childnodes[i].style.visibility="hidden";
                                            /*设置隐藏*/
        }
    }
    function mouseclickhandle()
    {
        pre_node=this.previousSibling;
        if(this.parentNode.state=="hidden")
        {
            this.parentNode.state="visible";
            this.innerHTML="<br />收起广告";
        }
        else
```

```
        {
            this.parentNode.state="hidden";
            this.innerHTML="<br />显示广告";
        }
        while(pre_node)
        {
            if(pre_node.id=="content")
            {
                pre_node.style.visibility=this.parentNode.state;
                                    /*设置为父节点的显示状态*/
                break;
            }
            pre_node=pre_node.previousSibling;
        }
    }
    obj.style.display="block";
    //obj.state="visible";
</script>
```

运行效果如图 13.2 所示。对上述代码进行剖析如下：

首先在本 JavaScript 代码里编写 onscroll 事件响应函数，用于重新定位 id 为 adsense 的 div 标签。接着通过两个 for 循环来找到 id 为 adsense 的 div 标签里面的 class 为 left 和 right 标签下面的 id 为 panel 的 div 标签，并设置它们的 onclick 响应函数，然后设置 class 为 left 和 right 标签的 onmouseover 和 onmouseout 响应函数。

最后编写 onclick、onmouseover 和 onmouseout 响应函数 mouseclickhandle()、mouseoverhandle()和 mouseouthandle()。其中 mouseclickhandle()函数通过判断其父节点的 state 属性值（state 是自定义的属性），来将 id 为 content 的 div 标签设置为可视或者不可视（通过设置 style.visibility 属性来做到这一点）；mouseoverhandle()函数和 mouseouthandle() 函数分别设置 id 属性值为 panel 的 div 标签的 style.visibility 属性为 visible 和 hidden。

图 13.2　可折叠浮动广告 div

13.3　底部提示广告设计

下面我们设计一个位于网页右下方的广告 div，该广告可以自适应滚动条（包括纵、横方向的滚动条）的位置来对该广告 div 进行重新定位。

13.3.1　底部广告 DIV 设计

下面是本广告的 HTML 部分代码。

```
<body>
```

```
    <div id="adsense" >
        <div id="right" >
            <div id="panel"  >
                <div id="close">
                </div>
            </div>
            <div id="content"style="width:250px;height:150px;font-size:24px;" >
                修改此标签及其属性，在这里添加你希望添加的内容（文字、图片、链接）
            </div>
        </div>
    </div>
    <div style="border:#0000FF solid 1px; margin: 0 auto; width:10000px;
    height:10000px;">
        页面主体内容
    </div>
</body>
```

对上述代码进行剖析如下：

本代码里包括一个 id 为 adsense 的 div 标签，该 div 标签包含一个 id 为 right 的 div，其主要的成员还包括一个 id 为 panel 的 div 标签用于控制广告的关闭（其内部的一个 id 为 close 的 div 标签用于设置关闭功能），以及 id 为 content 的 div。

编程人员可以使用本模板代码来添加想要的广告到 id 为 content 的 div 标签里面，除了重定位属性外的样式可以自定义，本模板都可以很好地兼容 id 为 content 的 div 标签的大小，如图 13.3 所示。

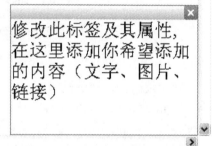

图 13.3　底部广告 div

13.3.2　底部广告 CSS 设计

下面是本程序的 CSS 样式代码部分。

```
    <style type="text/css">
    body
    {
        margin:0;                         /*设置外边距*/
        padding:0;                        /*设置内边距*/
    }
    #adsense
    {   /*border:#FF0000 1px solid;*/
        position:absolute;                /*设置绝对定位*/
        width:100%;                       /*设置宽度*/
        display:none;                     /*设置不显示*/
    }
    #adsense #content
    {
        clear:both;                       /*设置从下一行开始显示*/
    }
    #adsense #panel
    { /*border:#CCCCCC 1px solid;*/
        cursor:pointer;                   /*设置鼠标样式*/
        float:right;                      /*设置右浮动*/
        width:100%;                       /*设置宽度*/
```

```
        background-image: -moz-linear-gradient
        (top, #FFFFFF, #CCCCCC );           /* 用于 Firefox 浏览器 */
        background-image: -webkit-gradient
        (linear,left top, left bottom, color-stop(0, #FFFFFF),
        color-stop(1,#CCCCCC));           /*用于 Saf4+和Chrome浏览器 */
        filter: progid:DXImageTransform.Microsoft.gradient
        (startColorstr='#FFFFFF', endColorstr='#CCCCCC',
        GradientType='0');               /*用于 IE 浏览器*/
    }
    #adsense #right
    {
        float:right;                      /*设置右浮动*/
        border:#999999 solid 1px;         /*设置边框*/
    }
    #adsense #right #panel #close
    {
        background-image:url(img/close_p.png); /*设置背景图片*/
        width:18px;                       /*设置宽度*/
        height:18px;                      /*设置高度*/
        float:right;                      /*设置右浮动*/
    }
</style>
```

对上述代码进行剖析如下：

在 id 为 panel 的 div 标签的样式设置里，同样使用 position 的绝对定位技术，这样就可以使得本广告 div 不至于影响其他的网页标签元素。

另外有可能页面的大小会限制 div 的浮动，包括纵向长度以及横向长度都非常大，以至于 div 通过 float 属性不能浮动到超过标准窗口的最大范围，这一点需要通过 JavaScript 代码来进行 div 的重定位。

13.3.3　底部广告 JavaScript 设计

下面的本程序的 JavaScript 代码部分。

```
<script type="text/javascript">
    whole_width = document.documentElement.scrollWidth;
                                        /*获取水平滚动长度*/
    whole_height = document.documentElement.scrollHeight;
                                        /*获取垂直滚动长度*/
    window.onscroll=function(){          /*处理滚动事件*/
        obj=document.getElementById("adsense");
        var left=0;
        var top=0;
        if(document.all)                 /*Windows 操作系统下*/
        {
            left=document.documentElement.scrollLeft - 21;
            top=document.documentElement.scrollTop;
        }
        else
        {
            left=document.body.scrollLeft ;
            top=document.body.scrollTop ;
        }
        width = left + document.documentElement.offsetWidth ;
```

```
            top = top + document.documentElement.clientHeight -
            obj.offsetHeight ;
            if( width >= whole_width )
                width = whole_width ;
            if( top >= whole_height - obj.offsetHeight )
                top = whole_height - obj.offsetHeight ;
            obj.style.width= width  +"px";      /*设置宽度*/
            obj.style.top = top +"px";          /*设置竖直偏移*/
    }
    document.body.onresize= function()
    {
        window.onscroll();
    }
    obj=document.getElementById("adsense"); /*获取 id 为 adsense 的标签*/
    obj.style.display="block";

    content_obj=null;
    frm_obj=null;
    for(i=0;i<obj.childNodes.length ;i++)
    {
        if( obj.childNodes[i].id=="right" ) /*查找 id 为 right 的标签*/
        {
            frm_obj=obj.childNodes[i];
            break;
        }
    }
    for(i=0;i<frm_obj.childNodes.length ;i++)
    {
        if(  frm_obj.childNodes[i].id=="content" )
        {
            frm_obj.style.width=frm_obj.childNodes[i].
            clientWidth+"px";                   /*设置宽度*/
            break;
        }
        if( frm_obj.childNodes[i].id=="panel" )
        {
            for( j=0;j<frm_obj.childNodes[i].childNodes.length ;j++)
            {
                frm_obj.childNodes[i].childNodes[j].
                onclick=function()
                {
                this.parentNode.parentNode.parentNode.
                style.display="none";           /*设置父节点隐藏*/
                }
            }
        }
    }
    window.onscroll();
</script>
```

对上述代码进行剖析如下：

首先保存初始化态时的页面的全局高度和宽度（因为在重定位 adsense 对应的标签时，有可能会改变页面的全局高度和宽度）。

接着设置 window 对象的 onscroll()函数来使得 adsense 对应的标签可以重定位。通过获取两个方向的滚动条的滚动值来设置 adsense 对应标签的 top 位置以及 width 属性即可。

并且在开始的时候要主动调用 onscroll()函数来进行 adsense 对应标签的位置的初始化工作；另外当页面窗口大小变动时，也要响应该变动来重新定位 adsense 对应标签。

最后为了自适应于 id 为 content 的 div 标签，还需要获取该标签的大小，然后设置 id 为 right 的 div 的 width 属性值。

表 13-1 提供了 document 对象以及 window 对象的一些常用的页面属性，来为大家日后编写 web 网页前台程序提供帮助。

表 13-1　常用的页面属性

网页可见区域宽	document.body.clientWidth
网页可见区域高	document.body.clientHeight
网页可见区域宽（包括边线的宽）	document.body.offsetWidth
网页可见区域高（包括边线的高）	document.body.offsetHeight
网页正文全文宽	document.body.scrollWidth
网页正文全文高	document.body.scrollHeight
网页被卷去的高	document.body.scrollTop
网页被卷去的左	document.body.scrollLeft
网页正文部分上	window.screenTop
网页正文部分左	window.screenLeft
屏幕分辨率的高	window.screen.height
屏幕分辨率的宽	window.screen.width
屏幕可用工作区域高度	window.screen.availHeight
屏幕可用工作区域宽度	window.screen.availWidth

13.4　CSS 窗口定位

前面 3 节的代码内容的定位的关键是使用 JavaScript，现在改用 CSS 窗口定位的方法来设置之前的广告代码，这样可以使得代码更加简单，并且采用了 CSS 窗口定位技术可以达到标签浮动不抖动的效果。但是之前 JavaScript 代码必需的，因为低版本的 IE 浏览器并不支持 CSS 窗口定位。

13.4.1　旁侧浮动广告

以下是 13.1 节的代码的改进。

```
<style type="text/css">
    body
    {
        margin:0;                       /*设置外边距*/
        padding:0;                      /*设置内边距*/
    }
    #adsense
    {/*border:#FF0000 1px solid;*/
        position:fixed;                 /*设置为窗口相对定位*/
        left:0;                         /*设置水平偏移*/
        top:0;                          /*设置竖直偏移*/
        width:100%;                     /*设置宽度*/
    }
    #adsense .left, #adsense .right
    {
```

```
        border-color:#CCCCCC;                /*设置边框颜色*/
        border-style:solid;                  /*设置边框形状*/
        border-width:1px;                    /*设置边框宽度*/
        margin:10px;                         /*设置外边距*/
}
#adsense .left
{
        float:left;                          /*设置左浮动*/
}
#adsense .right
{
        float:right;                         /*设置右浮动*/
}
#adsense #content
{
        width:100px;                         /*设置宽度*/
        height:200px;                        /*设置高度*/
        font-size:24px;                      /*设置字体大小*/
}
#adsense  #panel
{
        background-image: -moz-linear-gradient
        (top, #FFFFFF, #CCCCCC );            /* 用于 Firefox 浏览器 */
        background-image: -webkit-gradient(linear,left top, left
        bottom, color-stop(0, #FFFFFF), color-stop(1,#CCCCCC));
                                             /* 用于Saf4+和Chrome 浏览器*/
        filter: progid:DXImageTransform.Microsoft.gradient
        (startColorstr='#FFFFFF', endColorstr='#CCCCCC',
        GradientType='0');                   /* 用于 IE 浏览器*/
        float:left;                          /*设置竖直偏移*/
        width:100%;                          /*设置宽度*/
}
......
```

对上述代码进行剖析如下：

本代码加入的 position:fixed 属性设置（低版本 IE 浏览器除外），用于以窗口为定位出发点进行定位，可以消除 13.1 节的 div 重定位抖动现象。

并且 id 为 panel 的 div 标签设置了 width 为 100%的属性值设置，来使得该 div 可以自适应父节点的大小。

13.4.2　可折叠浮动广告

以下是 13.2 节的代码的改进。

```
    <style type="text/css">
    body
    {
        margin:0;                            /*设置外边距*/
        padding:0;                           /*设置内边距*/
    }
    #adsense
    {/*border:#FF0000 1px solid;*/
        position:fixed;                      /*设置窗口相对定位*/
        left:0;                              /*设置水平偏移*/
```

```
            top:0;                              /*设置竖直偏移*/
            width:100%;                         /*设置宽度*/
            margin-top:10px;                    /*设置顶部外边距*/
        }
        #adsense .left, #adsense .right
        {
            position:relative;                  /*设置相对定位*/
        }
. . . . . .
```

对上述代码进行剖析如下：

本代码加入的 position:fixed 属性设置（低版本 IE 浏览器除外），用于以窗口为定位出发点进行定位，可以消除 13.2 节的 div 重定位抖动现象。

13.4.3　底部浮动广告

以下是 13.3 节的代码的改进。

```
    <style type="text/css">
      body
      {
          margin:0;                             /*设置外边距*/
          padding:0;                            /*设置内边距*/
      }
      #adsense
      {   /*border:#FF0000 1px solid;
          width:100%;*/
          position:fixed;                       /*设置窗口相对定位*/
          bottom:0px;                           /*设置竖直偏移*/
          right:0px;                            /*设置水平偏移*/
      }
......
```

对上述代码进行剖析如下：

本代码加入的 position:fixed 属性设置（低版本 IE 浏览器除外），用于以窗口为定位出发点进行定位，可以消除 13.3 节的 div 重定位抖动现象。

第 14 章 公告列表设计

你会经常在网站首页上看见各种的消息版块，而公告列表一般放置在网站首页的左上方，同时公告列表也是吸引游客的重要部分。例如，视频网站、综合网站或者其他新闻网站上面的公告版块，这些都是相当多游客经常点击的。所以编写一个公告列表也是很重要的，在这一章我们会分别编写 3 个页面部件，分别是视频排行列表、淘宝橱窗和天气信息栏。

14.1 视频排行列表设计

视频排行版是视频网站常有的网页部件，本节将会设计一个视频排行部件，该部件可以响应鼠标的移动事件并进行视频图片的显示。通过本节的学习后，可以将修改后的本程序的功能移植到其他的网页中。本程序分为 3 个部分，分别是 HTML 文件、CSS 文件以及 JavaScript 文件。

14.1.1 列表与图片混搭

本程序的 HTML 代码部分采用 ul、li、div 和 img 标签混合搭配的形式。为了适应 IE 的兼容性问题，本程序的 CSS 样式会在两处设置 width 属性（或者使用 JavaScript 来实现自动适应，这样只需要设置一处 CSS 样式的 width 属性）。

```
<div id="frm" >
    <ul>
        <li class="odd">
            <div class="block" id="block">
                <div class="num front">1</div>
                <img width="165" height="92" src="img/co1.jpg">
                <div class="bg" ></div>
                <div class="cont"><a href="#">周笔畅天声一队唱歌合辑
                </a></div>
            </div>
        </li>
        <li class="even">
            <div class="block">
                <div class="num front" >2</div>
                <img width="165" height="92" src="img/co1.jpg">
                <div class="bg" ></div>
                <div class="cont" ><a href="#">我家有喜 77 集 TV 版
                </a></div>
            </div>
        </li>
```

```html
<li class="odd">
    <div class="block">
        <div class="num front">3</div>
        <img width="165" height="92" src="img/co1.jpg">
        <div class="bg" ></div>
        <div class="cont"><a href="#">李炜新歌《造梦者》
        CD 版</a></div>
    </div>
</li>
<li class="even">
    <div class="block">
        <div class="num">4</div>
        <img width="165" height="92" src="img/co1.jpg">
        <div class="bg" ></div>
        <div class="cont"><a href="#">《我是特种兵》第 32 集
        </a></div>
    </div>
</li>
<li class="odd">
    <div class="block">
        <div class="num">5</div>
        <img width="165" height="92" src="img/co1.jpg">
        <div class="bg" ></div>
        <div class="cont"><a href="#">百变大咖秀
        20121011</a></div>
    </div>
</li>
<li class="even">
    <div class="block">
        <div class="num">6</div>
        <img width="165" height="92" src="img/co1.jpg">
        <div class="bg" ></div>
        <div class="cont"><a href="#">姐妹惊艳花瓣浴
        </a></div>
    </div>
</li>
<li class="odd">
    <div class="block">
        <div class="num">7</div>
        <img width="165" height="92" src="img/co1.jpg">
        <div class="bg" ></div>
        <div class="cont"><a href="#">曾志伟出演江南
        Style</a></div>
    </div>
</li>
<li class="even">
    <div class="block">
        <div class="num">8</div>
        <img width="165" height="92" src="img/co1.jpg">
        <div class="bg" ></div>
        <div class="cont"><a href="#">模仿新秀的指控逆袭
        </a></div>
    </div>
</li>
<li class="odd">
    <div class="block">
        <div class="num">9</div>
        <img width="165" height="92" src="img/co1.jpg">
        <div class="bg" ></div>
        <div class="cont"><a href="#">我爱记歌词全新一期
```

```
            </a></div>
        </div>
    </li>
    <li class="even">
        <div class="block">
            <div class="num">10</div>
            <img width="165" height="92" src="img/co1.jpg">
            <div class="bg" ></div>
            <div class="cont"><a href="#">听说这视频有人找了七年
            </a></div>
        </div>
    </li>
    </ul>
</div>
```

对上述代码进行剖析如下：

本 HTML 代码部分以一个 div 作为根节点，里面包含一个 ul 列表节点。该 ul 标签节点还包括 10个 li 列表项标签，因为奇数 li 标签和偶数 li 标签的背景颜色不一样，所以需要设置这两类 li 的 class值以示区别。

每个 li 标签还包含一个 class 属性为 block 的div 标签，每个 class 属性为 block 的 div 标签里面包含一个 class 属性为 num 的 div 标签（用于表示序号），一个图片（一般情况下是隐藏的），一个class 属性为 bg 的 div 标签（一般情况下是隐藏的，用于设置透明背景），以及一个 class 属性为 cont的 div 标签（包含视频链接以及视频的描述）。

另外 ul 标签内部只能有一个 id 为 block 的 div标签，该标签就是当前显示图片的 li 标签。只有这样的 div 其内部的 img 和透明背景的 div 标签才会显示。这里 img 标签需要控制其 width 和 height 属性的大小。图 14.1 是本程序的最终效果。

图 14.1　视频排行列表设计

14.1.2　添加 CSS

下面为本程序添加的 CSS 样式控制，主要包括 float 定位以及 position 定位。另外为了适应 IE 浏览器的兼容性问题，还需要一些额外的设置。

```
#frm ul
{
    float:left;                              /*左浮动*/
    list-style:none;                         /*列表标签样式*/
```

```
    padding:0;                              /*设置内边距*/
    margin:0;                               /*设置外边距*/
    border-color:#DDD;                      /*设置边框颜色*/
    border-style:solid;                     /*设置边框形状*/
    border-width:1px;                       /*设置边框宽度*/
}
#frm ul li
{/*clear:both;float:left;*/
    padding:5px 20px;                       /*设置内边距*/
    width:165px;                            /*设置宽度*/
}
#frm ul .odd
{
    background-color:#666666;               /*设置背景颜色*/
}
#frm ul .even
{
    background-color:#333333;               /*设置背景颜色*/
}
#frm ul .block
{/*float:left;*/
    font-size:12px;                         /*可以影响标签 a 里面的文字,
                                            color 属性不行*/
    position:relative;                      /*设置相对定位*/
    zoom:1;
}
#frm ul .block .num
{
    background-color:#999999;               /*设置背景颜色*/
    text-align:center;                      /*设置内容居中*/
    padding:3px;                            /*设置内边距*/
    width:14px;                             /*设置宽度*/
    color:#FFFFFF;                          /*设置颜色*/
    float:left;                             /*设置左浮动*/
    margin-right:5px;                       /*设置右外边距*/
}
#frm ul .block .front
{
    background-color:#FA821F;               /*设置背景颜色*/
}
#frm ul .block .cont
{/*border:#FF0000 1px solid;*/
    padding:3px;                            /*设置内边距*/
}
#frm ul .block .bg
{
    display:none;                           /*设置隐藏*/
}
#frm ul .block img
{
    display:none;                           /*设置隐藏*/
}
                                            /*显示图片部分*/
#frm ul #block .num
{
    position:absolute;                      /*设置绝对定位*/
    left:0;                                 /*设置水平偏移*/
```

```css
    top:0;                                          /*设置竖直偏移*/
}
#frm ul #block .cont
{/*border:#FF0000 1px solid;*/
    position:absolute;                              /*设置绝对定位*/
    bottom:0 !important;                            /*设置竖直偏移*/
    bottom:3px;                                     /*设置竖直偏移*/
    left:0;                                         /*设置水平偏移*/
}
#frm ul #block .bg
{
    filter:alpha(opacity=60);                       /*设置透明度*/
    opacity:0.6;
    background-color:#000000;                       /*设置背景颜色*/
    position:absolute;                              /*设置绝对定位*/
    bottom:0 !important;                            /*设置竖直偏移*/
    bottom:3px;                                     /*设置竖直偏移*/
    left:0;                                         /*设置水平偏移*/
    width:100%;                                     /*设置宽度*/
    height:24px;                                    /*设置高度*/
    display:block;                                  /*隐藏显示*/
}
#frm ul #block img
{
    display:inline;                                 /*设置为行元素*/
}
#frm ul .block div a
{
    text-decoration:none;                           /*取消文字修饰*/
    color:#EEEEEE;                                  /*设置文字颜色*/
}
```

14.1.3　添加 JavaScript 控制

本节为视频公告列表添加 JavaScript 控制程序，本 JavaScript 程序的主要功能是响应鼠标移动事件并显示相应的视频排行情况。

```javascript
var frm=document.getElementById("frm");
var lists=frm.getElementsByTagName("li");           /*获取所有 li 标签*/
for( i=0; i<lists.length; i++   )
{
    lists[i].onmouseover=mouseoverhandle;           /*设置鼠标移动处理事件*/
}
function mouseoverhandle()
{
    for( i=0; i<lists.length; i++   )
    {
        childnodes=lists[i].childNodes;
        for( j=0; j<childnodes.length; j++   )
        {
            if( childnodes[j].id=="block" )
                childnodes[j].id="";                /*清除 id*/
        }
    }
    childnodes=this.childNodes;
    for( j=0; j<childnodes.length; j++   )
```

```
    {
        if( childnodes[j].nodeName=="DIV" )
            childnodes[j].id="block";                    /*设置id*
    }
}
```

上述代码剖析如下：

本程序分为两个部分，第一部分是查找所有 li 标签，并将标签数组保存起来以及将每个 li 标签绑定其 onmouseover 事件；第二部分是编写 onmouseover 事件的响应函数。

mouseoverhandle ()函数负责处理 onmouseover 事件，本程序通过改变标签 id 的方法来改变样式（而具体样式的设置由相应的 CSS 代码负责）。本程序先将所有 li 标签的 id 属性清空，再将当前 li 的 id 属性设置为 block。

14.2　旁侧橱窗设计

这一节我们设计一个橱窗广告，该橱窗广告和淘宝的橱窗广告外观上非常接近。本程序的运行效果如图 14.2 所示，且具有鼠标事件响应功能，但代码更加简单易学。本程序分为 3 个部分，分别是 HTML 文件、CSS 文件以及 JavaScript 文件。

14.2.1　列表与图片混搭

本例的 HTML 部分的代码也是采用 ul、li、div 和 img 标签混合搭配的形式，该 HTML 代码构成了本程序的基本框架。下面是本案例的 HTML 代码部分。

```
<body>
    <div id="frm" >
        <ul>
            <li>
                毛衣
            </li>
            <li>
                连衣裙
            </li>
            <li>
                呢大衣
            </li>
            <li>
                棉服
            </li>
            <li>
                羽绒衣
            </li>
            <li>
                斗篷
            </li>
            <li>
                毛衣
            </li>
            <li>
                背心裙
```

```html
            </li>
            <li>
                风衣
            </li>
        </ul>
        <div id="pics">
            <a href="address.html"><img name="1"
                src="img/pic1.jpg"/></a>
            <a href="address.html"><img name="2"
                src="img/pic2.jpg"/></a>
            <a href="address.html"><img name="3"
                src="img/pic3.jpg"/></a>
            <a href="address.html"><img name="4"
                src="img/pic1.jpg"/></a>
            <a href="address.html"><img name="5"
                src="img/pic2.jpg"/></a>
            <a href="address.html"><img name="6"
                src="img/pic3.jpg"/></a>
            <a href="address.html"><img name="7"
                src="img/pic1.jpg"/></a>
            <a href="address.html"><img name="8"
                src="img/pic2.jpg"/></a>
            <a href="address.html"><img name="9"
                src="img/pic3.jpg"/></a>
            <a href="address.html"><img name="10"
                src="img/pic2.jpg"/></a>
            <a href="address.html"><img name="11"
                src="img/pic1.jpg"/></a>
            <a href="address.html"><img name="12"
                src="img/pic3.jpg"/></a>
            <a href="address.html"><img name="13"
                src="img/pic2.jpg"/></a>
            <a href="address.html"><img name="14"
                src="img/pic1.jpg"/></a>
            <a href="address.html"><img name="15"
                src="img/pic3.jpg"/></a>
            <a href="address.html"><img name="16"
                src="img/pic2.jpg"/></a>
            <a href="address.html"><img name="17"
                src="img/pic1.jpg"/></a>
            <a href="address.html"><img name="18"
                src="img/pic3.jpg"/></a>
        </div>
        <ul>
            <li>
                打底衫
            </li>
            <li>
                卫衣
            </li>
            <li>
                小皮衣
            </li>
            <li>
                毛衣
            </li>
            <li>
                棉服
            </li>
            <li>
```

```
        衬衫
        </li>
        <li>
            羽绒服
        </li>
        <li>
            毛衣
        </li>
        <li>
            皮衣
        </li>
    </ul>
    </div>
</body>
```

运行效果如图 14.2 所示。上述代码剖析如下：

本 HTML 代码部分以一个 div 作为根节点，里面包含两个 ul 列表节点，每个 ul 标签节点还包括 9 个 li 列表项标签，li 标签包含一些衣服的名字。两个 ul 标签中间还插入了一个 div 标签，该 div 标签用于保存 img 标签及其链接。为了达到图片重叠的效果，需要使用 CSS 进行进一步标签定位。

图 14.2　旁侧橱窗设计

14.2.2　添加 CSS

现在我们开始为程序添加 CSS 样式代码，该 CSS 代码负责控制程序标签的样式以及位置等属性。下面是本例的 CSS 代码部分。

```
#frm ul
{
    margin:0;                          /*设置外边距*/
    padding:0;                         /*设置内边距*/
    float:left;                        /*浮动，自适应内部大小*/
    list-style:none;                   /*取消列表标志*/
    border-color::#999;                /*设置初始化边框*/
    border-style:solid;                /*设置边框形状*/
    border-width:1px;                  /*设置边框宽度*/
    border-bottom:none;                /*取消下部边框*/

}
#frm ul li
{
    width:60px;                        /*设置宽度*/
    border-color:#999;                 /*设置初始化边框*/
    border-style:solid;                /*设置边框形状*/
    border-width:1px;                  /*设置边框宽度*/
    border-top:none;                   /*取消上部边框*/
    border-left:none;                  /*取消左部边框*/
    border-right:none;                 /*取消右部边框*/
    font-size:12px;                    /*设置字体大小*/
    padding:5px 10px;                  /*设置内边距*/
    text-align:center;                 /*设置内容居中*/
```

```
    margin:0;                                              /*设置外边距*/
    float:left;                                            /*左浮动*/
    clear:both;                                            /*从上一个浮动标签下面开始*/
    color:#666;                                            /*设置颜色*/
    cursor:pointer;                                        /*设置鼠标指针为手指*/
                                                           /*背景渐变*/
    background-image: -moz-linear-gradient
    (top, #FFFFFF, #DDDDDD);                               /*用于 Firefox 浏览器*/
    background-image: -webkit-gradient(linear, left top, left
    bottom, color-stop(0, #FFFFFF), color-stop(1, #DDDDDD));
                                                           /*用于 Safari 和 Chrome 浏览器*/
    filter: progid:DXImageTransform.Microsoft.gradient
    (startColorstr='#FFFFFF', endColorstr='#DDDDDD',
    GradientType='0');                                     /*用于 IE 浏览器*/
}
#frm ul #choose
{
    background-image: -moz-linear-gradient
    (top, #FCB5A0, #F2482B);                               /*用于 Firefox 浏览器*/
    background-image: -webkit-gradient(linear, left top, left
    bottom, color-stop(0, #FCB5A0), color-stop(1, #F2482B));
                                                           /*用于 Safari 和 Chrome 浏览器*/
    filter: progid:DXImageTransform.Microsoft.gradient
    (startColorstr='#FCB5A0', endColorstr='#F2482B',
    GradientType='0');                                     /*用于 IE 浏览器*/
}
#frm  #pics
{
    float:left;                                            /*设置左浮动*/
    width:200px;                                           /*设置宽度*/
    height:224px;                                          /*设置高度*/
    position:relative;                                     /*设置绝对定位的根节点*/
    border:#FF0000 1px solid;                              /*设置边框 */
}
#frm  #pics img
{
    position:absolute;                                     /*使用绝对定位,所有图片重合*/
    left:0;                                                /*设置水平偏移*/
    top:0;                                                 /*设置竖直偏移*/
    width:100%;                                            /*设置和父节点一样宽*/
    height:100%;                                           /*设置和父节点一样高*/
    visibility:hidden;                                     /*设置隐藏*/
    border:0;                                              /*设置边框宽度*/
}
```

上述代码剖析如下:

首先本代码通过将 float 属性设置为 left,使得列表项图片向都向右靠近。接着为了让图片都重叠在一起,第一步先将 id 为 pics 的 div 标签的 position 属性设置为 relative,第二步再将该 div 下面的 img 标签的 position 属性设置为 absolute,并设置其 left 和 top 属性为 0 即可。

然后可以按照自己的喜好对字体和背景等相关属性进行修改,这里主要设置 li 标签的背景为渐变的颜色。

14.2.3　添加 JavaScript 控制

下面我们开始讲解本例的 JavaScript 代码，该代码的功能主要是控制鼠标事件并更改页面的样式。

以下是本程序的 JavaScript 代码。

```
var  frm=document.getElementById("frm");
var  imgs=frm.getElementsByTagName("img");
var  lists=frm.getElementsByTagName("li");

                                              /*18个li标签和18个img绑定*/
for( i=0; i<imgs.length; i++ )
{
    if(i>=lists.length)
        lists[i].img=null;
    else
        lists[i].img=imgs[i];                 /*绑定，img 属性是自定义的*/
    lists[i].onmouseover=mouseoverhandle;     /*绑定鼠标移入事件*/
}
lists[0].id="choose";                         /*将第一个 li 的 id 设置为
                                              choose 就可以显示其颜色*/
if( lists[0].img!=null )
    lists[0].img.style.visibility="visible";
                                              /*将第一个 li 的对应的 img
                                              显示出来*/
function  mouseoverhandle()
{
    for( i=0; i<imgs.length; i++ )
    {
        lists[i].id="";                       /*将所有 li 的 id 设置为""*/
        lists[i].img.style.visibility="hidden"; /*将所有 li 对应的 img 屏蔽*/
    }
    this.id="choose";                         /*将本 li 的 id 设置为 choose
                                              就可以显示其颜色*/

    if( this.img!=null )
        this.img.style.visibility="visible";  /*将本 li 的对应的 img 显示出来*/
}
```

上述代码剖析如下：

本程序分为两个部分，第一部分是查找所有 li 标签并将标签和相应的 img 标签关联，并将每个 li 标签绑定其 onmouseover 事件，接着只显示第一个 img 标签并隐藏其他 img 标签，并设置第一个 li 标签的 id 为 choose；第二部分是编写 onmouseover 事件的响应函数。

mouseoverhandle ()函数负责处理 onmouseover 事件。本程序先将所有 li 标签的 id 属性清空并隐藏相应的 img 标签，再将当前发生事件的 li 标签的 id 属性设置为 choose，并显示相应的 img 标签。

14.3　天气预报设计

天气预报是每个人几乎每天都需要获取的信息，无论是旅行还是工作，所以各类网站尤其是综合类网站都会有天气预报信息。在本节，我们设计两种天气报告页面，其中一种是仿照百度的首页天气报告的样式并添加了事件响应；第二种是仿照 360 浏览器的天气预报样式。

14.3.1　天气简报设计

在这一节，介绍如何设计一个百度天气预报页面部件。我们分 3 部分来分别对 HTML、CSS 和 JavaScript 部分的代码进行讲解。

本程序的运行截图如图 14.3 所示。因为这时鼠标在第一个天气预报栏上移动，所以在第二个天气预报栏里出现了一个穿衣指数提示。

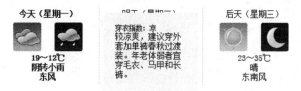

图 14.3　天气简报设计

1. HTML 部分的代码

首先我们对 HTML 部分的代码进行讲解，该代码负责定义本页面应该存在的标签。以下是本程序的 HTML 部分的代码。

```
<div id="frm" >
    <div class="weather" id="today">
        <div>
            今天（星期一）
        </div>
        <img src="img/morning_cloud.png"  />
        <img src="img/night_rain.png" />
        <div >
            19～12℃
        </div>
        <div >
            阴转小雨
        </div>
        <div >
            东风
        </div>
        <div class="prompt"  >
            <img src="img/left_pointer.png"  />
            <div >
                <h5>穿衣指数：凉</h5>
                <span>
```

```
                              较凉爽，建议穿外套加单裤春秋过渡装。年老体弱者宜穿毛衣、
                              马甲和长裤。
                         </span>
                    </div>
               </div>
          </div>
     <div class="next weather">
          <div>
                         明天（星期二）
          </div>
          <img src="img/morning_pour.png" />
          <img src="img/night_cloud.png" />
          <div >
                         10～12℃
          </div>
          <div >
                         大雨转阴
          </div>
          <div >
                         西北风
          </div>
          <div class="prompt" >
               <img src="img/left_pointer.png" />
               <div >
                         <h5>穿衣指数：凉</h5>
                         <span>
                              较凉爽，建议穿外套加单裤春秋过渡装。年老体弱者宜穿毛衣、
                              马甲和长裤。
                         </span>
                    </div>
               </div>
          </div>
     <div class="next weather">
          <div>
                         后天（星期三）
          </div>
          <img src="img/morning_clear.png"  />
          <img src="img/night_clear.png" />
          <div >
                         23～35℃
          </div>
          <div >
                         晴
          </div>
          <div >
                         东南风
          </div>
          <div class="prompt">
               <img src="img/left_pointer.png"  />
               <div >
                         <h5>穿衣指数：暖</h5>
                         <span>
                              较暖和，可以穿短袖短裤。
                         </span>
                    </div>
               </div>
          </div>
     </div>
</div>
```

上述代码剖析如下：

本 HTML 代码部分以一个 div 作为根节点，里面包含 3 个 div 标签，这 3 个 div 标签分别作为最近 3 天天气情况的容器。每个天气容器 div 里都含有当天的早晚天气状态图以及穿衣提示。我们依旧为不同的标签添加 id 属性或者 class 属性，来为 CSS 设计提供访问控制基础。

2．CSS 部分的代码

在这一部分开始讲解如何为本程序添加 CSS 样式控制，该 CSS 代码负责定义穿衣提示的位置以及提示和天气预报的间隔。以下是本例的 CSS 代码部分。

```
#frm
{
    float:left;                                  /*设置左浮动*/
    position:relative;                           /*设置为非 static 定位,用于作
                                                 为重定位的根节点*/
}
#frm .weather
{
    float:left;                                  /*设置左浮动*/
    padding:5px 20px;                            /*设置内边距*/
    text-align:center;                           /*设置内容居中*/
    font-size:14px;                              /*设置字体大小*/
}
#frm .next
{
    border-left:#A0DBF1;                         /*设置左边框颜色*/
    border-left-style:solid;                     /*设置左边框形状*/
    border-left-width:1px;                       /*设置左边框宽度*/
}
#frm #today
{
    font-weight:bold;                            /*设置字体粗细*/
}
#frm img
{
    margin:6px 8px 0px 8px;                      /*上右下左的间距*/
}
#frm .prompt
{
    position:absolute;                           /*设置绝对定位*/
    left:160px;                                  /*此处为默认值,将会被
                                                 JavaScript 代码重新设置*/
    top:10px;                                    /*设置竖直偏移*/
    display:none;                                /*设置隐藏*/
}
#frm .prompt h5
{
    padding:0;                                   /*设置内边距*/
    margin:0;                                    /*设置外边距*/
}
#frm .prompt div
{
    float:left;                                  /*设置左浮动*/
    width:120px;                                 /*设置宽度*/
```

```
    background-color:rgb(248,243,222);              /*设置背景颜色*/
    font-weight:100;                                /*设置字体粗细*/
    padding:20px;                                   /*设置内边距*/
    text-align:left;                                /*设置内容居左*/
}
#frm .prompt img
{/*对于最后一个天气预报，JavaScript 会控制 img 节点的删除和添加*/
    margin:0;                                       /*上右下左的间距为 0*/
    float:left;                                     /*设置左浮动*/
}
```

上述代码剖析如下：

本代码比较重要的部分是设置穿衣提示 div 标签的定位，首先是将 id 为 frm 的 div 标签的 position 属性设置为 relative，接着将 class 属性为 prompt 的 div 标签的 position 属性设置为 absolute，因为我们设置的穿衣提示 div 标签的位置是相对于 id 为 frm 的 div 标签而言的。

3．JavaScript 部分的代码

在这里讲解一下 JavaScript 部分的代码，该代码的主要功能是响应鼠标事件并显示相应的天气提示信息。JavaScript 部分的程序代码如下。

```
var  frm=document.getElementById("frm");
var  childnodes=frm.childNodes;
var  weather=[];
for(i=0;i<childnodes.length;i++)                 /*保存所有 class 含 weather
                                                   的 div 标签*/
{
    if( childnodes[i].className && childnodes[i].
    className.indexOf("weather")>=0  )
    {
        weather.push(childnodes[i]);
        for(j=0;j<childnodes[i].childNodes.length;j++)
                                                 /*绑定 class 为 prompt 的
                                                   div 子标签*/
        {
            if(  childnodes[i].childNodes[j].
            className=="prompt"  )
            {
                childnodes[i].prompt_obj=childnodes[i].
                    childNodes[j];
                                                 /*prompt_obj 是自定义添加的属性*/
                break;
            }
        }
    }
}
    /*通过检测各个 class 为 weather 的 div 标签的大小，来定位 class
    为 prompt 的标签*/
var  sum=0;
for(i=0;i<weather.length;i++)
{
    sum+=weather[i].offsetWidth;
    weather[i].onmouseover=mouseoverhandle;    /*设置鼠标移动事件*/
    weather[i].onmouseout=mouseouthandle;      /*设置鼠标移出事件*/
            if(i!=weather.length-1)
```

```
        {
            weather[i].prompt_obj.style.left=sum-16+"px";
        }
        else
        {
            weather[i].prompt_obj.style.left=sum-2*(weather[i].
            offsetWidth)+16+"px";
            var img_obj=weather[i].prompt_obj.
            getElementsByTagName("img");
            weather[i].prompt_obj.appendChild(img_obj[0]);
                                          /*把对象放到最后*/
            img_obj[0].src="img/right_pointer.png";
        }
    }
    function mouseoverhandle()
    {
        this.prompt_obj.style.display="block";   /*设置块显示*/
    }
    function mouseouthandle()
    {
        this.prompt_obj.style.display="none";    /*设置隐藏*/
    }
```

上述代码剖析如下：

本程序分为两个部分，第一部分是查找所有 id 为 prompt 的 div 标签并将它和相应的 class 属性为 weather 的 div 标签绑定起来，接着将最后一个 id 为 prompt 的标签下的两个 img 标签交换一下位置；第二部分是编写鼠标事件函数 mouseoverhandle ()和 mouseouthandle ()。

mouseoverhandle ()函数负责处理 onmouseover 事件，并通过将 CSS 的 display 属性设置为 block 来显示当前 id 为 prompt 的 div 标签。而 mouseouthandle ()函数负责处理 onmouseout 事件，并通过将 CSS 的 display 属性设置为 none 来隐藏当前 id 为 prompt 的 div 标签。

14.3.2　天气详单设计

在这一节，我们来设计一个更加详尽的天气报告页面版块。该页面版块是仿照360浏览器的天气预报功能而制作的，某些图片从 360 浏览器截得。本程序的 CSS 代码部分主要用于进行多层的样式渲染，所以代码部分较多。本程序的运行截图如 14.4 所示。

1. HTML 部分的代码

现在我们来一起编写本例的 HTML 代码，本 HTML 代码包括天气预报的正文框架以及背景标签的框架。下面是本程序的 HTML 部分的代码。

图 14.4　天气详单运行截图

```
<div id="frm" >
    <div id="bg">
```

```
    </div>
<div id="bg2">
    <div class="bg_part1" >
    </div>
    <div class="bg_part2" >
    </div>
</div>
<div id="weather_list">
    <div class="cont">
        <div class="cont_bg" >
        </div>
        <div class="cont_text">
            <div class="head">
            </div>
            <div style=" width:100%;height:30%;
            font-size:14px; color:#CCCCCC;" >
                <div style="float:left; width:40%;
                height:100%;text-align:left;">
                    <div style="margin-top:
                    10px;margin-left:10px;">
                        <div>9 月 8 日 星期六</div>
                        <div>七月二十三</div>
                        <div>19～12℃</div>
                    </div>
                </div>
                <div id="temperature">
                    <div>15℃</div>
                </div>
                <div style="float:left;width:20%;
                height:100%;text-align:right;">
                    <div style="margin-top:10px;
                    margin-right:10px;">
                        <div>阵风</div>
                        <div>东南风</div>
                    </div>
                </div>
            </div>
            <div style=" border-top:#222222 solid 1px;
            width:100%;height:20%; font-size:14px;
            color:#CCCCCC;">
                <div style=" margin-top:15px; margin-left:
                10px; _margin-left:5px; float:left;width:40%; ">
                    9 月 9 日 星期日
                </div>
                <img src="img/cloud.png"style="float:left;"/>
                <div style=" margin-top:15px;">15～19℃</div>
            </div>
            <div style=" border-top:#222222 solid 1px;
            width:100%;height:20%; font-size:14px;
            color:#CCCCCC;">
                <div style=" margin-top:15px; margin-left:
                10px;_margin-left:5px;float:left;width:40%;">
                    9 月 10 日 星期一
                </div>
                <img src="img/cloud.png"style="float:left;"/>
                <div style=" margin-top:15px;">20～15℃</div>
            </div>
            <div style=" border-top:#222222 solid 1px;
            text-align:left;color:#CCCCCC; font-size:12px;
            padding-top:3px;">
```

```
         更新时间: 2012-09-08 8:00
        </div>
        <div style="position:absolute;top:0;
left:0;font-weight:bold ; color:#FFFFFF;">
            <br />
             西安
        </div>
    </div>
</div>
</div>
<div id="weather_logo">
    <img src="img/weather.png"  />
</div>
<div id="prompt">
    <div style=" position:relative; margin:0
auto;width:80%; height:122px; ">
        <div style="width:100%; height:0;padding-bottom:
0;"><!--这里高度设置为 0，避免覆盖背面的标签-->
            <div class="inactive_ico">
                <img src="img/cloth.png"  />
            </div>
            <div class="inactive_ico">
                <img src="img/medicine.png"  />
            </div>
            <div class="inactive_ico">
                <img src="img/sun.png"  />
            </div>
            <div class="inactive_ico">
                <img src="img/communicate.png"  />
            </div>
        </div>
        <div id="prompt_cont">
            <div style="position:absolute;top:0;left:0;
padding:10px 3px 10px 6px; ">
                <div style="font-weight:bold; color:
#A6DAF7; padding-bottom:6px;">
                穿衣指数：温凉</div>
                <span>
较凉爽，建议着夹衣加薄羊毛衫等春秋服装。体弱者宜着夹衣加羊
毛衫。因昼夜温差较大，注意增减衣服。
                </span>
            </div><!--后面三个 div 不显示（visibility:hidden;）-->
            <div style="position:absolute;top:0;left:0;
padding:10px 3px 10px 6px; visibility:hidden;">
                <div style="font-weight:bold; color:
#A6DAF7; padding-bottom:6px;">
                感冒指数：较易发</div>
                <span>
昼夜温差较大，较易发生感冒，请适当增减衣服。
体质较弱的朋友请注意防护。
                </span>
            </div>
            <div style="position:absolute;top:0;left:0;
padding:10px 3px 10px 6px; visibility:hidden; ">
                <div style="font-weight:bold; color:
#A6DAF7; padding-bottom:6px;">
                紫外线指数：中等</div>
                <span>
属中等强度紫外线辐射天气，外出时建议涂擦 SPF 高于 15、PA+
的防晒护肤品，戴帽子、太阳镜。
```

```
                        </span>
                    </div>
                    <div style="position:absolute;top:0;left:0;
                    padding:10px 3px 10px 6px; visibility:hidden; ">
                        <div style="font-weight:bold; color:
                        #A6DAF7; padding-bottom:6px;">
                        洗车指数：适宜</div>
                        <span>
            适宜洗车，未来持续两天无雨天气较好，适合擦洗汽车，蓝天白云、
            风和日丽将伴您的车子连日洁净。
                        </span>
                    </div>
                </div>
                <div style="position:absolute;top:0;width:100%;
                height:0; padding-bottom:0;">
                <!--这里高度设置为 0，避免覆盖背面的标签，否则不能单击
                class 为 inactive_ico 的 div 标签-->
                    <div class="active_ico">
                        <img src="img/cloth.png"  />
                    </div>
                    <div class="active_ico" style=" visibility:
                    hidden;" ><!--后面 3 个 div 不显示
                    (visibility:hidden;)-->
                        <img src="img/medicine.png"  />
                    </div>
                    <div class="active_ico" style="
                    visibility:hidden; " >
                        <img src="img/sun.png"  />
                    </div>
                    <div class="active_ico" style="
                    visibility:hidden; " >
                        <img src="img/communicate.png"  />
                    </div>
                </div>
            </div>
        </div>
    </div>
</div>
```

上述代码剖析如下：

本 HTML 代码部分以一个 div 作为根节点，里面包含 3 个基本 div 标签，第一个 div 标签用于设置底层背景；第二个 div 标签用于设置上下两个透明渐变背景；第三个 div 标签用于设置天气情况的正文。在第三个 div 标签（id 属性为 weather_list）里面包括天气预报的正文、天气状况的图标以及相应的穿衣、医疗以及出行提示。

2．CSS 部分的代码

在这一部分，来一起编写本例的 CSS 代码，本 CSS 代码负责设置天气预报的背景和偏移位置。下面是本程序的 CSS 部分的代码。

```
#frm{
    width:340px;                        /*设置宽度*/
    height:500px;                       /*设置高度*/
    border:#ACDDEA 2px solid;           /*设置边框颜色、宽度和形状*/
    position:relative;                  /*设置相对定位*/
}
#frm #bg{
```

```
        background-image:url(img/wood.jpg);
                                                /*设置背景图片*/
        width:100%;                             /*设置宽度*/
        height:100%;                            /*设置高度*/
}
#frm #bg2{
        width:100%;                             /*设置宽度*/
        height:100%;                            /*设置高度*/
        position:absolute;                      /*并位于 z 方向最上方*/
        left:0;                                 /*设置水平偏移*/
        top:0;                                  /*设置竖直偏移*/
}
#frm #bg2 .bg_part1{
        _background:#000000;                    /*设置背景颜色*/
        width:100%;                             /*设置宽度*/
        height:50%;                             /*设置上半部分的背景
                                                透明渐变效果*/
        filter: Alpha(Opacity=5, FinishOpacity=60, Style=1,
        StartX=0, StartY=250, FinishX=0, FinishY=0) ;
        background-image: -moz-linear-gradient(top, rgba
        (0,0,0,0.6), rgba(0,0,0,0.05));         /* Firefox 浏览器*/
        background-image: -webkit-gradient(linear,left top, left
        bottom, color-stop(0,rgba(0,0,0,0.6)), color-stop
        (1, rgba(0,0,0,0.05)));                 /* Saf4+和 Chrome 浏览器*/
}
#frm #bg2 .bg_part2{
        _background:#000000;                    /*设置背景颜色*/
        width:100%;                             /*设置宽度*/
        height:50%;                             /*设置下半部分的背景
                                                透明渐变效果*/
        filter: Alpha(Opacity=40, FinishOpacity=5, Style=1,
        StartX=0, StartY=250, FinishX=0, FinishY=0) ;
        background-image: -moz-linear-gradient(top,
        rgba(0,0,0,0.05), rgba(0,0,0,0.4));     /* Firefox 浏览器*/
        background-image: -webkit-gradient(linear,left top, left
        bottom, color-stop(0,rgba(0,0,0,0.05)), color-stop
        (1, rgba(0,0,0,0.4)));                  /* Saf4+和 Chrome 浏览器*/
}
#frm #weather_list{
        width:100%;                             /*设置宽度*/
        height:100%;                            /*设置高度*/
        position:absolute;                      /*并位于 z 方向最上方*/
        left:0;                                 /*设置水平偏移*/
        top:0;                                  /*设置竖直偏移*/
}
#frm #weather_list .cont{
        width:80%;                              /*设置宽度*/
        height:45%;                             /*设置高度*/
        border:#A9B8BE 1px solid;               /*设置边框*/
        position:relative;                      /*设置相对定位*/
        -ms-border-radius: 6px;                 /*设置圆角*/
        -moz-border-radius: 6px;
        -webkit-border-radius: 6px;
        -khtml-border-radius: 6px;
        -o-border-radius: 6px;                  /*Opera*/
        border-radius: 6px;
```

```
        margin:20% auto;                          /*设置外边距*/
        overflow:hidden;                          /*设置隐藏多余部分*/
}
#frm #weather_list #weather_logo{
        margin:0 auto;                            /*设置外边距*/
        position:relative;                        /*设置相对定位*/
        top:-350px;                               /*设置竖直偏移*/
        text-align:center;                        /*设置内容居中*/
}
#frm #weather_list .cont .cont_bg{
        position:absolute;                        /*设置绝对定位*/
        top:0;                                    /*设置竖直偏移*/
        left:0;                                   /*设置水平偏移*/
        border:#0000CC solid 1px;                 /*设置边框*/
        width:100%;                               /*设置宽度*/
        height:100%;                              /*设置高度*/
        background-color:#000000;                 /*设置背景颜色*/
        filter:alpha(opacity=40);                 /*设置透明度*/
        -moz-opacity:0.5;
        -khtml-opacity: 0.5;
        opacity: 0.5;
        -ms-border-radius: 6px;                   /*设置圆角*/
        -moz-border-radius: 6px;
        -webkit-border-radius: 6px;
        -khtml-border-radius: 6px;
        -o-border-radius: 6px;                    /*Opera*/
        border-radius: 6px;
}
#frm #weather_list .cont .cont_text{
        position:absolute;                        /*设置绝对定位*/
        left:0;                                   /*设置水平偏移*/
        top:0;                                    /*设置竖直偏移*/
        width:100%;                               /*设置宽度*/
        height:100%;                              /*设置高度*/
}
#frm #weather_list .cont .cont_text .head{
        _background:#FFFFFF;                      /*设置背景颜色*/
        width:100%;                               /*设置宽度*/
        height:20%;                               /*设置高度*/
        text-align:left;                          /*设置内容居左*/
                                                  /*下面设置透明渐变*/
        filter: Alpha(Opacity=90, FinishOpacity=10, Style=1,
        StartX=0, StartY=0, FinishX=0, FinishY=60) ;
        background-image: -moz-linear-gradient(top, rgba
        (255,255,255,0.9), rgba(255,255,255,0.1));
                                                  /* Firefox 浏览器*/
        background-image: -webkit-gradient(linear,left top, left
        bottom, color-stop(0,rgba(255,255,255,0.9)), color-stop
        (1, rgba(255,255,255,0.1)));              /* Saf4+和 Chrome 浏览器*/
        /*下面设置左上右上角的圆角效果*/
        -ms-border-top-left-radius: 6px;          /*设置顶部圆角*/
        -moz-border-top-left-radius: 6px;
        -webkit-border-top-left-radius: 6px;
        -khtml-border-top-left-radius: 6px;
        -o-border-top-left-radius: 6px;
        border-top-left-radius: 6px;
        -ms-border-top-right-radius: 6px;
```

```
        -moz-border-top-right-radius: 6px;
        -webkit-border-top-right-radius: 6px;
        -khtml-border-top-right-radius: 6px;
        -o-border-top-right-radius: 6px;
        border-top-right-radius: 6px;
}
#frm #weather_list .cont .cont_text #temperature{
        float:left;                                     /*设置左浮动*/
        width:40%;                                      /*设置宽度*/
        height:100%;                                    /*设置内容居中*/
        font-size:34px;                                 /*设置字体大小*/
        font-weight:bold;                               /*设置字体粗细*/
        font-family:"黑体";                             /*设置字体类型*/
}
#frm #weather_list .cont .cont_text #temperature div{
        margin-top:15px;                                /*设置顶部外边距*/
}
#frm #weather_list #prompt{
        position:absolute;                              /*并位于 z 方向最上方*/
        top:250px;                                      /*设置顶部偏移*/
        width:100%;                                     /*占满整行，子标签使用
                                                        margin:0 auto;属性居中*/

        height:30%;                                     /*设置高度*/
        margin:15% auto;                                /*设置外边距*/
        _margin:20% auto;                               /*此句只对 IE 的样式设置有效*/
}
#frm #weather_list #prompt #prompt_cont{
        border:#838383 1px solid;                       /*设置边框颜色、宽度和形状*/
        width:100%;                                     /*设置宽度*/
        margin:0 auto;                                  /*设置外边距*/
        height:80px;                                    /*设置高度*/
        background-color:#262626;                       /*设置背景*/
        -ms-border-bottom-left-radius: 6px;             /*设置底部圆角*/
        -moz-border-bottom-left-radius: 6px;
        -webkit-border-bottom-left-radius: 6px;
        -khtml-border-bottom-left-radius: 6px;
        -o-border-bottom-left-radius: 6px;
        border-bottom-left-radius: 6px;
        -ms-border-bottom-right-radius: 6px;
        -moz-border-bottom-right-radius: 6px;
        -webkit-border-bottom-right-radius: 6px;
        -khtml-border-bottom-right-radius: 6px;
        -o-border-bottom-right-radius: 6px;
        border-bottom-right-radius: 6px;
        position:absolute;                              /*设置绝对定位*/
        bottom:0px;                                     /*恰好为 0，即可覆盖*/
        font-size:12px;                                 /*设置字体大小*/
        color:#999999;                                  /*设置颜色*/
}
#frm #weather_list #prompt  .inactive_ico{
        float:left;                                     /*设置左浮动*/
        margin-right:3px;                               /*设置右外边距*/
        _margin-right:3px;                              /*设置右外边距，IE Hack*/
        width:23%;                                      /*设置宽度*/
        height:40px;                                    /*设置高度*/
        overflow:hidden;                                /*设置隐藏多余部分*/
```

```
        border:#838383 1px solid;                        /*设置边框*/
        -ms-border-top-left-radius: 6px;                 /*设置圆角*/
        -moz-border-top-left-radius: 6px;
        -webkit-border-top-left-radius: 6px;
        -khtml-border-top-left-radius: 6px;
        -o-border-top-left-radius: 6px;
        border-top-left-radius: 6px;
        -ms-border-top-right-radius: 6px;
        -moz-border-top-right-radius: 6px;
        -webkit-top-bottom-right-radius: 6px;
        -khtml-top-bottom-right-radius: 6px;
        -o-border-top-right-radius: 6px;
        border-top-right-radius: 6px;
        text-align:center;                               /*设置内容居中*/
        position:relative;                               /*设置绝对定位*/
        left:3px;                                        /*设置水平偏移*/
        background-color:#262626;                        /*设置背景颜色*/
        filter:alpha(opacity=75);                        /*设置透明度*/
        -moz-opacity:0.75;
        -khtml-opacity: 0.75;
        opacity: 0.75;
        border-bottom:none;                              /*取消底部边框*/
        cursor:pointer;                                  /*设置鼠标样式*/
}
#frm #weather_list #prompt .active_ico{
        float:left;                                      /*设置左浮动*/
        margin-right:3px;                                /*设置右外边距*/
        _margin-right:3px;                               /*设置右外边距，IE Hack*/
        width:23%;                                       /*设置宽度*/
        height:40px;                                     /*设置高度*/
        border:#838383 1px solid;                        /*设置边框颜色、宽度和形状*/
        -ms-border-top-left-radius: 6px;                 /*设置顶部圆角*/
        -moz-border-top-left-radius: 6px;
        -webkit-border-top-left-radius: 6px;
        -khtml-border-top-left-radius: 6px;
        -o-border-top-left-radius: 6px;
        border-top-left-radius: 6px;
        -ms-border-top-right-radius: 6px;
        -moz-border-top-right-radius: 6px;
        -webkit-top-bottom-right-radius: 6px;
        -khtml-top-bottom-right-radius: 6px;
        -o-border-top-right-radius: 6px;
        border-top-right-radius: 6px;
        text-align:center;                               /*设置内容居中*/
        position:relative;                               /*设置相对定位*/
        left:3px;                                        /*设置左侧偏移*/
        background-color:#262626;                        /*设置背景颜色*/
        filter: progid:DXImageTransform.Microsoft.gradient
        (startColorstr='#FFFFFF', endColorstr='#262626',
        GradientType='0');                               /* IE 浏览器*/
        background-image: -moz-linear-gradient(top, rgba
        (255,255,255,1), rgba(38,38,38,1) );             /* Firefox 浏览器*/
        background-image: -webkit-gradient(linear,left top, left
        bottom, color-stop(0,rgba(255,255,255,1)), color-stop(1,
        rgba(38,38,38,1) ));                             /* Saf4+和 Chrome 浏览器*/
        border-bottom:none;                              /*取消底部边框*/
}
```

```
#frm #weather_list #prompt  img{
    margin-top:2px;                              /*设置顶部外边距*/
}
```

上述代码剖析如下：

在之前的 HTML 代码里，有的标签没有包含任何的内部内容，其原因是为了避免样式间的冲突，需要在不同的标签里使用不同的渲染，而不能在同一标签里使用多种渲染。

本 CSS 代码主要为不同的标签设置不同的高级效果，如渐变、透明和圆角等，以及设置不同标签的层次和位置关系，使得标签在大小和位置上可以覆盖前一个标签（因为不同标签构成的同一部件需要正确对齐）。其实本例在部件大小上的设置不太得当，应该使用自内而外的设计方法，即先设置好内部部件的大小，再根据内部部件的大小去设置外部标签的大小。建议读者根据本代码的功能，重新设计本例的代码，以达到更好的兼容性，从而提高自己的设计能力。

3．JavaScript 部分的代码

在这一部分，我们开始设计本例的 JavaScript 代码部分，该 JavaScript 代码负责初始化某些需要处理的标签对象，并负责处理鼠标事件。

以下是本程序的 JavaScript 代码部分。

```
var frm=document.getElementById("frm");          /*设置 id 为 frm 的标签*/
var div_objs= document.getElementsByTagName("div");
                                                 /*获取所有 div 标签*/

var active_objs=[];
var inactive_objs=[];
var prompt_cont_objs=[];
for(i=0;i<div_objs.length;i++)
{/*查找所有 class 为 active_ico 和 inactive_ico 以及 id 为 prompt_cont
下面的直接 div 子节点，并保存在数组里*/
    if( div_objs[i].className=="active_ico" )    /*保存 class 为指定值的标签*/
        active_objs.push(div_objs[i]);
    if( div_objs[i].className=="inactive_ico" )
        inactive_objs.push(div_objs[i]);
    if( div_objs[i].id=="prompt_cont"  )
    {
        for(j=0;j<div_objs[i].childNodes.length;j++)
        {
            if(div_objs[i].childNodes[j].nodeName=="DIV")
                prompt_cont_objs.push
                (div_objs[i].childNodes[j]);
        }
    }
}
/*绑定对应的 class 为 active_ico 和 id 为 prompt_cont 下面的直接 div 子
节点到 inactive_objs 的每个元素里面，并添加事件*/
for(i=0;i<inactive_objs.length;i++)
{
    inactive_objs[i].active_obj=active_objs[i];
                                                 /*绑定对象*/
    inactive_objs[i].prompt_cont_obj=prompt_cont_objs[i];
                                                 /*绑定对象*/
    inactive_objs[i].onclick=clickhandle;
                                                 /*设置单击事件*/
}
```

```
function clickhandle()
{/*单击事件后，屏蔽所有不需要的 active_obj 和 prompt_cont_obj，
不要使用 display:none，会影响标签的大小*/
    for(i=0;i<inactive_objs.length;i++)
    {
        inactive_objs[i].active_obj.style.visibility="hidden";
                                                /*设置隐藏*/
        inactive_objs[i].prompt_cont_obj.style.
        visibility="hidden";                    /*设置隐藏*/
    }
    this.active_obj.style.visibility="visible";
                                                /*设置可见*/
    this.prompt_cont_obj.style.visibility="visible";
                                                /*设置可见*/
}
```

上述代码剖析如下：

上述代码主要处理 class 属性为 inactive_ico 和 active_ico 的标签以及 id 为 prompt_cont 的标签，首先查找这些标签并将它们保存，并且将相关的标签绑定起来；接着编写 onclick 事件响应函数 clickhandle，该函数通过设置 visibility 属性来切换要显示的按钮标签。

第 15 章　搜索条设计

在网上冲浪时，一个重要的环节就是搜索，一般大家常用的搜索工具就是百度和谷歌，其实其他一些新闻、视频网站也都有自己的搜索工具条。在这一章将会结合两个案例来讲解如何制作我们的搜索栏。

15.1　仿百度搜索栏设计

本搜索框仿照百度的首页搜索框，如果不用心观察几乎会觉得本网页效果和百度首页的搜索框一模一样（除了具体的标签结构不一样外）。

本代码的要求是尽量使用 CSS 代码进行样式设计，并尽量减少图片的使用。在本示例程序里除了百度图标使用图片外，其他标签尽量使用 CSS 代码控制，包括输入框以及搜索按钮。本案例的完整程序的运行情况如图 15.1 所示。

15.1.1　表单和列表混搭

本搜索框由表单标签以及列表标签组成，下面是本程序的 HTML 代码部分。

```
<form id="frm" action="http://www.baidu.com/s">
    <img src="baidu_logo.gif" />
    <ul>
        <li>
            <a href="#">新闻</a>
        </li>
        <li>
            <b>网页</b>
        </li>
        <li>
            <a href="#">贴吧</a>
        </li>
        <li>
            <a href="#">知道</a>
        </li>
        <li>
            <a href="#">MP3</a>
        </li>
        <li>
            <a href="#">图片</a>
        </li>
        <li>
            <a href="#">视频</a>
        </li>
```

```
        <li>
            <a href="#">地图</a>
        </li>
        <li>
            <a href="#">百科</a>
        </li>
        <li>
            <a href="#">文库</a>
        </li>
        <li>
            <a href="#">更多>></a>
        </li>
    </ul>
    <div class="bd1">
        <div class="bd2">
            <div class="bd3">
                <div class="bd4">
                    <input type="text" name="wd"  />
                </div>
            </div>
        </div>
    </div>
    <div class="button_frm0">
        <div class="shadow" >
        </div>
        <div class="button_frm">
            <div style="border-left:#FFFFFF solid 1px;
            width:100%; height:100%;" >
                <button type="submit" class="up" onmousedown=
                "mousedownhandle(this)" onmouseup="mouseuphandle
                (this)"  onmouseout="mouseouthandle(this)" >
                    百度一下
                </button>
            </div>
        </div>
    </div>
</div>
</form>
```

运行效果如图 15.1 所示。上述代码剖析如下：

本代码以 form 标签作为本 Web 搜索框部件的根标签，其内部有 4 个直接子节点，分别是 img 标签、ul 标签、装载输入框的 div 以及装载按钮 div。

img 标签和 ul 标签的 CSS 设置相对简单，而装载输入框的 div 是一个具有 4 层结构的。目的是为了设置 4 层 div 的 border 属性来实现输入框的阴影效果。

图 15.1　仿百度搜索栏

class 属性为 button_frm0 的标签，class 属性为 shadow 的标签用于垫在按钮的下面来绘制阴影，class 属性为 button_frm 的标签用于绘制按钮的边框，其内部 div 标签作为 button 按钮的左边高亮反射边框（这里不直接设置 button 标签的左边边框，因为在 IE 下设置左边框后单击输入框时，按钮会出现多一层异常的边框），而在 button 标签内部则进行背景渐变绘画。

15.1.2　添加 CSS

下面我们添加 CSS 样式控制代码。

```
<style type="text/css">
    #frm
    {
        text-align:center;                  /*设置内容居中*/
        font-size:14px;                     /*设置字体大小*/
        float:left;                         /*设置左浮动*/
    }
    #frm ul
    {
        margin:0;                           /*设置外边距*/
        padding:0;                          /*设置内边距*/
        margin-left:24px;                   /*设置左外边距*/
        list-style:none;                    /*取消列表默认样式*/
    }
    #frm ul li
    {
        float:left;                         /*li 标签浮动到同一行*/
        margin-right:13px;                  /*设置右外边距*/
    }
    #frm input
    {
        border:none;                        /*取消边框*/
        width:490px;                        /*设置宽度*/
        height:26px;                        /*设置高度*/
        _height:24px;                       /*设置高度，IE Hack*/
        padding:0px 0 1px 3px;              /*设置内边距*/
        font-size:16px;                     /*设置字体大小*/
        _border:0px;                        /*对 IE 有效*/
        line-height:26px\9;                 /*此 Hack 对 360 和 IE 有效,
                                            line-height 为 26px */
    }
    #frm .bd1
    {
        float:left;                         /*设置左浮动*/
        clear:both;                         /*从下一行开始浮动*/
        margin-top:10px;                    /*设置顶部外边距*/
        border-color:#666666;               /*设置边框颜色*/
        border-style:solid;                 /*设置边框形状*/
        border-width:1px;                   /*设置边框宽度*/
        border-bottom:none;                 /*取消底部边框*/
        border-right:none;                  /*取消右边边框*/
    }
    #frm .bd2
    {
        border-color:#CCCCCC;               /*设置边框颜色*/
        border-style:solid;                 /*设置边框形状*/
        border-width:1px;                   /*设置边框宽度*/
```

```
        border-top:none;                    /*取消顶部边框*/
        border-left:none;                   /*取消左侧边框*/
    }
    #frm .bd3
    {
        border-color:#CCCCCC;               /*设置边框颜色*/
        border-style:solid;                 /*设置边框形状*/
        border-width:1px;                   /*设置边框宽度*/
        border-bottom:none;                 /*取消底部边框*/
        border-right:none;                  /*取消右边边框*/
    }
    #frm .bd4
    {
        border-color:#EFEFEF;               /*设置边框颜色*/
        border-style:solid;                 /*设置边框形状*/
        border-width:1px;                   /*设置边框宽度*/
        border-bottom:none;                 /*取消底部边框*/
        border-right:none;                  /*取消右边边框*/
    }
    #frm  input:focus
    {
        outline:none;                       /*取消 Chrome、FireFox 等下
                                            面的输入框聚焦时的边框*/

    }
    #frm .button_frm
    {
        width:100%;                         /*设置宽度*/
        height:100%;                        /*设置高度*/
        padding-right:1px;                  /*非 IE 下子节点超出父节点范围
                                            后，父节点不自动适应*/

        _padding-right:0px;                 /*IE 6.0 下子节点超出范围后，
                                            父节点自适应其大小，所以设置为0*/

        border-color:#000000;               /*设置边框颜色*/
        border-style:solid;                 /*设置边框形状*/
        border-width:1px;                   /*设置边框宽度*/

        position:absolute;                  /*设置绝对定位*/
        top:0;                              /*设置竖直偏移*/
        left:0;                             /*设置水平偏移*/
    }
    #frm .button_frm button
    {
        font-size:14px;                     /*设置字体大小*/
        border:0px;                         /*取消边框*/
        width:100%;                         /*设置宽度*/
        height:100%;                        /*设置高度*/
        /*IE 6.0 下按钮单独设置左边框显示时，存在输入框和按钮的 Bug，
        所以不能单独设置 border-left*/
        cursor:pointer;                     /*设置鼠标样式*/
        outline:0;                          /*IE 360 下取消单击按钮时
                                            出现的边框*/

    }
    #frm .button_frm .up
    {
        filter: progid:DXImageTransform.Microsoft.gradient
```

```
            (startColorstr='#FFFFFF', endColorstr='#CCCCCC',
        GradientType='0');  /* IE*/
        background-image: -moz-linear-gradient(top, #FFFFFF,
        #CCCCCC );       /* Firefox */
        background-image: -webkit-gradient(linear,left top, left
        bottom, color-stop(0,#FFFFFF), color-stop(1, #CCCCCC ));
                /* Saf4+, Chrome */
    }
    #frm .button_frm .down
    {
        background-color:#DDDDDD;            /*设置背景颜色*/
    }
    #frm .button_frm0
    {
        float:left;                         /*设置左浮动*/
        margin-top:10px;                    /*设置顶部外边距*/
        margin-left:10px;                   /*设置左侧外边距*/
        border:#EFEFEF 2px solid;           /*设置边框颜色、宽度和形状*/
        border-left:none;                   /*取消左边框*/
        border-top:none;                    /*取消顶边框*/

        height:29px;                        /*设置高度*/
        width:90px;                         /*设置宽度*/
        position:relative;                  /*设置相对定位*/
    }
    #frm .button_frm0 .shadow
    {/*border:#FF0000 solid 1px;*/
        background-color:#EDEDED;           /*设置背景颜色*/
        position:absolute;                  /*设置绝对定位*/
        top:0;                              /*设置顶部偏移*/
        left:1px;                           /*设置左侧偏移*/
        width:94px;                         /*设置宽度*/
        height:33px;                        /*设置高度*/
    }
</style>
```

上述代码剖析如下：

对于 img 标签、ul 标签和 li 标签的设置较为简单，在这里我们不必啰嗦。而 class 属性为 bd1、bd2、bd3 以及 bd4 的设置也只需根据它们的 HTML 布局设置相应的边框即可。

input 标签的 focus 伪类设置 outline 属性，是为了聚焦在输入框时将虚线框消除掉。class 属性为 button_frm 的 div 边框使用 padding-right 和 _padding-right 属性分别作用于非 IE 的浏览器以及 IE 浏览器。

为了取消 button 标签的虚框效果，还需要设置 outline 属性。而 class 为 shadow 的 div 产生了阴影效果。

另外放置底部的标签写前面，放置在顶部的标签写在下面，并使用 position 绝对定位对前面的节点进行覆盖，最好不要使用 z-index 属性（z-index 的设置不能使得节点的父节点比伯父节点低，而使得本节点比伯父节点高）。

15.1.3 按钮样式控制

JavaScript 部分主要控制鼠标单击事件后按钮的样式。

```
<script type="text/javascript" >
        function mousedownhandle(obj)           /*鼠标按下后,修改 class 属性
                                                  以及父节点的边框颜色*/
        {
            obj.className="down";
            obj.parentNode.style.borderLeft="#DDDDDD solid 1px";
        }
        function mouseuphandle(obj)              /*鼠标提起后,修改 class 属性
                                                  以及父节点的边框颜色*/
        {
            obj.className="up";
            obj.parentNode.style.borderLeft="#FFFFFF solid 1px";
        }
        function mouseouthandle(obj)             /*鼠标移出后,修改 class 属性
                                                  以及父节点的边框颜色*/
        {
            obj.className="up";
            obj.parentNode.style.borderLeft="#FFFFFF solid 1px";
        }
    </script>
```

上述代码剖析如下:

为了方便起见,在本程序里事件响应函数的绑定直接在 HTML 部分指定,而不通过 JavaScript 的 DOM 搜索方式来进行标签匹配和事件响应函数的绑定。

当鼠标按下时执行 mousedownhandle()函数,该函数将按钮的 class 属性设置 down,并 将其父节点的左边框颜色改为#DDDDDD; 鼠标移出和提起事件时分别执行 mouseouthandle()函数和 mouseuphandle()函数,这两个函数执行相同的操作,都是将按钮的 class 属性设置 up,并将其父节点的左边框颜色改为#FFFFFF。

15.2   立体搜索栏设计

本程序主要靠 CSS 3 和 filter 渐变效果配合图片效果来实现,还添加按钮和列表样式的 JavaScript 控制。

15.2.1   表单和列表混搭

以下是本程序的 HTML 代码部分,相比上一节的代码更简单些。

```
<form  id="frm"  action="http://www.baidu.com/s" >
        <div class="bg">
            <div class="list" >
                <ul>
                    <li id="choose">
                            影视
                    </li>
                    <li>
                        MP3
                    </li>
                    <li>
                            动漫
```

```
            </li>
            <li>
                科学
            </li>
            <li>
                图片
            </li>
            <li>
                新闻
            </li>
            <li>
                军事
            </li>
            <li>
                教育
            </li>
        </ul>
        <div id="search_frm">
            <input type="text" name="wd" />
            <button type="submit" onmousedown=
            "mousedownhandle(this)" onmouseup=
            "mouseuphandle(this)" onmouseout=
            "mouseuphandle(this)" >
                搜 索
            </button>
        </div>
    </div>
</div>
</form>
```

上述代码剖析如下：

本代码以 form 标签作为本 Web 搜索框部件根标签，其内部有一个直接子节点，作为第二层容器来使用图片设置背景。

class 为 list 的 div 节点的子节点分别是 ul 标签和 div 标签。id 为 search_frm 的 div 节点包含一个 input 标签以及一个 button 标签，如图 15.2 所示。

图 15.2　立体搜索栏设计

15.2.2　添加样式控制

下面是本程序的 CSS 样式设置部分。

```
<style type="text/css">
    #frm
    {
        text-align:center;                  /*设置内容居中*/
        font-size:14px;                     /*设置字体大小*/
        float:left;                         /*设置左浮动*/
        position:relative;                  /*设置相对定位*/
        width:600px;                        /*设置宽度*/
```

```
    height:90px;                            /*设置高度*/

    filter: progid:DXImageTransform.Microsoft.gradient
    (startColorstr='#FFFFFF', endColorstr='#E3E3E3',
    GradientType='0');                      /* IE 浏览器*/
    background-image: -moz-linear-gradient(top, #FFFFFF,
    #E3E3E3 );                              /* Firefox 浏览器*/
    background-image: -webkit-gradient(linear,left top, left
    bottom, color-stop(0,#FFFFFF), color-stop(1, #E3E3E3 ));
                                            /* Saf4+和 Chrome 浏览器*/
    -ms-border-radius: 6px;                 /*设置圆角*/
    -moz-border-radius: 6px;
    -webkit-border-radius: 6px;
    -khtml-border-radius: 6px;
    -o-border-radius: 6px;
    border-radius: 6px;

    border:#CCCCCC 1px solid;               /*设置边框颜色、宽度和形状*/
    overflow:hidden;                        /*隐藏多余部分*/
}
#frm .bg
{/*border:#FF0000 1px solid;*/
    width:100%;                             /*设置宽度*/
    height:100%;                            /*设置高度*/
    background-image:url(curve.png);        /*设置背景图片*/
    background-position:right;              /*设置背景图片位置*/
    background-repeat:no-repeat;            /*设置背景不重复*/
    position:relative;                      /*设置相对定位*/
}
#frm ul
{/*border:#FF0000 1px solid;*/
    margin:0;                               /*设置外边距*/
    padding:0;                              /*设置内边距*/
    list-style-type:none;                   /*取消列表标志*/
    margin:10px 0px 0px 0px;                /*设置外边距*/
    float:left;                             /*注释掉这句, 在 Chrome 下会影
                                            响祖父节点的背景位置*/
    padding-left:50px;                      /*设置左内边距*/
}
#frm ul li
{/*border:#FF0000 solid 1px;*/
    margin:0;                               /*设置外边距*/
    padding:2px 6px;                        /*设置内边距*/
    float:left;                             /*设置左浮动*/
    margin-right:20px;                      /*设置右外边距*/

    cursor:pointer;                         /*设置鼠标样式*/
    text-decoration:underline;              /*设置文字下划线*/
}
#frm ul #choose
{
    -ms-border-radius: 4px;                 /*设置圆角*/
    -moz-border-radius: 4px;
    -webkit-border-radius: 4px;
    -khtml-border-radius: 4px;
    -o-border-radius: 4px;
    border-radius: 4px;
```

```
    background-color:#7DB3FB;                    /*设置背景颜色*/
    color:#FFFFFF;                               /*设置文字颜色*/
    text-decoration:none;                        /*取消文字修饰*/
}
#frm .list #search_frm
{/*border:#0000FF 1px solid;*/
    clear:both;                                  /*从下一行开始浮动*/
    float:left;                                  /*左浮动*/
    margin-top:10px;                             /*设置顶部外边距*/

    height:30px;                                 /*设置高度*/
    width:100%;                                  /*设置宽度*/
    text-align:center;                           /*设置内容居中*/
}
#frm .list input
{
    float:left;                                  /*左浮动*/
    margin:0;                                    /*设置外边距*/
    height:24px;                                 /*设置高度*/
    padding-left:6px;                            /*设置左侧内边距*/
    font-size:16px;                              /*设置字体大小*/
    /*line-height:16px;                          /*设置光标高度*/
    margin-left:50px;                            /*设置左侧外边距*/
    width:400px;                                 /*设置宽度*/

    padding-top:5px\9;                           /*设置顶部内边距*/
    height:20px\9;                               /*设置高度*/
}
#frm .list #search_frm button
{
    float:left;                                  /*设置左浮动*/
    margin:0;                                    /*设置外边距*/

    height:100%;                                 /*设置高度*/
    width:100px;                                 /*设置宽度*/
    font-weight:bold;                            /*设置字体加粗*/
    outline:0;                                   /*IE 360下取消单击按钮时
                                                   出现的边框*/
    filter: progid:DXImageTransform.Microsoft.gradient
    (startColorstr='#FDE9BD', endColorstr='#FC9F54',
    GradientType='0');                           /* IE 浏览器*/
    background-image: -moz-linear-gradient(top, #FDE9BD,
    #FC9F54 );                                   /* Firefox 浏览器*/
    background-image: -webkit-gradient(linear,left top, left
    bottom, color-stop(0,#FDE9BD), color-stop(1, #FC9F54 ));
                                                 /* Saf4+和 Chrome 浏览器*/
}
#frm .list #search_frm #down
{
    filter: progid:DXImageTransform.Microsoft.gradient
    (startColorstr='#FC9F54', endColorstr='#FDE9BD',
    GradientType='0');                           /* IE 浏览器*/
    background-image: -moz-linear-gradient(top, #FC9F54,
    #FDE9BD );                                   /* Firefox 浏览器*/
    background-image: -webkit-gradient(linear,left top, left
    bottom, color-stop(0,#FC9F54), color-stop(1, #FDE9BD ));
```

```
        }                                              /* Saf4+和 Chrome 浏览器*/
    </style>
```

上述代码剖析如下：

CSS 样式设置里面主要需要注意的是样式兼容的问题。因为我们需要重新设置输入框的高度，而在 Chrome、FireFox 和 Opera 浏览器下会自动根据输入框的高度来调整内部输入文字的位置，而对于 IE 和 360 浏览器，文字光标位置依然位于输入框顶部。

IE 和 360 浏览器还需要设置 padding-top 属性以及 height 属性，我们在这里使用 Hack 的方法给 padding-top 属性以及 height 属性的值加上"\9"，来控制 IE 和 360 浏览器的显示。

15.2.3　列表和按钮样式控制

现在加入 JavaScript 控制，以下是本程序的 JavaScript 代码部分。

```
<script type="text/javascript">
        var obj=document.getElementById("frm");
        var frm_list=obj.getElementsByTagName("li");
        for(i=0;i<frm_list.length;i++)
        {
            frm_list[i].onclick=clickhandle;      /*设置单击事件*/
        }
        function clickhandle()
        {
            for(i=0;i<frm_list.length;i++)
            {
                frm_list[i].id="";                /*清空 id 属性*/
            }
            this.id="choose";
        }
        function mousedownhandle(obj)             /*鼠标按下后，修改 class 属性
                                                  以及父节点的边框颜色*/
        {
            obj.id="down";
        }
        function mouseuphandle(obj)               /*鼠标提起后，修改 class 属性
                                                  以及父节点的边框颜色*/
        {
            obj.id="";
        }
    </script>
```

上述代码剖析如下：

本程序分为两个部分，第一部分是查找所有 li 标签并将标签数组保存起来，并且将每个 li 标签绑定其 onclick 事件；第二部分是编写 onclick 事件、onmousedown 事件、onmouseout 事件和 onmouseup 事件的相应函数。

clickhandle()函数负责处理 onclick 事件，先将所有 li 标签的 id 属性清空，再对当前 li 的 id 属性进行设置来改变样式；mousedownhandle()函数负责处理 onmousedown 事件并设置 id 为 down；mouseuphandle()函数负责处理 onmouseup 和 onmouseout 事件并清空 id。

第16章 单击控件设计

你会发现在许多网页里，都有各种各样的单击控件，它们负责着不同的功能。在这一章来设计两个简单的单击控件，该控件可以随滚动条的移动而移动，并且可以响应鼠标的单击事件来改变滚动条的位置。

16.1 页面底部控件

本节的主要内容是编写一个网页的向上滚动按钮，当单击该按钮时页面滚动条便可向上滚动，即通过一个网页 div 来控制，滚动条效果如图 16.1 所示。

图 16.1 右下角按钮

16.1.1 HTML 基本框架

本程序的主要设置在于 CSS 和 JavaScript 部分，所以 HTML 代码较少。下面是本程序的 HTML 代码部分。

```
<body>
    <div id="frm" >
        <div id="button">
            <img src="button_upward.png"  id="button_img"/>
            <div id="mask_frm">                        <!--在 img 上面再加一层，就不
                                                        可以复制 img 的图片了-->

                <div id="mask">
                </div>
            </div>
        </div>
    </div>
    <div style="border:#0000FF solid 1px; margin: 0 auto;
    width:800px; height:10000px;">
        页面主体内容
    </div>
</body>
```

上述代码剖析如下：

在本程序的 HTML 部分，因为我们使用了 img 标签来显示图片而不是通过设置背景（这样可以通过设置父节点的 float 属性为 left 或 right 来自适应子节点，还可以设置图片的大小），所以为了使用户不能在网页里复制图片，需要添加一层 div 节点。

而为了兼容 IE 6.0 下 filter 的透明效果和 position 属性之间的 bug（因为 div 设置为绝

对定位后，filter 的透明效果不能填充整个 div 区域），需要再加一层 div 标签，这就是为
什么 id 为 mask_frm 的 div 标签还有一个子节点的原因。

16.1.2　CSS 样式控制

下面的本程序的 CSS 代码部分。

```
<style type="text/css">
    body
    {
        margin:0;                              /*设置外边距*/
        padding:0;                             /*设置内边距*/
    }
    #frm
    {/*border:#FF0000 1px solid;*/
        position:absolute;                     /*设置绝对定位*/
        left:0;                                /*设置左侧偏移*/
        top:0;                                 /*设置顶部偏移*/
        width:100%;                            /*设置宽度*/
        display:none;                          /*隐藏*/
    }
    #frm #button
    {/*border:#00FF00 1px solid;*/
        width:40px;                            /*设置宽度*/
        height:40px;                           /*设置高度*/
        float:right;                           /*设置右浮动*/
        margin:20px;                           /*设置外边距*/
        padding:0;                             /*设置内边距*/
        position:relative;                     /*设置相对定位*/
    }
    #frm #button #button_img
    {
        margin:0;                              /*设置外边距*/
        padding:0;                             /*设置内边距*/
        width:100%;                            /*设置宽度*/
        height:100%;                           /*设置高度*/
        float:right;                           /*不使用 float，IE 下会使得和
                                               父节点间出现空白间隔*/

    }
    #frm #button #mask_frm
    {/*border:#FF0000 1px solid;*/
        width:100%;                            /*设置宽度*/
        height:100%;                           /*设置高度*/
        position:absolute;                     /*设置绝对定位*/
        top:0;                                 /*设置顶部偏移*/
    }
    #frm #button #mask_frm #mask
    {
        width:100%;                            /*设置宽度*/
        height:100%;                           /*设置高度*/
        background-color:#FFFFFF\9;            /*设置背景颜色*/
        filter: Alpha(Opacity=1, FinishOpacity=1, Style=1,
        StartX=0, StartY=250, FinishX=0, FinishY=0) ;
                                               /*设置透明度*/
```

```
            cursor:pointer;                          /*设置鼠标样式*/
    }
</style>
```

上述代码剖析如下：

当透明标签覆盖在有形标签上面时，在 IE 和 360 浏览器下面可以越过透明标签单击后面的标签，而在其他的浏览器里面不可以越过透明标签单击后面的标签。

为了使得在 IE 和 360 浏览器下面不可以越过透明标签单击后面的标签，我们通过 filter 属性来设置很高的透明度来使得后面的标签不可单击。

16.1.3　相关事件控制

下面是本程序的 JavaScript 代码部分。

```
<script type="text/javascript">
    obj=document.getElementById("frm");
    window.onscroll=function(){
        var top_now, left_now;
        if(document.all)                            /*IE 浏览器*/
        {
            top_now=document.documentElement.scrollTop;
                                             /*读取竖直滚动条的位置*/
            left_now=document.documentElement.scrollLeft;
                                             /*读取水平滚动条的位置*/
        }
        else                                        /*其他浏览器*/
        {
            top_now=document.body.scrollTop;
                                             /*读取竖直滚动条的位置*/
            left_now=document.body.scrollLeft;
                                             /*读取水平滚动条的位置*/
        }
        obj.style.top= top_now+ document.documentElement.clientHeight
         - obj.offsetHeight+"px";
        obj.style.width= left_now+ document.
        documentElement.clientWidth +"px";
    }
    window.onresize=window.onscroll;           /*还要考虑到窗口大小改变的情
                                                况，也执行同样的操作*/
    var div_objs=obj.getElementsByTagName("div");
    for(i=0;i<div_objs.length;i++)
    {
        if(div_objs[i].id=="mask")
        {
            div_objs[i].onmousedown=mousedownhandle;
                                             /*设置鼠标按下事件*/
            div_objs[i].onmouseup=mouseuphandle;
                                             /*设置鼠标提起事件*/
            div_objs[i].onmouseout=mouseuphandle;
                                             /*设置鼠标移出事件*/
        }
    }
    var    timeobj = null;
    function mousedownhandle()
    {
```

```
            if(document.all)                        /*IE 浏览器*/
                document.documentElement.scrollTop -=100;
                                              /*控制滚动条往上滚动 100 个像素*/
            else                                     /*其他浏览器*/
                document.body.scrollTop -=100;
                                              /*控制滚动条往上滚动 100 个像素*/
            timeobj = setTimeout(mousedownhandle,30);
                                              /*鼠标抬起后，重复计时*/
        }
        function mouseuphandle()
        {
            clearTimeout(timeobj);               /*鼠标抬起后，清除计时*/
        }
        obj.style.display="block";
        obj.style.top=document.documentElement.clientHeight-obj.
        offsetHeight+"px";
</script>
```

上述代码剖析如下：

当打开页面的时候首先要设置 id 为 frm 的 div 标签的顶部位置，即先获取该对象，并利用窗口高度 document.documentElement.clientHeight 和该对象的高度来计算 top 属性的值。

并且设置 window 对象的 onscroll 和 onresize 的事件响应函数，当发生滚动事件以及窗口大小改变事件时，都需要重新设置 id 为 frm 的 div 的 top 属性以及 width 属性。

另外还要为 id 为 mask 的 div 标签设置 onmousedown、onmouseup 和 onmouseout 的响应函数，当鼠标事件发生时根据不同的浏览器类型设置不同的对象的 scrollTop 属性来使滚动条滚动。例如，IE 浏览器下设置 document.documentElement 对象的 scrollTop 属性，在其他浏览器下设置 document.body 对象的 scrollTop 属性。还需设置超时函数，因为鼠标按下事件不会重复发生。

在鼠标提起事件和鼠标移出事件时，还需要取消鼠标按下响应的超时操作。

16.2　页面顶部控件

本节的主要内容是编写一个网页的向下滚动按钮，即和前一节类似，如果你学习了前一节的内容，可以通过自己的理解直接修改前一节的代码，来实现向下滚动按钮。

16.2.1　HTML 基本框架

下面是本程序的 HTML 代码部分。

```
<body>
    <div id="frm" >
        <div id="button">
            <img src="button_downward.png"  id="button_img"/>
            <div id="mask_frm"><!--在 img 上面再加一层，
            就不可以复制 img 的图片了-->
                <div id="mask">
                </div>
            </div>
```

```
        </div>
    </div>
    <div style="border:#0000FF solid 1px; margin: 0 auto; width:800px;
    height:10000px;">
        页面主体内容
    </div>
</body>
```

上述代码剖析如下：

和前一章的 HTML 部分的结构一样，主要修改了 img 标签的 src 属性。而程序的关键部分是通过添加 id 为 mask_frm 和 mask 的 div 标签来屏蔽对 img 标签图片的复制。

16.2.2　CSS 样式控制

以下是本程序的 CSS 代码部分。

```
<style type="text/css">
    body
    {
        margin:0;                              /*设置外边距*/
        padding:0;                             /*设置内边距*/
    }
    #frm
    {/*border:#FF0000 1px solid;display:none;*/
        position:absolute;                     /*设置绝对定位*/
        left:0;                                /*设置左侧偏移*/
        top:0;                                 /*设置顶部偏移*/
        width:100%;                            /*设置宽度*/
                                               /*这里和前一例子不同*/
    }
    #frm #button
    {/*border:#00FF00 1px solid;*/
        width:40px;                            /*设置宽度*/
        height:40px;                           /*设置高度*/
        float:right;                           /*设置右浮动*/
        margin:20px;                           /*设置外边距*/
        padding:0;                             /*设置内边距*/
        position:relative;                     /*设置相对定位*/
    }
    #frm #button #button_img
    {
        margin:0;                              /*设置外边距*/
        padding:0;                             /*设置内边距*/
        width:100%;                            /*设置宽度*/
        height:100%;                           /*设置高度*/
        float:right;                           /*不使用 float，IE 下会使得和
                                               父节点间出现空白间隔*/
    }
    #frm #button #mask_frm
    {/*border:#FF0000 1px solid;*/
        width:100%;                            /*设置宽度*/
        height:100%;                           /*设置高度*/
        position:absolute;                     /*设置绝对定位*/
        top:0;                                 /*设置顶部偏移*/
```

```
    }
    #frm #button #mask_frm #mask
    {
        width:100%;                                    /*设置宽度*/
        height:100%;                                   /*设置高度*/
        background-color:#FFFFFF\9;                     /*设置背景颜色*/
        filter: Alpha(Opacity=1, FinishOpacity=1, Style=1,
        StartX=0, StartY=250, FinishX=0, FinishY=0) ;
                                                       /*设置透明*/
        cursor:pointer;                                /*设置鼠标样式*/
    }
</style>
```

上述代码剖析如下：

和前一例子一样，需要针对 IE 浏览器设置 id 为 mask 的 div 标签的 filter 属性和 background-color 属性来将图片复制操作屏蔽掉。

和前一例子不一样，这里不需要设置 id 为 frm 的 div 标签，因为第一次打开网页的时候滚动条必定都在顶部。

16.2.3　相关事件控制

下面是本程序的 JavaScript 代码部分。

```
<script type="text/javascript">
    obj=document.getElementById("frm");
    window.onscroll=function(){
        var top_now, left_now;
        if(document.all)/*IE 浏览器*/
        {
            top_now=document.documentElement.scrollTop;
                                        /*读取开始时滚动条的位置*/
            left_now=document.documentElement.scrollLeft;
                                        /*读取开始时滚动条的位置*/
        }
        else/*其他浏览器*/
        {
            top_now=document.body.scrollTop;
                                        /*读取开始时滚动条的位置*/
            left_now=document.body.scrollLeft;
                                        /*读取开始时滚动条的位置*/
        }
        obj.style.top= top_now +"px";              /*这里和前一例子不同*/
        obj.style.width= left_now+
        document.documentElement.clientWidth +"px";
    }
    window.onresize=window.onscroll;           /*还要考虑到窗口大小改变的情
                                                况，也执行同样的操作*/
    var div_objs=obj.getElementsByTagName("div");
    for(i=0;i<div_objs.length;i++)
    {
        if(div_objs[i].id=="mask")
        {
            div_objs[i].onmousedown=mousedownhandle;
                                        /*设置鼠标按下事件*/
            div_objs[i].onmouseup=mouseuphandle;
```

```
                                            /*设置鼠标提起事件*/
        div_objs[i].onmouseout=mouseuphandle;
                                            /*设置鼠标移出事件*/
    }
}
var   timeobj = null;
function mousedownhandle()
{
    if(document.all)                        /*IE 浏览器*/
        document.documentElement.scrollTop +=100;
                                            /*控制滚动条位置，这里和前
                                            一例子不同*/
    else                                    /*其他浏览器*/
        document.body.scrollTop +=100;      /*控制滚动条位置，这里和前
                                            一例子不同*/
    timeobj = setTimeout(mousedownhandle,30);
                                            /*鼠标抬起后，重复计时*/
}
function mouseuphandle()
{
    clearTimeout(timeobj);                  /*鼠标抬起后，清除计时*/
}
                                            /*这里和前一例子不同*/
</script>
```

上述代码剖析如下：

和前一个例子相同，本 JavaScript 部分的代码也包括 3 个部分，包括 window 的 onscroll 事件和 onresize 事件的响应处理，以及绑定鼠标按下、抬起和移出事件，并实现这些函数。

和前一个例子不一样，因为是向上滑动，所以需要将偏移量设置为相反方向。

本程序的运行截图如图 16.2 所示。

图 16.2　右上角按钮

第 3 篇　Web 开发进阶

第 17 章　JavaScript 功能层控制

在这一章我们将开始学习如何用 JavaScript 控制功能层。JavaScript 是一种基于对象和事件驱动并具有安全性能的脚本语言。使用它的目的是与 HTML 超文本标记语言、Java 脚本语言一起来实现在一个 Web 页面中链接多个对象，与 Web 客户实现交互。我们在这一章将学习以下知识点。

- ❑ JavaScript 的基本概念
- ❑ 数据类型
- ❑ 语言操作
- ❑ 事件处理

JavaScript 是通过嵌入或调入到标准的 HTML 语言中实现的，它的出现弥补了 HTML 语言的一些缺陷。

17.1　JavaScript 的引入

JavaScript 是一种客户端/浏览器端脚本，主要用于客户端的事件控制以及与远程服务器的通信，是极其重要的 Web 脚本语言。

17.1.1　JavaScript 是什么

JavaScript 是一种脚本语言，它采用小程序段的方式实现编程。和其他脚本语言一样，JavaScript 也是一种解释性语言，它提供了易开发过程。它的基本结构形式与其他编程语言十分类似。但它不像这些语言一样，需要先编译，而是在程序运行过程中被逐行地解释。

1．面向对象的语言

JavaScript 是一种面向对象的语言。这意味着它能运用自己已经创建的对象。因此，许多功能可以来自于脚本环境中对象的方法与脚本相互作用。

2．简单性

JavaScript 的简单性主要体现在：首先，它是一种基于 Java 基本语句和控制流之上的简单而紧凑的设计，从而对于学习 Java 是非常好的过渡；其次，它的变量类型是采用弱类型，并未使用严格的数据类型。

3．安全性

JavaScript 是一种安全性语言，它不允许访问本地的硬盘，并不能将数据存入到服务器上，不允许对网络文档进行修改和删除，只能通过浏览器实现信息浏览或动态交互，从而有效地防止数据的丢失。

4．动态性

JavaScript 是动态的，它可以直接对用户或客户输入做出响应，无须经过 Web 服务程序。它对用户的反应响应，是采用以事件驱动的方式进行的。在网页中执行了某种操作所产生的动作，就称为事件。例如，按下鼠标、移动窗口以及选择菜单等都可以视为事件。当事件发生后，可能会引起相应的事件响应。

5．跨平台性

JavaScript 是依赖于浏览器本身，与操作环境无关，只要能运行浏览器的计算机，并支持 JavaScript 就可正确执行，而几乎全部浏览器都支持 JavaScript。

17.1.2　第一个 JavaScript

1．响应方式

所谓的 JavaScript 的响应方式就是在 HTML 代码部分如何设置 JavaScript 的响应处理的方法，主要包括通过事件属性和链接属性来添加 JavaScript 处理函数。

（1）事件方式：就是通过标签的 onclick、onmousemove 和 onmouseout 来设置 JavaScript 响应事件。

```
<!DOCTYPE html PUBLIC "-//W3C//DTD XHTML 1.0 Transitional//EN"
"http://www.w3.org/TR/xhtml1/DTD/xhtml1-transitional.dtd">
<html xmlns="http://www.w3.org/1999/xhtml">
<head>
    <meta http-equiv="Content-Type" content="text/html; charset=gb2312" />
    <title>
        事件方式
    </title>
</head>
<body >
    <div id="d1"  onclick="alert('事件方式')"
style="float:left;border:#FF0000 1px solid;" >
        点击我
    </div>
</body>
</html>
```

对上述代码剖析如下：

在 HTML 代码中添加了一个 div 标签，其 onclick 事件设置为 alert('事件方式')，其中 alert 是浏览器自带的功能函数，当单击事件发生时就执行 alert()函数。其输出如图 17.1 所示。

图 17.1　事件方式

（2）链接方式：就是通过<a>标签的 href 属性来设置 JavaScript 响应事件。

```
<!DOCTYPE html PUBLIC "-//W3C//DTD XHTML 1.0 Transitional//EN"
"http://www.w3.org/TR/xhtml1/DTD/xhtml1-transitional.dtd">
```

```
<html xmlns="http://www.w3.org/1999/xhtml">
<head>
    <meta http-equiv="Content-Type" content="text/html; charset=gb2312" />
    <title>
        链接方式
    </title>
</head>
<body >
    <a id="d1"  href="javascript:alert('链接方式')"
style="float:left;border:#FF0000 1px solid;">
        点击我
    </a>
</body>
</html>
```

对上述代码剖析如下：

在 HTML 代码中添加了一个<a>标签，其 href 属性设置为 alert('事件方式')，其中 alert 是浏览器自带的功能函数，当链接被激活时就执行 alert()函数。其输出如图 17.2 所示。

图 17.2　链接方式

2. JavaScript 代码的位置

在这一部分，讲解 JavaScript 代码的放置方式。JavaScript 代码可以和 HTML 代码放在同一个文件下，也可以独立放在一个文件里。

（1）在 HTML 文件里：JavaScript 代码可以放到当前 HTML 文件内部。

```
<!DOCTYPE html PUBLIC "-//W3C//DTD XHTML 1.0 Transitional//EN"
"http://www.w3.org/TR/xhtml1/DTD/xhtml1-transitional.dtd">
<html xmlns="http://www.w3.org/1999/xhtml">
<head>
    <meta http-equiv="Content-Type" content="text/html; charset=gb2312" />
    <link href="" />
    <title>
        在 Html 文件里
    </title>
    <script type="text/javascript">
        alert('在 Html 文件里');
    </script>
</head>
<body >
</body>
</html>
```

运行效果如图 17.3 所示。对上述代码剖析如下：

本程序添加了<script>标签，其 type 属性设置为 JavaScript，并调用 alert()函数。当代码被顺序执行时先执行 alert()函数，再显示 body 的内容。

（2）在外部 JS 文件里：JavaScript 代码可以放到一个独立于 HTML 文件的文件里。

以下是 myjs.js 的内容。

图 17.3　在 HTML 文件里

```
alert('在外部 JS 文件里');
```

以下是 HTML 文件的内容。

```
<!DOCTYPE    html    PUBLIC    "-//W3C//DTD    XHTML    1.0    Transitional//EN"
"http://www.w3.org/TR/xhtml1/DTD/xhtml1-transitional.dtd">
<html xmlns="http://www.w3.org/1999/xhtml">
<head>
    <meta http-equiv="Content-Type" content="text/html; charset=gb2312" />
    <link href="" />
    <title>
        在外部 JS 文件里
    </title>
    <script type="text/javascript" src="myjs.js" >
    </script>
</head>
<body>
</body>
</html>
```

运行效果如图 17.4 所示。对上述代码剖析
如下：

本程序添加了<script>标签，其 type 属性设置
为 JavaScript，并设置其 src 属性为 myjs.js。当代码
被顺序执行时先执行 myjs.js 的代码，再显示 body
的内容。

图 17.4　在外部 JS 文件里

17.1.3　注意事项

1．大小写敏感

JavaScript 代码是大小写敏感的，如 Type 和 type 是两个不同的标示符。若有语句：
Type=1; type=2; 则 Type 的值仍然为 1，而不是 2。

2．空格与换行

表达式或者语句可以分为多行书写或中间添加空格，但多字符的操作符或者函数名不
能用空格符或换行符分开。另外，字符串多行书写时需要用"＋"号连接。

3．可有可无的分号

当一行的语句是完整的可以不用分号并占据一行，而当使用分号时被认为是之前的完
整的或不完整的语句的结束。

17.2　数据类型

像大多数编程语言一样，JavaScript 也支持多种数据类型以及一些特殊的数据类型，掌
握数据类型及其用法非常重要。在这一节，我们介绍 JavaScript 支持的数据类型。

17.2.1　基本数据类型

JavaScript 有它自身的基本数据类型、表达式和运算符以及程序的控制结构。JavaScript 提供了基本的数据类型用来处理数字和文字，它们是：数值（整数和实数）、字符串型（用双引号或单引号括起来的字符）和布尔型（用 True 或 False 表示）。

1. 常量

（1）整型常数

JavaScript 的常量通常又称字面常量，它是不能改变的数据。整型常量可以使用十六进制、八进制和十进制表示其值。

（2）实型常数

实型常量是由整数部分加小数部分表示，如 12.32、193.98，可以使用科学或标准方法表示。

（3）布尔数

布尔常量只有两种状态：True 或 False。它主要用来说明或代表一种状态或标志，以说明操作流程。JavaScript 与 C++是不一样的，C++可以用 1 或 0 表示其状态，而 JavaScript 只能用 True 或 False 表示其状态。

（4）字符型常量

是使用单引号或双引号括起来的一个或几个字符，例如"abcdefghijklmnopqrstuvwxyz"、"1234567890"以及"string"等。

（5）空值

JavaScript 中有一个空值 null，表示什么也没有，例如，试图引用没有定义的变量，则返回一个 null 值。

（6）转义字符

由于一些字符在屏幕上不能显示，或者 JavaScript 语法上已经有了特殊用途，在使用这些字符时，就要使用转义字符。转义字符用斜杠 "\" 开头，如 "\'" 表示单引号、"\"" 表示双引号、"\n" 表示换行符、"\r" 表示回车符（以上是常用的转义字符）。

于是，使用转义字符，就可以做到引号多重嵌套，例如：s= "\ "Hello\" mean \ "Hi\" "，表示 s 的值为："Hello" mean "Hi"。

（7）NaN

该标识表示 "NotaNumber"。出现这个数值比较少见，可以不理它。当运算无法返回正确的数值时，就会返回 "NaN" 值。另外，NaN 本身也不等于 NaN。

2. 变量

变量是存取数据和提供存放信息的容器。对于变量必须明确变量的命名、变量的类型、变量的声明及其变量的作用域。

变量以字母开头，中间可以出现数字。除下划线 "_" 作为连字符外，变量名称不能有空格、"＋"、"－"、"，"或其他符号。

在 JavaScript 中，变量可以用命令 var 来声明。

变量分为全局变量和局部变量。全局变量是定义在所有函数体之外，其作用范围是整个函数；而局部变量是定义在函数体之内，只对该函数是可见的，对其他函数则是不可见的。

17.2.2　复合数据类型

复合数据类型是由基本的数据类型组成的新的数据类型，相当于基本数据类型的集合。

1．字符串类型

字符串是一组字符的连续集合，在 JavaScript 里面，也给字符串变量提供相应的字符串查找、剪切、合并和替换操作。

（1）字符串连接操作：concat(str1, str2, ...)

例如：

```
s="string";
s=s.concat("string1","string2","string3");
```

或者使用"+"运算，例如，s=s+"string1"+"string2"+"string3";

（2）字符串的子串提取操作：substring(i1, i2)

例如：

```
s="string";
s=s.substring(0, 2);                               /*提取前 3 个字符*/
```

也可以使用 slice 操作：s.slice(0,2)。

（3）字符串的大小写转换操作：toLowerCase()和 toUpperCase()

例如：

```
s="string";
s=s.toUpperCase( );                                /*转为大写*/
s2="STRING";
s2=s2.toLowerCase( );                              /*转为小写*/
```

（4）字符串判断操作符：==、!=、===、!==

其中"=="和"!="只进行值的匹配，"==="和"!=="还进行类型的匹配。

例如：

```
var strA = "i love you!";
var strB = new String("i love you!");
var t1=(strA==strB);
var t2=(strA===strB);
```

在上述代码中 t1 为 true，而 t2 为 false，因为 strA 是一个普通字符串，而 strB 是一个 String 类的对象字符串。

（5）数字前缀提取操作：parseInt(str)

parseInt()函数将字符串前面的数字提取出来，并转为数字。

例如：

```
var str = "980px";
var num = parseInt(str);
```

（6）字符串的查找操作：indexOf(subString, startIndex)

indexOf()函数会从 startIndex 处寻找 subString 子串，并返回所在位置的索引。

例如：

```
var str = "980px";
var i = str.indexOf("px", 2);                    /*返回位置 3*/
```

（7）字符转换为 Unicode 值：charCodeAt(index)

例如：

```
var str = "ABCDEFG";
var code = str.charCodeAt(2);                    /*字符'C'的Unicode码值为67*/
```

2．数组对象

数组是连续排列的多个数据的组合，其中每个数据可以是不同的数据类型。

数组的创建方法一：

例如：var　a= new Array(3);

以上语句创建一个大小为 3 的数组（里面的每个元素还没确定，可以设置为不同类型的数据）。

数组的创建方法二：

例如：var　a= [10, "string", 'c'];

以上语句创建一个大小为 3 的数组（里面的每个元素已确定，且为不同类型的数据）。

数组的创建方法三：

例如：var　a= new Array(10, "string", 'c');

以上语句创建一个大小为 3 的数组（里面的每个元素已确定，且为不同类型的数据）。

17.2.3　其他数据类型

另外，JavaScript 还自定义了一些自带的数据类型，如数学对象和日期对象等，通过这些数据类型和对象变量可以辅助编程。

1．数学对象

JavaScript 封装了 Math 对象，并提供了数学方面常用的属性和方法。调用 Math 对象的方法和属性的方式如下：

```
Math.[属性|方法];
```

表 17.1 列出了 Math 对象常用的属性和方法的功能描述。

表 17.1　Math对象的属性和方法的功能描述表

名称	类别	功能描述
PI	属性	返回圆周率
abs	方法	返回数字的绝对值
cos	方法	返回数字的余弦值
sin	方法	返回数字的正弦值
max	方法	返回数组中的最大值

名称	类别	功能描述
min	方法	返回数组中的最小值
sqrt	方法	返回给定数的平方根
tan	方法	返回给定数的正切值
round	方法	返回最接近的整数
log	方法	返回给定数的自然对数
pow	方法	返回给定数的指定次幂

2．日期对象

JavaScript 封装了 Date 类型，并提供了日期的相关方法。Date 对象创建方式如下：

```
date=new Date( );                      /*以当前时间创建日期对象*/
date=new Date( val );                  /*val 表示 1970 年 1 月 1 日后的毫秒数*/
date=new Date(year, month, date[,  hour[, minute[, second[, minisecond]]]]);
                                       /*使用指定时间创建日期对象*/
```

表 17.2 列出了 Date 类常用方法和功能描述。

表 17.2　Data类的功能描述表

方法名	功能描述
getDate()	返回该Date对象的日份
getMonth()	返回该Date对象的月份
getYear()	返回该Date对象的年份
getDay()	返回该Date对象的星期数
getHours()	返回该Date对象的小时数
getMinutes()	返回该Date对象的分钟数
setDate(date)	设置该Date对象的日份
setMonth(month)	设置该Date对象的月份
setYear(year)	设置该Date对象的年份

3．JavaScript 提供的内部对象

JavaScript 提供了众多的内部对象，表 17.3 是这些常见的对象及其描述。

表 17.3　JavaScript对象的描述表

对象类型	描　　述
Object	所有对象的基础对象
Array	数组对象（带操作和属性）
ActiveXObject	活动控件对象
Arguments	参数对象，正在调用的函数参数
Boolean	布尔对象
Date	日期对象（带操作和属性）
Error	错误对象，保存错误信息
Function	函数对象，用于创建函数
Global	全局对象，包括所有全局对象以及全局常量
Math	数学对象（带操作和属性）
Number	数字对象，代表所有数值
RegExp	正则表达式对象
String	字符串对象

4. null 和 undefined

null 表示变量的值就为 null，要把一个字符串或一个数字变为一个无效的数值时，就可以将该变量设置为 null；而如果一个变量没被定义，只是声明，则其值为 undefined。

17.3　程序控制

像其他语言一样，JavaScript 可以进行程序控制。在这一节我们介绍相关的运算符和控制语句，对控制语句的学习是十分重要的。

17.3.1　运算符

JavaScript 和其他的语言一样提供了多种运算符，包括算术运算符、逻辑运算符和比较运算符等。表 17.4 是 JavaScript 中常用的运算符及其功能的列表。

表 17.4　JavaScript运算符描述表

运算符	描述
+	算术加法运算
-	算术减法运算
%	算术求余运算
*	算术乘法运算
/	算术除法运算
-	算术取负运算（左运算符）
===	含类型相等比较判断符
!==	含类型不等比较判断符
==	相等比较判断符
!=	不等比较判断符
<	小于比较判断符
<=	小于等于比较判断符
>	大于比较判断符
>=	大于等于比较判断符
&&	逻辑与运算符
||	逻辑或运算符
!	逻辑非运算符
&	按位与运算符
|	按位或运算符
~	按位非运算符
^	按位异或运算符
<<	位左移运算符
>>	位右移运算符
>>>	无符号右移运算符
--	先用后减（右运算符），先减后用（左运算符）
++	先用后加（右运算符），先加后用（左运算符）
?:	条件赋值运算符

17.3.2 特殊运算符

除了上一小节提到的基本的编程运算符外，JavaScript 还支持某些内带的运算符来为程序员提供高效率的编程手段。

1. in 运算符

in 运算符是对数组逐个提取数组元素的操作。in 运算符主要用于循环语句，下面是 in 运算符的简单使用示例。

```html
<!DOCTYPE html PUBLIC "-//W3C//DTD XHTML 1.0 Transitional//EN"
"http://www.w3.org/TR/xhtml1/DTD/xhtml1-transitional.dtd">
<html xmlns="http://www.w3.org/1999/xhtml">
<head>
    <meta http-equiv="Content-Type" content="text/html; charset=gb2312" />
    <link href="" />
    <title>
        in 运算符
    </title>
    <script type="text/javascript" >
        var name=[ '张山', '李四', '李峰', '刘明', '杨刚' ];
        for( i in name )
            document.write( name[i]+" " );
                                    /* 在页面输出数组的字符串*/
    </script>
</head>
<body>
</body>
</html>
```

对上述代码剖析如下：

在 JavaScript 代码部分，添加了一个数组 name 并为它添加 5 个字符串变量，然后使用 for 循环加上 in 语句来遍历 name 数组并 document.write 输出。结果如图 17.5 所示。

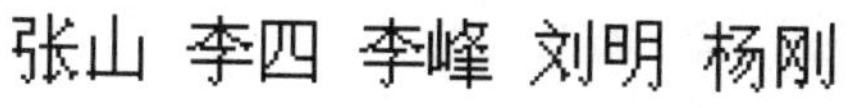

张山 李四 李峰 刘明 杨刚

图 17.5 in 运算符示例

2. instanceof 运算符

instanceof 操作是对变量的类型进行判断的操作，如果变量的类型和指定的类型一致则返回 TRUE，否则返回 FALSE。

instanceof 运算符，用于判断目标变量是不是指定类型的变量。下面是 instanceof 的简单示例。

```html
<!DOCTYPE html PUBLIC "-//W3C//DTD XHTML 1.0 Transitional//EN"
"http://www.w3.org/TR/xhtml1/DTD/xhtml1-transitional.dtd">
<html xmlns="http://www.w3.org/1999/xhtml">
<head>
    <meta http-equiv="Content-Type" content="text/html; charset=gb2312" />
    <title>
        instanceof 运算符
    </title>
    <script type="text/javascript" >
        var name=[ '张山', '李四', '李峰', '刘明', '杨刚' ];
```

```
        if( name instanceof Array )                    /* 数组*/
                                                        /* 判断是不是数组*/
            document.write( "name 是数组实例" );
        else
            document.write( "name 不是数组实例" );
        document.write( "<br/>" );
        var date=new Object();
        if( date instanceof Array )                     /* 判断是不是数组*/
            document.write( "date 是数组的实例" );
        else
            document.write( "date 不是数组的实例" );
    </script>
</head>
<body>
</body>
</html>
```

对上述代码剖析如下：

在 JavaScript 代码部分，添加了一个数组 name
并为它添加 5 个字符串变量，以及一个 Object 对象
date，并使用 instanceof 运算符判断 name 和 date 是
否是 Array 数组类型。因为 name 是数组而 date 不
是，所以输出语句：document.write("name 是数组
实例")；和 document.write("date 不是数组的实例")。
结果如图 17.6 所示。

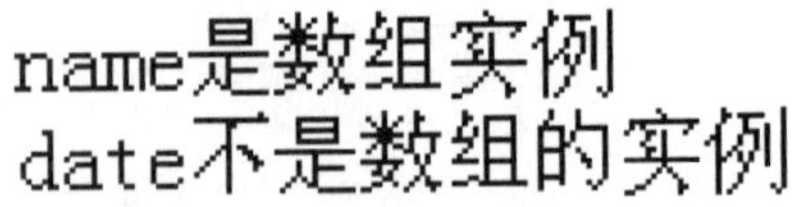

```
name是数组实例
date不是数组的实例
```

图 17.6 instanceof 运算符示例

3. typeof 运算符

typeof 运算符实际上是一个函数（或者以函数的形式来书写），该函数的返回值是其
参数类型的字符串名字。也就是说，typeof 运算符用于获取目标变量的类型。下面是 typeof
运算符的简单示例。

```
<!DOCTYPE html PUBLIC "-//W3C//DTD XHTML 1.0 Transitional//EN"
"http://www.w3.org/TR/xhtml1/DTD/xhtml1-transitional.dtd">
<html xmlns="http://www.w3.org/1999/xhtml">
<head>
    <meta http-equiv="Content-Type" content="text/html; charset=gb2312" />
    <title>
        typeof 运算符
    </title>
    <script type="text/javascript" >
        var a=7;
        document.write( typeof(a) +"<br/>");
        a='p';
        document.write( typeof(a) +"<br/>");
        a=true;
        document.write( typeof(a) +"<br/>");
        a=new Date();
        document.write( typeof(a) +"<br/>");
    </script>
</head>
<body>
</body>
</html>
```

对上述代码剖析如下：

在 JavaScript 代码部分，添加了一个变量 a，依次使它的
值为 7、"p"、true 和一个 Date 对象，所以依次输出：number、
string、boolean 和 object。结果如图 17.7 所示。

```
number
string
boolean
object
```

图 17.7　typeof 运算符示例

17.3.3　控制语句

控制语句是控制程序执行哪条语句的语句，主要包括判断语句、循环语句和跳转语句
等，而 JavaScript 也提供了类似的控制语句机制。

1. 判断语句

（1）if-else-if 语句：该语句用于进行条件的判断，每个 if 语句或者 else-if 语句都可以
跟一个判断条件，当该条件成立时则执行其内部内容。

下面是 if-else-if 语句的简单举例。

```
<!DOCTYPE html PUBLIC "-//W3C//DTD XHTML 1.0 Transitional//EN"
"http://www.w3.org/TR/xhtml1/DTD/xhtml1-transitional.dtd">
<html xmlns="http://www.w3.org/1999/xhtml">
<head>
    <meta http-equiv="Content-Type" content="text/html; charset=gb2312" />
    <title>
        if-else-if 语句
    </title>
    <script type="text/javascript" >
        var date=new Date();
        var hour=date.getHours();
        document.write('当前时间为: ');
        if( hour<12&&hour>=6 )                      /* 判断时间*/
            document.write('上午');
        else if( hour>=12&&hour<=18 )
            document.write('下午');
        else if( hour>=18&&hour<=24 )
            document.write('晚上');
        else
            document.write('凌晨');
    </script>
</head>
<body>
</body>
</html>
```

对上述代码剖析如下：

在 JavaScript 代码部分，添加了一个 Date 类型的变量 date，
获得当前的小时数，并判断 hour 的值，如果 hour 的值符合对
应的 if-else-if 语句的判断，则执行相应的代码。结果如图 17.8
所示。

当前时间为：晚上

图 17.8　if-else-if 语句示例

（2）switch-case-default 语句：该语句用于进行条件的判断，switch 语句后面跟一个判
断条件，当该条件和 case 的条件一致时执行 case 处的代码。

下面是 switch-case-default 语句的简单举例。

```
<!DOCTYPE html PUBLIC "-//W3C//DTD XHTML 1.0 Transitional//EN"
"http://www.w3.org/TR/xhtml1/DTD/xhtml1-transitional.dtd">
<html xmlns="http://www.w3.org/1999/xhtml">
<head>
    <meta http-equiv="Content-Type" content="text/html; charset=gb2312" />
    <title>
        switch-case-default 语句
    </title>
    <script type="text/javascript" >
        var date=new Date();
        var hour=date.getHours();
        document.write('还剩下的小时有：');
        switch(hour)                          /* 以 hour 的值作为判断的依据*/
        {
            case 1:document.write('1 ');
            case 2:document.write('2 ');
            case 3:document.write('3 ');
            case 4:document.write('4 ');
            case 5:document.write('5 ');
            case 6:document.write('6 ');
            case 7:document.write('7 ');
            case 8:document.write('8 ');
            case 9:document.write('9 ');
            case 10:document.write('10 ');
            case 11:document.write('11 ');
            case 12:document.write('12 ');
            case 13:document.write('13 ');
            case 14:document.write('14 ');
            case 15:document.write('15 ');
            case 16:document.write('16 ');
            case 17:document.write('17 ');
            case 18:document.write('18 ');
            case 19:document.write('19 ');
            case 20:document.write('20 ');
            case 21:document.write('21 ');
            case 22:document.write('22 ');
            case 23:document.write('23 ');
            case 24:document.write('24 ');
            default:document.write(' 没了');
        }
    </script>
</head>
<body>
</body>
</html>
```

对上述代码剖析如下：

在 JavaScript 代码部分，添加了一个 Date 类型的变量 date，获得当前的小时数，并判断 hour 的值。因为本人执行当前程序的时间为 23 点 15 分，所以程序跳到 case 23 的位置并执行后面的内容（如果不想继续执行后面的 case 的内容可以用 break 跳出），如图 17.9 所示。

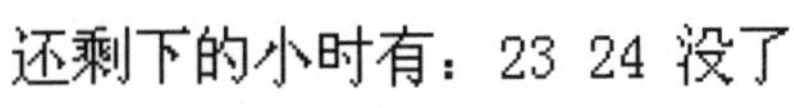

还剩下的小时有：23 24 没了

图 17.9　switch-case-default 语句示例

2．循环语句

（1）while 语句：该语句用于条件的判断并进行循环。while 语句后面跟一个判断条件，当该条件成立时执行 while 内部的代码。

下面是 while 语句的简单举例。

```html
<!DOCTYPE html PUBLIC "-//W3C//DTD XHTML 1.0 Transitional//EN"
"http://www.w3.org/TR/xhtml1/DTD/xhtml1-transitional.dtd">
<html xmlns="http://www.w3.org/1999/xhtml">
<head>
    <meta http-equiv="Content-Type" content="text/html; charset=gb2312" />
    <title>
        while 语句
    </title>
    <script type="text/javascript" >
        var date=new Date();
        var hour=date.getHours();
        document.write('还剩下的小时有：');
        while(hour<=24)                         /* 判断 hour 的值 */
        {
            document.write(hour+' ');
            hour=hour+1;
        }
    </script>
</head>
<body>
</body>
</html>
```

对上述代码剖析如下：

在 JavaScript 代码部分，添加了一个 Date 类型的变量 date，获得当前的小时数，并判断 hour 的值。因为本人执行当前程序的时间为 19 点 15 分，所以程序循环了 6 次，hour 才加到 24。结果如图 17.10 所示。

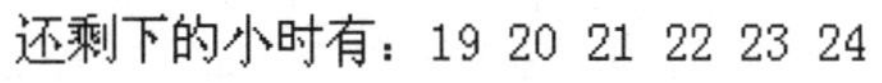

还剩下的小时有：19 20 21 22 23 24

图 17.10　while 语句示例

（2）do-while 语句：该语句用于先执行循环体代码再进行条件的判断。while 语句后面跟一个判断条件，当该条件成立时继续执行 do 内部的代码。

下面是 do-while 语句的简单举例。

```html
<!DOCTYPE html PUBLIC "-//W3C//DTD XHTML 1.0 Transitional//EN"
"http://www.w3.org/TR/xhtml1/DTD/xhtml1-transitional.dtd">
<html xmlns="http://www.w3.org/1999/xhtml">
<head>
    <meta http-equiv="Content-Type" content="text/html; charset=gb2312" />
    <title>
        do-while 语句
    </title>
    <script type="text/javascript" >
        var date=new Date();
        var hour=date.getHours();
        document.write('还剩下的小时有：');
        do                                      /* 先执行，再判断*/
        {
            document.write(hour+' ');
            hour=hour+1;
        }while(hour<=24)
    </script>
</head>
```

```
<body>
</body>
</html>
```

对上述代码剖析如下：

在 JavaScript 代码部分，添加了一个 Date 类型的变量 date，获得当前的小时数，并判断 hour 的值。因为本人执行当前程序的时间为 10 点 27 分，所以程序循环了 15 次，hour 才加到 24。结果如图 17.11 所示。

还剩下的小时有：10 11 12 13 14 15 16 17 18 19 20 21 22 23 24

图 17.11　do-while 语句示例

do-while 和 while 的区别是先执行内部代码还是先判断。

（3）for 语句：该语句用于先初始化判断条件，进行条件的判断，若条件成立则进入循环体执行代码。接着改变判断条件，当该条件成立时继续执行 for 内部的代码。

下面是 for 语句的简单举例。

```
<!DOCTYPE html PUBLIC "-//W3C//DTD XHTML 1.0 Transitional//EN"
"http://www.w3.org/TR/xhtml1/DTD/xhtml1-transitional.dtd">
<html xmlns="http://www.w3.org/1999/xhtml">
<head>
    <meta http-equiv="Content-Type" content="text/html; charset=gb2312" />
    <title>
        for 语句
    </title>
    <script type="text/javascript" >
        var date=new Date();
        var hour=date.getHours();
        document.write('还剩下的小时有：');
        for(i=hour;i<=24;i++)
        {
            document.write(i+' ');
        }
    </script>
</head>
<body>
</body>
</html>
```

对上述代码剖析如下：

在 JavaScript 代码部分，添加了一个 Date 类型的变量 date，获得当前的小时数，并判断 hour 的值。因为本人执行当前程序的时间为 10 点 38 分，所以程序循环了 15 次，hour 才加到 24。结果如图 17.12 所示。

还剩下的小时有：10 11 12 13 14 15 16 17 18 19 20 21 22 23 24

图 17.12　for 语句示例

3．异常处理语句

（1）try-catch-finally 语句：该语句用于执行可能会出错的代码，并处理相应的错误。

下面是 try-catch-finally 语句的简单举例。

```
<!DOCTYPE html PUBLIC "-//W3C//DTD XHTML 1.0 Transitional//EN"
"http://www.w3.org/TR/xhtml1/DTD/xhtml1-transitional.dtd">
<html xmlns="http://www.w3.org/1999/xhtml">
<head>
    <meta http-equiv="Content-Type" content="text/html; charset=gb2312" />
    <title>
        try-catch-finally 语句
    </title>
    <script type="text/javascript" >
        try
        {
            var obj = document.getElementById('id');
            alert(obj.innerText);
        }
        catch(e)                                    /* 捕获异常*/
        {
            alert( (e.number&0xFFFF) + "号错误" + e.description );
        }
        finally
        {
            document.write('执行结束 ');
        }
    </script>
</head>
<body>
</body>
</html>
```

对上述代码剖析如下：

在 JavaScript 代码里添加了 try-catch-finally 语句，并在 try 里面尝试获取 Id 为"id"的标签。因为 HTML 代码里没有 Id 为"id"的标签，所以产生异常。

catch 语句负责捕获 try 语句中产生的异常，并将异常号码和异常的描述输出。finally 的语句是不管是否发生异常都会执行的代码，如图 17.13 所示。

图 17.13　try-catch-finally 语句示例

（2）throw 语句：该语句用于产生自定义的错误，并由 catch 语句处理相应的错误。下面是 throw 语句的简单举例。

```
<!DOCTYPE html PUBLIC "-//W3C//DTD XHTML 1.0 Transitional//EN"
"http://www.w3.org/TR/xhtml1/DTD/xhtml1-transitional.dtd">
<html xmlns="http://www.w3.org/1999/xhtml">
<head>
    <meta http-equiv="Content-Type" content="text/html; charset=gb2312" />
    <title>
        throw 语句
    </title>
    <script type="text/javascript" >
        try
        {
            throw new Error(53,"53 号错误");
        }
        catch(e)                                    /* 捕获异常*/
        {
            alert( "错误号："+(e.number&0xFFFF) + "  错误描述： " +
```

```
        e.description );
    }
    finally
    {
        document.write('执行结束 ');
    }
    </script>
</head>
<body>
</body>
</html>
```

对上述代码剖析如下：

在 JavaScript 代码里添加了 try-catch-finally 语句，并在 try 里面使用 throw 语句将 Error 抛出，该 Error 号为 53 且描述为 "53 号错误"，如图 17.14 所示。

catch 语句里抛出自定义的错误警告，其错误号和描述与我们定义的一致。

图 17.14　throw 语句示例

17.4　事件处理

所谓事件，实际上是发生在页面上的中断。例如键盘事件、鼠标事件或者是引起页面部件发生某些操作或变化的事件。

17.4.1　浏览器事件

浏览器事件是发生事件的对象为浏览器的事件，例如页面加载完成事件。浏览器的事件有很多，body 标签的事件主要有以下这些。

（1）onload 事件：该事件在页面打开的时候执行，其使用方法如下：

```
<body  onload="alert('浏览器事件')">
```

（2）onunload 事件：该事件在页面关闭或跳转到别的网页的时候执行，其使用方法如下：

```
<body  onunload="alert('浏览器事件')">
```

（3）onblur 事件：该事件在页面最小化的时候执行，其使用方法如下：

```
<body  onblur="alert('浏览器事件')">
```

（4）onfocus 事件：该事件在页面重新显示的时候执行，其使用方法如下：

```
<body  onfocus="alert('浏览器事件')">
```

（5）onerror 事件：该事件在页面加载出错的时候执行，其使用方法如下：

```
<body  onerror="alert('浏览器事件')">
```

（6）onresize 事件：该事件在页面窗口大小改变的时候执行，其使用方法如下：

```
<body onresize="alert('浏览器事件')">
```

17.4.2　键盘事件

键盘事件是用户通过电脑键盘对网页作用而产生的中断信号，主要包括按键按下和按键提起等事件。

（1）onkeydown 事件：该事件在按键按下的时候执行，其使用方法如下：

```
<button onkeydown="alert('键盘事件')" >
```

（2）onkeyup 事件：该事件在按键提起的时候执行，其使用方法如下：

```
<button onkeyup="alert('键盘事件')" >
```

（3）onkeypress 事件：该事件在按键点击的时候执行，其使用方法如下：

```
< button onkeypress="alert('键盘事件')">
```

17.4.3　鼠标事件

鼠标事件是用户通过电脑鼠标对网页作用而产生的中断信号，主要包括鼠标按下和鼠标提起等事件。

（1）onclick 事件：该事件在鼠标单击的时候执行，其使用方法如下：

```
<button onclick="alert('鼠标事件')" >
```

（2）ondblclick 事件：该事件在鼠标双击的时候执行，其使用方法如下：

```
<button ondblclick="alert('鼠标事件')" >
```

（3）onmousedown 事件：该事件在鼠标按下的时候执行，其使用方法如下：

```
< button onmousedown="alert('鼠标事件')">
```

（4）onmouseup 事件：该事件在鼠标提起的时候执行，其使用方法如下：

```
< button onmouseup="alert('鼠标事件')">
```

（5）onmousemove 事件：该事件在鼠标移动的时候执行，其使用方法如下：

```
< button onmousemove="alert('鼠标事件')">
```

（6）onmouseover 事件：该事件在鼠标进入标签的时候执行，其使用方法如下：

```
< button onmouseover="alert('鼠标事件')">
```

（7）onmouseout 事件：该事件在鼠标移出标签的时候执行，其使用方法如下：

```
< button onmouseout="alert('鼠标事件')">
```

17.4.4 表单事件

表单事件是用户通过键盘或者鼠标对网页的表单进行操作而产生的中断信号，主要包括表单提交和表单重置等事件。

（1）onreset 事件：该事件在表单重置（单击重置按钮）的时候执行，其使用方法如下：

```
<form onreset="alert('表单事件')">
<input type="reset" />
</form>
```

（2）onsubmit 事件：该事件在表单提交（单击提交按钮）的时候执行，其使用方法如下：

```
<form onsubmit ="alert('表单事件')">
<input type="submit" />
</form>
```

17.4.5 选单事件

选单事件是用户通过键盘或者鼠标对网页选单（即 select 标签）进行操作而产生的中断信号，主要有选单改变事件。

onchange 事件在 select 标签的选择项改变的时候执行，其使用方法如下：

```
<select onchange="alert('选单事件')">
    <option>Option1</option>
    <option>Option2</option>
    <option>Option3</option>
    <option>Option4</option>
</select>
```

17.4.6 文本事件

文本事件是用户通过键盘或者鼠标对网页可修改文本（如 input 标签里的文本）进行操作而产生的中断信号，主要有文本选择事件。

onselect 事件在文本标签的文本内容被选中的时候执行，其使用方法如下：

```
<input type='text" onselect="alert('文本事件')"  />
<textarea onselect="alert('文本事件')" ></textarea>
```

17.5 DOM 对象

这一节，我们了解什么是 DOM。DOM 的概念不仅是 Web 编程里才有。浏览器会对每个页面创建 DOM 模型，通过访问该模型可以控制页面标签的样式。

17.5.1　DOM 初识

DOM 的英文全称为 Document Object Model，即文本对象模型。整个网页文本被抽象为一个树形结构，JavaScript 提供了全局变量 document，通过它便可以遍历整个文档的所有节点。

通过节点的查找可以为指定的标签节点添加另外的子节点标签，也可以删除指定的子节点标签，或者添加或删除样式单。

17.5.2　DOM 的简单例子

以下是一段简单的 HTML 代码，通过它来了解 DOM 的结构。

```
<html>
    <head>
        <title>
            文档标题
        </title>
    </head>
    <body>
        <h1>
            我的标题
        </h1>
        <a href="#">
            我的链接
        </a>
    </body>
</html>
```

上述代码的 DOM 模型结构如图 17.15 所示，其中根节点为 HTML 标签，并且每一个文本都会作为一个节点存在于 DOM 模型中。

本文本的 DOM 模型中一共有 3 种节点，包括标签节点、属性节点以及文本节点（而 IE 浏览器是不把标签里的文本作为节点的）。

另外，必须在 body 加载完成后，body 节点才会出现。

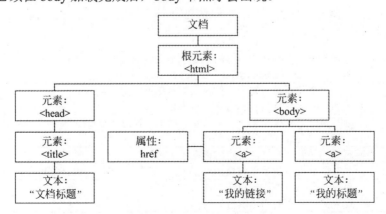

图 17.15　DOM 树形结构

17.5.3　DOM 函数与关键字

在本小节，我们总结 DOM 模型下 JavaScript 所支持的一些属性变量以及相应的操作函数。

表 17.5 展示 DOM 模型下每个标签节点的附属属性，通过这些属性可以获取和该标签相关的其他标签实体。

表 17.5　DOM节点的属性

属性	描　　述
attributes数组	获取某个节点的所有属性子节点（实际是一个NodeList对象）
childNodes数组	获取某个节点的所有子节点，可以按数组方式访问子节点，另外还包括属性length以及方法item()（实际是一个NodeList对象）
firstChild	获取某个节点的第一个子节点
lastChild	获取某个节点的最后一个子节点
localName	返回被选元素的本地名称
nextSibling	获取某个节点的下一个邻近子节点
previousSibling	获取某个节点的上一个邻近子节点
nodeName	获取某个节点的节点名字
nodeType	获取某个节点的节点类型
ownerDocument	返回这个文档的根节点
parentNode	获取某个节点的父节点
textContent 和 innerText	获得某个节点的文本字符串（FireFox只能用textContent，其他浏览器用innerText）
innerHTML	获得某个节点的内部HTML代码
baseURI	获取当前URI路径

JavaScript 除了支持标签的 DOM 属性外，还增加了相应的节点操作方法，表 17.6 展示了 DOM 模型下每个标签节点的附属操作方法，通过这些方法可以操作该标签的某些特性。

表 17.6　DOM节点的相关方法

方法	描　　述
appendChild	向某个节点后面插入一个新节点
choneNode	复制某个节点，例如：Node.cloneNode(true);
hasAttributes	判断某个节点是否有属性存在（低版本IE不支持）
hasChildNodes	判断某个节点是否有子节点
insertBefore	把新节点插入到某个节点的指定子节点的前面，例如：parentNode.insertBefore(newNode , Node);
isEqualNode	判断两个节点是否完全一致（低版本IE不支持），例如：Node1. isEqualNode (Node2);
isSameNode	判断两个节点是否是同一个节点，例如：Node1. isEqualNode (Node2);
normalize	将相邻的Text对象合并为一个
removeChild	删除（并返回）当前节点的指定子节点
replaceChild	对某个节点用新节点替换指定子节点，例如：Node.replaceChild(newNode,oldNode);
getAttribute	获得某个节点的指定属性的值
setAttribute	设置某个节点的指定属性的值

Element 对象是 DOM 节点的一类，JavaScript 为该节点类提供了某些操作方法。

表 17.7 列出了几个常用的 Element 对象的操作方法。

表 17.7　Element对象的方法

方法	描　　述
getElementById	获得指定Id的标签节点（document节点具有该方法）
getElementsByName	从某个节点获得指定Name的标签数组
getElementsByTagName	从某个节点获得指定标签名的标签数组

Text 对象是 DOM 节点的一类，JavaScript 为该节点类提供了某些附属属性，表 17.8 列出了几个常用的 Text 对象的属性。

表 17.8　Text对象的相关属性

属性	描　　述
data	获取Text节点的字符串
length	获取Text节点的字符串长度

JavaScript 除了为 Text 节点类提供某些附属属性外，还提供了相应的操作方法，表 17.9 列出了几个常用的 Text 对象的操作方法。

表 17.9　Text对象的相关方法

方法	描　　述
appendData	在Text节点后面添加字符串，如Node.appendData(string)
deleteData	在Text节点指定位置删除指定长度的字符串，如Node.deleteData(start ,length)
insertData	在Text节点指定位置插入字符串，如Node.insertData(start ,string)
replaceData	在Text节点指定位置替换指定长度的字符串，如Node.replaceData(start, length, string)
splitText(offset)	在Text节点指定位置分裂字符串为两个Text节点，如Node.splitText(offset)
substringData	在Text节点指定位置提取指定长度的字符串，如Node.substringData(start,length)

第 18 章　DOM 与 XML 应用

在这一章学习如何通过 JavaScript 提供的关于读写 DOM 模型的方法，来读取网页文档信息和改变网页的样式，以及利用 xsl 来控制 xml 文档的显示，这样在为 xml 文件指定 xsl 后，就可以直接通过打开 xml 文件来显示希望的样式。

18.1　HTML 的 DOM 使用

本节对 DOM 编程进行进一步讲解，通过程序例子的解析，来更加深刻地了解 DOM。另外，通过修改 DOM 节点达到改变页面样式的效果。

18.1.1　用 DOM 遍历 HTML 元素

这一节学习读取一个 HTML 文档，并将其 DOM 节点结构全部遍历出来。以下是 HTML 代码。

```
<!DOCTYPE html PUBLIC "-//W3C//DTD XHTML 1.0 Transitional//EN"
"http://www.w3.org/TR/xhtml1/DTD/xhtml1-transitional.dtd">
<html xmlns="http://www.w3.org/1999/xhtml">
    <head>
        <meta http-equiv="Content-Type" content="text/html;
charset=gb2312" />
        <link type="text/css" href="css.css" rel="stylesheet" />
        <title>
            DOM 遍历 HTML 元素
        </title>
        <script type="text/javascript" >
        var array=[];
        var index=[];
        var E_type=["ELEMENT_NODE", "ATTRIBUTE_NODE", "TEXT_NODE",
        "CDATA_SECTION_NODE" ,
                    "ENTITY_REFERENCE_NODE", "ENTITY_NODE",
                    "PROCESSING_INSTRUCTION_NODE",
                    "COMMENT_NODE", "DOCUMENT_NODE",
                    "DOCUMENT_TYPE_NODE", "DOCUMENT_FRAGMENT_NODE",
                    "NOTATION_NODE"];          /* 节点类型名字数组*/
        var    C_type=["标签节点", "属性节点",
        "文本节点", "字符数据会话节点" ,
                    "实体引用节点", "实体节点", "处理指令节点",
                    "评论节点", "文档节点", "文档类型节点", "文档段节点",
                    "标注节点"];               /* 节点类型名字数组*/

function load()
```

```
        { //
            array.push(document.documentElement );
                                            /* 把标签压进数组*/
        index.push(0);
        s="";
        while(array.length!=0)              /* 压栈弹栈读取节点树 */
        {
            obj=array.pop( );
            k=index.pop( );
            s+=printspace(k);

            s+= "节点名字: "+ obj.nodeName+" " +" "   ;
            s+= "节点类型: "+ C_type[obj.nodeType-1]+"|"+
            E_type[obj.nodeType-1]+"|"+ obj.nodeType+" <br/>"  ;
            if(obj.hasChildNodes()==true)
            {
                k=k+1;
                for( i=obj.childNodes.length-1 ;i>=0 ;i--)
                {
array.push(obj.childNodes[i]);
                                            index.push(k);
                }
            }
        }/**/
        document.write( s );                /* 写出节点树字符串*/
    }
    function printspace(i)                  /* 字符串格式处理函数 */
    {
        var s="";
        while(i>0)
        {
            s=s+"   ";
            i--;
        }
        return s;
    }
    </script>
</head>
<body  onload="load()">
    <h1>
        我的标题
    </h1>
    <a href="#">
        我的链接
    </a>
</body>
</html>
```

对上述代码剖析如下：

在 HTML 部分为 body 添加 onload 事件，当 body 成功加载完毕后则执行 load()函数（注意：不能在 JavaScript 部分直接执行 load()函数，因为这时 body 还没加载完成）。

另外，JavaScript 里面定义了两个数组 array 和 index，并设置了数组 E_type 和 C_type，它们保存了所有的节点类型的英文和中文名称。

其中，printspace 用于返回应该输出的空格数；load 用于获得所有节点信息并输出所有节点的信息。

load 的程序结构是这样的：先把根节点保存在 array 数组里，并把其所在层数放在 index 数组里，接着把数组的最后一个节点弹出并获取该节点的所有子节点并倒序压栈，在下一轮操作中再把最后一个元素弹栈并继续遍历其子节点并压栈，如此直至所有节点都遍历完（即数组中没有元素）为止。

以上代码在 IE 和 chrome 浏览器下的运行截图如图 18.1 图 18.2 所示。

```
节点名字：HTML 节点类型：标签节点|ELEMENT_NODE|1
  节点名字：HEAD 节点类型：标签节点|ELEMENT_NODE|1
    节点名字：TITLE 节点类型：标签节点|ELEMENT_NODE|1
    节点名字：META 节点类型：标签节点|ELEMENT_NODE|1
    节点名字：LINK 节点类型：标签节点|ELEMENT_NODE|1
    节点名字：SCRIPT 节点类型：标签节点|ELEMENT_NODE|1
  节点名字：BODY 节点类型：标签节点|ELEMENT_NODE|1
    节点名字：H1 节点类型：标签节点|ELEMENT_NODE|1
      节点名字：#text 节点类型：文本节点|TEXT_NODE|3
    节点名字：A 节点类型：标签节点|ELEMENT_NODE|1
      节点名字：#text 节点类型：文本节点|TEXT_NODE|3
```

图 18.1　IE 浏览器的截图 1

```
节点名字：HTML 节点类型：标签节点|ELEMENT_NODE|1
  节点名字：HEAD 节点类型：标签节点|ELEMENT_NODE|1
    节点名字：#text 节点类型：文本节点|TEXT_NODE|3
    节点名字：META 节点类型：标签节点|ELEMENT_NODE|1
    节点名字：#text 节点类型：文本节点|TEXT_NODE|3
    节点名字：LINK 节点类型：标签节点|ELEMENT_NODE|1
    节点名字：#text 节点类型：文本节点|TEXT_NODE|3
    节点名字：TITLE 节点类型：标签节点|ELEMENT_NODE|1
      节点名字：#text 节点类型：文本节点|TEXT_NODE|3
    节点名字：#text 节点类型：文本节点|TEXT_NODE|3
    节点名字：SCRIPT 节点类型：标签节点|ELEMENT_NODE|1
      节点名字：#text 节点类型：文本节点|TEXT_NODE|3
    节点名字：#text 节点类型：文本节点|TEXT_NODE|3
  节点名字：#text 节点类型：文本节点|TEXT_NODE|3
  节点名字：BODY 节点类型：标签节点|ELEMENT_NODE|1
    节点名字：#text 节点类型：文本节点|TEXT_NODE|3
    节点名字：H1 节点类型：标签节点|ELEMENT_NODE|1
      节点名字：#text 节点类型：文本节点|TEXT_NODE|3
    节点名字：#text 节点类型：文本节点|TEXT_NODE|3
    节点名字：A 节点类型：标签节点|ELEMENT_NODE|1
      节点名字：#text 节点类型：文本节点|TEXT_NODE|3
  节点名字：#text 节点类型：文本节点|TEXT_NODE|3
```

图 18.2　Chrome 浏览器的截图 1

可以从图 18.1 和图 18.2 看出，Chrome 浏览器在某些相邻的节点中都会加入#text 节点，而这些#text 节点并不是我们定义的且其值为 " "，而 IE 浏览器则没有这些多余的节点。

另外，当把本代码的 " array.push(document.documentElement　); " 语句修改为 "array.push(document);" 时，其遍历结构就会发生变化，如图 18.3 和图 18.4 所示。

节点名字：#document 节点类型：文档节点|DOCUMENT_NODE|9
节点名字：#comment 节点类型：评论节点|COMMENT_NODE|8
节点名字：HTML 节点类型：标签节点|ELEMENT_NODE|1
节点名字：HEAD 节点类型：标签节点|ELEMENT_NODE|1
节点名字：TITLE 节点类型：标签节点|ELEMENT_NODE|1
节点名字：META 节点类型：标签节点|ELEMENT_NODE|1
节点名字：LINK 节点类型：标签节点|ELEMENT_NODE|1
节点名字：SCRIPT 节点类型：标签节点|ELEMENT_NODE|1
节点名字：BODY 节点类型：标签节点|ELEMENT_NODE|1
节点名字：H1 节点类型：标签节点|ELEMENT_NODE|1
节点名字：#text 节点类型：文本节点|TEXT_NODE|3
节点名字：A 节点类型：标签节点|ELEMENT_NODE|1
节点名字：#text 节点类型：文本节点|TEXT_NODE|3

图 18.3　IE 浏览器的截图 2

节点名字：#document 节点类型：文档节点 |DOCUMENT_NODE |9
节点名字：html 节点类型：文档类型节点 |DOCUMENT_TYPE_NODE |10
节点名字：HTML 节点类型：标签节点 |ELEMENT_NODE |1
节点名字：HEAD 节点类型：标签节点 |ELEMENT_NODE |1
节点名字：#text 节点类型：文本节点 |TEXT_NODE |3
节点名字：META 节点类型：标签节点 |ELEMENT_NODE |1
节点名字：#text 节点类型：文本节点 |TEXT_NODE |3
节点名字：LINK 节点类型：标签节点 |ELEMENT_NODE |1
节点名字：#text 节点类型：文本节点 |TEXT_NODE |3
节点名字：TITLE 节点类型：标签节点 |ELEMENT_NODE |1
节点名字：#text 节点类型：文本节点 |TEXT_NODE |3
节点名字：#text 节点类型：文本节点 |TEXT_NODE |3
节点名字：SCRIPT 节点类型：标签节点 |ELEMENT_NODE |1
节点名字：#text 节点类型：文本节点 |TEXT_NODE |3
节点名字：#text 节点类型：文本节点 |TEXT_NODE |3
节点名字：#text 节点类型：文本节点 |TEXT_NODE |3
节点名字：BODY 节点类型：标签节点 |ELEMENT_NODE |1
节点名字：#text 节点类型：文本节点 |TEXT_NODE |3
节点名字：H1 节点类型：标签节点 |ELEMENT_NODE |1
节点名字：#text 节点类型：文本节点 |TEXT_NODE |3
节点名字：#text 节点类型：文本节点 |TEXT_NODE |3
节点名字：A 节点类型：标签节点 |ELEMENT_NODE |1
节点名字：#text 节点类型：文本节点 |TEXT_NODE |3
节点名字：#text 节点类型：文本节点 |TEXT_NODE |3

图 18.4　Chrome 浏览器的截图 2

　　另外，必须读取所有节点完毕后再输出节点的结构字符串，否则一边读取文档信息一边输出已获得的节点信息的话，就会修改文件的 DOM 结构，并对后面的读取产生影响。

　　对比图 18.1 和图 18.2，图 18.3 和图 18.4 多了两个节点，分别是#document 和#comment 以及#document 和 html。另外还要注意的是，使用递归难以获得 DOM 的完整结构。

　　script 节点和 style 节点在 IE 浏览器里面都是不将其内部代码当作 #text 节点的，而 Chrome 浏览器则将其内部代码当作 #text 节点。

18.1.2　用 DOM 修改 CSS

1．添加和删除节点

以下代码的功能是通过对 DOM 模型里指定的节点插入新节点或者删除最后一个节点。

```
<!DOCTYPE html PUBLIC "-//W3C//DTD XHTML 1.0 Transitional//EN"
"http://www.w3.org/TR/xhtml1/DTD/xhtml1-transitional.dtd">
<html xmlns="http://www.w3.org/1999/xhtml">
    <head>
        <meta http-equiv="Content-Type" content="text/html;
charset=gb2312" />
        <link type="text/css" href="css.css" rel="stylesheet" />
        <title>
            添加删除节点
        </title>
        <style type="text/css">
            #frm div
            {
                border:#0000FF 2px solid;        /*设置边框颜色、宽度和形状*/
                width:200px;                     /*设置宽度*/
                height:20px;                     /*设置高度*/
            }
        </style>
        <script type="text/javascript" >
        function add()
        {
            obj=document.getElementById("frm");
                                                /* 获取 id 为 frm 的标签*/
            for(i=0;i<obj.childNodes.length;i++)
            {
                if(obj.childNodes[i].nodeType==3)
                    obj.removeChild(obj.childNodes[i]);
            }

            new_div=document.createElement("div");
            new_text=document.createTextNode("");

            obj.appendChild(new_div);            /* 添加子节点*/
            new_div.appendChild(new_text);  /* 添加子节点*/
            n=obj.childNodes.length;
            new_text.nodeValue="节点"+n;
        }
        function del()
        {
            obj=document.getElementById("frm");
                                                /* 获取 id 为 frm 的标签*/
            for(i=0;i<obj.childNodes.length;i++)
            {
                if(obj.childNodes[i].nodeType==3)
                    obj.removeChild(obj.childNodes[i]);
                                                /* 删除子节点*/
            }

            n=obj.childNodes.length;
            obj.removeChild(obj.childNodes[n-1]);
```

```
                                                    /*  删除子节点*/
            }
        </script>
    </head>
    <body>
        <div id="frm">
            <div>
                节点 1
            </div>
            <div>
                节点 2
            </div>
            <div>
                节点 3
            </div>
            <div>
                节点 4
            </div>
        </div>
        <button onclick="add()">添加节点到后面</button>
        <button onclick="del()">删除后面节点</button>
    </body>
</html>
```

对上述代码剖析如下（图 18.5 和图 18.6 是本程序的运行截图）：

在 body 标签内部，先预设了一个 id 为 frm 的 div 标签，并为该标签添加 4 个 div 标签，接着添加两个 button 按钮来控制 frm 内部的子标签的个数。第一个 button 标签的单击事件发生时，frm 尾部会添加新的子标签，当第二个 button 标签的单击事件发生时，frm 尾部的子标签就会消失。

del() 函数的功能是删除 frm 尾部的最后一个 div 标签。因为在 Chrome 和 FireFox 等浏览器里初始化时 frm 的每个子标签间都会有一个#text 节点，因为要删除的是 div 节点，为了避免最后一个节点是#text 节点，而不是 div 节点，所以先将#text 节点删除，再将最后一个 div 标签删除（也可以使用其他的判断机制来保证 div 标签被删除）。

add() 函数的功能是在 frm 尾部添加一个新的 div 标签。同样先将#text 删除，再使用 document 的 createElement 方法创建 div 标签，使用 createTextNode 方法创建#text 节点，并为 frm 添加新的 div 节点，为 div 添加#text 节点（添加子节点的次序与最终结果无关）。

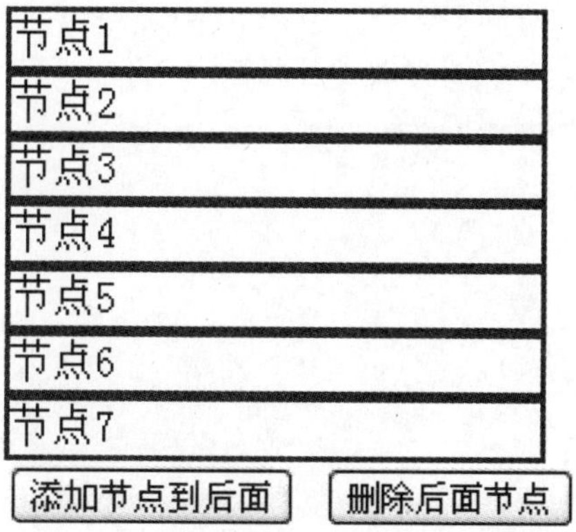

图 18.5　添加节点 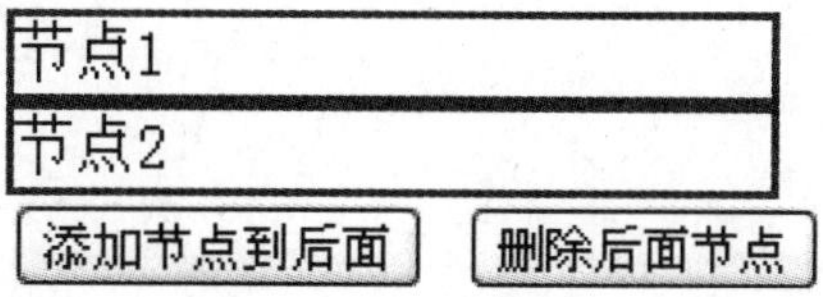　　　　　　　　　　图 18.6　删除节点

表 18.1 列出了 document 节点常用的方法。

表 18.1　document节点的函数描述和使用

函数名	描述	使用
createAttribute	创建拥有指定名称的属性节点，并返回新的 Attr 对象	createAttribute(attributename)
createCDATASection	创建 CDATA 区段节点	createCDATASection(cdatastring)
createComment	创建注释节点	createComment(cdatastring)
createElement	创建元素节点	createElement(tagname)
createEvent	创建新的 Event 对象	createEvent(eventType)
createTextNode	创建文本节点	createTextNode(text string)
getElementById	查找具有指定的唯一ID 的元素（只有document对象才能使用）	getElementById(idname)
getElementsByTagName	返回所有具有指定名称的元素节点	getElementsByTagName (tagname)
getElementsByName	返回所有具有指定Name的元素	getElementsByName (namestring)
renameNode	重命名元素或者属性节点	renameNode(node,uri,name)

2. 修改 CSS 样式

（1）直接修改 style 属性

下面代码直接修改 HTML 标签的 style 属性来达到修改样式的效果。

```
<!DOCTYPE html PUBLIC "-//W3C//DTD XHTML 1.0 Transitional//EN"
"http://www.w3.org/TR/xhtml1/DTD/xhtml1-transitional.dtd">
<html xmlns="http://www.w3.org/1999/xhtml">
    <head>
        <meta http-equiv="Content-Type" content="text/html;
charset=gb2312" />
        <title>
            直接修改 style 属性 1
        </title>
        <style type="text/css">
            #frm
            {
                border:#0000FF 2px solid;        /* 设置边框颜色、宽度和形状*/
                width:200px;                     /* 设置宽度*/
                height:20px;                     /* 设置高度*/
            }
        </style>
        <script type="text/javascript" >
            var  bg=0x0000ff;
            var  bd=0x0000ff;
            function  getcolor(str)
            {
                l=str.length;
                if(l<=6)
                    for(i=0;i<6-l;i++)
                        str="0"+str;
                else
                    str=str.slice(l-6,l);
                return str;
            }
            function changbgcolor()
            {
                obj=document.getElementById("frm");
                                                /* 获取 id 为 frm 的标签 */
                if(obj.attributes["style"]==undefined)
```

```
                {
                        att_node=document.createAttribute("style");
                                                /* 创建属性节点 */
                        text_node=document.createTextNode("");
                        att_node.appendChild(text_node);
                                                /* 添加子节点 */
                        obj.setAttributeNode(att_node);
                }
                s= obj.attributes["style"].childNodes[0].data;
                obj.attributes["style"].childNodes[0].data = s +
        "background:#"+getcolor( bg.toString(16) )+";";

                bg=bg<<2;
        }
        function changbdcolor()
        {
                obj=document.getElementById("frm");
                if(obj.attributes["style"]==undefined)
                {
                        att_node=document.createAttribute("style");
                                                /* 创建属性节点 */
                        text_node=document.createTextNode("");
                        att_node.appendChild(text_node);
                                                /* 添加子节点 */
                        obj.setAttributeNode(att_node);
                }
                s= obj.attributes["style"].childNodes[0].data;
                obj.attributes["style"].childNodes[0].data = s +
"border-color:#"+getcolor( bd.toString(16) )+";";

                bd=bd<<2;
        }
    </script>
  </head>
  <body>
    <div id="frm" >
    </div>
    <button onclick="changbgcolor()">更改背景颜色</button>
    <button onclick="changbdcolor()">更改边框颜色</button>
  </body>
</html>
```

对上述代码剖析如下：

在 body 标签内部添加了一个 id 为 frm 的 div 标签以及两个 button 标签，并设置 onclick 事件来改变 frm 的背景和边框颜色。

changbgcolor()函数先检查 style 节点是否已存在，如果不存在，则先创建 style 属性节点并添加到 frm 节点的属性节点里，并添加一个#text 节点用于记录 style 的相关属性设置。创建 style 属性成功后便设置其#text 节点的值。另外，setAttribute(namestring,valuestring)函数可能比 setAttributeNode(att_node)使用更简单。

changbdcolor()函数也进行类似于 changbgcolor()函数的操作。而 getcolor()函数将十六进制字符串转换为 6 位十六进制字符串。每单击一次按钮颜色将会改变一次，直到变为黑色为止。

本代码适合于 Chrome 浏览器，不适合 IE（style 节点不能使用 nodeValue 属性）和 FireFox 浏览器（style 节点不能添加#text 节点）。

本代码采用的节点添加方式是符合标准 DOM
模型结构的，但是对于某些浏览器可能不适应，应
该尽量使用公共的、普遍适用的设置方法。图 18.7
是本程序的运行截图。

图 18.7　修改背景颜色以及边框颜色

有的浏览器若不定义 style 的属性值，则不会存在该 style 节点（如 Chrome，但仍然可
以直接对 style 属性赋值，如 Node.style.cssText=str），而有的浏览器 style 节点依然存在（如
IE）。一般来说 style 属性的子节点为#text 节点，有的浏览器不支持属性节点添加子节点，
可以把 changbgcolor 和 changebdcolor 函数修改为以下代码。

```
function changbgcolor()
{
    obj=document.getElementById("frm");        /* 获取 id 为 frm 的标签 */
    if(obj.attributes["style"]==undefined)
    {
        att_node=document.createAttribute("style");
        obj.setAttributeNode(att_node);
    }
    s= obj.attributes["style"].nodeValue;        /* 读取 style 属性的值 */
    obj.attributes["style"].nodeValue = s +
    "background:#"+getcolor( bg.toString(16) )+";";

    bg=bg<<2;
}
function changbdcolor()
{
    obj=document.getElementById("frm");        /* 获取 id 为 frm 的标签 */
    if(obj.attributes["style"]==undefined)
    {
        att_node=document.createAttribute("style");
        obj.setAttributeNode(att_node);
    }
    s= obj.attributes["style"].nodeValue;        /* 读取 style 属性的值 */
    obj.attributes["style"].nodeValue = s +
    "border-color:#"+getcolor( bd.toString(16) )+";";

    bd=bd<<2;
}
```

上述代码没有为 style 属性节点添加#text 节点，而是直接修改了 style 属性节点的
nodeValue 的值。虽然 IE 浏览器一直存在 style 属性节点（即 obj.attributes["style"].nodeType
为 2），但不可以使用 nodeValue 对其赋值，所以将上述代码修改为以下形式即可。

```
<!DOCTYPE html PUBLIC "-//W3C//DTD XHTML 1.0 Transitional//EN"
"http://www.w3.org/TR/xhtml11/DTD/xhtml1-transitional.dtd">
<html xmlns="http://www.w3.org/1999/xhtml">
    <head>
        <meta http-equiv="Content-Type" content="text/html;
charset=gb2312" />
        <title>
            直接修改 style 属性  2
        </title>
        <style type="text/css">
            #frm
            {
                border:#0000FF 2px solid;        /* 设置边框颜色、宽度和形状 */
```

```
                    width:200px;                        /* 设置宽度 */
                    height:20px;                         /* 设置高度 */
                }
        </style>
        <script type="text/javascript" >
            var  bg=0x0000ff;
            var  bd=0x0000ff;
            function  getcolor(str)
            {
                l=str.length;
                if(l<=6)
                    for(i=0;i<6-l;i++)
                        str="0"+str;
                else
                    str=str.slice(l-6,l);
                return str;
            }
            function changbgcolor()
            {
                obj=document.getElementById("frm");
                                                        /* 获取 id 为 frm 的标签 */
                s= obj.style.cssText;                   /* 获取 style 属性的值 */
                obj.style.cssText = s +
                "background:#"+getcolor( bg.toString(16) )+";";
                                                        /* 添加新的 style 属性的值 */
                bg=bg<<2;
            }
            function changbdcolor()
            {
                obj=document.getElementById("frm");
                                                        /* 获取 id 为 frm 的标签 */
                s= obj.style.cssText;                   /* 获取 style 属性的值 */
                obj.style.cssText = s +
                "border-color:#"+getcolor( bd.toString(16) )+";";
                                                        /* 添加新的 style 属性的值 */
                bd=bd<<2;
            }
        </script>
    </head>
    <body>
        <div id="frm"    >
        </div>
        <button onclick="changbgcolor()">更改背景颜色</button>
        <button onclick="changbdcolor()">更改边框颜色</button>
    </body>
</html>
```

对上述代码剖析如下：

程序的大体结构不变，主要修改了 style 节点的访问方式。上述程序中 changbgcolor()
函数和 changbdcolor()函数直接修改 style 属性节点的 cssText 属性，该方法适用于几乎全部
的浏览器。

而在低版本 IE 浏览器使用上述代码，由于 style 重复属性过多或者由于浏览器的缺陷，
会影响样式的显示，可以修改为以下代码。

```
function changbgcolor()
{
    obj=document.getElementById("frm");                 /* 获取 id 为 frm 的标签 */
```

```
    obj.style["background"]   =
    "#"+getcolor( bg.toString(16) );               /* 设置背景颜色 */
    bg=bg<<2;
}
function changbdcolor()
{
    obj=document.getElementById("frm");            /* 获取 id 为 frm 的标签 */
    obj.style["borderColor"]  =
    "#"+getcolor( bd.toString(16) );               /* 设置边框颜色 */
    bd=bd<<2;
}
```

上述代码直接将 style 属性的 background 分量以及 borderColor 分量进行设置,这样不至于将 style 的值设置得过于复杂。

或者将上面代码的赋值语句改为以下两句,同样可以修改 background 属性和 border-color 属性。

```
obj.style.background  =  "#"+getcolor( bg.toString(16) );
obj.style.borderColor =  "#"+getcolor( bd.toString(16) );
```

3. 直接修改 id 和 class 属性

下面介绍的方法是通过修改 id 属性和 class 属性的值,来达到改变标签样式的目的。

```html
<!DOCTYPE html PUBLIC "-//W3C//DTD XHTML 1.0 Transitional//EN"
"http://www.w3.org/TR/xhtml1/DTD/xhtml1-transitional.dtd">
<html xmlns="http://www.w3.org/1999/xhtml">
    <head>
        <meta http-equiv="Content-Type" content="text/html;
charset=gb2312" />
        <title>
            直接修改 id 和 class 属性
        </title>
        <style type="text/css">
            #frm
            {
                border:#0000FF 2px solid;          /* 设置边框颜色、宽度和形状*/
                width:200px;                       /* 设置宽度 */
                height:20px;                       /* 设置高度 */
            }
            .frm
            {
                background:#C0F2F8;                /* 设置背景颜色 */
            }
        </style>
        <script type="text/javascript" >
            function addstyle(obj)
            {
                fa_node=obj.parentNode;
                for( i=0; i<fa_node.childNodes.length;i++ )
                {//IE 还支持这种写法: fa_node.childNodes[i].name
                    if( fa_node.childNodes[i].attributes !=null)
                    {//使用 attributes["name"].nodeValue 前判断
                    attributes["name"]是否存在
                        if( fa_node.childNodes[i].getAttribute
                        ("name")=="obj" )
                        {
                            fa_node.childNodes[i].id="frm";
```

```
                                            /* 设置 id */
                       fa_node.childNodes[i].className="frm";
                                            /* 设置 class */
               }
           }
       }
   }
   function deletestyle(obj)
   {
       fa_node=obj.parentNode;
       for( i=0; i<fa_node.childNodes.length;i++ )
       {//IE 还支持这种写法：fa_node.childNodes[i].name
           if( fa_node.childNodes[i].attributes !=null)
           {//使用 attributes["name"].nodeValue 前判断
           attributes["name"]是否存在
               if( fa_node.childNodes[i].getAttribute
               ("name")=="obj" )
               {
                   fa_node.childNodes[i].id="";
                                            /* 清空 id */
                   fa_node.childNodes[i].className="";
                                            /* 清空 class */
               }
           }
       }
   }/**/
   </script>
</head>
<body>
   <div  name="obj"  >
       添加删除样式单
   </div>
   <button onclick="addstyle(this)">添加样式单</button>
   <button onclick="deletestyle(this)">删除样式单</button>
   <div  name="obj"  >
       添加删除样式单
   </div>
</body>
</html>
```

对上述代码剖析如下：

在 body 标签内部，添加了两个 div 标签以及两个 button 标签。当单击第一个按钮时执行 addstyle 函数，当单击第二个按钮时执行 deletestyle()函数。

在 addstyle()函数里先获得按钮父节点的实体，接着遍历其每一个子节点，当发现 name 属性为 obj 的标签节点时，则将其 id 和 class 属性设置为 frm。

在 deletestyle()函数里执行 addstyle 函数相似的步骤，遍历其父节点下面的每一个子节点，当发现 name 属性为 obj 的标签节点时，则将其 id 和 class 属性设置为 frm。

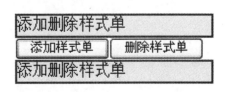

图 18.8　直接修改 id 和 class 属性

因为有的子节点没有属性节点，如果直接使用 getAttribute 会出现异常而终止 JavaScript 代码的执行，所以必须先检查 attributes 是否存在。图 18.8 是本程序的运行截图。

4．添加新的样式单

下面的程序根据标准的 DOM 模型来编写，必须保证文档里面有一个 style 标签节点。

```
<!DOCTYPE html PUBLIC "-//W3C//DTD XHTML 1.0 Transitional//EN"
"http://www.w3.org/TR/xhtml1/DTD/xhtml1-transitional.dtd">
<html xmlns="http://www.w3.org/1999/xhtml">
    <head>
        <meta http-equiv="Content-Type" content="text/html;
        charset=gb2312" />
        <title>
            添加新的样式单 1
        </title>
        <style type="text/css">
            #frm
            {
                border:#0000FF 2px solid;        /* 设置边框颜色、宽度和形状*/
                width:200px;                     /* 设置宽度 */
                height:20px;                     /* 设置高度 */
            }
        </style>
        <script  type="text/javascript" >
            function addstyle()
            {
                obj=document.getElementsByTagName("style");
                                                 /* 获取 style 标签对象 */
                len=obj.length ;
                text_node=null;
                for( i=obj[len-1].childNodes.length-1; i>=0; i-- )
                {
                    if(obj[len-1].childNodes[i].nodeName=="#text")
                    {
                        text_node= obj[len-1].childNodes[i];
                        break;
                    }
                }
                if( text_node==null )
                {
                    text_node=document.createTextNode("");
                    obj[len-1].appendChild(text_node);
                }
                text_node.data+="#frm{background:#FF0000;width:200px;}";
    /* 添加样式 */
            }
            function deletestyle()
            {
                obj=document.getElementsByTagName("style");
                len=obj.length ;
                for( i=len-1; i>=0; i-- )
                {
                    for( j=obj[i].childNodes.length-1; j>=0; j-- )
                    {
                        if(obj[i].childNodes[j].nodeName=="#text")
                        {
    obj[i].removeChild( obj[i].childNodes[j] );              /* 删除子节点 */
                        }
                    }
                }
            }
```

```
            </script>
        </head>
        <body>
            <div  id="frm"    >
                添加删除样式单
            </div>
            <button  onclick="addstyle()">添加样式单</button>
            <button  onclick="deletestyle()">删除样式单</button>
        </body>
</html>
```

对上述代码剖析如下：

addstyle()函数的功能是获取所有 style 标签节点，并在最后一个 style 节点里添加一个新的样式单规则（为了覆盖前面可能出现的相同）。若最后一个 style 节点没有#text 节点，则创建新的#text 节点并添加进去，并且设置#text 节点的值为新的样式单规则。

deletestyle()函数的功能是获取所有的 style 节点，并删除所有的 style 节点里面的#text 节点，这样就可以删除所有样式效果。图 18.9 是本程序的运行截图。

图 18.9　添加删除样式单

可以使用下面的代码来替换上面的 addstyle()函数和 deletestyle()函数。下面的程序同样要保证必须有一个 style 节点存在，但不需要删除 text 节点，操作更加方便。

```
function addstyle()
{
    obj=document.getElementsByTagName("style");
    obj[obj.length-1].innerHTML+="#frm
    {background:#FF0000;width:200px;}";                    /* 添加新样式 */
}
function deletestyle()
{
    obj=document.getElementsByTagName("style");
    len=obj.length ;
    for( i=len-1; i>=0; i-- )
        obj[i].innerHTML="";                               /* 清空样式 */
}
```

上述代码直接访问 style 标签的 innerHTML 属性，即可将 style 节点的#text 节点的值进行修改，从而改变样式效果。

5．添加样式和删除所有样式

因为 IE 浏览器下 style 标签不含有#text 节点，以及 IE 浏览器下 style 标签的 innerHTML 属性不能修改，所以需要修改代码以兼容于多个浏览器，以下是修改后的代码。

```
<!DOCTYPE html PUBLIC "-//W3C//DTD XHTML 1.0 Transitional//EN"
"http://www.w3.org/TR/xhtml1/DTD/xhtml1-transitional.dtd">
<html xmlns="http://www.w3.org/1999/xhtml">
    <head>
        <meta http-equiv="Content-Type" content="text/html;
charset=gb2312" />
        <title>
            添加新的样式单 2
        </title>
```

```
        <style type="text/css">
            #frm
            {
                border:#0000FF 2px solid;          /* 设置边框颜色、宽度和形状 */
                width:200px;                       /* 设置宽度 */
                height:20px;                       /* 设置高度 */
            }
            body
            {
                background:#C0F2F8;                /* 设置背景颜色 */
            }
        </style>
        <script type="text/javascript" >
            function addstyle()
            {
                obj=document.getElementsByTagName("style");
                if(document.all)
                {
                    obj[obj.length-1].styleSheet.cssText+="#frm
                    {background:#FF0000;width:200px;}";
                                                   /* 添加新样式 */
                }
                else
                {
                    obj[obj.length-1].innerHTML+="#frm
                    {background:#FF0000;width:200px;}";
                                                   /* 添加新样式 */
                }
            }
            function deletestyle()
            {
                obj=document.getElementsByTagName("style");
                len=obj.length ;
                for( i=len-1; i>=0; i-- )
                {
                    if(document.all)
                    {
                        obj[obj.length-1].styleSheet.cssText="";
                                                   /* 清空样式 */
                    }
                    else
                    {
                        obj[obj.length-1].innerHTML="";
                                                   /* 清空样式 */
                    }
                }
            }
        </script>
    </head>
    <body>
        <div id="frm"     >
            添加删除样式单
        </div>
        <button  onclick="addstyle()">添加样式单</button>
        <button  onclick="deletestyle()">删除样式单</button>
    </body>
</html>
```

对上述代码剖析如下：

addstyle()函数和 deletestylc()函数通过判断 document.all 是否存在来判断是 IE 浏览器还是其他浏览器（其中 document.all 是一个保存了所有标签的节点实体）。

另外，IE 浏览器支持 style 标签节点使用 styleSheet.cssText 来访问 style 标签节点的样式单内容。

6．添加样式并删除指定的样式规则

下面的代码可以删除指定的 style 标签内部定义的样式规则，而不需要将所有标签的样式都删除，这样通过判断就可以有选择地删除目标样式规则。

```html
<!DOCTYPE html PUBLIC "-//W3C//DTD XHTML 1.0 Transitional//EN"
"http://www.w3.org/TR/xhtml1/DTD/xhtml1-transitional.dtd">
<html xmlns="http://www.w3.org/1999/xhtml">
    <head>
        <meta http-equiv="Content-Type" content="text/html;
        charset=gb2312" />
        <title>
            添加新的样式单 2
        </title>
        <style type="text/css">
            #frm
            {
                border:#0000FF 2px solid;        /* 设置边框颜色、宽度和形状*/
                width:200px;                     /* 设置宽度 */
                height:20px;                     /* 设置高度 */
            }
            body
            {
                background:#C0F2F8;              /* 设置背景颜色 */
            }
        </style>
        <script type="text/javascript" >
        function addstyle()
        {
            if( document.all )
            {
                if(document.styleSheets.length==0)
                {
                    document.createStyleSheet();
                }
                document.styleSheets[document.styleSheets.length-1].
                addRule("#frm","background-color: red")
                                                ;/*添加新样式*/
            }
            else
            {/*FireFox 不支持 document.createStyleSheet()，
            通过添加标签元素的方法添加样式单*/
                if(document.styleSheets.length==0)
                {
                    var sheet = document.createElement("style");
                    document.documentElement.appendChild(sheet);
                    sheet.setAttribute("type", "text/css");
                }
                document.styleSheets[document.styleSheets.length-1].
                insertRule("#frm{background-color: red;}",0);
                                                /*添加新样式*/
            }
        }
```

```
        function deletestyle()
        {
            if( document.all )//IE 下 style 标签节点有 styleSheet
            节点，styleSheet 节点有 cssText 属性（FireFox 没有）
            {
                for (var i = 0, len = document.styleSheets.length; i
                < len; i++)
                {
                    for(var j = 0, l = document.styleSheets[i].
                    rules.length; j < l; j++)
                    {//rules[0]有属性 selectorText 以及 style 属性节点，
                    style 属性节点有 cssText 属性；
                        if(document.styleSheets[i].rules[j].
                        selectorText=="#frm")
                        {//deleteRule 和 removeRule 每次只能删除一个规则
                        (只能使用索引号指定规则号);
                        document.styleSheets[i].removeRule(j);
                        /*删除样式*/
                            j--;
                            l--;
                        }
                    }
                }
            }
            else
            {
                for (var i = 0, len = document.styleSheets.length; i
                < len; i++)
                {
                    for(var j = 0, l = document.styleSheets[i].
                    cssRules.length; j < l; j++)
                    {//cssRules[0]有属性 selectorText 以及 style 属性节点，
                    style 属性节点有 cssText 属性
                        if(document.styleSheets[i].cssRules[j].
                        selectorText=="#frm")
                        {//deleteRule 和 removeRule 每次只能删除一个规则
                        （只能使用索引号指定规则号）
                        document.styleSheets[i].deleteRule(j);
                                        /*删除样式*/
                        j--;
                        l--;
                        }
                    }
                }
            }
        }
    </script>
</head>
<body>
    <div id="frm"  >
        添加删除样式单
    </div>
    <button onclick="addstyle()" >添加样式单</button>
    <button onclick="deletestyle()" >删除样式单</button>
</body>
</html>
```

对上述代码剖析如下：

本程序主要使用 document.styleSheets 进行样式单的操作。styleSheets 代表一个样式单数组，也可理解为 style 标签节点的集合。每个样式单元素可以使用 rules 或者 cssRules 数组来获得样式单规则元素，样式单规则元素可以使用 selectorText 和 style.cssText 来分离选择符和其内部属性设置。

addstyle()函数先检查浏览器类型，如果 document.all 存在，则检查 document.styleSheets.length（判断 style 节点是否存在）。如果不存在则使用 document.createStyleSheet 来创建样式单（在 FireFox 浏览器下不支持 createStyleSheet，所以使用老方法来添加 style 节点），并插入新的规则到最后一个 style 节点里（IE 浏览器使用 addRule()函数，其他浏览器使用 insertText()函数）。

deletestyle()函数负责遍历每一个 styleSheets 元素及其 rules 或者 cssRules 数组，当发现选择符为指定值时则删除该规则（因为删除了一个规则，所以一个 styleSheets 元素里面的规则数减少了，后面的规则成为当前规则，所以需要将索引以及数组长度都减 1）。图 18.10 是本程序的运行截图。

图 18.10　添加和删除指定样式规则

18.2　重载标签节点的方法成员

方法重载是重新定义节点操作方法，实际上就是改变某些默认的节点方法的过程。因为某些操作方法可能不适应某些特定的项目编程要求，所以需要对某些方法函数重新定义。

18.2.1　函数重载的一般方法

1．一般对象的成员重载

下面的程序为 String 对象添加 type 属性和 writeInfo()函数变量。在这里使用重载这个词有点不当，因为浏览器并没有定义这些属性和方法，但是使用相同的方法的确可以达到方法重载的效果。

```
<!DOCTYPE html PUBLIC "-//W3C//DTD XHTML 1.0 Transitional//EN"
"http://www.w3.org/TR/xhtml1/DTD/xhtml1-transitional.dtd">
<html xmlns="http://www.w3.org/1999/xhtml">
    <head>
        <meta http-equiv="Content-Type" content="text/html;
        charset=gb2312" />
        <title>
            函数重载的一般方法
        </title>
        <style type="text/css">
        </style>
    </head>
    <body>
    </body>
<script type="text/javascript" >
    String.prototype.type="String";
    String.prototype.writeInfo=function (){
        document.write("对象类型: "+this.type+" "+"对象内容: "+this);
```

```
        }
        var str= new String( "String Content" );
        str.writeInfo();
    </script>
</html>
```

对上述代码剖析如下：

上面 JavaScript 代码部分为 String 类添加 type 属性成员和 writeInfo 方法成员，其中 prototype 关键字表示原型的意思，即为 String 类的原型添加原始属性，如图 18.11 所示。

对象类型：String 对象内容：String Content

图 18.11　方法重载 1

上述属性的设置方式也可以改为以下使用数组字符串索引的方式来设置。

```
String.prototype["type"]="String";
String.prototype["writeInfo"]=function (){
    document.write("对象类型："+this.type+" "+"对象内容："+this);

}
```

2．HTMLElement 对象的成员重载

下面的程序的 JavaScript 代码部分为 HTMLElement 节点对象添加自定义方法 My_deleteElements，该方法删除本标签内部的所有节点。

```
<!DOCTYPE html PUBLIC "-//W3C//DTD XHTML 1.0 Transitional//EN"
"http://www.w3.org/TR/xhtml1/DTD/xhtml1-transitional.dtd">
<html xmlns="http://www.w3.org/1999/xhtml">
    <head>
        <meta http-equiv="Content-Type" content="text/html;
        charset=gb2312" />
        <title>
            HTMLElement 类函数重载的一般方法
        </title>
        <style type="text/css">
            div
            {
                background:#C2F5E2;                /* 设置背景颜色 */
            }
        </style>
    </head>
    <body>
        <div>DIV1</div>
        <div>DIV2</div>
        <div>DIV3</div>
    </body>
    <script type="text/javascript" >
        HTMLElement.prototype.My_deleteElements=function (){
                                            /* 添加新的成员方法 */
            childnodes=this.childNodes;
            for(i=0;i<childnodes.length;)
            {
                this.removeChild(childnodes[i]);/* 移除子节点 */
            }
            document.write("<div>Body 内部的原子节点已被全部删除</div>");
```

```
        }
        bodys=document.getElementsByTagName("body");
                                            /* 获取 body 标签 */
        bodys[0].My_deleteElements();
    </script>
</html>
```

对上述代码剖析如下：

在 My_deleteElements()函数里遍历本标签的每个节点，并将其从本标签节点里删除，因为每删除一个节点 childnodes 的长度都会变化，且后面的节点往前移动，所以 i 索引不需要递增，如图 18.12 所示。

Body内部的原子节点已被全部删除

图 18.12　为 HTMLElement 添加方法

下面测试能否重载 getElementById，getElementById 方法只能由 document 节点对象使用，而其他的标签元素则不能使用 getElementById 方法，下面程序为所有 HTMLElement 对象添加 getElementById 方法。

```
<!DOCTYPE html PUBLIC "-//W3C//DTD XHTML 1.0 Transitional//EN"
"http://www.w3.org/TR/xhtml1/DTD/xhtml1-transitional.dtd">
<html xmlns="http://www.w3.org/1999/xhtml">
    <head>
        <meta http-equiv="Content-Type" content="text/html;
        charset=gb2312" />
        <title>
            HTMLElement 类函数重载的一般方法　2
        </title>
        <style type="text/css">
            #my_id
            {
                background:#C2F5E2;                /* 设置背景颜色 */
            }
        </style>
    </head>
    <body>
        <div id="1">
            <div id="2"></div>
            <div id="3">
                <div id="my_id" >
                    DIV1 Content
                </div>
            </div>
        </div>
        <div id="my_id" >
            DIV2 Content
        </div>
    </body>
    <script type="text/javascript" >
        HTMLElement.prototype.getElementById=function (str){
                                            /*重载 getElementById方法*/
            array=[];
            childnodes=this.childNodes;
            for(i=childnodes.length-1;i>=0;i--)
            {
```

```
        array.push(childnodes[i]);
    }
    while(array.length!=0)
    {
        obj=array.pop();
        if(obj.nodeType==1)
        {
            if( obj.id==str )
                return obj;
            childnodes=obj.childNodes;
            for(i=childnodes.length-1;i>=0;i--)
            {
                array.push(childnodes[i]);
            }
        }
    }
    return null;
}
bodys=document.getElementsByTagName("body");
                                    /* 获取 body 标签 */
alert( "Body 标签节点的第一个: "+bodys[0].getElementById
("my_id").innerText+ "          " + "文档中的第一个:
"+document.getElementById("my_id").innerText );
    </script>
</html>
```

对上述代码剖析如下：

上述代码的 JavaScript 部分为 HTMLElement 类对象添加 getElementById 方法，因为不能使用递归遍历节点，所以使用堆栈的方法来保存需要遍历的节点，每弹出一个节点先判断其是否是 id 符合的节点，符合则返回该节点，否则将该节点的所有子节点逆序压栈再执行相同弹栈匹配操作，直到找到符合的节点或者堆栈为空为止。

从图 18.13 可以看出 Body 标签的第一个 id 为 "my_id" 的标签，也是 document 节点（代表当前文档）内部的第一个 id 为 "my_id" 的标签。

另外，不仅可以重载 getElementById 方法，还可以重载其他的方法，例如 getElementsByTagName 和 getElementsByName，如图 18.13 所示。

图 18.13　重载 getElementById

18.2.2　IE 浏览器下函数重载的方法

1．IE 基于对象实体的方法重载

IE 下面不支持对类型进行重载，只能提取具体的对象来进行方法重载。例如，可以对

实体化的 document 对象和 String 对象进行方法的赋值。

```
<!DOCTYPE html PUBLIC "-//W3C//DTD XHTML 1.0 Transitional//EN"
"http://www.w3.org/TR/xhtml1/DTD/xhtml1-transitional.dtd">
<html xmlns="http://www.w3.org/1999/xhtml">
    <head>
        <meta http-equiv="Content-Type" content="text/html;
charset=gb2312" />
        <title>
            IE 基于对象实体的方法重载
        </title>
    </head>
    <body>
        <div>
            DIV1  内容
        </div>
        <div>
            DIV2  内容
        </div>
        <span>
        </span>
        <script type="text/javascript">
            var _getElementsByTagName = document.getElementsByTagName;
            document.getElementsByTagName = function(tag){
                        var s="";
                        var arr = _getElementsByTagName(tag);
                        /* 调用原始的 getElementsByTagName 方法*/
                        for(var i=0;i<arr.length;i++){
                            s+= arr[i].nodeName+","+arr[i].innerHTML+
                            "   ";
                        }
                        return s;
                    }
            var str=document.getElementsByTagName("div");
                        /* 调用重载后的 getElementsByTagName 方法*/

            var str_obj=new String(str);
            str_obj.printf = function( ){
                        document.write(this);
                    }
            str_obj.printf();
        </script>
    </body>
</html>
```

对上述代码剖析如下：

以上代码的 JavaScript 部分主要重载了两方面的内容，首先是重载 document 的
getElementByTagName 方法，然后是添加 String 对象的 printf()函数。

重载后的 getElementByTagName 方法返回的是一个字符串而不再是一个数组。重载时
使用了_getElementsByTagName 变量，该变量指向 document 的 getElementByTagName()函
数，这就形成了一个奇怪的现象，仿佛成为了一个递归死循环的过程，而浏览器并没有将
_getElementsByTagName 指向我们定义的 getElementByTagName()函数，而是指向系统定义
的 getElementByTagName() 函 数 （ 另 外 _getElementsByTagName 必 须 在 自 定 义 的
getElementByTagName 方法定义前定义）。

接着创建一个 String 类对象 str_obj，并给 str_obj 对象添加一个 printf 方法，该方法在

页面里输出本对象的字符串（而对于其他的 String 对象是没有 str_obj）。如果希望每个 String 对象都自动添加 printf()函数，则可以自定义 String 类的构造函数，在其构造函数里设置 printf 的值。但是这样会覆盖掉原来的 String 类的某些特性，例如使用 alert 输出 String 对象时不能将字符串值输出，包括 concat 等一些原带方法，这时可以使用 prototype 来添加 printf 方法。

```
function String(str)
{
    this.printf = function( ){
                    document.write(str);
            }
}
var str_obj=new String(str);
str_obj.printf();
```

还有一种解决方法就是：使用 prototype。

```
String.prototype.printf = function( ){
                    document.write(str);
            }
var str_obj=new String(str);
alert( str_obj );
str_obj.printf();
```

图 18.14 是本程序的运行输出截图。

DIV1 内容
DIV2 内容
DIV,DIV1 内容　　　DIV,DIV2 内容

图 18.14　重载 getElementById

3. HTMLElement 对象的方法动态重载

因为 IE 浏览器不支持 HTMLElement 类的直接方法重载，所以必须为所有的 HTMLElement 实体进行目标方法的赋值，即对每个对象的相应的方法或属性值都要赋值一次。

例如，IE 浏览器下因为 getElementsByName 方法不能正确获取 name 属性名为指定值的所有元素，所以需要动态为所有节点添加 getElementsByName 方法。

```
<!DOCTYPE html PUBLIC "-//W3C//DTD XHTML 1.0 Transitional//EN"
"http://www.w3.org/TR/xhtml1/DTD/xhtml1-transitional.dtd">
<html xmlns="http://www.w3.org/1999/xhtml">
    <head>
        <meta http-equiv="Content-Type" content="text/html;
        charset=gb2312" />
        <title>
            IE 浏览器下函数重载的方法
        </title>
    </head>
    <body>
        <div>
            0
        </div>
        <div  name="my_name">
```

```
        1
    </div>
    <div>
        2
        <div  name="my_name">
            3
        </div>
        <div>
            4
            <div  name="my_name">
                5
            </div>
        </div>
    </div>
    <div>
        6
    </div>
    <div>
        7
        <div  name="my_name">
            8
        </div>
    </div>
</div>
<span>
</span>
<script type="text/javascript">
    function  bind(name,func)
    {
        html_obj=document.documentElement;
        stack=[];
        stack.push(html_obj);               /* 压栈保存对象 */
        while(stack.length!=0)
        {
            obj= stack.pop();               /* 弹栈 */
            obj[name]=func;
            if(obj.hasChildNodes()==true)
                for( i=obj.childNodes.length-1; i>=0; i--)
                {
                    if(obj.childNodes[i].nodeType==1)
                    stack.push(obj.childNodes[i]);
                                            /* 压栈保存对象*/
                }
        }
    }
    function  getelements8name(str)
    {
        stack=[];
        var array=[];
        for( i=this.childNodes.length-1; i>=0; i-- )
        {
            stack.push( this.childNodes[i] );
                                            /* 压栈保存对象*/
        }
        while(stack.length!=0)
        {
            obj= stack.pop();               /* 弹栈 */
            if(obj.name==str)
                array.push(obj);            /* 压栈保存对象*/
            for( i=obj.childNodes.length-1; i>=0; i-- )
            {
```

```
                    stack.push( obj.childNodes[i] );
                                        /* 压栈保存对象*/
                }
            }
            return array;
        }
        bind("getElementsByName", getelements8name);
        arrays=document.getElementsByTagName('body')[0].
            getElementsByName("my_name")  ;
        for( i=0; i<arrays.length; i++ )
        {
            document.write( arrays[i].innerText + "   ");
        }
    </script>
  </body>
</html>
```

对上述代码剖析如下：

本代码的 JavaScript 部分的程序分为两部分，第一部分是编写 HTMLElement 对象的方法绑定程序，第二部分是编写 getElementsByName 方法的目标程序。

函数 bind 负责从 document.documentElement 节点（HTML 标签节点）开始遍历整个节点树，并将 name 变量指定的属性设置为 func 指定的方法。

函数 getelements8name()负责遍历其内部所有子节点群，找出其 name 属性和指定的值相同的子节点并保存到 array 数组里面，最后将 array 数组返回。图 18.15 是本程序的运行输出截图。

通常通过分析 document.all 是否存在来判断，并采取相应的 HTMLElement 和其他数据类型重载的方法，达到正确的运用效果。

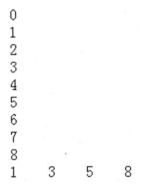

图 18.15　重载 getElementsByName

18.3　XML 的使用

随着互联网的发展，XML 的使用已经越来越普遍。本节讲解如何读取 XML 文件，并且了解 XML 的 DOM 模型结构，以及学习简单的 XML 编程。

18.3.1　用 DOM 遍历 XML 元素

遍历 XML 的方法和遍历本 HTML 的方法一样，遍历本 HTML 时只需要从 document 节点出发，而对于 XML 文件还需要加载 XML 文件，并得到一个文件根节点对象，然后再从该节点对象进行文件节点树的遍历。

下面是我们要遍历的 XML 文件 books.xml。

```
<?xml version="1.0" encoding="ISO-8859-1"?>
<!-- Copyright w3school.com.cn -->
<!-- W3School.com.cn bookstore example -->
<bookstore>
```

```xml
        <book category="children">
            <title lang="en">
                Harry Potter
            </title>
            <author>
                J K. Rowling
            </author>
            <year>
                2005
            </year>
            <price>
                29.99
            </price>
        </book>
        <book category="cooking">
            <title lang="en">
                Everyday Italian
            </title>
            <author>
                Giada De Laurentiis
            </author>
            <year>
                2005
            </year>
            <price>
                30.00
            </price>
        </book>
        <book category="web" cover="paperback">
            <title lang="en">
                Learning XML
            </title>
            <author>
                Erik T. Ray
            </author>
            <year>
                2003
            </year>
            <price>
                39.95
            </price>
        </book>
        <book category="web">
            <title lang="en">
                XQuery Kick Start
            </title>
            <author>
                James McGovern
            </author>
            <author>
                Per Bothner
            </author>
            <year>
                2003
            </year>
            <price>
                49.99
            </price>
        </book>
</bookstore>
```

下面是添加了 JavaScript 程序的 HTML 文件，它可以遍历指定的 XML 文件。

```html
<!DOCTYPE html PUBLIC "-//W3C//DTD XHTML 1.0 Transitional//EN"
"http://www.w3.org/TR/xhtml1/DTD/xhtml1-transitional.dtd">
<html xmlns="http://www.w3.org/1999/xhtml">
    <head>
        <meta http-equiv="Content-Type" content="text/html;
        charset=gb2312" />
        <title>
            用 DOM 遍历 XML 元素
        </title>
    </head>
    <body>
        <script type="text/javascript">
        filename="books.xml";
        try //Internet Explorer
        {
            xmlDoc=new ActiveXObject("Microsoft.XMLDOM");
                                        /*IE 下有效*/
        }
        catch(e)
        {
            try     //Firefox, Mozilla, Opera, etc.
            {
                xmlDoc=document.implementation.createDocument
                ("","",null);
            }
            catch(e)
            {
                alert(e.message)
            }
        }
        try
        {
            xmlDoc.async=false;
            xmlDoc.load(filename);
            //document.write("xmlDoc is loaded, ready for use");
        }
        catch(e)
        {
            var xmlhttp = new window.XMLHttpRequest();
            xmlhttp.open("GET",filename,false);
            xmlhttp.send(null);
            xmlDoc = xmlhttp.responseXML.documentElement;
        }
        array=[];
        index=[];
        s="";
        k=0;
        array.push(xmlDoc);
        index.push(k);
        while( array.length!=0 )                /* 循环读取所有节点*/
        {
            obj=array.pop();
            k=index.pop();
            s+=printspace(k)+"节点名字: "+obj.nodeName+"; 节点类型:
            "+obj.nodeType+"; 节点值: "+obj.nodeValue+"<br/>";
            if(obj.childNodes.length>0)
                k++;
            for(i=obj.childNodes.length-1;i>=0;i--)
```

```
                {
                    array.push(obj.childNodes[i]);
                                        /* 压栈 */
                    index.push(k);
                }
            }
            function printspace(i)              /* 格式化输出 */
            {
                var s="";
                while(i>0)
                {
                    s=s+"   ";
                    i--;
                }
                return s;
            }
            document.write(s);
        </script>
    </body>
</html>
```

对上述代码剖析如下：

JavaScript 代码部分主要由两部分组成，第一部分负责加载 XML 文件（需要检测浏览器的类型），第二部分负责遍历这个 XML 文件节点树。

在加载 XML 文件时，使用 try-catch 语句进行异常处理。首先 IE 浏览器使用"new ActiveXObject("Microsoft. XMLDOM");"创建 XML 文件对象，Firefox、Mozilla 和 Opera 浏览器使用"document.implementation. createDocument("","",null);"创建文件对象，并且 IE、Firefox、Mozilla 和 Opera 浏览器都使用 load 方法进行文件的加载（且 async 设置为 false 表示不能一步下载，即必须全部下载完后再执行后面的代码）。

另外，Chrome 浏览器不支持 JavaScript 读取客户端的文件以及和网页文件不在同一个域名内的文件，所以必须以向服务器请求下载文件的操作来下载 XML 文件（如果想测试 Chrome 能否执行本程序，必须创建一个本地的服务器），需要创建 XMLHttpRequest 对象并执行相应的操作才能成功打开文件，并且还要获取其 responseXML.documentElement 对象。

最后读取文件时，和之前一样都是通过压栈和弹栈进行深度搜索。本程序执行后会按照 DOM 节点的结构输出相应的节点消息，但是在不同浏览器下面，由于各自构造了不同的 DOM 结构，所以输出也有所不同。

18.3.2　如何解析和显示 XML

1. 使用 XSL 解析 XML

XSL（EXtensible Stylesheet Language）是可扩展样式单语言，它用来解析自定义的 XML 文件，XML 文件中指定了可以解析其自身以及进行页面绘图的 XSL 文件。

以下是一个 XML 代码，后面的 XSL 程序将会解析绘制它。

```
<?xml version="1.0" encoding="gb2312"?>
<?xml-stylesheet type="text/xsl" href="StoreBooks.xsl"?>
<StoreBooks>
```

```
    <Title>
        StoreBooks
    </Title>
    <OnSale>
        <Book id="1">
            <Bname>
                C++ Primer
            </Bname>
            <Bauthor>
                Juney Brame
            </Bauthor>
        </Book>
        <Book id="2">
            <Bname>
                Java Primer
            </Bname>
            <Bauthor>
                Papou Rachor
            </Bauthor>
        </Book>
    </OnSale>
    <OutSale>
        <Book id="1">
            <Bname>
                PHP Programmer
            </Bname>
            <Bauthor>
                Ancor Polor
            </Bauthor>
        </Book>
    </OutSale>
</StoreBooks>
```

对上述代码剖析如下：

在本 XML 文件里，添加了若干个自定义的标签。XML 文件语言必须是严格的，即每个标签必须有相应的结束标签，并且只能以一个自定义的标签作为根节点。

另外，xml-stylesheet 标签里使用 href 属性来指定用来解析本文件的 XSL 文件（这里是 StoreBooks.xsl 来解析 XML 文件）。下面我们开始 XSL 语言的学习，通过几个简单的例子呈现 XSL 文件的编写方法。

2．template 语句和 value-of 语句

下面写一个 XSL 文件来解析上面的 XML 文件。

```
<?xml version="1.0" encoding="gb2312"?>
<xsl:stylesheet version="1.0"
xmlns:xsl="http://www.w3.org/1999/XSL/Transform">

    <xsl:template match="/">
        <html>
        <head>
            <title>
                <xsl:value-of select="StoreBooks/Title"/>
            </title>
        </head>
        <body>
            <h4 style="margin:3px; ">
                <xsl:value-of select="StoreBooks/Title"/>
```

```
            </h4>
            <xsl:apply-templates/>
            <xsl:apply-templates  select="StoreBooks/OnSale" />


        </body>
    </html>
</xsl:template>

<xsl:template match="OnSale">
    <table border="1" cellspacing="0" cellpadding="0" >
        <xsl:apply-templates />
    </table>
</xsl:template>

<xsl:template match="Book">
    <tr>
        <td>
            <xsl:value-of select="Bname"/>
        </td>
        <td>
            <xsl:value-of select="Bauthor"/>
        </td>
    </tr>
</xsl:template>

<xsl:template match="StoreBooks">
    <xsl:apply-templates />
</xsl:template>

<xsl:template match="OutSale">
    <table bgcolor="#DBFBEA" border="1" cellspacing="0"
cellpadding="0" >
        <xsl:apply-templates />
    </table>
</xsl:template>

</xsl:stylesheet>
```

对上述代码剖析如下：

以上代码对应的 XSL 文件为 StoreBooks.xsl，它负责解析 StoreBooks.xml 文件，需要将 StoreBooks.xml 文件的 xml-stylesheet 标签的 href 属性设置为 StoreBooks.xsl。

其中，xsl:stylesheet 是整个 XSL 文件的根节点，其 xmlns.xsl 属性指明了命名空间。命名空间主要有 http://www.w3.org/1999/XSL/Transform 和 http://www.w3.org/TR/WD-xsl，前者是草案版本，后者是正式版本，我们一律根据正式版本格式进行编写。

在本程序里，以 xsl:template 和 xsl:value-of 语句为主，再加上 HTML 语句。程序从 <xsl:template match="/">开始执行，这是一个模板程序，其中 match 表示本模板用于匹配的标签，这里 match="/"表示匹配 xml 文件的根节点。"<xsl:value-of select="StoreBooks/Title"/>"表示返回 StoreBooks 下面 Title 节点及 Title 子节点的文本信息。"<xsl:apply-templates/>"表示匹配所有直接子节点的模板（如果模板不存在，则返回子节点群的文本信息，这时可以使用"<xsl:template match="*" />"来匹配掉其他的节点处理）。

因为第一个模板里使用了一个"<xsl:apply-templates/>"，所以顺序匹配到 XML 文件的 Title 标签时，因为没有定义模板，所以直接将 Title 标签的所有文本输出；另外，因为

OnSale、OutSale 和 Book 都定义了，所以直接使用其模板进行操作。

还可以使用 select 属性来指定要执行的目标模板，例如"<xsl:apply-templates select="StoreBooks/OnSale" />"。XSL 的模板执行方式并不是顺序执行的，而是匹配执行的，即可以调整模板的次序。图 18.16 是本程序的运行输出截图。

还可以使用 xsl:with-param 来传入模板参数，使用 xsl:param 来定义模板参数（插入的模板参数名可以和模板定义的参数名不一样，这样并不会出现浏览器报错，但是模板里只能使用本模板定义的参数），或者调用带名字的模板。

下面是修改后的代码。

StoreBooks

StoreBooks

C++ Primer	Juney Brame
Java Primer	Papou Rachor
PHP Programmer	Ancor Polor
C++ Primer	Juney Brame
Java Primer	Papou Rachor

图 18.16 XSL 解析 XML 文件 1

```xml
<?xml version="1.0" encoding="gb2312"?>
<xsl:stylesheet version="1.0"
xmlns:xsl="http://www.w3.org/1999/XSL/Transform">

    <xsl:template match="/">
        <html>
            <head>
                <title>
                    <xsl:value-of select="StoreBooks/Title"/>
                </title>
            </head>
            <body>
                <xsl:apply-templates  select="StoreBooks">
                    <xsl:with-param name="title">
                        <xsl:value-of select="StoreBooks/Title"/>
                    </xsl:with-param>
                    <xsl:with-param name="sub_title">
                        <xsl:value-of select="."/>
                    </xsl:with-param>
                </xsl:apply-templates>
            </body>
        </html>
    </xsl:template>

    <xsl:template match="StoreBooks">
        <xsl:param name="title" />
        <xsl:param name="sub_title" />
        <h4 style="margin:3px;">
            <xsl:value-of select="$title"/>
        </h4>
        <h5 style="margin:3px;font-weight:100; color:#999999;" >
            <xsl:value-of select="$sub_title"/>
        </h5>
        <xsl:apply-templates >
            <xsl:with-param name="color">
                #B8C1F8
            </xsl:with-param>
            <xsl:with-param name="variable">
                somethingelse
            </xsl:with-param>
        </xsl:apply-templates>
    </xsl:template>
```

```
    <xsl:template match="Book">
        <xsl:call-template name="PrintBook">
            <xsl:with-param name="author">
                作者
            </xsl:with-param>
            <xsl:with-param name="book_name">
                书名（id：<xsl:value-of select="@id"/>)
            </xsl:with-param>
        </xsl:call-template>
    </xsl:template>

    <xsl:template name="PrintBook">
        <xsl:param name="author" />
        <xsl:param name="book_name" />
        <tr>
            <td>
                <xsl:value-of select="$author"/>
            </td>
            <td>
                <xsl:value-of select="$book_name"/>
            </td>
        </tr>
        <tr>
            <td>
                <xsl:value-of select="Bname"/>
            </td>
            <td>
                <xsl:value-of select="Bauthor"/>
            </td>
        </tr>
    </xsl:template>

    <xsl:template match="OutSale|OnSale">
        <xsl:param name="value" >
            书架底部(默认值)
        </xsl:param>
        <xsl:param name="color" />
        <table bgcolor="{$color}" border="1" cellspacing="0"
cellpadding="0" >
            <xsl:apply-templates />
            <xsl:value-of select="$value"/>
        </table>
    </xsl:template>

    <xsl:template match="*" />
</xsl:stylesheet>
```

对上述代码剖析如下：

在根模板里调用可以匹配 StoreBooks 标签的模板；并使用 xsl:with-param 来传递参数，name 属性定义了参数的名字，在 xsl:with-param 开始标签和结束标签之间的是该参数的值；调用某个模板时依然是在当前模板处理的标签之中，所以参数可以传入当前标签的某些属性或者子标签的值，其中"select="."" 表示选择本标签节点。图 18.17 是本程序的运行输出截图。

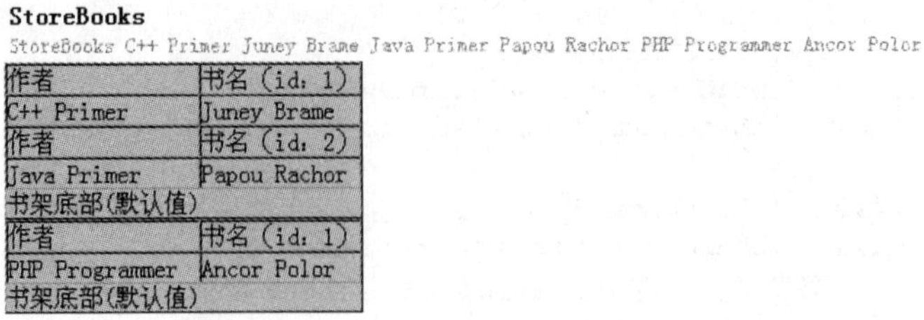

图 18.17　XSL 解析 XML 文件 2

在 StoreBooks 标签匹配模板里，使用 xsl:param 来定义参数，并且使用 "<xsl:value-of select="$title"/>" 和 "<xsl:value-of select="$sub_title"/>" 返回 title 和 sub_title 参数的值，最后匹配其他的标签模板，并传入 color 和 variable 参数（参数 variable 没有在相应的模板里定义）。

而模板 "<xsl:template match="OutSale|OnSale">" 可以同时匹配 OutSale 和 OnSale 标签，并且 value 属性采用默认值的方式。

在匹配 Book 标签的模板里使用 xsl:call-template 调用名字为 PrintBook 的模板，并且传入参数 author 和 book_name，其中 "select="@id"" 表示选择当前标签的 id 属性。而 PrintBook 模板依然对应于调用模板所对应的标签里，即 PrintBook 模板依然对应于 Book 标签，可以使用 Bname 标签和 Bauthor 标签。

3. for-each 语句

for-each 语句可以对 select 属性指定的标签进行操作，sort 语句用于控制执行次序，可以按某个子节点的值或者某个属性值来指定排序标准。

```xml
<?xml version="1.0" encoding="gb2312"?>
<xsl:stylesheet version="1.0"
xmlns:xsl="http://www.w3.org/1999/XSL/Transform">

    <xsl:template match="/">
        <html>
            <head>
                <title>
                    <xsl:value-of select="StoreBooks/Title"/>
                </title>
            </head>
            <body>
                <h4 style="margin:3px;">
                    <xsl:value-of select="StoreBooks/Title"/>
                </h4>
                <table border="1" cellspacing="0" cellpadding="0" >
                    <xsl:for-each select="StoreBooks/OnSale
                    /Book|StoreBooks/OutSale/Book"     >
                        <xsl:sort select="@id" order="ascending"  />
                            <tr>
                                <td>
                                    <xsl:value-of select="Bname"/>
                                </td>
                                <td>
                                    <xsl:value-of select="Bauthor"/>
                                </td>
                            </tr>
                    </xsl:for-each>
```

```
            </table>
          </body>
        </html>
    </xsl:template>

</xsl:stylesheet>
```

对上述代码剖析如下：

本例 for-each 语句里，使用 select 属性来选择所有需要处理的对象，包括 StoreBooks 下面的 OnSale 和 OutSale 节点下面的 Book 节点。

另外，命名空间 http://www.w3.org/TR/WD-xsl 还支持 order-by 属性，order-by 属性可以按照指定的值进行按序操作，而 http://www.w3.org/1999/XSL/Transform 则不支持，改为使用 sort 语句。sort 语句使用 select 属性来指定排序的标准，在本例中为"@id"（即按 Book 节点的 id 属性来排序），而 order 属性的值为 ascending（升序）或者是 descending（降序）。图 18.18 是本程序的运行输出截图。

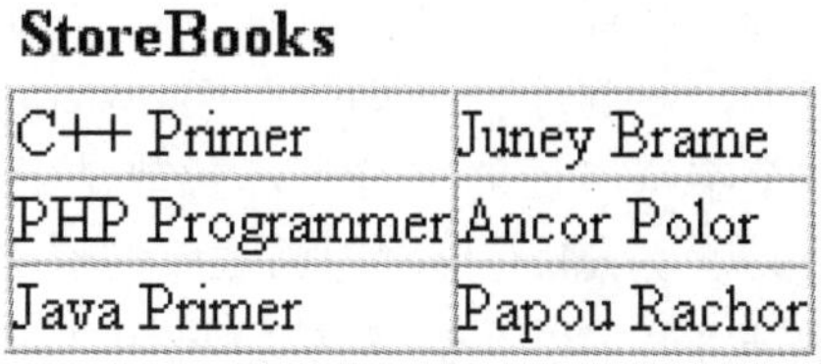

StoreBooks

C++ Primer	Juney Brame
PHP Programmer	Ancor Polor
Java Primer	Papou Rachor

图 18.18　for-each 语句示例

4. if 语句（标签值判断、值判断）

XSL 还提供了 if 判断语句，其 test 属性用来设置判断条件，判断条件可以是一个子节点的值、可以是属性值，也可以是一个复杂语句的组合。

```
<?xml version="1.0" encoding="gb2312"?>
<xsl:stylesheet version="1.0"
xmlns:xsl="http://www.w3.org/1999/XSL/Transform">

    <xsl:template match="/">
        <html>
          <head>
            <title>
                <xsl:value-of select="StoreBooks/Title"/>
            </title>
          </head>
          <body>
            <h4 style="margin:3px;">
                <xsl:value-of select="StoreBooks/Title"/>
            </h4>
            <table border="1" cellspacing="0" cellpadding="0" >
            <xsl:for-each select="StoreBooks//Book[@id=1]"    >
                <xsl:if test="contains(Bname, 'Primer')">
                    <tr>
                        <td>
                            <xsl:value-of select="Bname"/>
                        </td>
                        <td>
                            <xsl:value-of select="Bauthor"/>
                        </td>
                    </tr>
                </xsl:if>
            </xsl:for-each>
            </table>
          </body>
        </html>
    </xsl:template>
```

```
</xsl:stylesheet>
```

对上述代码剖析如下：

在 for-each 语句里使用"StoreBooks//Book[@id=1]"，表示 StoreBooks 节点下面的任何 id 属性为 1 的 Book 节点子孙。

if 语句中使用 test 属性设置判断条件，其中 contain 是一个判断函数，它用来判断一个字符串是否包含另一个字符串。而所有 id 属性为 1 的 Book 节点中只有一个节点的 Bname 标签含有 Primer，所以只输出一行数据。

另外的字符串函数还有 string-length（求字符串长度，参数是字符串的名字）、normalize-space（返回删除字符串前后空格后的字符串，参数是字符串的名字）、concat（返回连接多个字符串后的字符串，参数是多个字符串的名字）以及 substring（返回截取的子字符串，参数是字符串名字以及子串位置和子串长度）。图 18.19 是本程序的运行输出截图。

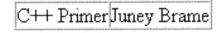

图 18.19　if 语句示例

5. choose-when-otherwise 语句

choose-when-otherwise 语句允许 when 语句部分设置条件判断，当条件成立时执行 when 语句的内容，若条件不成立则执行 otherwise 语句的内容。

```
<?xml version="1.0" encoding="gb2312"?>
<xsl:stylesheet version="1.0"
xmlns:xsl="http://www.w3.org/1999/XSL/Transform">

    <xsl:template match="/">
        <html>
            <head>
                <title>
                    <xsl:value-of select="StoreBooks/Title"/>
                </title>
            </head>
            <body>
                <h4 style="margin:3px;">
                    <xsl:value-of select="StoreBooks/Title"/>
                </h4>
                <table border="1" cellspacing="0" cellpadding="0" >
                    <xsl:for-each select="StoreBooks//Book[position()&lt;=2]">
                        <xsl:choose>
                            <xsl:when  test="@id=1">
                                <tr style="background:#DAE7FC;">
                                    <td>
                                        <xsl:value-of select="Bname"/>
                                    </td>
                                    <td>
                                        <xsl:value-of select="Bauthor"/>
                                    </td>
                                </tr>
                            </xsl:when>
                            <xsl:otherwise>
                                <tr>
                                    <td>
                                        <xsl:value-of select="Bname"/>
                                    </td>
```

```
                    <td>
                        <xsl:value-of select="Bauthor"/>
                    </td>
                </tr>
            </xsl:otherwise>
        </xsl:choose>
            </xsl:for-each>
        </table>
    </body>
</html>
    </xsl:template>

</xsl:stylesheet>
```

对上述代码剖析如下：

其中条件"StoreBooks//Book[position()<=2]"表示各组 Book 标签的前 2 个（即 position()<=2），正如 OnSale 和 OutSale 标签里都有 Book 标签。position()表示在原来 Book 标签组中的位置（下标从 1 开始），而不是 for-each 得到的合集中的前 2 个。由于和标签左尖括号冲突的原因，小于号需要写为 HTML 语言的"<"。

在 choose-when-otherwise 语句中使用 test 属性进行判断，在本例子中判断条件为"@id=1"，即 id 为 1 的 Book 标签执行 when 标签内部的内容。其他的 Book 标签执行 otherwise 标签的内容。图 18.20 是本程序的运行输出截图。

StoreBooks

C++ Primer	Juney Brame
Java Primer	Papou Rachor
PHP Programmer	Ancor Polor

图 18.20　choose-when-otherwise 语句示例

6. copy 和 copy-of 语句

copy-of 语句可以将指定的标签及其属性和子孙节点全部复制出来，而 copy 语句只将当前节点（标签、文本或者属性）复制出来。copy 语句可以使用模板的递归调用来实现属性和子孙节点的复制链接操作。

下面是一个含有 HTML 语句的 XML 文件。

```
<?xml version="1.0" encoding="gb2312"?>
<?xml-stylesheet type="text/xsl" href="my_html.xsl"?>
<root>
    <div style="border:#FF0000 solid 1px;">
        <h4>
            h4 标签
        </h4>
        <span style="border:#0066FF solid 1px;">
            p 标签的内容
        </span>
    </div>
    <p style="border:#00FF00 solid 1px;display:block;">
        <h5 style="border:#00FFFF solid 1px;">
            h5 标签
        </h5>
    </p>
</root>
```

编写一个含有 copy 和 copy-of 语句的 XSL 文件来解析上面的 XML 文件。

```
<?xml version="1.0" encoding="gb2312"?>
```

```
<xsl:stylesheet version="1.0"
xmlns:xsl="http://www.w3.org/1999/XSL/Transform">

    <xsl:template match="/">
        <html>
            <head>
                <title>
                    Copy 和 Copy-of
                </title>
            </head>
            <body>
                Copy-of:
                <xsl:copy-of  select="root/div"/>
                Copy:
                <xsl:apply-templates  select="root/p"/>

            </body>
        </html>

    </xsl:template>

    <xsl:template  match="p | @style | node()">
        <xsl:copy>
            <xsl:apply-templates  select="@style | node()"/>
        </xsl:copy>
    </xsl:template>

</xsl:stylesheet>
```

对上述代码剖析如下:

在使用 copy-of 时,直接把 root 标签下面的 div 标签及其属性和内容(包括子孙节点的属性和文本)全部输出,而 div 标签及其内容本来就符合 HTML 语法,所以如图 18.21 所示出现了特定的样式。

接下来匹配 p 标签的模板时使用 copy 语句,每个 copy 语句都会输出本节点的内容,例如在 p 标签的匹配模板里就输出"<p></p>",并且 copy 语句内部再执行节点模板匹配(包括属性节点和子孙节点)。最后把 p 标签的内部 style 属性和子孙节点都匹配了一遍并组合成合法的 HTML 文本输出。图 18.21 是本程序的运行输出截图。

图 18.21　copy 和 copy-of 语句示例(FireFox 下)

7. 添加节点

XSL 提供了创建节点及其属性的语句,使用 xsl:element 语句就可以创建一个节点,并在其内部使用 xsl:attribute 语句就可以为该标签添加相应的属性。

```
<?xml version="1.0" encoding="gb2312"?>
```

```
<xsl:stylesheet version="1.0"
xmlns:xsl="http://www.w3.org/1999/XSL/Transform">

    <xsl:template match="/">
        <html>
            <head>
                <title>
                    <xsl:value-of select="StoreBooks/Title"/>
                </title>
            </head>
            <body>
                <h4 style="margin:3px;">
                    <xsl:value-of select="StoreBooks/Title"/>
                </h4>
                <xsl:apply-templates select="StoreBooks"/>
            </body>
        </html>
    </xsl:template>

    <xsl:template match="StoreBooks" >
        <xsl:element name="table">
            <xsl:attribute name="border">
                1
            </xsl:attribute>
            <xsl:attribute name="cellspacing">
                0
            </xsl:attribute>
            <xsl:attribute name="cellpadding">
                0
            </xsl:attribute>
            <xsl:apply-templates select="OutSale/Book|OnSale/Book"/>
        </xsl:element>
    </xsl:template>

    <xsl:template match="Book">
        <xsl:element name="tr">
            <xsl:element name="td">
                <xsl:value-of select="Bname"/>
            </xsl:element>
            <xsl:element name="td">
                <xsl:value-of select="Bauthor"/>
            </xsl:element>
        </xsl:element>
    </xsl:template>

</xsl:stylesheet>
```

对上述代码剖析如下：

以上代码对应的 XSL 文件为 StoreBooks5.xsl，它负责解析 StoreBooks.xml 文件，需要将 StoreBooks.xml 文件的 xml-stylesheet 标签的 href 属性设置为 StoreBooks5.xsl。

在 StoreBook 标签匹配模板里，使用 element 语句创建 table 标签，并使用 attribute 语句为 table 标签添加 border、cellpadding 以及 cellspacing 属性，接着调用 Book 标签的匹配模板。

在 Book 标签匹配模板里，使用 element 语句创建 tr 标签和 tb 标签。图 18.22 是本程序的运行输出

StoreBooks

C++ Primer	Juney Brame
Java Primer	Papou Rachor
PHP Programmer	Ancor Polor

图 18.22　创建节点及其属性

截图。

8．XSL 目标选择操作符

表 18.2 是常用的操作符和关键字的使用说明。

表 18.2　XSL目标选择操作符的说明表

操作符	说　　明
*	选择所有标签或属性
@	选择属性操作
/	根节点或直接节点分隔符
//	间接子节点分隔符
.	当前节点
..	当前直接父节点
[]	特征指定操作，例如：1.选择第一个子节点：student[1]；2. 选择最后一个子节点：student[last()]；3.选择前5个子节点：student[position()<6]；4. 选择属性值：student[@attri>1]；5. 选择子节点值：student[node=1]；
node()	指定所有标签或文本节点
text()	指定所有文本节点
local-name()	选择当前节点的名字
ancestor	当前节点的祖先
ancestor-or-self	当前节点的祖先和当前节点
child	所有的直接子节点
descendant	所有的后代节点
descendant-or-self	后代和当前节点本身
following	当前节点结束标记之后的所有内容
following-sibling	当前节点结束标记之后的所有兄弟节点
namespace	当前节点的所有命名空间
parent	当前节点的父节点
preceding	当前节点开始标记之前的所有内容
preceding-sibling	当前节点开始标记之前的所有兄弟节点
self	当前节点
|	或选择操作
+	加运算操作
-	减运算操作
*	乘运算操作
div	除运算操作
mod	模运算操作
or	或逻辑运算操作（不是二进制操作）
and	并逻辑运算操作（不是二进制操作）
=	等于判断操作
!=	不等于判断操作
<	小于判断操作（由于和标签符号冲突，可以写为"<"）
<=	小于等于判断操作（由于和标签符号冲突，可以写为"<="）
>	大于判断操作（由于和标签符号冲突，可以写为">"）
>=	大于等于判断操作（由于和标签符号冲突，可以写为">="）

9．JavaScript 使用 XSL 解析 XML

JavaScript 还提供了使用 XSL 解析 XML 的函数接口。下面介绍 JavaScript 如何使用 XSL 来解析 XML 的方法，该方法代码兼容于 IE 浏览器和 FireFox 等浏览器。

```
<script language="javascript">
    try //IE
    {
        var xml = new ActiveXObject("Microsoft.XMLDOM");
                                              /*加载 XML 文件 */
        xml.async = false;
        xml.load("StoreBooks.xml");
        var xsl = new ActiveXObject("Microsoft.XMLDOM");
                                              /*加载 XSL 文件*/
        xsl.async = false;
        xsl.load("StoreBooks.xsl");
        document.write(xml.transformNode(xsl))
    }
    catch(e)              //Firefox, Mozilla, Opera, etc.
    {
        xml=document.implementation.createDocument("","",null);
                                              /* 创建文档对象*/
        xml.async=false;
        xml.load("StoreBooks.xml");
        xsl=document.implementation.createDocument("","",null);
                                              /* 创建文档对象*/
        xsl.async=false;
        xsl.load("StoreBooks.xsl");

        var xsltProcessor = new XSLTProcessor();
                                              /* 创建 XSLT 处理器类*/
        xsltProcessor.importStylesheet(xsl);
        // transformToDocument 方式
        var result = xsltProcessor.transformToDocument(xml);
        var xmls = new XMLSerializer();
        document.write(xmls.serializeToString(result));
    }
</script>
```

对上述代码剖析如下：

无论是在 IE 浏览器还是在 FireFox 浏览器下，都必须先加载 XML 和 XSL 文件。

在 IE 浏览器下只需要使用 transformNode 函数即可。而在 FirFox 浏览器下需要创建一个 XSLTProcessor（XSL 处理器）对象，并使用该对象的 importStylesheet 方法导入 XSL 对象，使用 transformToDocument 方法将 XML 对象转换为新的文件对象。最后使用 XMLSerializer 对象的 serializeToString 方法将新的文件对象转换为 HTML 文件字符串。

另外，在服务器端也可以利用服务器脚本语言提供的方法，来使用 XSL 文件解析 XML 文件并输出为 HTML 文件格式流。

第 19 章　静态和动态网站建站的方法

在这一章学习如何方便简单地建立个人小网站，建立网站有静态和动态两种方法。本章介绍的静态建站的方法是通过注册申请，可以在 UCOZ 的服务器里得到自己的小服务器空间，每一个账号可以建立多个域名，即一个账号可以建立多个小的独立的子网站。

而动态建站的方法有很多，这里提供的是一个免费的途径让读者学习如何建立动态网站的空间及编写 PHP 代码。

19.1　申请个人子域名

在这一节，我们将会讲解如何申请一个免费的个人网站空间，而该空间支持静态服务器语言（即服务器不会去解析你的程序，只会向客户端发送你的网页文件），但是该空间允许 JavaScript 语言的存在（即不会删除你的 JavaScript 程序，但是不允许 HTML 的 iframe 嵌入标签），只要你的浏览器支持 JavaScript，一些动态的网页效果也是没问题的。

19.1.1　UCOZ 简介

UCOZ 是一家提供免费 CMS 建站程序和网站空间的外国网络公司。读者可以在 UCOZ 建站程序（或者 UCOZ 在线 Web 服务程序）下创建自己的个人网站，并且获得免费的无限制的服务器空间（一般为 400MB，而单个文件的体积是受限制的）。虽然 UCOZ 不支持 PHP 和 ASP 等程序脚本，但是通过 UCOZ，却可以免费地建立属于自己的博客空间、相册空间、论坛空间以及留言板空间等。如图 19.1 所示，即为 UCOZ 网页的主界面。

图 19.1　UCOZ 网页主界面

当升级为 VIP 用户后，读者还可以得到更多的资源和技术支持，如更大的个人空间、更强大的编辑工具，甚至还可以支持 PHP 服务端的源码。

19.1.2 注册激活个人账号

现在开始进入注册账号的操作，通过单击图 19.1 的 Get started!绿色按钮，就可以进入如图 19.2 所示的用户注册界面。这样的注册界面，其实我们也可以做出来，第 7 章的 7.3 节就是一个用户注册界面设计的样例。

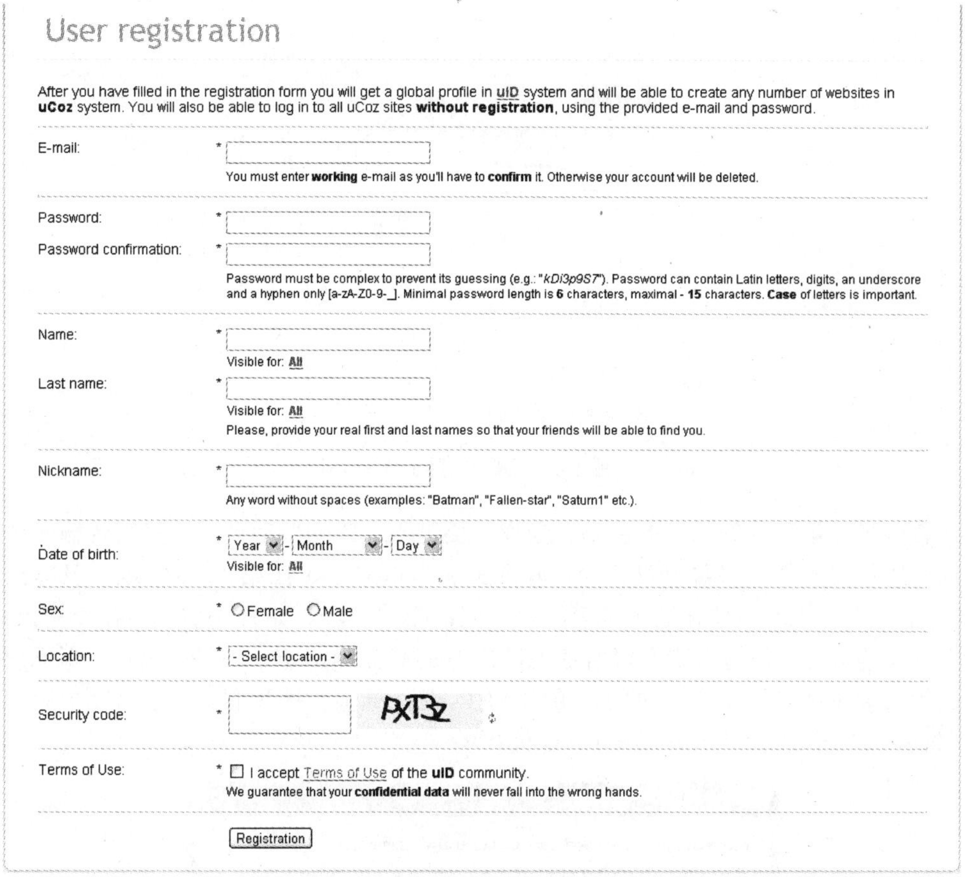

图 19.2　UCOZ 用户注册界面

从图 19.2 可以看出，需要填写比较多的信息。而其中最重要的信息就是要保证输入正确的 E-mail 地址（你将会需要激活 UCOZ 发给你的邮件链接）和登录密码。

对于其他的信息，就不需要保证它的正确性了，出于私密的考虑，我们也可以不填写真实的信息。我们现在使用邮箱 xiaoqiasheng5325@163.com 和密码 a8406284 来注册一个 UCOZ 账号。

19.1.3　登录账号

　　如图 19.3 所示即为 UCOZ 的登录界面，当激活邮件后从 http://www.uid.me/进入，在登录界面输入邮箱账号和密码信息，就可以登录到网站后台，进行操作了。

图 19.3　UCOZ 登录界面

　　接着还需要填写你的网站的密码。当你需要进入你的网站后台时，只需要输入账号和网站的密码便可直接登录到网站后台，输入的文本框采用了在第 7 章学过的表单样式的 input 标签，对知识点有些遗忘的读者，可以查询相关内容。如图 19.4 所示，即为输入网站后台密码的界面，在这里我们将新密码设置为 a8406284study。还可以设置密保问题，密保问题的选项采用了第 7 章学过的表单样式的 select 标签。等我们一切填写完毕后，单击 Save 按钮，这个按钮又是表单样式的 input 标签。

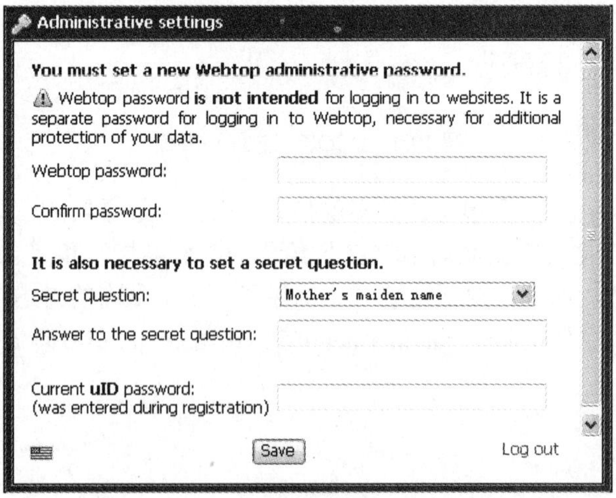

图 19.4　输入网站后台密码

19.1.4　创建子网站

　　接着输入你希望的网站子域名和验证码，并确认同意用户协议条款即可。我们建立了一个域名为 www.study.ucoz.com 的网站，这时可以跳转到新网页进行站点的设置（或者简单地单击 Continue 按钮即可）。如图 19.5 所示，即为创建网站域名的设置界面。

图 19.5　创建网站域名的设置

　　然后我们会要求填写空间的信息，也就是站点名称、站点设计和站点语言等。这步完成之后，会要求选择网站模块的类型，当然也可以默认选择（即直接跳过），或者选择一个感兴趣的类型，如博客或者站点新闻。完成这些步骤后，我们会进入控制台，在这里可以看到网站地址的 FTP 信息，同样地，可以设置 FTP 地址、FTP 用户名和 FTP 密码，要注意此处的用户名和密码不能和之前设置账号的用户名和密码相同。设置完毕后（也可以直接跳过），就可以得到建立的网站列表，如图 19.6 所示的网站列表。在这里还可以通过单击网站的域名，对网站的属性进行设置，或者给网站添加描述。

图 19.6　所建立的网站列表

19.2　建设网站

在本节，我们将讲解如何编辑网站首页，如何上传其他的网站文件，包括 HTML 文件、CSS 文件、JavaScript 文件，或者其他的文本文件以及图片文件。

19.2.1　编辑网站首页

在网络浏览器的地址栏输入 http://study.ucoz.com/panel/，或者从图 19.6 所示的列表中选择我们之前建立的网站，便可进入到网站的管理后台，如图 19.7 所示。通过单击 File Manager 按钮，可以上传文件；通过单击 Customize design 按钮，可以选择一个你喜欢的网站界面的模板；通过单击 Backup 按钮，可以对网站空间的信息做一个备份，以免发生意外导致数据丢失；通过单击 Site promotion 按钮，可以看到很多有用的工具，这些工具会使你的网站的排名获得提升。其他按钮也有特有的功能，在这里就不一一叙述了。

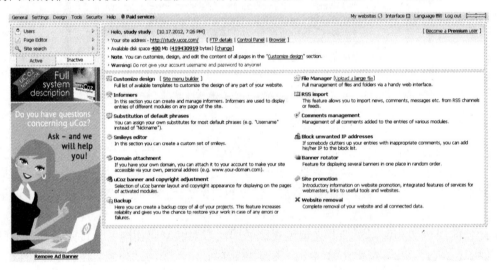

图 19.7　网站后台

当读者第一次登录网址 http://study.ucoz.com 时，会发现系统已经默认给你的首页添加了基本的样式以及一个强制加载进去的广告和 panel，我们可以利用一些 CSS 以及 JavaScript 的技巧，来删除掉 UCOZ 系统强制加入的一些 HTML 和 JavaScript 语句。

依次单击后台上部的菜单条：Design|Design management(templates)，接着单击正文的：Page Editor|Site Pages，最后在编辑框里添加下面的代码即可将 UCOZ 强加的部件取消掉。

```
<!DOCTYPE html PUBLIC "-//W3C//DTD XHTML 1.0 Transitional//EN"
"http://www.w3.org/TR/xhtml1/DTD/xhtml1-transitional.dtd">
<html xmlns="http://www.w3.org/1999/xhtml">
    <head>
        <meta http-equiv="Content-Type" content="text/html;
charset=UTF-8" />
            <title>
```

```
                删除 UCOZ 广告节点
            </title>
      </head>
      <body style="display:none;">
          <div id="delete">
              $POWERED_BY$
          </div>
          <h1>
              删除 UCOZ 广告节点
          </h1>
      </body>
</html>
<script>
      function del_Adsense( )
      {  /*删除指定节点*/
          obj=document.getElementById("delete");
          obj.parentNode.removeChild(obj);

          obj=document.getElementById("puzadpn");
          obj.parentNode.removeChild(obj);

          list=document.getElementsByTagName("script");
          list[list.length-1].parentNode.removeChild
          (list[list.length-1]);

          obj=document.getElementById("_uwndTop1");
          obj.parentNode.removeChild(obj);
          /*重新显示网页*/
          list=document.getElementsByTagName("body");
          list[0].style.display="block";
      }
      window.onload =del_Adsense;
</script>
```

　　UCOZ 必须要添加$POWERED_BY$字段，它是一个 PHP 程序读取的字段，使用正则表达式进行相应的 HTML 代码的替换。此外，UCOZ 还会自动添加额外的 div 标签和 script 标签，还包括一些恼人的广告信息。

　　上面代码的 JavaScript 程序部分将会删除 id 为 delete、puzadpn 和_uwndTop1 的 div 标签，以及删除最后一个 script 标签，并重新显示 body 标签。通过这种技巧就可以屏蔽掉 UCOZ 强加进来的广告和控制面板，这样你就可以得到真正想要的样式效果。

　　如图 19.8 所示即为这段代码的最终运行结果，可以看到页面很干净，广告和控制面板都不存在了。

删除UCOZ广告节点

图 19.8　修改图标后的网站主页

19.2.2　上传文件

从 http://study.ucoz.com/panel/登录到后台后，单击 File Manager 按钮就可以进入文件上传界面。

1．上传 HTML 文件

这里我们上传一个简单的 HTML 文件，进入文件上传界面后，首先单击"选择文件"按钮，然后选择想上传的文件，最后单击 Upload file 按钮即可。

我们上传了一个名为 upload.htm 的 HTML 文件，通过地址 http://study.ucoz.com/upload.htm 便可访问该网页。当然也可以通过之前设置的 FTP 服务器对文件进行上传，单击 FTP details 按钮，进入到 FTP 服务器上传的界面，这时同样要求输入 FTP 用户名和 FTP 密码，然后选择文件，进行上传。

如图 19.9 所示，即为上传文件的界面。在界面的下半部分有一些针对上传的注意事项。例如，上传文件名称的最大长度为 45 个字母，文件的最大容量为 15MB，一个文件夹最多含 200 个子文件，单击文件名字就能定位到它的链接，上传时同名文件会发生覆盖等。对于其他的注意事项，这里不再一一赘述。

图 19.9　上传文件界面

2．修改 ico 图标文件

下面我们为网站主页添加指定的 ico 图标文件，第一步先在主页的 head 标签里添加以下代码：

```
<link rel="Shortcut Icon" href="myicon.ico" />
```

上述代码表示指定当前文件夹下的 myicon.ico 文件为图标文件。接着按照上一节的方法上传 myicon.ico 到网页的根目录。有的时候，还需要把你的网站添加到 Internet Explorer 的收藏夹中，并重新打开 Internet Explorer 浏览器，这样才能使你自行制作的图标显示出来。

如图 19.10 所示即为这段代码的最终运行结果，可以看到图标发生了变化，变成了绿色背景的指定图标。

图 19.10　修改 ico 图标文件

这样我们就建立了一个简单的静态网站，下面我们将研究动态网站。

19.3　申请动态网站空间

在本节将讲解如何申请一个动态网站空间，而且该空间是完全免费的，但是每个 IP 地址只能注册一个账号，希望读者好好利用。在该空间你可以上传自己的网站代码，该服务器支持 PHP 后台服务语言和 MySQL 数据库。

19.3.1　注册账号

首先登录网址 http://www.eu.nu/并单击中间的"现在免费注册"按钮，便可跳转到注册界面（地址为 http://www.eu.nu /register），如图 19.11 所示。

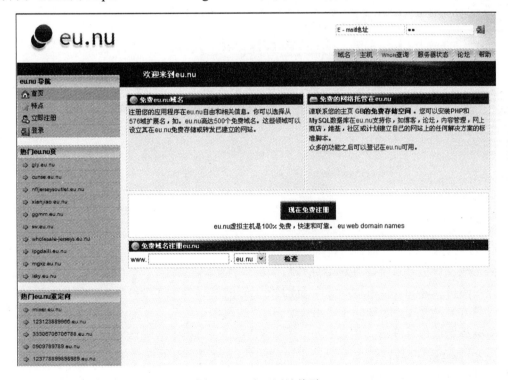

图 19.11　注册网站首页

在注册页面下，需要填写若干条信息，其中最重要的是 E-mail 地址，你需要使用一个真实的 E-mail 地址来作为你的账号的名字，另外，还需要填写一些额外的选项（也可以填写虚假的信息），而暂时还不需要填写密码，如图 19.12 所示。这里我们使用 E-mail 地址

xiaoqiasheng5325@163.com 作为账号名。

图 19.12　账号注册界面

当完成注册后，系统会发送给你邮箱一封含有密码的邮件，登录网站时使用 E-mail 地址和密码即可（邮箱 xiaoqiasheng5325@163.com 的密码为 TnVG94Ar）。另外，注册时由于用户数太多，网站会限制同一个 IP 地址用户注册多个账号，且由于服务器繁忙可以选择其他的服务地址进行注册（例如：http://www.24.eu、http://www.1x.net、http://www.co.de、http://www.eu.gg...，具体地址可以在主页的免费域名注册网页模块的下拉单中查找，且一个账号可以从不同的域名登录）。

19.3.2　创建个人服务器空间以及数据库

登录后单击"新项目" | "Web 空间创造"命令，然后输入项目名字，选择主域名以及

填写子域名即可。这里我们创建了一个新的个人空间 http://study.eu.nu/，创建完后服务器会给你分配一个 FTP 用户名和密码，可以使用 FTP 工具来上传我们的 PHP 源码（账号 xiaoqiasheng5325@163.com 的 FTP 登录用户名为 user2279223，密码为 TnVG94Ar），如图 19.13 所示。

图 19.13　分配的 FTP

然后创建个人空间的 MySQL 数据库，单击图 19.13 所示的 MySQL 选项卡，并单击"启动 MySQL"即可创建数据库。

在这里我们创建了一个名为 db2279223-main 的数据库，数据库户名为 user2279223，密码为 TnVG94Ar，如图 19.14 所示。

图 19.14　分配的 MySQL

19.4　上传 PHP 代码

注册完账号后，就开始上传我们的 PHP 代码了。实际上，上传任何东西都可以，但是如果上传较大的文件可能会被该网站空间的管理员删除。

在这一节，我们将讲解如何使用工具来上传 PHP 代码。上传完 PHP 代码后，就可以登录你的网站首页去查看网页了。

19.4.1　FTP 上传工具的使用

我们使用 CuteFTP 工具来上传 PHP 文件（可以通过百度下载该工具）。CuteFTP 工具不需要安装，打开即可使用。

依次单击菜单“文件(F)”|“快速链接(Q)”命令，接着填写主机名 study.eu.nu、用户名 user2279223、密码 TnVG94Ar、端口号 21，最后回车即可建立链接，如图 19.15 所示。

图 19.15　链接 FTP 服务器

下面上传一个 unzip.php 文件，该文件是 PHP 代码源文件，服务器可以通过执行它来解压缩网页 PHP 压缩包。

上传方法很简单，可以从浏览器拖动该浏览器到服务器根文件夹，或者从 CuteFTP 工具左侧底部窗口寻找目标文件，并右击选择上传即可（最后还要将 unzip.php 文件拖动到 www 文件夹下面，www 文件夹才是网站 http://study.eu.nu/的根文件夹），如图 19.16 所示。

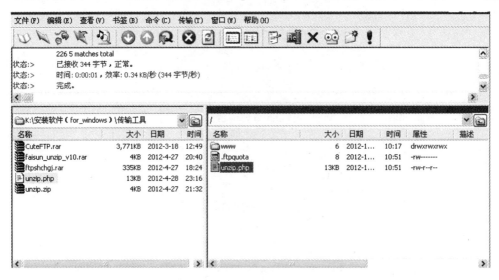

图 19.16　FTP 上传文件

19.4.2　上传 PHP 代码包

下面介绍一款视频采集网站的源码（可以到皮皮视频采集论坛下载，该地址为 http://bbs.pipicms.com/forum.php），使用该源码可以轻松搭建 PHP 视频网站，它支持视频的自动采集，使用轻松简单。

"下载并上传皮皮视频采集的 PHP 源码压缩包（将内部的 upload 文件夹下面的文件打包为 Zip 格式，选择"配置" | "Zip 压缩文件"命令），然后登录网址 http://study.eu.nu/unzip.php 对源码压缩包进行解压（如果先解压再上传，其所用时间会更长）。

登录网址 http://study.eu.nu/unzip.php 后选择文件 pipicms_v1.2b_utf8.zip，并输入密码 123456 和解压目录，最后单击"解压"按钮即可进行解压，如图 19.17 所示。

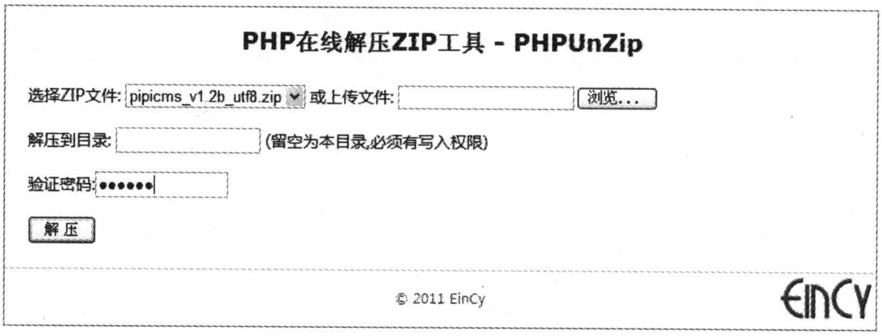

图 19.17　登录 unzip.php

19.4.3　在线配置服务器

解压缩完成后，重新进入 http://study.eu.nu 进行皮皮视频采集系统的配置，如图 19.18 所示。

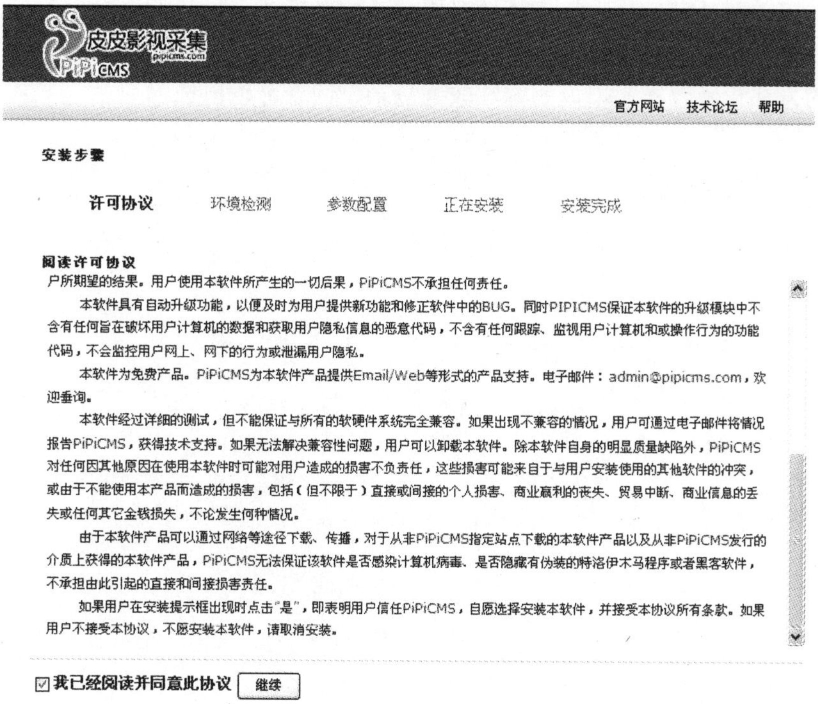

图 19.18　系统安装界面

对于一般的设置选择"下一步"即可，最重要的是设置数据库以及后台用户名和密码。

我们在这里只修改数据库密码为 **TnVG94Ar**，用户名为 user2279223，数据库名称为db2279223-main，其他的参数使用默认设置，且后台用户名和密码都为 admin，如图 19.19所示。

数据库设定

数据库地址：	localhost	一般为localhost
数据库名称：	db2279223-main	
数据库用户：	user2279223	
数据库密码：	TnVG94Ar	
数据表前缀：	pi_	如无特殊需要,请不要修改,只能包含英文字母、数字和下划线'_'
数据库编码：	⊙UTF8 ○LATIN1 仅对4.1+以上版本的MySql选择	

管理员初始密码

用户名：	admin	
	只能用'0-9'、'a-z'、'A-Z'、'.'、'@'、'_'、'-'、'!'以内范围的字符	
密　码：	admin	

图 19.19　相关参数设置

现在就可以登录到后台进行视频的采集了。或者手动添加新的视频也是可以的，但是新的数据库内容添加或修改后还需要单击更新缓存，新数据才生效。

采集的方法和修改样式模板的方法较为复杂，读者可以自选学习。

第 20 章 搭建本地服务器

通过上一章的学习相信大家已经掌握了建站方法和空间的申请，而这一章将会教给大家如何在本地建立网站服务器和数据库，包括 Apache 和 MySQL 的搭建。

20.1 搭建网站服务器

在本节我们主要讲解如何搭建本地的 Web 服务器。Web 服务器种类很多，这里主要介绍 Apache 服务器。当下流行的服务器主要包括以下几种，读者可以根据兴趣自行选择。

- ❑ Apache
- ❑ Tomcat
- ❑ IIS
- ❑ WebSphere

20.1.1 Apache 简介

Apache 是一个 Web 服务器软件，是最流行的 Web 服务器端软件之一。其跨平台和安全性使得它可以运行在几乎所有的计算机平台上，包括不同的通用电脑 CPU、不同的操作系统下（Linux 和 Windows XP）都可以安装运行。

Apache 的安装方式主要有以下两种：源代码安装和二进制包安装。这两种安装类型各有特色，二进制包安装不需要编译（一般在 Windows 操作系统下以此形式安装），而源代码安装则需要先配置编译再安装（一般在 Linux 操作系统下以此形式安装）。两种方式都可以选择你希望的服务器配置，而编译安装方式可以增加新的软件功能来配合你的开发和需要。

我们可以登录到网址 http://httpd.apache.org/download.cgi 来下载 Apache 服务器软件，在这里我们选择下载 httpd-2.0.64-win32-x86-no_ssl.msi（如图 20.1 所示）。

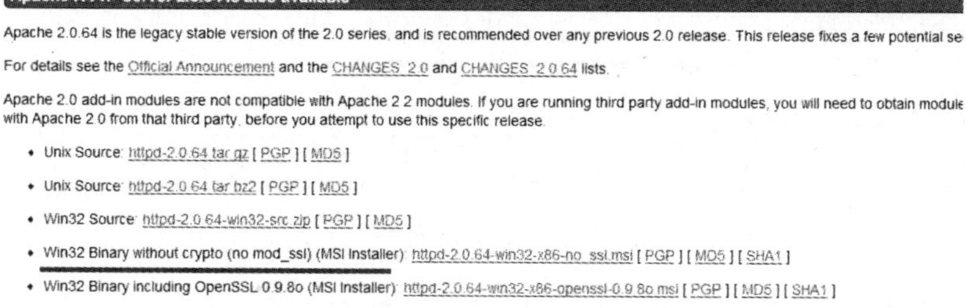

图 20.1 Apache 下载界面

如图 20.1 所示，httpd-2.0.64-win32-src.zip 文件是 Apache 的源代码安装包，文件 httpd-2.0.64-win32-x86-no_ssl.msi 是不包括 SSL 安全组件的 Apache 二进制安装包，而文件 httpd-2.0.64-win32-x86-openssl-0.9.8o.msi 是包括 SSL 安全组件的 Apache 二进制安装包。

20.1.2　Apache 安装

下面简单介绍一下 Apache 的安装方法。下载完成后，双击打开文件 httpd-2.0.64-win32-x86-no_ssl.msi 进行安装，如图 20.2 所示。

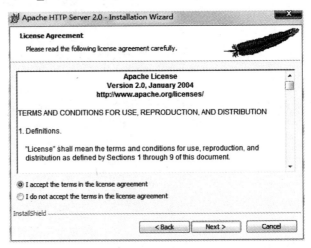

图 20.2　Apache 安装界面 1

（1）依次单击 Next|"选择同意条款"|Next|Next 按钮，然后输入任意的域名、服务器名和邮箱名即可（因为这是在本地使用），如图 20.3 所示。

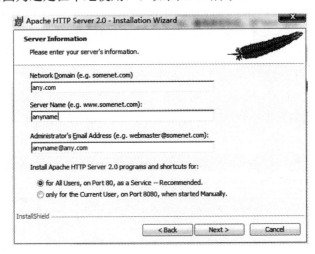

图 20.3　Apache 安装界面 2

（2）选择 Custom 选项，单击 Next 按钮，如图 20.4 所示。

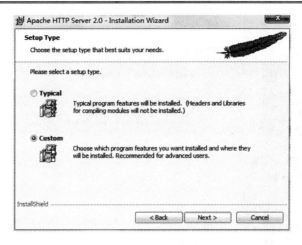

图 20.4　Apache 安装界面 3

（3）选择 Apache HTTP Server 2.0.64|This feature, and all subfeatures, will be installed on local hard drive 选项，如图 20.5 所示，并且单击 Change 按钮选择软件的安装位置，如图 20.6 所示。

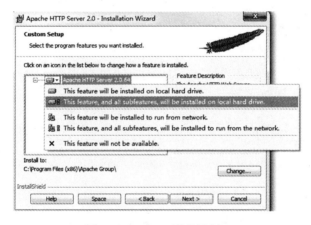

图 20.5　Apache 安装界面 4

图 20.6　Apache 安装界面 5

（4）一路单击 Next 按钮，直至 Apache 安装完成，如图 20.7 所示。

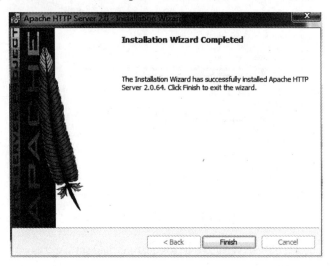

图 20.7　Apache 安装完成界面

20.1.3　Apache 配置

安装成功后在任务栏里就会出现 Apache 的启动和关闭图标，打开 http://127.0.0.1 即可进入本地网站主页，如图 20.8 所示。

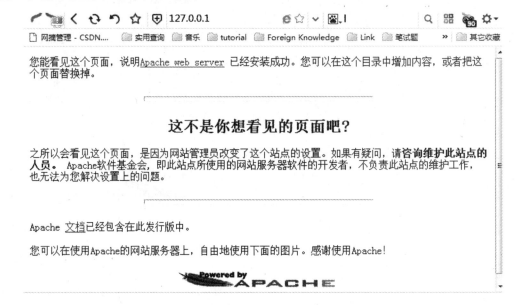

图 20.8　Apache 主页

（1）现在开始配置 Apache 服务器，设置网站目录路径以及主页文件优先级。依次选择 Apache HTTP Server 2.0|Configure Apache Server|Edit the Apache httpd conf Configuration file 选项来设置 Apache 配置文件，如图 20.9 所示。

图 20.9　打开配置文件

（2）打开文件后，搜索 DocumentRoot，设置网站根目录。如图 20.10 和图 20.11 所示要设置两处目录地址（即将 E:/Program Files/Apache Group/Apache2/htdocs 修改为你希望的路径）。

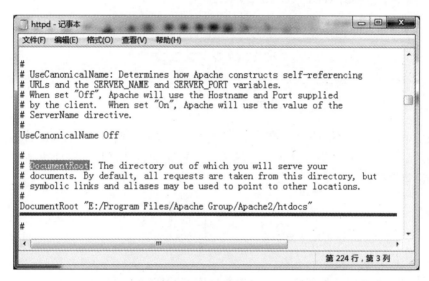

图 20.10　设置网站根目录 1

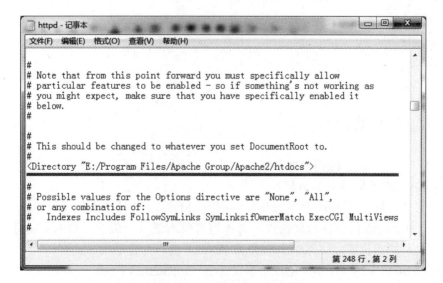

图 20.11　设置网站根目录 2

（3）然后搜索 DirectoryIndex，并设置文件名的顺序。将 index.html index.html.var 修改为你希望的文件顺序，如图 20.12 所示。

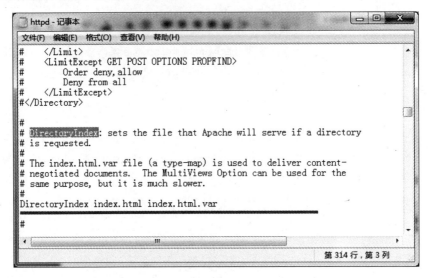

图 20.12　设置主页优先级

另外还可能要指定不同扩展名的文件格式，可以添加设置语句 DefaultLanguage zh-cn，来强制指定默认文件的编码方式为正文编码。设置完配置文件后，需要重新启动 Apache 来使新的设置生效。

20.2　搭建数据库

在本节我们主要讲解如何搭建本地的数据库，数据库种类很多，当下流行的服务器主要包括以下这些，读者可以根据兴趣自行选择。

- ❑ MySQL
- ❑ Oracle
- ❑ DB2
- ❑ SQL Server

20.2.1　MySQL 简介

MySQL 是一个开放源码数据库软件，使用关联数据库模型的管理系统（关联数据库以表格的形式保存不同关系的数据）。

MySQL 使用标准化 SQL 语言来访问数据库。MySQL 软件分为社区版和商业版（双授权政策），由于其体积小、速度快以及总体拥有成本低，一般中小型网站的开发都选择 MySQL 作为网站数据库。MySQL、PHP 和 Apache 被称为建站的三剑客。

下面我们简单介绍一下 MySQL 的下载方法，如图 20.13 所示。

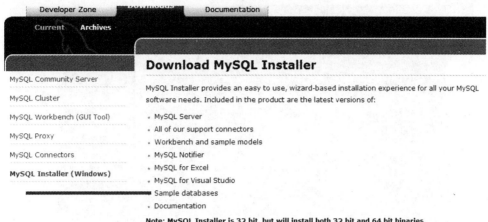

图 20.13　下载 MySQL

可以登录网址 http://dev.mysql.com/downloads/installer/下载。这里需要注册 Oracle 的账号，为了大家使用的方便，我们预先注册了一个账号给大家，账号：xiaoqiasheng5325@163.com，密码：12345Xiaoqia。

如图 20.14 所示，选择左边栏目的 MySQL Installer (Windows)，并下载 mysql-installer-community-5.6.10.1。

Generally Available (GA) Releases

MySQL Installer 5.6.10

Looking
version

Select Platform:

| Microsoft Windows ▼ | Select |

Windows (x86, 32-bit), MSI Installer　　　　5.6.10　　172.0M　　[Download]

(mysql-installer-community-5.6.10.1.msi)　　MD5: 78acefe909b570dc0d2e59484f126056 | Signature

ⓘ　We suggest that you use the MD5 checksums and GnuPG signatures to verify the integrity of the packages you download.

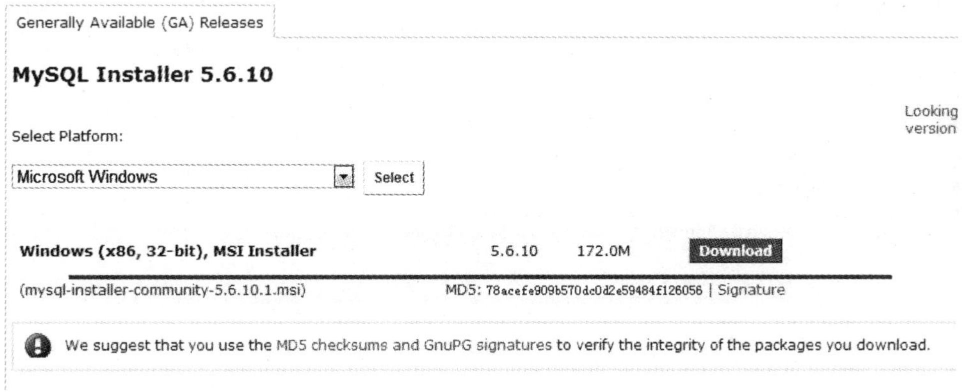

图 20.14　下载 MySqL

20.2.2　MySQL 安装

1．安装 NetFramework 4.0

在安装 MySQL 前必须先安装 NetFramework 4.0，可以搜索下载 NetFramework 4.0 离线自动安装包进行安装（如图 20.15 所示，选择"安装到 32 位 WinXP\2003\7\2008"等待安装完成即可）。

图 20.15　安装 NetFramework 4.0

2．安装 MySQL

安装完 NetFramework 4.0 后可以双击运行 mysql-installer-community-5.6.10.1，选择 Install MySQL Products 选项，如图 20.16 所示。

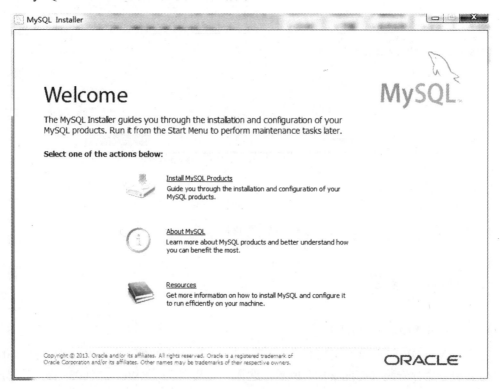

图 20.16　安装 MySqL 界面 1

接着选择同意条款，进入下一步安装，如图 20.17 和图 20.18 所示。

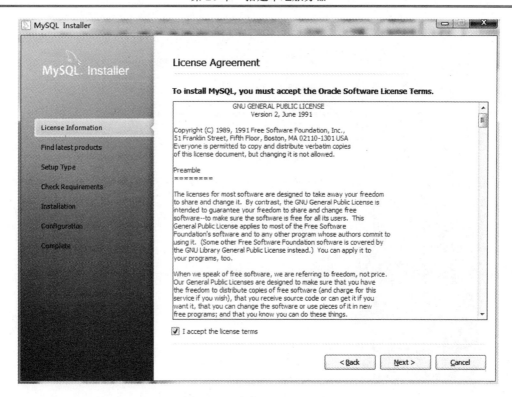

图 20.17　安装 MySqL 界面 2

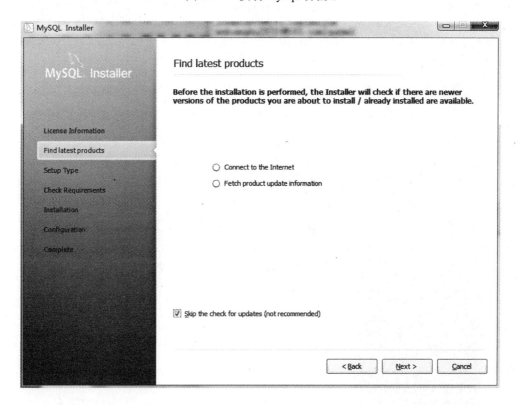

图 20.18　安装 MySqL 界面 3

选择安装类型为 Custom，并选择安装路径，如图 20.19 所示。

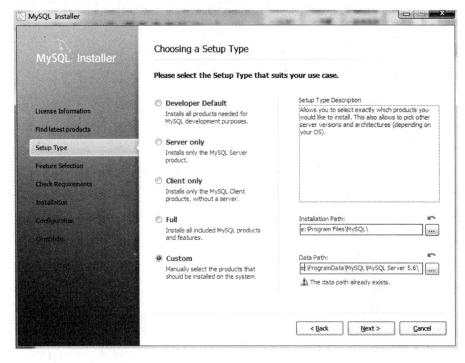

图 20.19　安装 MySqL 界面 4

接着可以只选择 MySQL Server 5.6.10 即可，然后单击 Next 按钮进入下一步安装，如图 20.20 和图 20.21 所示。

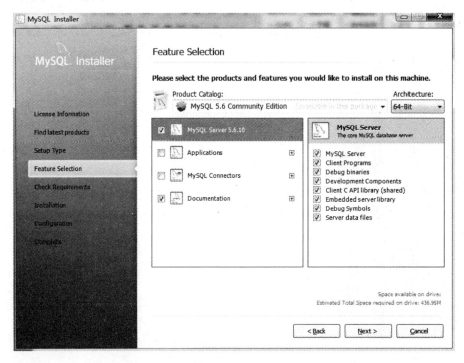

图 20.20　安装 MySqL 界面 5

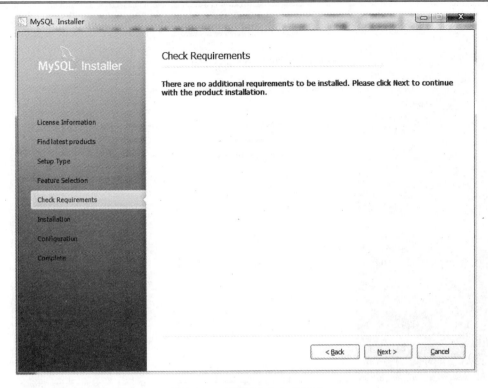

图 20.21　安装 MySqL 界面 6

　　然后依次单击 Next 按钮直至 MySQL 安装成功，如图 20.22、图 20.23、图 20.24 和图 20.25 所示。

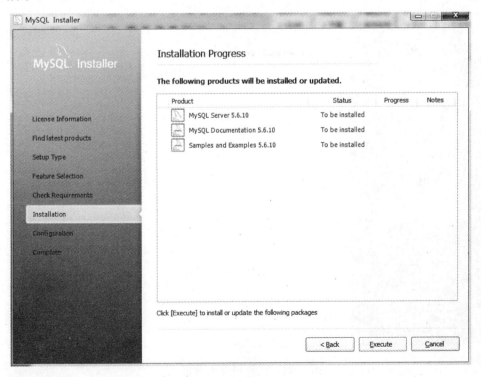

图 20.22　安装 MySqL 界面 7

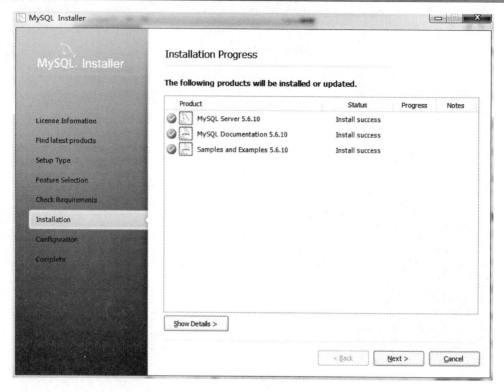

图 20.23　安装 MySqL 界面 8

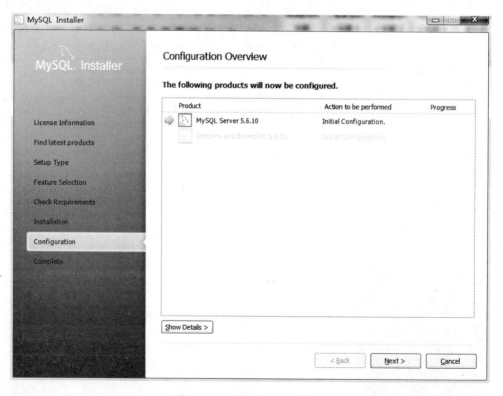

图 20.24　安装 MySqL 界面 9

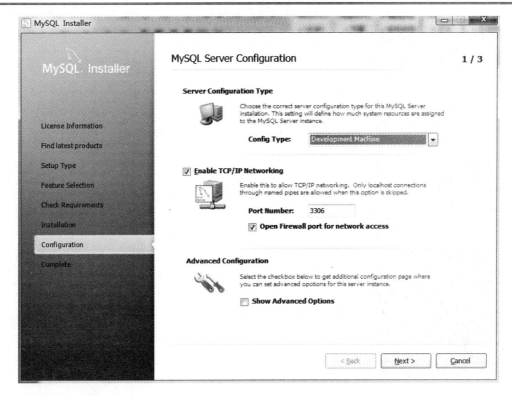

图 20.25　安装 MySQL 界面 10

接着设置 root 用户的密码，如图 20.26、图 20.27、图 20.28 和图 20.29 所示。

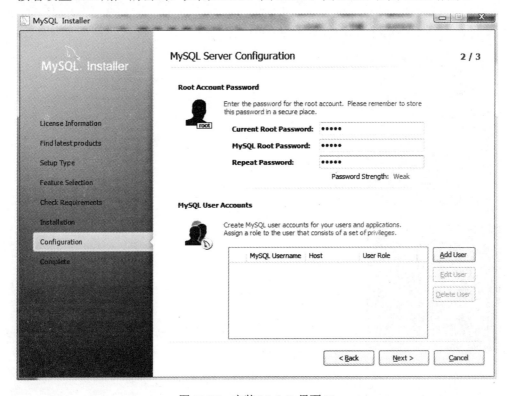

图 20.26　安装 MySQL 界面 11

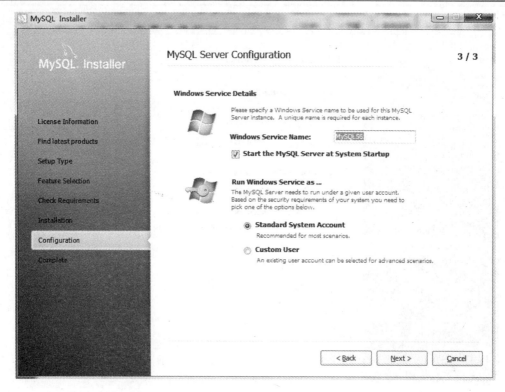

图 20.27　安装 MySqL 界面 12

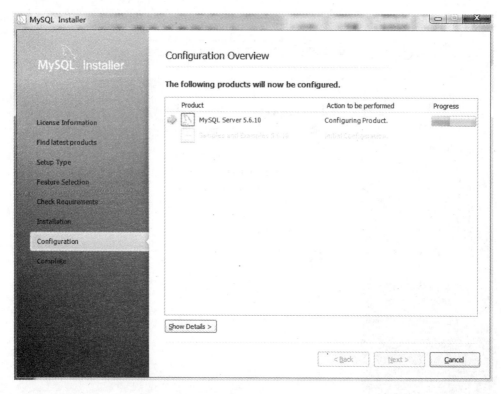

图 20.28　安装 MySqL 界面 13

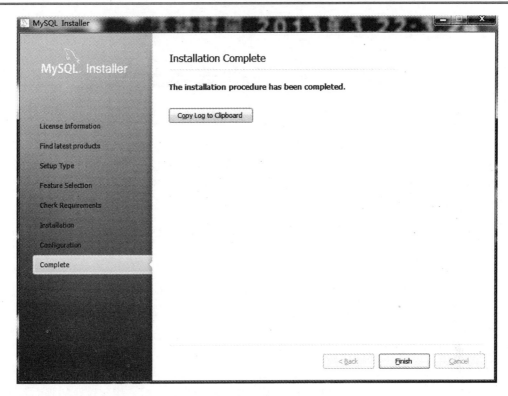

图 20.29　安装 MySqL 完成界面

安装完成后，运行"开始"菜单下的 MySQL 5.6 Command Line Client 程序即可进入 MySQL，如图 20.30 所示。

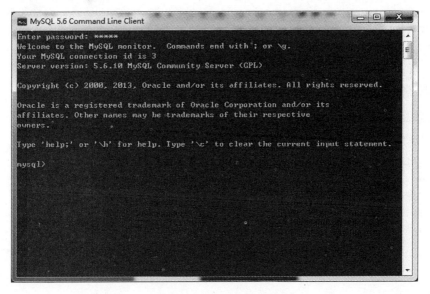

图 20.30　打开 MySqL

第21章　快速构建本地网站

通过上一章的学习相信大家已经掌握了 Apache 和 MySQL 的安装方法，而这一章将会教给大家如何在本地快速建立网站服务器和数据库，以及安装开源网站源代码。

21.1　本地服务器一键安装

在本节我们主要讲解如何一键搭建本地的 Web 服务器和数据库，使用的工具是PHPnow-1.5.6，该工具可以很方便地安装所需的服务以及卸载某些服务。

21.1.1　PHPnow 简介

PHPnow 是一个安全快速的 PHP 开发解决方案，具有易扩展、稳定以及超强大负载能力等特点。PHPnow 同时是一个 Win 32 下绿色免费的 Apache + PHP + MySQL 环境套件包，安装简易，能快速搭建支持虚拟主机的 PHP 环境。

可以登录 http://phpnow.org/ 下载 PHPnow 1.5.6，如图 21.1 所示。

图 21.1　PHPnow 下载

21.1.2　PHPnow 安装

下载完 PHPnow 后，解压压缩文件得到图 21.2 所示的文件列表。

🖼 7z.dll	2010/9/8 17:47	应用程序扩展	860 KB
🖼 7z	2010/9/8 17:27	应用程序	159 KB
📚 Package	2010/9/25 23:17	WinRAR 压缩文件	18,386 KB
📄 Readme	2010/9/25 22:34	文本文档	2 KB
📄 Setup	2010/9/22 17:50	Windows 命令脚本	2 KB
📄 更新日志	2010/9/25 22:26	文本文档	3 KB
📄 关于静态	2009/4/14 23:11	文本文档	1 KB
📄 升级方法	2009/2/4 9:05	文本文档	1 KB

图 21.2　PHPnow 文件列表

双击打开 Setup 文件，出现如图 21.3 的运行截图，选择 Apache 版本为 Apache 2.0.63（即选择 20）。然后选择 MySql 版本为 MySQL 5.0.90（即选择 50），如图 21.4 所示。安装时必须保证 PHPnow 路径不能包含中文。

图 21.3　PHPnow 安装界面 1

图 21.4　PHPnow 安装界面 2

选择 Web 服务器以及数据库后，便会解压 Package.rar 出来，新的文件列表如图 21.5 所示，出现了 Apache、MySQL 和 Php 的安装目录。

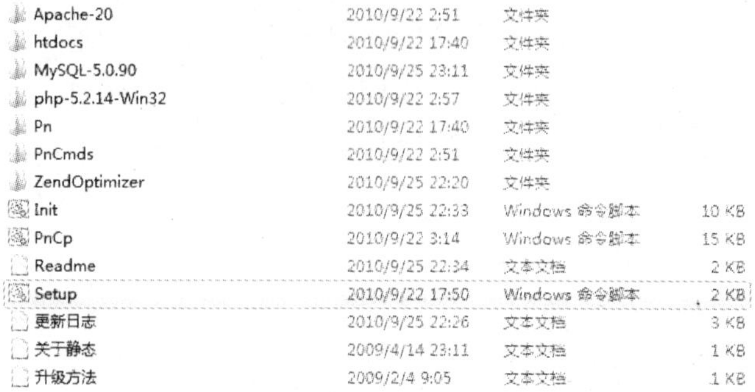

Apache-20	2010/9/22 2:51	文件夹	
htdocs	2010/9/22 17:40	文件夹	
MySQL-5.0.90	2010/9/25 23:11	文件夹	
php-5.2.14-Win32	2010/9/22 2:57	文件夹	
Pn	2010/9/22 17:40	文件夹	
PnCmds	2010/9/22 2:51	文件夹	
ZendOptimizer	2010/9/25 22:20	文件夹	
Init	2010/9/25 22:33	Windows 命令脚本	10 KB
PnCp	2010/9/22 3:14	Windows 命令脚本	15 KB
Readme	2010/9/25 22:34	文本文档	2 KB
Setup	2010/9/22 17:50	Windows 命令脚本	2 KB
更新日志	2010/9/25 22:26	文本文档	3 KB
关于静态	2009/4/14 23:11	文本文档	1 KB
升级方法	2009/2/4 9:05	文本文档	1 KB

图 21.5　解压后的文件列表

接着选择启动 Init.cmd 来初始化所有的服务器软件（如图 21.6 所示）。

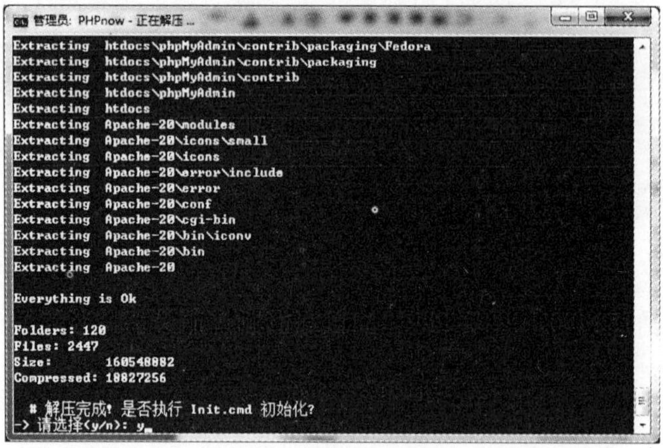

图 21.6　启动初始化

安装完 Apache 服务器以及 MySQL 数据库后，需要设置 root 用户的数据库密码（如图 21.7 所示）。

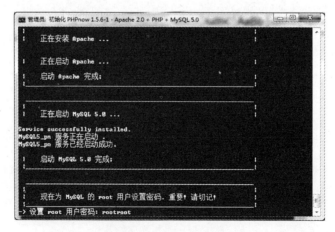

图 21.7　设置 MySQL 密码

最后 Apache 和 MySQL 启动成功，如图 21.8 所示。

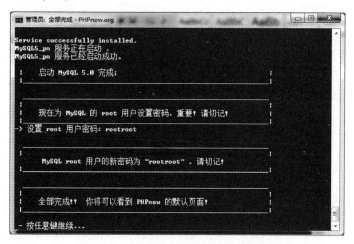

图 21.8 安装完成

打开地址 http://127.0.0.1/index.php，即可获取测试服务器以及数据库的功能信息，如图 21.9 所示。

127.0.0.1
Let's PHP now！

Server Information	
SERVER_NAME	127.0.0.1
SERVER_ADDR:PORT	127.0.0.1:80
SERVER_SOFTWARE	Apache/2.0.63 (Win32) PHP/5.2.14
PHP_SAPI	apache2handler
php.ini	I:\PHPnow-1.5.6\php-5.2.14-Win32\php-apache2handler.ini
网站主目录	I:/PHPnow-1.5.6/htdocs
Server Date / Time	2013-03-21 23:19:29 (+08:00)
Other Links	phpinfo()	phpMyAdmin

PHP 组件支持	
Zend Optimizer	Yes / 3.3.3
MySQL 支持	Yes / client lib version 5.0.90
GD library	Yes / bundled (2.0.34 compatible)
eAccelerator	No

MySQL 连接测试			
MySQL 服务器	localhost	MySQL 数据库名	test
MySQL 用户名	root	MySQL 用户密码	
			连接

MySQL 测试结果	
服务器 localhost	OK (5.0.90-community-nt)
数据库 test	OK

图 21.9 网站首页

21.2 使用 Discuz 代码

在这一节，我们将会讲解如何在本地安装 Discuz 论坛网站。Discuz 是一套通用的社区论坛软件系统，同时也是一个 PHP 论坛代码，而且安装方法非常简单，适合初学者学习。

21.2.1　Discuz 简介

Discuz 全称 Crossday Discuz! Board，是康盛创想科技有限公司（国内最大的社区软件及服务提供商）推出的一套通用的社区论坛软件系统，通过简单的设置和安装，就可以在互联网上搭建起具备完善功能、很强负载能力和可高度定制的论坛服务。

可以到网站 http://www.discuz.net/forum.php 下载相应的 Discuz 论坛网站源码包，接着根据提示跳转到地址 http://www.discuz.net/thread-2622033-1-1.html 以及 http://www.discuz.net/thread-2744369-1-1.html 下载源码包，如图 21.10、图 21.11 和图 21.12 所示。

图 21.10　Discuz 源码包下载界面 1

图 21.11　Discuz 源码包下载界面 2

图 21.12　Discuz 源码包下载界面 3

可以根据需要选择不同存储格式的代码包（简体中文 GBK、繁体中文 BIG5、简体 UTF8 或者繁体 UTF8）。

21.2.2　安装 Discuz

如果发现 Apache 和 MySQL 没有启动，需要运行 PnCp.cmd 批处理文件来重新启动 Apache 服务器以及 MySQL 数据库，如图 21.13 和图 21.14 所示。

Apache-20	2013/3/21 23:14	文件夹	
htdocs	2013/3/22 15:47	文件夹	
MySQL-5.0.90	2013/3/21 23:14	文件夹	
php-5.2.14-Win32	2013/3/21 23:14	文件夹	
Pn	2013/3/22 15:45	文件夹	
PnCmds	2010/9/22 2:51	文件夹	
ZendOptimizer	2010/9/25 22:20	文件夹	
Init	2010/9/25 22:33	Windows 命令脚本	10 KB
PnCp	2010/9/22 3:14	Windows 命令脚本	15 KB
Readme	2010/9/25 22:34	文本文档	2 KB
Setup	2010/9/22 17:50	Windows 命令脚本	2 KB
更新日志	2010/9/25 22:26	文本文档	3 KB
关于静态	2009/4/14 23:11	文本文档	1 KB
升级方法	2009/2/4 9:05	文本文档	1 KB

图 21.13　PnCp.cmd 批处理文件

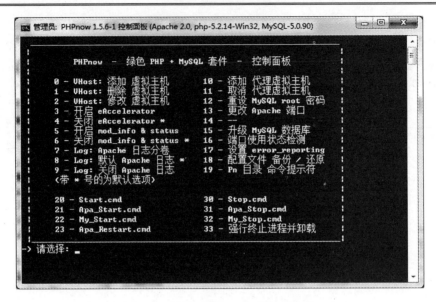

图 21.14　运行 PnCp.cmd 批处理文件

　　运行 PnCp.cmd 文件后可以选择：20、21、22、23、30、31、32 和 33 分别来重启和关闭 Apache 服务器、MySQL 或者全部服务。

　　安装 Discuz 程序时，将源码包的 upload 文件夹解压到目录 PHPnow-1.5.6\htdocs 即可（删除原来 htdocs 文件夹下面的文件）。接着打开网址 http://127.0.0.1 即可进行安装，如图 21.15 和图 21.16 所示。

图 21.15　安装 Discuz 界面 1

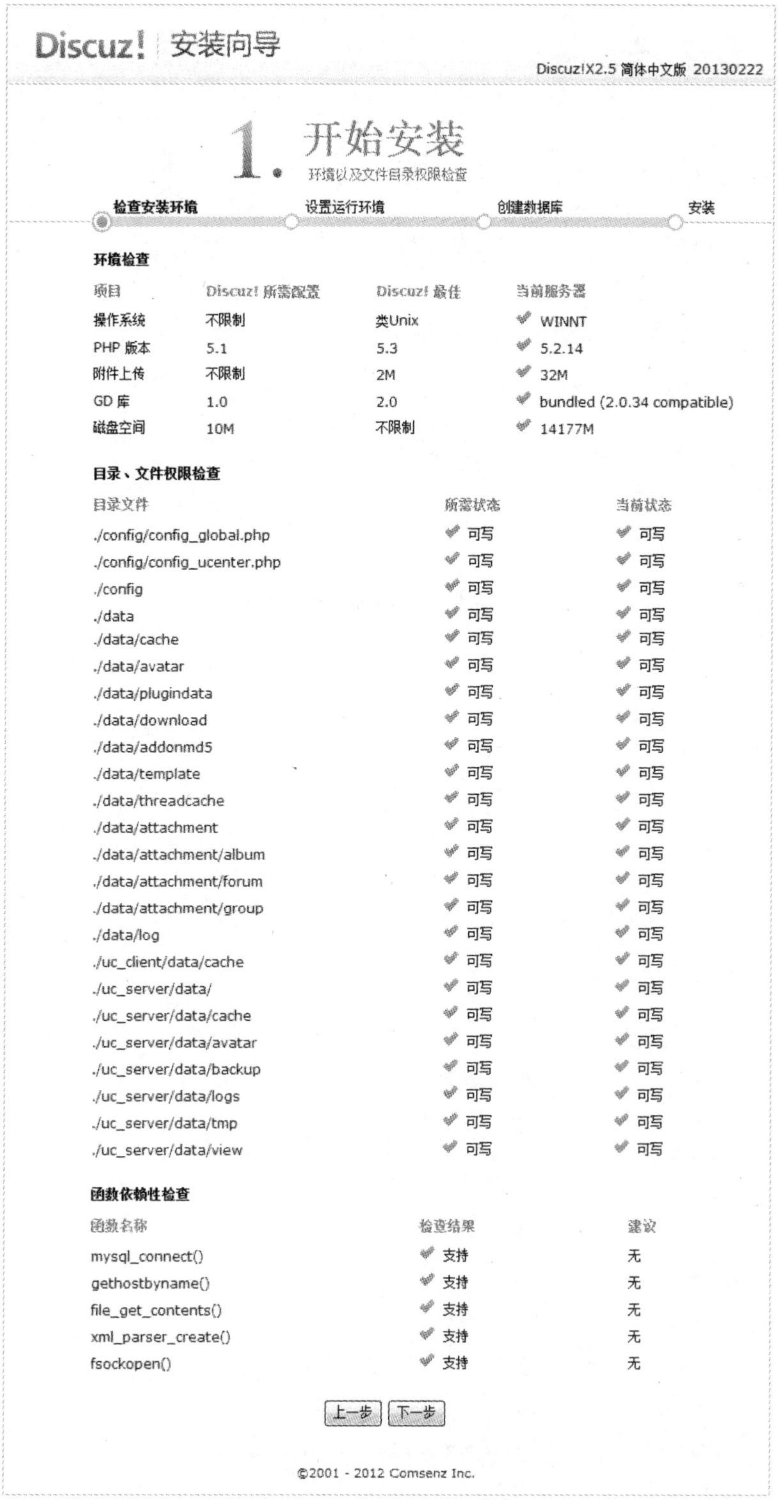

图 21.16　安装 Discuz 界面 2

　　当Discuz程序检测正常时就可以单击进入下一步,选择全新安装,如图21.17和图21.18
所示。

图 21.17　安装 Discuz 界面 3

图 21.18　输入管理员密码

输入网站管理员密码以及数据库登录密码后即可进入下一步安装，如图 21.19 所示。

图 21.19　安装 Discuz 数据库

最后出现 Discuz 安装成功的提示（如图 21.20 所示），接着你可以进入 Discuz 后台进行配置、开通 Discuz 云平台或者安装移动应用。

图 21.20　安装成功

安装成功后便可正式进入 Discuz 论坛主页，如图 21.21 所示。

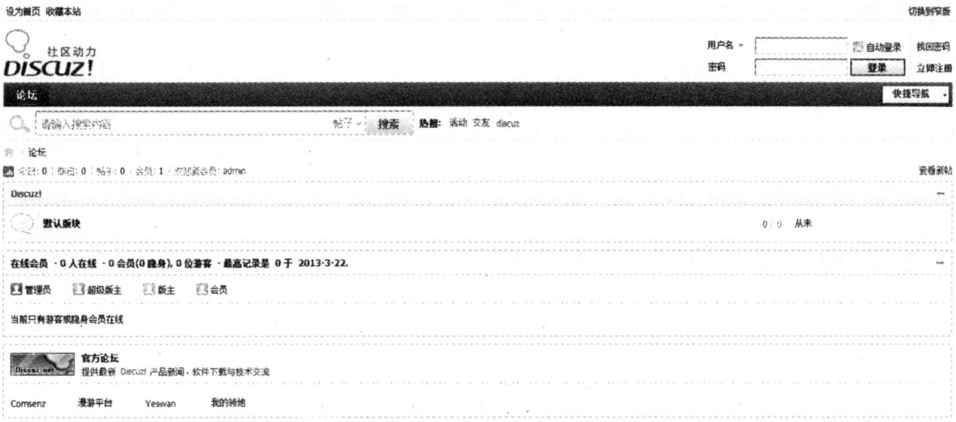

图 21.21　登录 Discuz 主页

21.2.3　Discuz 后台

管理员可以登录网站 http://127.0.0.1/admin.php，并通过输入用户名和密码即可进入 Discuz 的后台管理（如图 21.22 所示）。

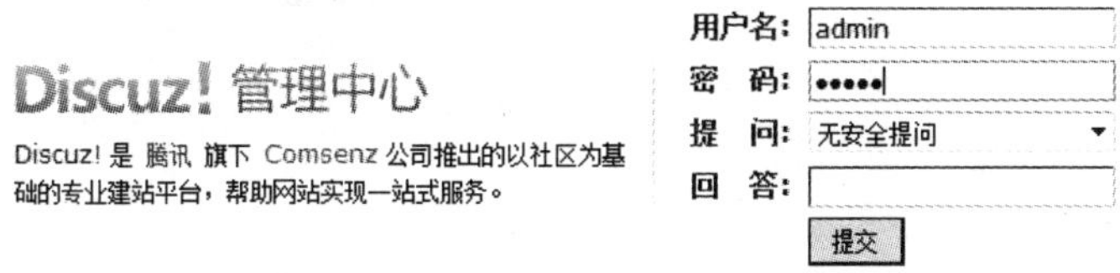

图 21.22　登录 Discuz 后台

进入后台以后可以进行网站的相关管理，包括：网站界面、网站内容、网站用户、论坛群组、运营、应用的添加以及工具的添加等等动作，如图 21.23 所示。

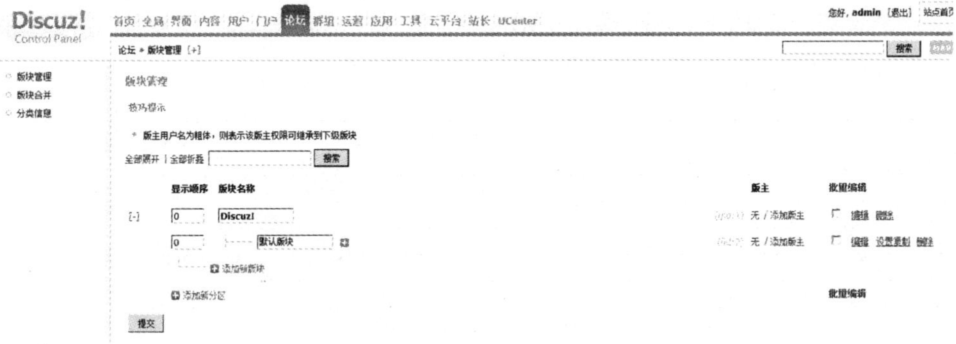

图 21.23　登录 Discuz 后台进行管理

21.2.4　更换模板

网站页面风格是网站是否受欢迎很重要的因素，在这一节我们将会讲解如何下载以及安装全新的 Discuz 样式风格。

可以登录网站 http://down.admin5.com/moban/Discuz/ 下载相应的网站样式模板，如图 21.24 所示。

图 21.24　Discuz 模板下载主页

我们随便选择一个模板，打开的网站地址为 http://down.admin5.com/moban /101014.html ，点击其中一个下载地址下载模板，如图 21.25 所示。

图 21.25　下载 Discuz 2.5 模板

下载完成后得到压缩文件 discuz2208.zip，解压该文件到 PHPnow-1.5.6\htdocs\template，

我们的新模板就在新文件夹 zhikai_eeds 下面，如图 21.26 所示。

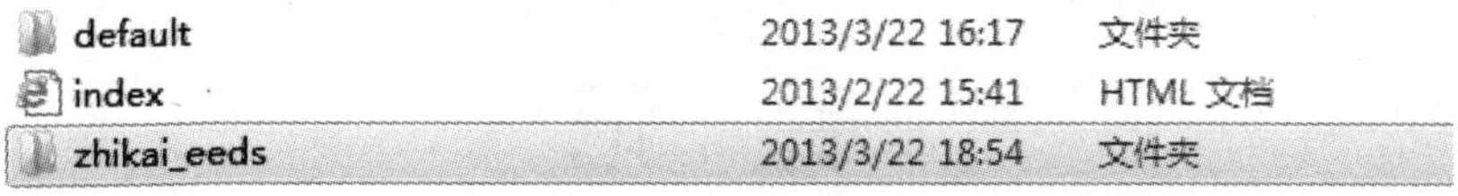

default	2013/3/22 16:17	文件夹
index	2013/2/22 15:41	HTML 文档
zhikai_eeds	2013/3/22 18:54	文件夹

图 21.26　解压新模板

解压完成后，打开地址 http://127.0.0.1/admin.php 进入后台管理，接着单击"界面"|
"风格管理"命令，就可以看见刚才新添加的模板，如图 21.27 所示。

图 21.27　出现新的风格

选择安装，就会出现新的模板，选择新模板为默认，并且单击"提交"按钮，最后打
开地址 http://127.0.0.1/forum.php 就会出现新的论坛网页样式（如图 21.28 所示）。你还可
以选择"获取更多风格"选项来得到更多的模板风格。

图 21.28　新的网页风格

后　记

　　读者在学习的时候，不应该将本书仅仅看作是一些语法规则的集合，而应该多进行操作和实践。只有在考虑到设计思想，而不仅仅是语法规则时，才能领悟到 CSS 技术的内涵。而且，要按照这种方式来理解 CSS 技术，必须理解它所涉及的问题。Web 开发的目的在于工程或者商业应用，所以不仅仅是要求对基础知识的理解，还要有一定程度的熟练。因此，在学习每章内容的时候，要建立"为我所用"的思想，思考不同的语法规则所带来的不同效果。

　　在本书第 3 篇中涉及的一些简单的编程思想，也仅仅限于知道函数的概念、调用顺序，或者像 if-else 这样的控制语句和 for 这样的循环结构。只要读者对编程的基本知识有大致的了解，就一定能够顺利阅读这些内容。不过，即便是零基础的读者，对编程的基本概念一无所知，也不必失去信心，只要多多练习和熟读这些内容，也一定会有所收获的。

　　作者在教学实践过程中，发现一些学生存在着或多或少的问题。有的学生只是机械地敲打本书的实例，缺少了思考的环节；有的学生只是侧重于记忆语法规则，而不在电脑上实践代码；还有部分学生只是看书或者听讲，而没有积极地去做书中的实例。这些都是不可取的。回想一下我们学习四则运算的过程，就是先背诵乘法口诀表，然后进行运算来强化乘法口诀的记忆，最后再独立解决比较难的运算问题。这种学习方式，其实也是我们高效地学习 CSS 技术的不二法门。

　　如果你在 Web 开发方面还没有太多的基础，建议还是按照本书的顺序从前往后地进行阅读。因为本书是按照由浅入深，循序渐进的编写模式安排节次序。学习完每章后应该对每章知识做个总结，看看重点知识是否已经明白。这样做不仅利于知识的巩固，而且还可以增加阅读的成就感。

　　最后祝大家读书快乐，学有所成！